工程软件职场应用实例精析丛书

UG NX 12.0 数控加工编程应用实例

何县雄　编著

机　械　工　业　出　版　社

全书共分 7 章，分别介绍了 UG NX 12.0 的基础应用要点，重点介绍 UG 软件功能和编程中用到的一些草图和建模功能；UG NX 12.0 CAM 加工基础，重点介绍各个加工方法的应用和参数设置；孔类零件和攻螺纹加工编程实例，重点学习孔类零件和攻螺纹加工设置；二维零件加工编程实例，重点学习 2D 零件的综合加工编程和技巧；三维零件加工编程实例，重点学习 3D 零件的综合加工编程和技巧；模具加工工艺与编程，重点学习模具加工的工艺、模具结构、模具编程和模具编程技巧；UG NX 12.0 多轴加工详解，重点介绍多轴加工工艺和多轴加工编程技巧。赠送书中相关实例演示视频和源文件（用手机扫描前言中的二维码下载）。

本书适合数控技术人员和数控技术专业学生使用。

图书在版编目（CIP）数据

UG NX 12.0 数控加工编程应用实例/何县雄编著.
—北京：机械工业出版社，2018.3（2025.5 重印）
（工程软件职场应用实例精析丛书）
ISBN 978-7-111-59438-3

Ⅰ. ①U… Ⅱ. ①何… Ⅲ. ①数控机床—加工—计算机辅助设计—应用软件 Ⅳ. ①TG659-39

中国版本图书馆 CIP 数据核字（2018）第 050971 号

机械工业出版社（北京市百万庄大街 22 号　邮政编码 100037）
策划编辑：周国萍　　责任编辑：周国萍
责任校对：张　薇　　封面设计：马精明
责任印制：单爱军
保定市中画美凯印刷有限公司印刷
2025 年 5 月第 1 版第 10 次印刷
184mm×260mm・19.25 印张・451 千字
标准书号：ISBN 978-7-111-59438-3
定价：69.00 元

电话服务
客服电话：010-88361066
010-88379833
010-68326294

网络服务
机　工　官　网：www.cmpbook.com
机　工　官　博：weibo.com/cmp1952
金　　书　　网：www.golden-book.com
机工教育服务网：www.cmpedu.com

前　言

UG 是 SIEMENS PLM Software 公司推出的一个集成化 CAD/CAM/CAE 系统软件，也是目前市场上功能强大的工业产品设计工具和编程工具，它不但拥有现今 CAD/CAM 软件中功能强大的 Parasolid 实体建模技术，而且提供高效能的曲面构建能力，能够完成复杂的造型设计。UG 提供工业标准的人机界面，易学易用，具有无限次的撤销功能、方便好用的弹出对话框、快速图像操作说明及中文操作界面等特色。

从概念设计到产品生产，UG 广泛应用在汽车、航天、模具加工等行业。

一、编写目的

鉴于 UG 强大的功能和深厚的工程应用底蕴，编著者力图全方位介绍 UG 在零件产品加工、模具加工和多轴加工中的实际应用。针对加工行业需要，利用 UG 大体知识脉络作为线索，以实例作为“抓手”，帮助读者掌握利用 UG 进行编程加工的基本技能和技巧。

二、本书特点

✧　作者专业性强

本书编著者拥有多年编程加工工作经验和教学经验，总结了多年的编程加工经验和教学心得体会，历时多年精心编著，力求全面展示 UG NX 12.0 在编程加工中的各种功能和使用方法。

✧　实例丰富

本书采用一种全新的写作方法进行学习指导，按知识点进行实例的选择，每一单元所选的实例与这一单元所讲解的知识点紧密相关，使读者可以真正在案例引导下领会相关知识点的应用，并且全面系统地掌握软件的应用。

✧　涵盖面广

本书以 UG NX 12.0 中文版为蓝本进行讲解，突出以应用为主线，由浅入深、循序渐进地介绍 UG NX 12.0 加工模块中的基础知识、型腔铣操作、平面铣操作、钻孔操作、曲面铣加工、模具加工工艺与编程，以及多轴加工。通过本书的学习，读者可以全面掌握 UG NX 12.0 在数控编程上的应用。

✧　突出技能提升

本书中有很多实例本身就是工程项目案例，不仅保证了读者能够学好知识点，更重要的是能帮助读者掌握实际的操作技能。全书结合实例详细讲解 UG 知识要点，让读者在学习案例的过程中潜移默化地掌握 UG 软件的操作技巧。

三、主要内容

全书共分 7 章。第 1 章 UG NX 12.0 的基础应用要点，重点介绍 UG 软件功能和编程中用到的一些草图和建模功能；第 2 章 UG NX 12.0 CAM 加工基础，重点介绍各个加工方法的应用和参数设置；第 3 章孔类零件和攻螺纹加工编程实例，重点学习孔类零件和攻螺纹加工设置；第 4 章二维零件加工编程实例，重点介绍 2D 零件的综合加工编程和技巧；第 5 章三维零件加工编程实例，重点介绍 3D 零件的综合加工编程和技巧；第 6 章模具加工工艺与编程，重点学习模具加工的工艺、模具结构、模具编程和模具编程技巧；第 7 章 UG NX 12.0 多轴加工详解，重点介绍多轴加工工艺和多轴加工编程。

本书由昊成模具工作室何县雄编著，由于编著者水平有限，书中错漏之处在所难免，恳请读者对书中的不足之处提出宝贵意见和建议，以便不断改进。读者可以通过扫描下面的二维码，获得相关学习资料提升学习效果，或扫描下面的微信二维码与作者联系沟通。

源文件

第 1-4 章视频

第 5、7 章视频

第 6 章视频

微信二维码

编著者

目　　录

第1章 UG NX 12.0 的基础应用要点

1.1 UG NX 12.0 简介

UG（Unigraphics）是 Unigraphics Solutions 公司推出的集 CAD/CAM/CAE 为一体的三维机械设计平台，也是当今世界广泛应用的计算机辅助设计、分析和制造软件之一，广泛应用于汽车、航空航天、机械、消费产品、医疗器械、造船等行业，它为制造行业产品开发的全过程提供解决方案，功能包括概念设计、工程设计、性能分析和制造。本章主要介绍 UG 软件界面的工作环境、软件的基本操作和基础绘图功能。

1.2 UG NX 12.0 的启动

启动 UG NX 12.0 中文版，有下面 4 种方法：

1）双击桌面上的 UG NX 12.0 的快捷方式图标，即可启动 UG NX 12.0 中文版。

2）单击桌面左下方的“开始”按钮，在弹出的菜单中选择“所有程序”→“Siemens NX 12.0”→“NX 12.0”，启动 NX 12.0 中文版。

3）将 UG NX 12.0 的快捷方式图标拖到桌面下方的快捷启动栏中，只需单击快捷启动栏中 UG NX 12.0 的快捷方式图标，即可启动 UG NX 12.0 中文版。

4）直接在启动 UG NX 12.0 的安装目录的 UGⅡ子目录下双击 ugraf. exe 图标，就可启动 UG NX 12.0 中文版。

1.3 UG NX 12.0 加工模块的工作界面

本节介绍 UG 的主要工作界面及各部分功能，了解各部分的位置和功能之后才可以进行有效的工作设计及编程。UG NX 12.0 加工模块的工作界面如图 1-1 所示，其中包括标题栏、菜单栏、功能区、工作区、坐标系、资源条、快捷菜单、提示栏和状态栏等部分。

1.3.1 标题栏

标题栏显示软件版本与使用者应用的模块名称并显示当前正在操作的文件及状态。

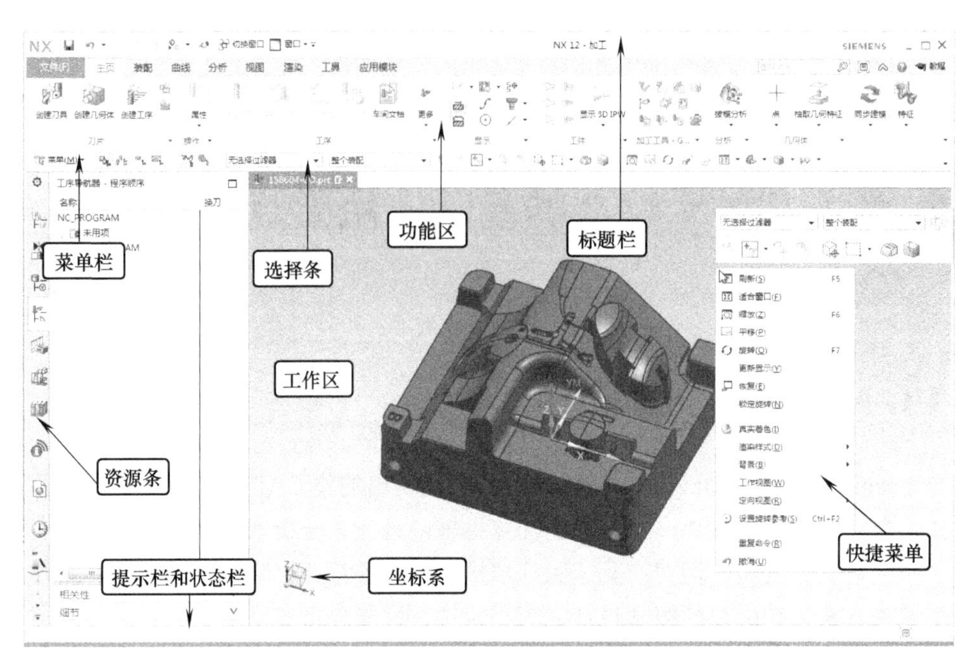

图 1-1　UG NX 12.0 加工模块的工作界面

1.3.2　菜单栏

菜单中包含了该软件的主要功能，系统的所有命令或者设置选项都集中到菜单中，分别是“文件”菜单、“编辑”菜单、“视图”菜单、“插入”菜单、“格式”菜单、“工具”菜单、“装配”菜单、“信息”菜单、“分析”菜单、“首选项”菜单、“窗口”菜单、“GC 工具箱”菜单和“帮助”菜单。

当选择某一菜单时，在其子菜单中就会显示所有与该功能有关的命令选项，如图 1-2 所示“编辑”子菜单命令，有如下特点。

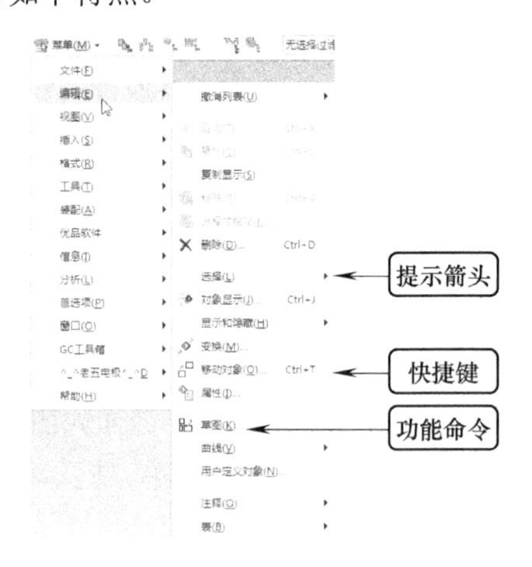

图 1-2　“编辑”子菜单

快捷字母：例如“编辑”命令后的 E 是系统默认的快捷字母命令键，按 ALT+E 快捷键即可调用该命令。如要调用“编辑”→“变换”命令，按ALT+E键后再按M键即可调出该命令。

功能命令：是实现软件各个功能所要执行的命令，单击后会调出相应功能。

提示箭头：即菜单命令中右方的三角箭头，表示该命令含有子菜单。

快捷键：命令右方的按键组合即是该命令的快捷键，在工作过程中直接按快捷键即可调出该命令。

1.3.3 功能区

功能区中的命令以图形的方式表示命令功能，所有功能区的图形命令都可以在菜单中找到，这样避免了用户在菜单中查找命令的不便，方便操作。常用的功能区工具栏和选项卡有：

1. “快捷访问”工具栏

“快捷访问”工具栏包含文件系统的基本操作命令，如图1-3所示。

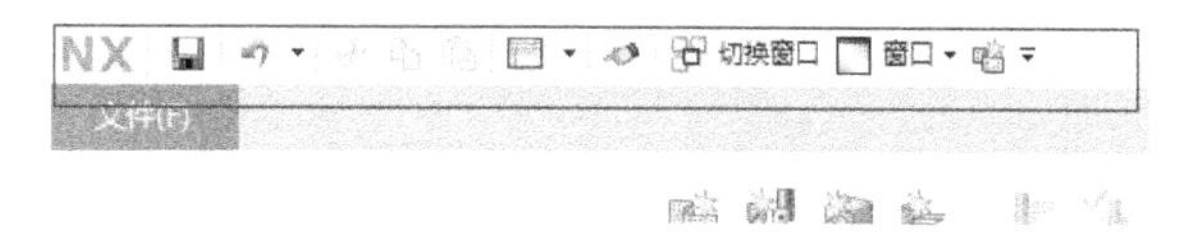

图1-3 “快捷访问”工具栏

2. “主页”选项卡

“主页”选项卡在不同模块下显示该模块下的大部分常用工具，按CTRL+ALT+M键进入加工模块，如图1-4所示，显示加工模块下的工具和命令。

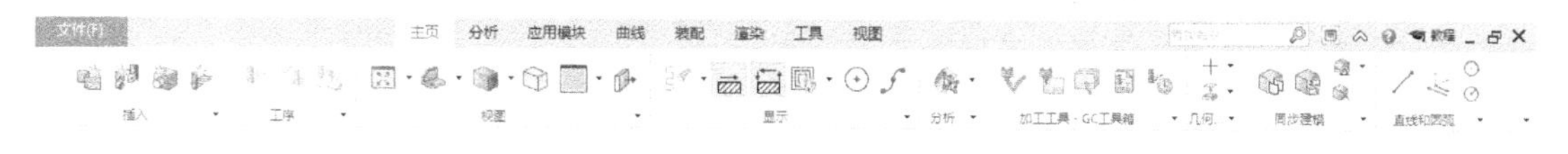

图1-4 “主页”选项卡

3. “分析”选项卡

“分析”选项卡提供加工中常用的分析工具，如图1-5所示。

图1-5 “分析”选项卡

4. “应用模块”选项卡

“应用模块”选项卡用于各个模块的相互切换，如图1-6所示。

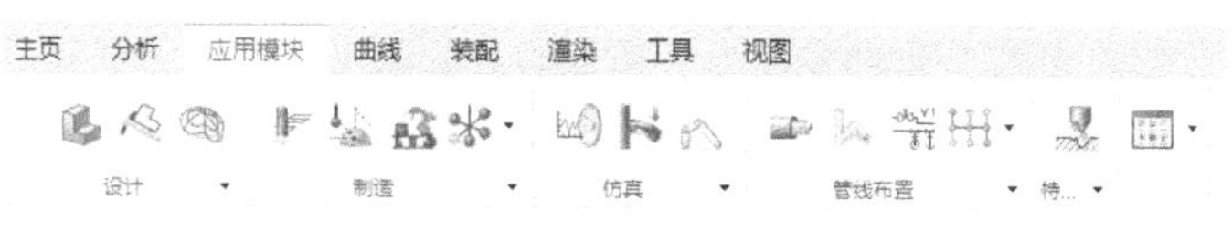

图1-6 “应用模块”选项卡

5. “曲线”选项卡

“曲线”选项卡提供建立各种形状曲线和修改曲线形状与参数的工具，如图1-7所示。

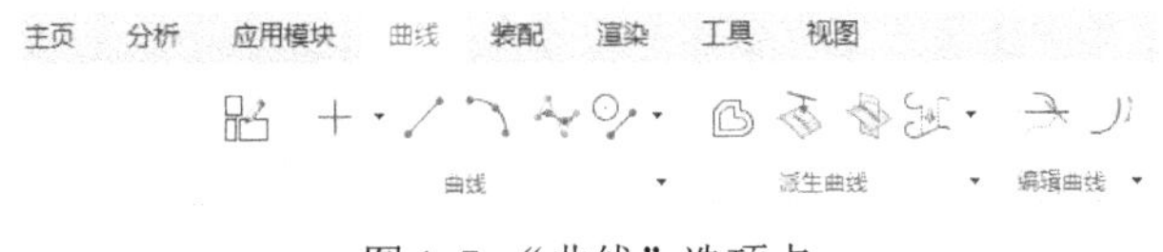

图 1-7 “曲线”选项卡

6. “视图”选项卡

“视图”选项卡是用来对图形窗口的物体进行显示操作的，如图 1-8 所示。

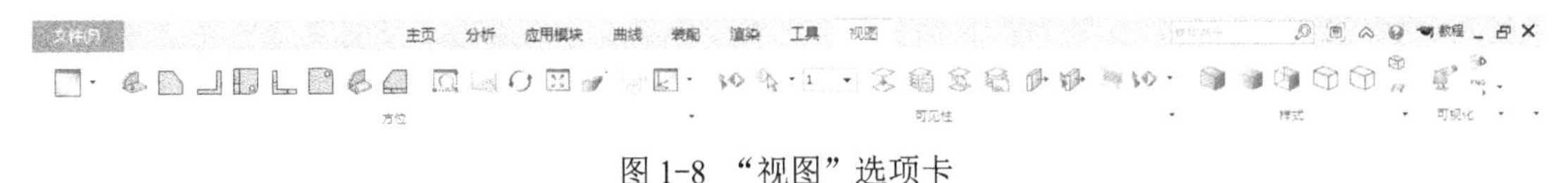

图 1-8 “视图”选项卡

提示

菜单命令选项或工具栏按钮暗显时（呈灰色），表示该菜单功能或选项在当前工作环境下无法使用。

1.3.4 工作区

工作区是绘图和编程的主区域，创建、显示和修改部件以及生成的刀轨等均在该区域。

1.3.5 坐标系

UG 中的坐标系分为工作坐标系（WCS）、绝对坐标系（ACS）和加工坐标系（MCS）。

1.3.6 快捷菜单

在工作区中右击即可打开快捷菜单，其中包含一些常用命令及视图控制命令，以方便绘图工作。

1.3.7 资源条

资源条中包括装配导航器、部件导航器、工序导航器、主页浏览器、历史记录、系统材料等。

单击资源条上方的“资源条选项”按钮⚙，弹出图 1-9 所示的“资源条”下拉设置菜单，按个人习惯设置选项，选择或取消选择“销住”选项，可以切换页面的固定和滑移状态。

图 1-9 “资源条”下拉菜单

1.3.8　提示栏和状态栏

提示栏位于绘图区的上下方，其主要用途在于提示使用者操作的步骤。提示栏左侧为状态栏，表示系统当前正在执行的操作。

提示

在操作时，初学者最好能够先了解提示栏的信息，再继续下一步骤，这样可以避免对操作步骤的死记硬背。

1.4　鼠标和键盘

1.4.1　鼠标

鼠标左键：可以在菜单或对话框中选择命令或选项，也可以在图形窗口中单击来选择对象。

Shift+鼠标左键：在列表框中选择连续的多项。

Ctrl+鼠标左键：选择或取消选择列表中的多个非连续项。

双击鼠标左键：对某个对象启动默认操作。

鼠标中键：循环完成某个命令中的所有必需步骤，然后单击“确定”按钮。

Alt+鼠标中键：关闭当前打开的对话框。

鼠标右键：显示特定对象的快捷菜单。

Ctrl+鼠标右键：单击图形窗口中的任意位置，弹出视图菜单。

1.4.2　键盘

Home 键：在正三轴视图中定向几何体。

End 键：在正等轴图中定向几何体。

Ctrl+F 键：使几何体的显示适合图形窗口。

Alt+Enter 键：在标准显示和全屏显示之间切换。

F1 键：查看关联的帮助。

F4 键：查看信息窗口。

UG 软件中默认了许多快捷键，另外可根据个人操作习惯设置一些常用功能的快捷键。

1.5　UG NX 12.0 文件的导入方法

CAD 模型是数控编程的前提和基础，其首要环节是建立被加工零件的几何模型。复杂零件建模以曲面建模技术为基础。UG NX 12.0 的 CAM 模块获得 CAD 模型的方法途径有 3 种：直接获得、直接造型和数据转换。

直接获得方式指的是直接利用已经造型好的 UG NX 12.0 的 CAD 文件。

直接造型指的是直接利用 UG NX 12.0 软件的 CAD 功能，对于一些不是很复杂的工作，在编程之前直接造型。

数据转换指的是将其他 CAD 软件生成的零件模型转换成软件间通用的文件格式。常用的文件格式有 STEP、IGS、DXF/DWG、X-T 等

UG 系统可以将已存在的零件文件导入到目前打开的零件文件或新文件中，此外还可以导入 CAM 对象。

执行导入部件命令，选择“菜单”→“文件”→“导入”→“部件”命令。

执行上述操作后，打开如图 1-10 所示的“导入部件”对话框。

另外，可以选择“文件”选项卡下“导入”下拉菜单命令来导入其他类型文件。选择“菜单”→“文件”→“导入”命令后，系统会打开如图 1-11 所示的子菜单，其中提供了 UG 与其他应用程序文件格式的接口。常用的有部件、Parasolid、CGM（Computer Graphic Metafile）、STEP、IGES、DXF/DWG 等格式文件。

Parasolid：选择该命令后，系统会打开对话框导入（*.x_t）格式文件，允许用户导入含有适当文字格式文件的实体，该文件含有可用于说明该实体的数据。导入的实体密度保持不变，表面属性（颜色、反身参数等）除透明度外，保持不变。

CGM：选择该命令可导入 CGM 文件，即标准的 ANSI 格式的计算机图形元文件。

STEP：STEP 文件是 CAD 绘图软件的 3D 图形文件的格式（扩展名），其中包含三维对象的数据；提供对产品模型数据交换的支持。

IGES：选择该命令可以导入 IGES（Initial Graphics Exchange Specification）格式文件，IGES 是可在一般 CAD/CAM 应用软件间转换的常用格式，可供各 CAD/CAM 相关应用程序转换点、线、面等对象。

AutoCAD DXF/DWG：选择该命令可以导入 DXF/DWG 格式文件，可将其他 CAD/CAM 相关应用程序导出的 DXF/DWG 文件导入 UG 中，操作与 IGES 相同。

图 1-10 “导入部件”对话框

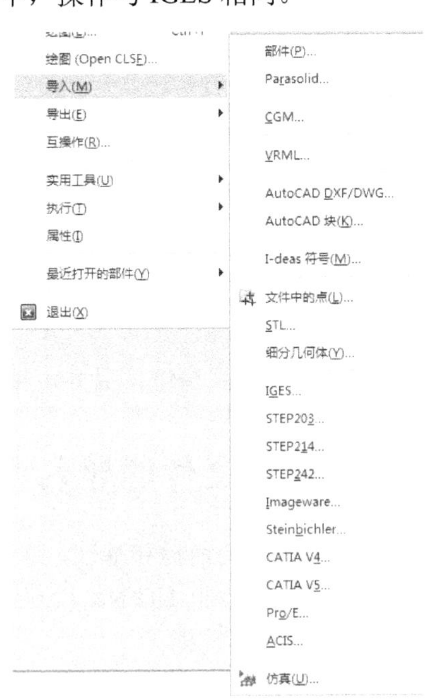

图 1-11 “导入”子菜单

1.6 UG NX 12.0 坐标系建立方法

UG 系统中共包括 3 种坐标系统，分别是绝对坐标系 ACS（Absolute Coordinate System）、工作坐标系 WCS（Work Coordinate System）和机械坐标系 MCS（Machine Coordinate System），它们都符合右手法则。

1.6.1 绝对坐标系（ACS）

绝对坐标系是系统默认的坐标系，其原点位置和各坐标轴线的方向永远保持不变，是固定坐标系，用 X、Y、Z 表示，绝对坐标系可作为零件和装配的基准。

1.6.2 工作坐标系（WCS）

工作坐标系是 UG NX 系统提供给用户的坐标系，也是经常使用的坐标系，用户可以根据需要任意移动它的位置，也可以设置属于自己的工作坐标系，用 XC、YC、ZC 表示。

1.6.3 机械坐标系（MCS）

机械坐标系一般用于模具设计、加工、配线等向导操作中。

1.6.4 坐标系的执行方式

选择“菜单”—“格式”—“WCS”命令，打开“WCS”子菜单，如图 1-12 所示。

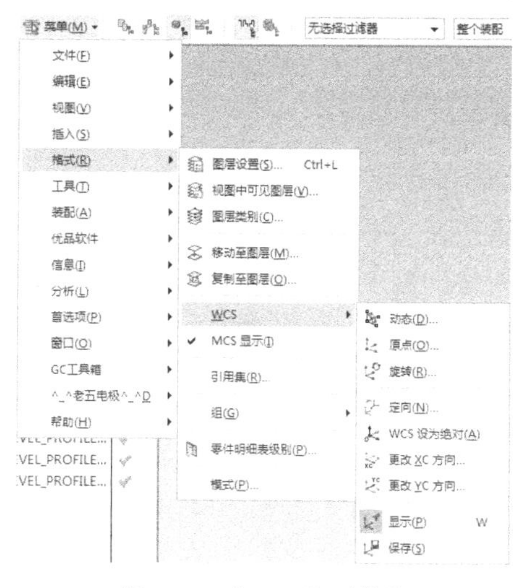

图 1-12 “WCS”子菜单

动态：该命令能通过步进的方式移动或旋转当前的 WCS，用户可以在绘图工作区中移动坐标系到指定位置，也可以设置步进参数，使坐标系逐步移动到指定的距离，如图 1-13 所示。

原点：该命令通过定义当前 WCS 的原点来移动坐标系的位置，但该命令仅仅移动坐标系的位置，而不会改变坐标轴的方向。

旋转：该命令将打开图 2-14 所示的“旋转 WCS 绕”对话框，通过当前的 WCS 绕其某一坐标轴旋转一定角度，来定义一个新的 WCS。

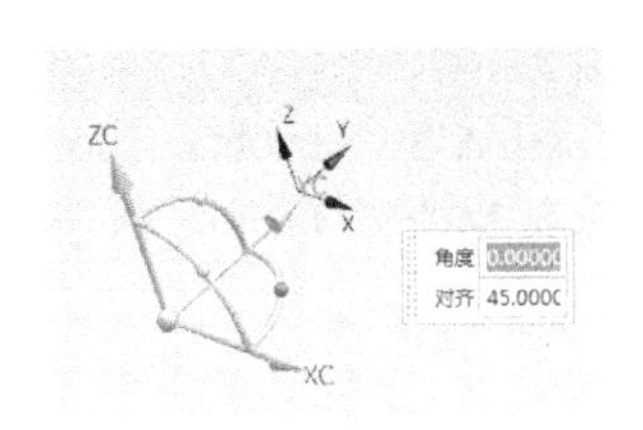

图 1-13 “动态移动”示意图

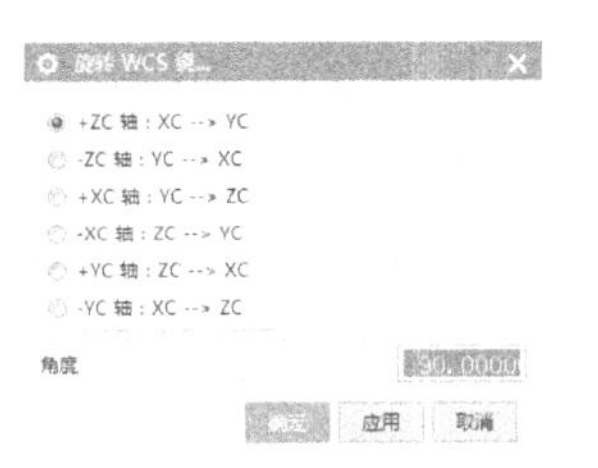

图 1-14 “旋转 WCS 绕”对话框

用户通过“旋转 WCS 绕”对话框可以选择坐标系统绕哪个轴旋转，同时指定从一个轴转向另一个轴，在“角度”文本框中输入需要旋转的角度。

提示

可以直接双击坐标系将坐标系激活，处于可移动状态，用鼠标拖动原点处的方块，可以沿 X、Y、Z 方向任意移动，也可以绕任意坐标轴旋转。

更改 XC 方向：选择该命令，系统打开“点”对话框，在该对话框中选择点，系统以原坐标系的原点和该点在 XC-YC 平面上的投影点的连线方向作为新坐标系的 XC 方向，而原坐标系的 ZC 方向不变。

更改 YC 方向：选择该命令，系统打开“点”对话框，在该对话框中选择点，系统以原坐标系的原点和该点在 XC-YC 平面上的投影点的连线方向作为新坐标系的 YC 方向，而原坐标系的 ZC 方向不变。

显示：系统会显示或隐藏当前的工作坐标按钮。

保存：系统会保存当前设置的工作坐标系，以便在以后的工作中调用。

1.7 UG NX 12.0 图层的运用

图层就是在空间中使用不同的层次来放置几何体。UG 中的图层功能类似于设计工程师在透明覆盖层上建立模型的方法，一个图层类似于一个透明的覆盖层。图层的最主要功能是在复杂建模的时候可以控制对象的显示、编辑和状态。

“图层”就是一个工作层。为了便于用户对模具设计或加工编程工作的管理，通常将模具各组件放在不同的单个工作层中进行设计、编辑及保存等操作。若要对某个模具组件进行编辑修改，只需将组件所在的层设为当前工作层即可。

在上边框条“视图组”的“图层”菜单中包含了图层工具，如图 1-15 所示。

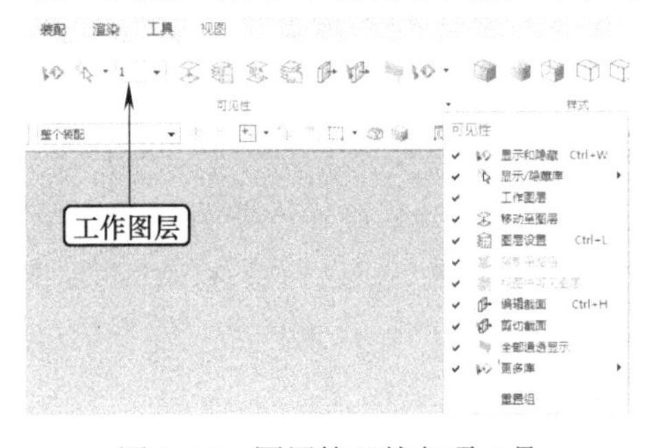

图 1-15 图层管理的各项工具

1.7.1　图层的设置

用户可以在任何一个或一组图层中设置该图层是否显示和是否变换工作图层等。

“图层设置”就是对图层进行工作图层、可见及不可见图层的设置，并定义图层的类别名称。在“图层”菜单中选择“图形设置”命令，打开“图层设置”对话框，如图 1-16 所示。

工作图层：定义创建对象所在的图层。输入需要设置为当前工作层的图层号，当输入图层号后，系统会自动将其设置为工作图层。

按范围/类别选择图层：用于输入范围或按图层种类的名称进行筛选操作，在文本框中输入种类名称并确定后，系统会自动将所有属于该种类的图层选取，并改变其状态。

类别过滤器：在文本框中输入“*”，表示接受所有图层种类。

图层在视图中可见：这个功能的作用是确定图层中的模型视图在屏幕中是否可见，即显示与不显示。执行【图层在视图中可见】命令，打开“视图中可见图层”对话框，如图 1-17 所示。

图层类别：指创建命名的图层组。

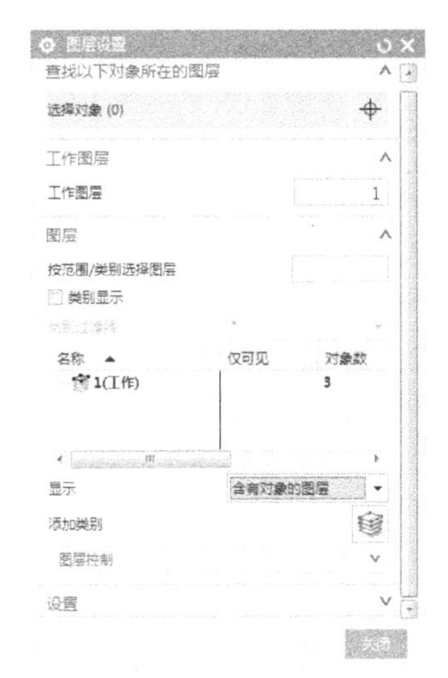

图 1-16 “图层设置”对话框

图 1-17 “视图中可见图层”对话框

1.7.2　图层的其他操作

1. *移动至图层*

此功能是将当前工作图层中的某个部件移动到其他图层中。若此部件所在图层未被设置为工作图层，那么即使是可见的，也无法再对其进行任何编辑。当用户在当前工作图层中选择一个组件后，选择“移动至图层”命令，打开“图层移动”对话框，如图 1-18 所示。

2. *复制至图层*

复制至图层就是将工作图层中的一个对象复制到其他图层中，原对象仍然保留在当前工作图层。当用户在当前工作图层中选择一个组件后，执行“复制至图层”命令，则打开“图层复制”对话框，如图 1-19 所示。

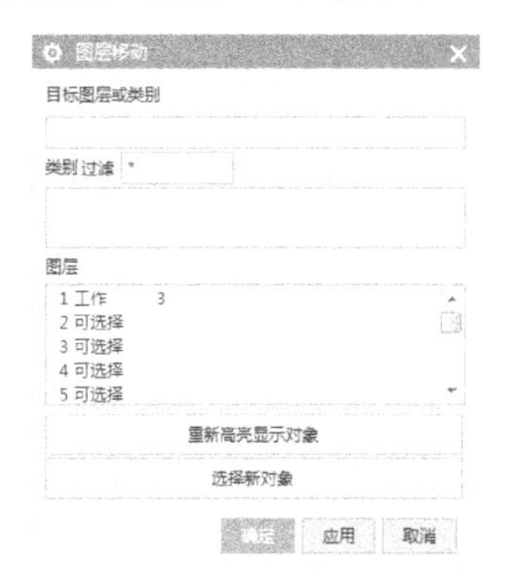

图 1-18 “图层移动”对话框

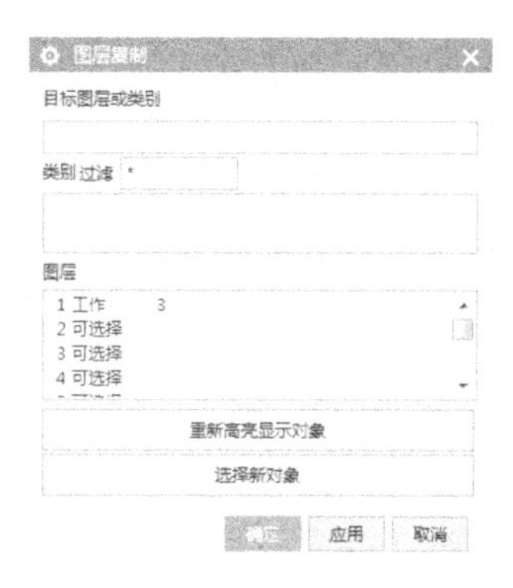

图 1-19 “图层复制”对话框

1.8 UG NX 12.0 隐藏/显示功能的运用

当工作区内图形太多、不便于操作时，需要暂时将不需要的对象隐藏，如模型中的草图、基准面、曲线、尺寸、坐标和平面等。

1.8.1 隐藏/显示对象的操作

隐藏/显示对象一般有以下两种途径。

1）选择“菜单”→“编辑”→“显示和隐藏”命令，如图 1-20 所示。

2）单击“视图”选项卡“可见性”组中的按钮。如图 1-21 所示。

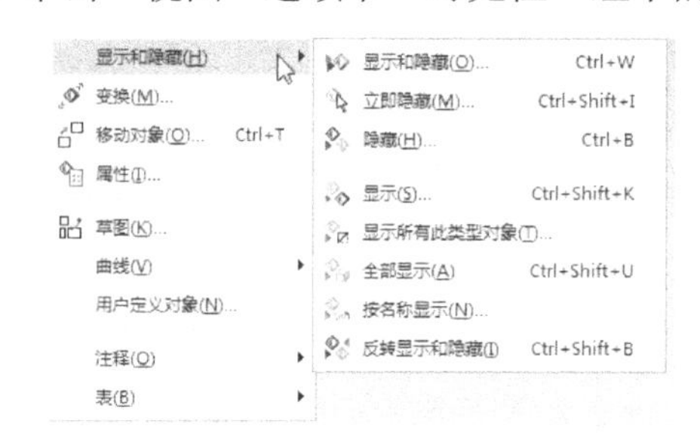

图 1-20 “显示和隐藏”子菜单

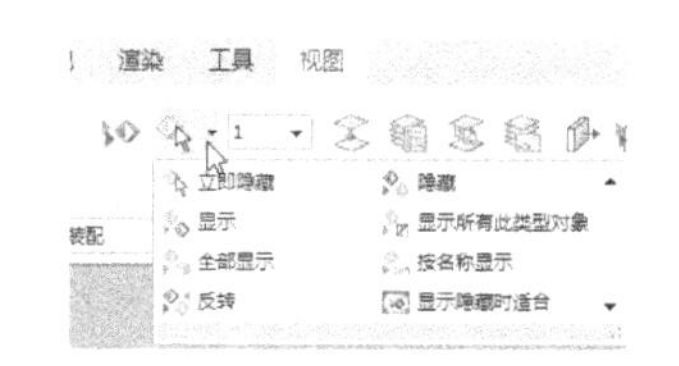

图 1-21 “显示/隐藏”工具栏

1.8.2 显示和隐藏的子菜单

“显示和隐藏”子菜单中的命令说明如下。

显示和隐藏 Ctrl+W：选择该命令，打开图 1-22 所示的“显示和隐藏”对话框，可控制窗口中某一类型的对象的显示和隐藏。

立即隐藏 Ctrl+Shift+I：隐藏选定的对象。

隐藏 Ctrl+B：选择此命令，打开“类选择”对话框，可以通过类型选择需要隐藏的对象。

也可以先选择图素对象后再按 Ctrl+B 直接隐藏选定的图素对象。

显示 Ctrl+Shift+K：将所选的隐藏对象重新显示出来。选择此命令，打开“类选择”对话框，此时工作区中将显示所有已经隐藏的对象，在其中选择需要重新显示的对象即可。

显示所有此类型对象：该命令将重新显示某类型的所有隐藏对象，打开“选择方法”对话框，如图 1-23 所示，通过类型、图层、其他、重置、颜色 5 个选项来确定对象类别。

全部显示 Ctrl+Shift+U：选择此命令，将重新显示所有在可选层上的隐藏对象。

按名称显示：显示在组件属性对话框中命名的隐藏对象。

反转显示和隐藏 Ctrl+Shift+B：该命令用于反转当前所有对象的显示或隐藏状态，即显示的对象将会全部隐藏，而隐藏的对象将会全部显示。

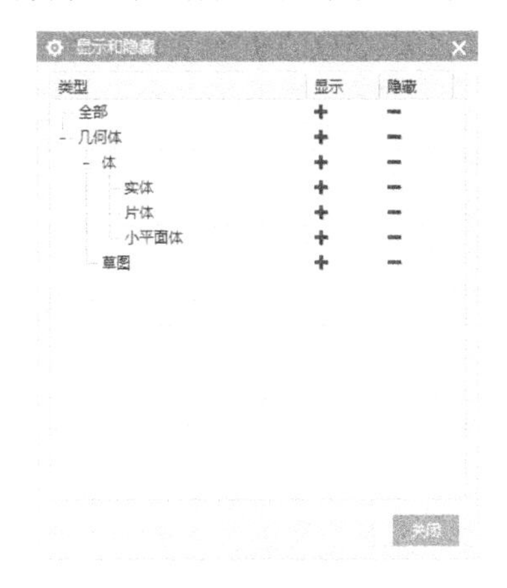

图 1-22 “显示和隐藏”对话框

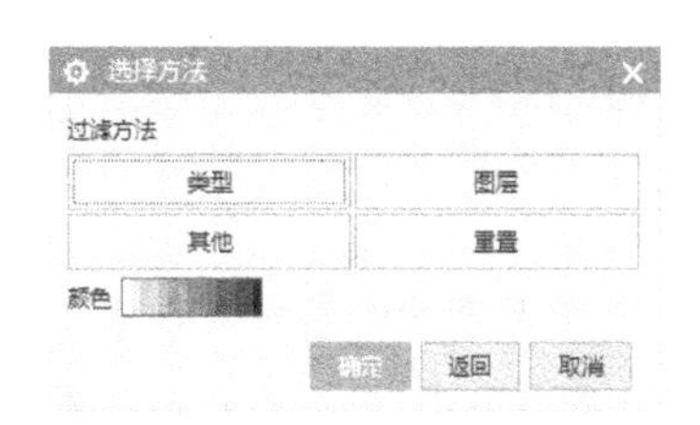

图 1-23 “选择方法”对话框

1.9 UG NX 12.0 草图绘图

草图是 UG 建模中建立参数化模型的一个重要工具。通常情况下，用户的三维设计应该从草图设计开始，通过 UG 中提供的草图功能建立各种基本曲线，对曲线进行几何约束和尺寸约束，然后对二维草图进行拉伸、旋转或者扫掠就可以很方便地生成三维实体。此后模型的编辑修改，主要在相应的草图中完成后即可更新模型。

1.9.1 进入草图环境

草图是位于指定平面上的曲线和点所组成的一个特征，其默认特征名为 SKETCH。草图由草图平面、草图坐标系、草图曲线和草图约束等组成；草图平面是草图曲线所在的平面，草图坐标系是 XY 平面（草图平面），草图坐标系由用户在建立草图时确定。一个模型中可以包含多个草图，每一个草图都有一个名称，系统通过草图名称对草图及其对象进行引用。

在“建模”模块中选择菜单栏中的“插入”→“任务环境中的草图”命令，打开图 1-24 所示的“创建草图”对话框。

选择“在平面上”或在图形中选择现有平面，单击“确定”按钮，进入草图环境，如图 1-25 所示。

图 1-24 “创建草图”对话框

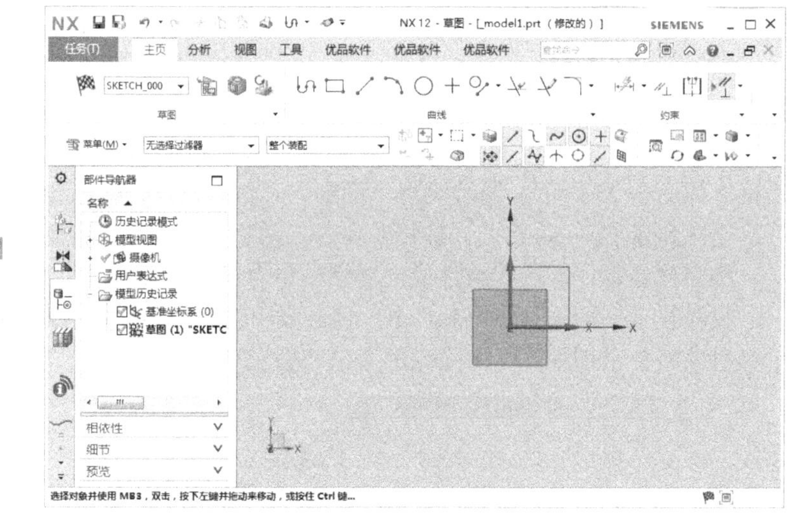

图 1-25 草图工作环境

1.9.2 草图的绘制命令

1. 轮廓

绘制单一或者连续的直线和圆弧。

STEP 01 在功能区单击“主页”→轮廓“ ”按钮，打开图 1-26 所示的“轮廓”对话框。

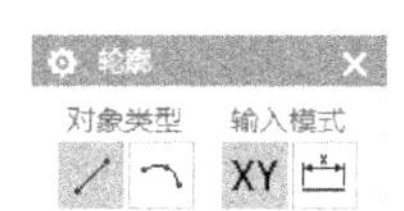

图 1-26 “轮廓”对话框

STEP 02 在适当的位置单击或直接输入坐标确定直线第一点。

STEP 03 移动鼠标在适当位置单击或直接输入坐标完成第一条直线的绘制。

（1）对象类型

直线：在工作区选择两点绘制直线。

圆弧：在工作区选择一点，输入半径，然后在工作区选择另一点，或者根据相应约束和扫描角度绘制圆弧。当从直线连接圆弧时，将创建一个两点圆弧。如果在线串模式下绘制的第一个点是圆弧，则可以创建一个三点圆弧。

（2）输入模式

XY 坐标模式：使用 X 和 Y 坐标值创建曲线点。

参数模式：使用与直线或圆弧曲线类型对应的参数创建曲线点。

2. 直线

STEP 01 在功能区单击“主页”→直线“ ”按钮，打开如图 1-27 所示的“直线”对话框。

图 1-27 “直线”对话框

STEP 02 在适当的位置单击或直接输入坐标确定直线第一点。

STEP 03 移动鼠标在适当位置单击或直接输入坐标完成第一条直线的

绘制。

STEP 04 可以重复 STEP 2 和 STEP 3 绘制其他直线。

输入模式

XY 坐标模式：使用 X 和 Y 坐标值创建直线起点或终点。

参数模式：使用长度或角度参数创建直线起点或终点。

3. 圆弧

STEP 01 在功能区单击“主页”→圆弧“⌒”按钮，打开图 1-28 所示的“圆弧”对话框。

STEP 02 在适当的位置单击或直接输入坐标确定圆弧第一点。

STEP 03 在适当的位置单击确定圆弧第二点。

STEP 04 在适当的位置单击确定圆弧第三点，创建圆弧曲线。

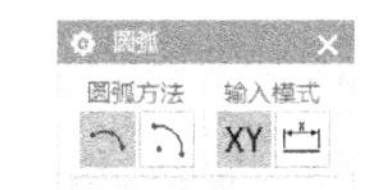

图 1-28 “圆弧”对话框

（1）圆弧方法

三点定圆弧：创建一条经过三个点的圆弧。

中心和端点定圆弧：用于通过定义中心、起点和终点来创建圆弧。

（2）输入模式

XY 坐标模式：使用 X 和 Y 坐标值来指定圆弧的点。

参数模式：用于指定三点定圆弧的半径参数。

4. 圆

STEP 01 在功能区单击“主页”→圆弧“○”按钮，打开图 1-29 所示的“圆”对话框。

图 1-29 “圆”对话框

STEP 02 在适当的位置单击或直接输入坐标确定圆心。

STEP 03 输入直径或拖动鼠标到适当位置单击确定直径。

（1）圆方法

圆心和直径定圆：通过指定圆心和直径绘制圆。

三点定圆：通过指定三点绘制圆。

（2）输入模式

XY 坐标模式：使用 X 和 Y 坐标值来指定圆的点。

参数模式：用于指定圆的直径参数。

5. 矩形

使用此命令可通过三种方式来创建矩形。

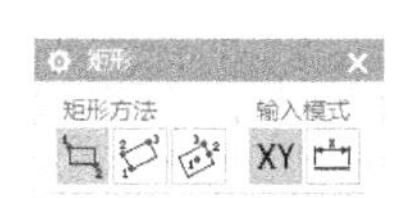

图 1-30 “矩形”对话框

（1）按 2 点创建矩形

STEP 01 在功能区单击“主页”→矩形“□”按钮，打开图 1-30 所示的“矩形”对话框。

STEP 02 在“矩形”对话框中选择按 2 点创建矩形方法

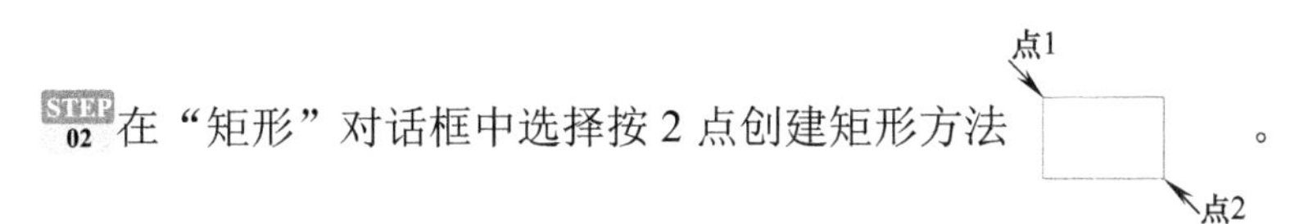

。

STEP 03 在适当的位置单击或直接输入坐标确定矩形的第 1 点。

STEP 04 移动鼠标在适当位置单击或直接输入宽度和高度确定矩形的第 2 点。

STEP 05 单击鼠标左键创建矩形。

（2）按 3 点创建矩形

STEP 01 在功能区单击“主页”→矩形“□”按钮。

STEP 02 在“矩形”对话框中选择按 3 点创建矩形方法 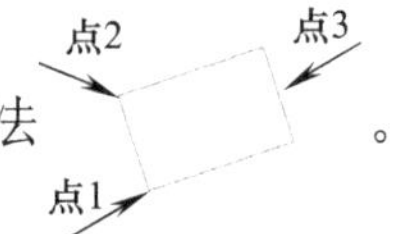

。

STEP 03 在适当的位置单击或直接输入坐标确定矩形的第 1 点。

STEP 04 在适当的位置单击或直接输入宽度、高度和角度确定矩形的第 2 点。

STEP 05 在适当的位置单击或直接输入宽度、高度和角度确定矩形的第 3 点。

STEP 06 单击鼠标左键创建矩形。

（3）从中心创建矩形

STEP 01 在功能区单击“主页”→矩形“□”按钮。

STEP 02 在“矩形”对话框中选择从中心创建矩形方法 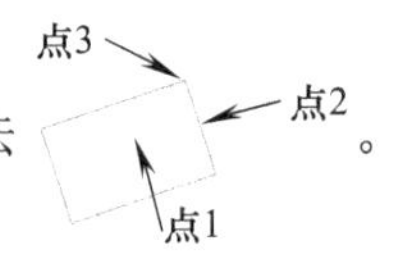

。

STEP 03 在适当的位置单击或直接输入坐标确定矩形的中心点。

STEP 04 在适当的位置单击或直接输入宽度、高度和角度确定矩形的宽度。

STEP 05 在适当的位置单击或直接输入宽度、高度和角度确定矩形的高度。

STEP 06 单击鼠标左键创建矩形。

（4）输入模式

XY 坐标模式：使用 X 和 Y 坐标值来指定矩形的点。

参数模式：用于相关参数值为矩形指定点。

6. 圆角

使用此命令可以在两条曲线之间创建一个圆角。

STEP 01 在功能区单击“主页”→圆角“”按钮，打开图 1-31 所示的“圆角”对话框。

STEP 02 选择要创建圆角的两条曲线。

STEP 03 移动鼠标确定圆角的大小和位置，也可以输入半径值。

STEP 04 单击鼠标左键创建圆角，示意图如图 1-32 所示。

（1）圆角方法

修剪：修剪曲线。

取消修剪：使曲线保持原状态，产生圆角。

（2）选项

删除第三条曲线：删除选定的第三条曲线。

创建备选圆角：预览互补的圆角。

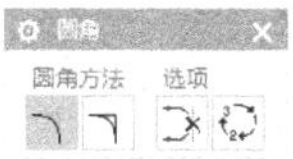

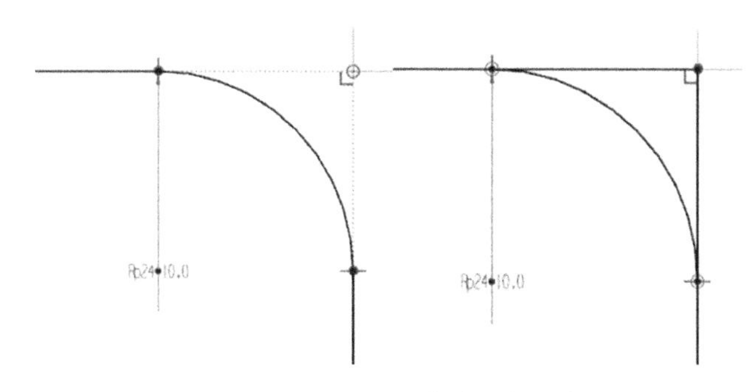

图 1-31 “圆角”对话框

图 1-32 创建圆角示意图

a）选择“修剪”　b）选择“取消修剪”

7. 倒斜角

使用此命令可以斜接两条草图线之间的尖角。

STEP 01 在功能区单击“主页”→“倒斜角”按钮，打开如图 1-33 所示的“倒斜角”对话框。

STEP 02 选择倒斜角的横截面方式。

STEP 03 选择要创建倒斜角的曲线，或选择交点。

STEP 04 移动鼠标确定倒斜角位置，也可以直接输入参数。

STEP 05 单击鼠标创建倒斜角，如图 1-34 所示。

图 1-33 “倒斜角”对话框

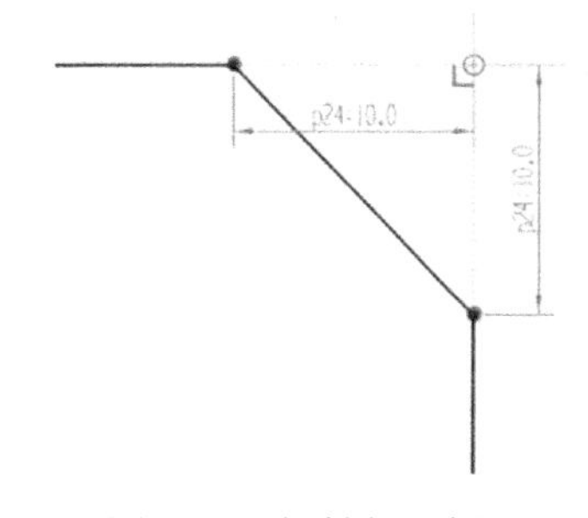

图 1-34 倒斜角示意图

（1）要倒斜角的曲线

选择直线：通过在相交直线上方拖动光标以选择多条直线，或按照一次选择一条直线的方法选择多条直线。

修剪输入曲线：勾选此复选项，修剪倒斜角的曲线。

（2）偏置

1）倒斜角

对称：指定倒斜角与交点有一定距离，且垂直于等分线。

非对称：指定沿选定的两条直线分别测量的距离值。

偏置和角度：指定倒斜角的角度和距离值。

距离：指定倒斜角的角度和距离值。

距离 1/距离 2：设置从交点到第 1 条/第 2 条直线的倒斜角的距离。

角度：设置从第一条直线到倒斜角的角度。

2）指定点：指定倒斜角的位置。

8. 快速修剪

该命令可以将曲线修剪至任何方向最近的实际交点或虚拟交点。

STEP 01 在功能区单击“主页”→快速修剪“ ”按钮，打开图 1-35 所示的“快速修剪”对话框。

STEP 02 在单条曲线上修剪多余部分，或者拖动光标划过曲线，划过的曲线都被修剪。

STEP 03 单击“关闭”按钮，结束修剪。

1）边界曲线：选择位于当前草图中或者出现在该草图前面的曲线、边、基本平面等。

2）要修剪的曲线：选择一条或多条要修剪的曲线。

3）修剪至延伸线：指定是否修剪至一条或多条多余边界曲线的虚拟延伸线。

9. 快速延伸

该命令可以将曲线延伸至它与另一条曲线的实际交点或虚拟交点。

STEP 01 在功能区单击“主页”→快速延伸“ ”按钮，打开图 1-36 所示的“快速延伸”对话框。

图 1-35 “快速修剪”对话框

图 1-36 “快速延伸”对话框

STEP 02 在单击需要延伸的曲线。

STEP 03 单击“关闭”按钮，结束延伸。

1）边界曲线：选择位于当前草图中或者出现在该草图前面的曲线、边、基本平面等。

2）要修剪的曲线：选择要延伸的曲线。

3）修剪至延伸线：指定是否延伸到边界曲线的虚拟延伸线。

1.10 UG NX 12.0 常用的实体曲面功能

相对于单纯的实体建模和参数化建模，UG 采用的是复合建模方法。该方法是基于特征的实体建模方法，是在参数化建模方法的基础上采用了一种所谓“变量化技术”的设计建模方法，对参数化建模技术进行了改进。

UG 不仅提供了基本的特征建模，而且提供了 20 多种自由曲面造型的创建方式，用户可以利用它们完成各种复杂曲面及非规则实体的建模。

本节主要介绍 UG NX 12.0 在加工、拆电极中常用的一些建模功能。

在功能区单击“应用模块”→建模“ ”按钮，或按快捷键 CTRL+M，进入建模模块。

1.10.1　拉伸

通过在指定方向上将截面拉伸一个线性距离来生成实体。

STEP 01 **打开图档**。在 UG NX 12.0 主界面单击“菜单”→“文件”→“打开”，打开光盘“HC-2D”文件夹中的 HC-T1 文件，如图 1-37 所示。再根据 2D 图样用拉伸方法把零件画出来，如图 1-38 所示。

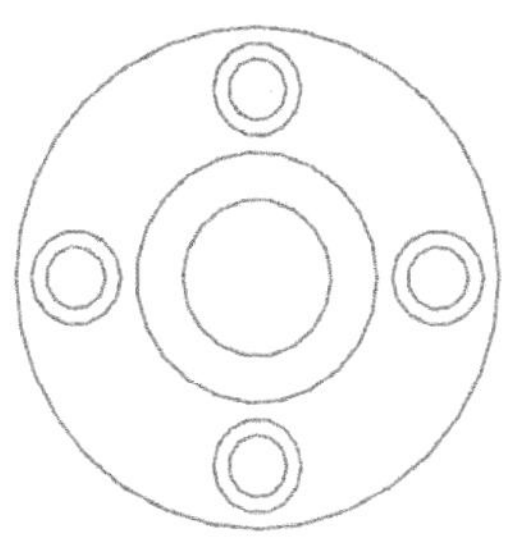

图 1-37　文件 HC-T1

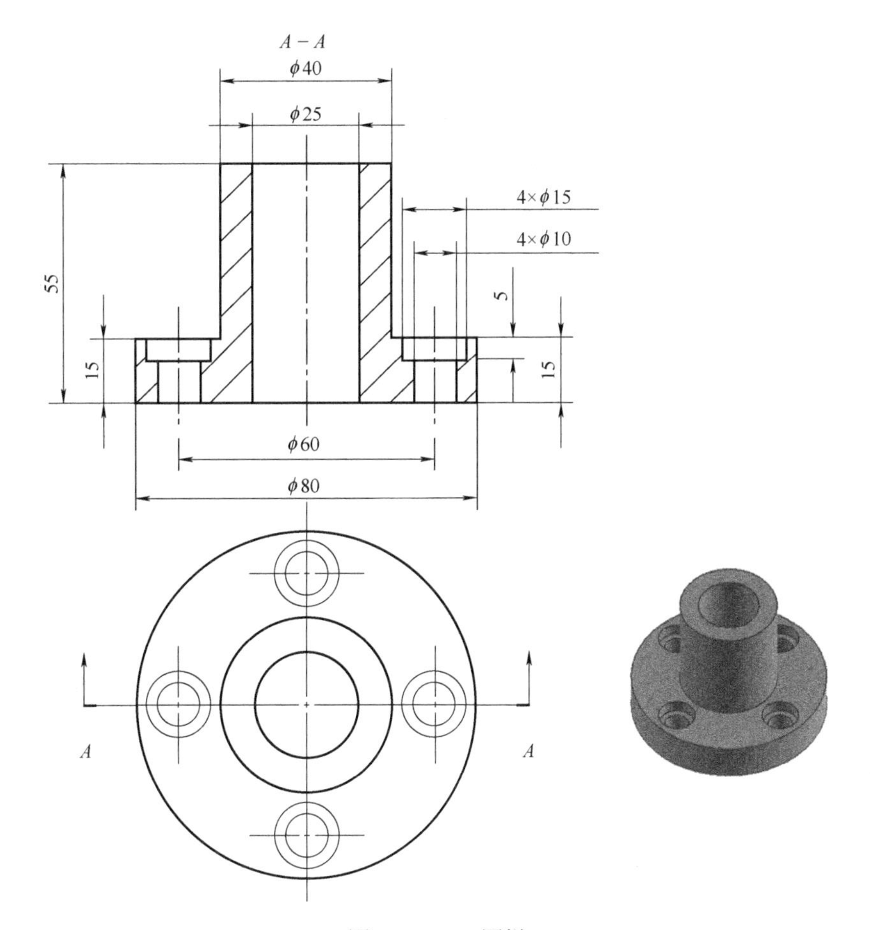

图 1-38　2D 图样

STEP 02 **拉伸ϕ80 主体**。在功能区单击“主页”→拉伸“ ”按钮，打开如图 1-39 所示的“拉伸”对话框。在工作区选择ϕ80 圆向下拉伸主体，如图 1-40 所示。单击“确定”或“应用”生成实体。

图 1-39 “拉伸”对话框 1

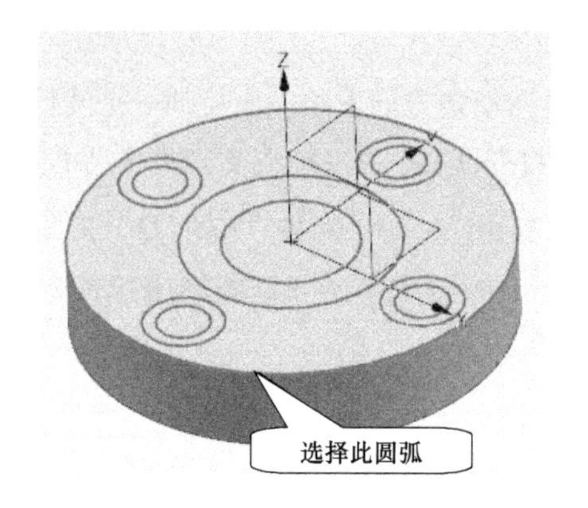

图 1-40 拉伸主体

STEP 03 拉伸ϕ40 圆柱。在功能区单击“主页”→拉伸“ ”按钮，弹出“拉伸”对话框，在工作区选择ϕ40 圆向上拉伸实体，“布尔”项选择“合并”，参数设置如图 1-41 所示。单击“确定”或“应用”生成实体，如图 1-42 所示。

图 1-41 “拉伸”对话框 2

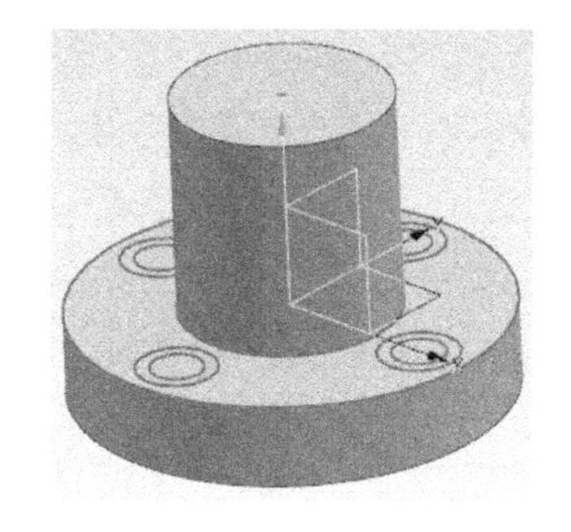

图 1-42 拉伸实体 1

STEP 04 拉伸ϕ25 和ϕ10 通孔。颜色显示的时候不好选择中间ϕ25 圆，在功能区单击“视图”→静态线框“ ”按钮。

在功能区单击“主页”→拉伸“ ”按钮，弹出“拉伸”对话框，在工作区选择ϕ25 圆和ϕ10 拉伸实体，“布尔”项选择“减去”，参数设置如图 1-43 所示。单击“确定”或“应用”生成实体，如图 1-44 所示。

图 1-43　“拉伸”对话框 3

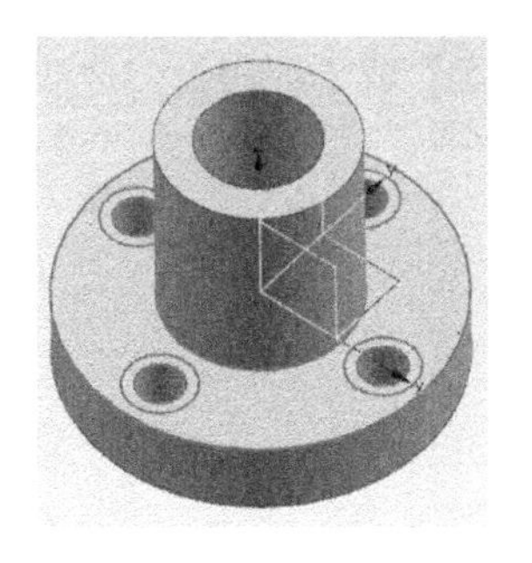

图 1-44　拉伸实体 2

STEP 05 **拉伸ϕ15 沉头孔**。在功能区单击“主页”→拉伸“ ”按钮，弹出“拉伸”对话框，在工作区选择ϕ15 圆拉伸实体，“布尔”项选择“减去”，参数设置如图 1-45 所示。单击“确定”或“应用”生成实体，如图 1-46 所示。

图 1-45　“拉伸”对话框 4

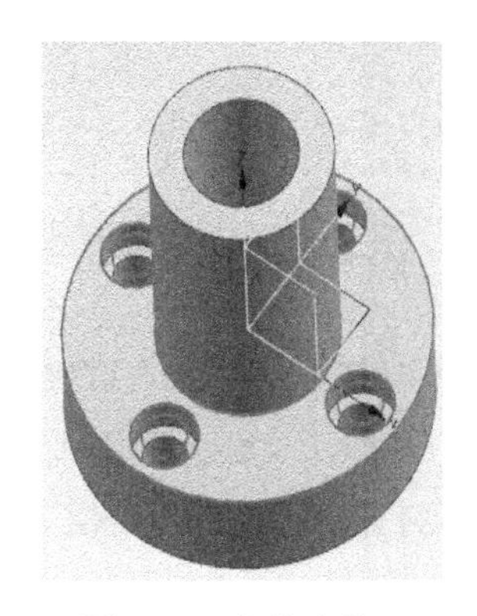

图 1-46　拉伸实体 3

1.10.2 旋转

通过绕给定的轴以非零角度旋转截面曲线来生成一个特征，可以从基本横截面开始并生成圆或部分圆的特征。

STEP 01 **打开图档**。在 UG NX 12.0 主界面单击“菜单”→“文件”→“打开”，打开光盘“HC-2D”文件夹中的 HC-T2 文件，如图 1-47 所示。

STEP 02 **旋转实体**。在功能区单击“主页”→旋转“ ”按钮，弹出“旋转”对话框，在工作区选择截面外形，在“旋转”对话框中设置矢量为 Z 轴，指定点为原点，如图 1-48 所示。单击“确定”或“应用”生成实体，如图 1-49 所示。

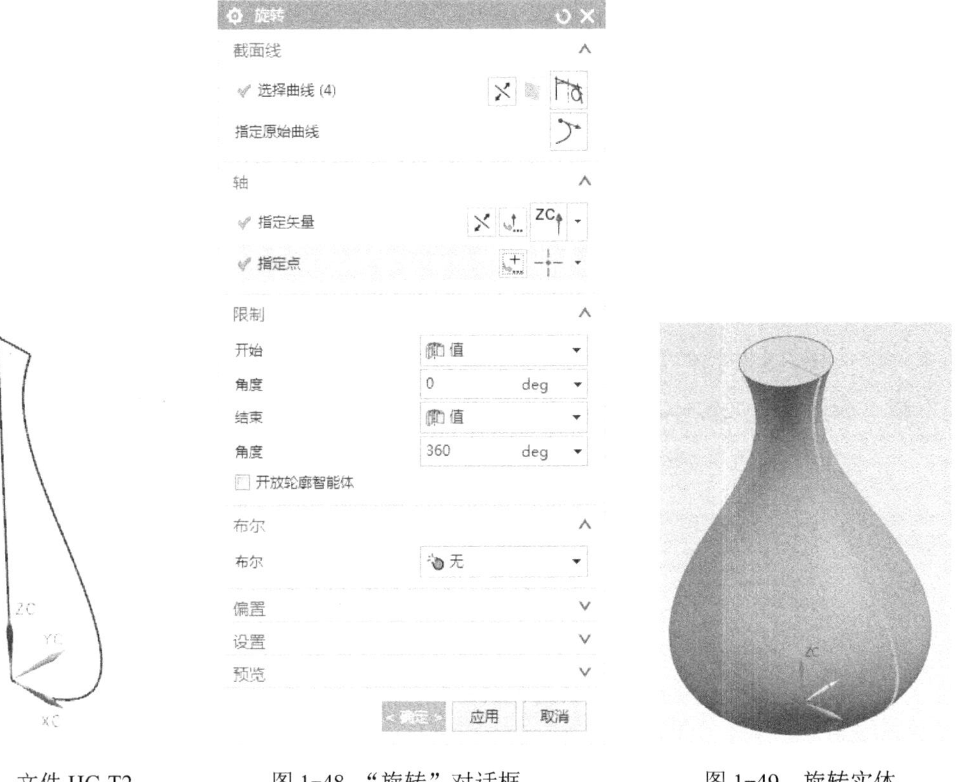

图 1-47 文件 HC-T2　　图 1-48 “旋转”对话框　　图 1-49 旋转实体

1.10.3 沿引导线扫掠

通过沿着由一个或一系列曲线、边或面构成的引导线串（路径）拉伸开放的或封闭的边界草图、曲线、边或面来生成单个体。

STEP 01 **打开图档**。在 UG NX 12.0 主界面单击“菜单”→“文件”→“打开”，打开光盘“HC-2D”文件夹中的 HC-T3 文件，如图 1-50 所示。

STEP 02 **沿引导线扫掠**。在功能区单击“菜单”→“插入”→“扫掠”→“沿引导线扫掠”

命令，弹出“沿引导线扫掠”对话框，如图 1-51 所示，选择截面外形和引导线，单击“确定”生成实体，如图 1-52 所示。

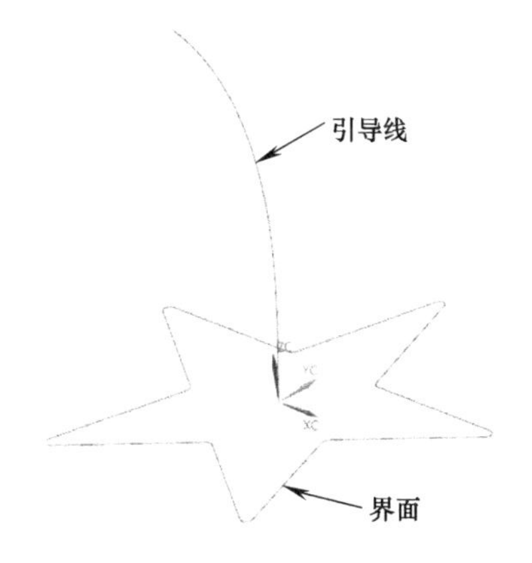

图 1-50　文件 HC-T3

图 1-51 “沿引导线扫掠”对话框

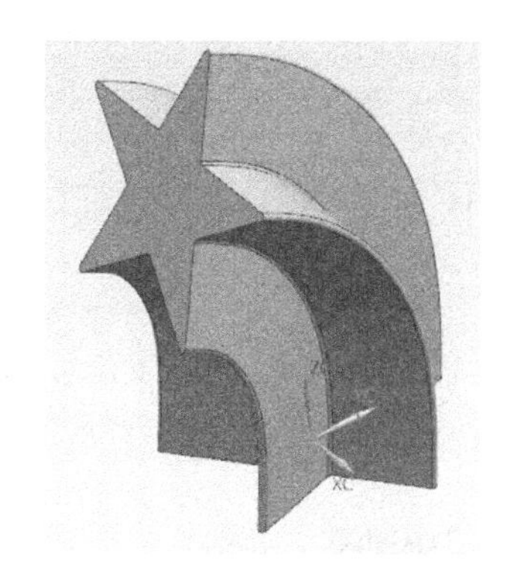

图 1-52　沿引导线扫掠

1.10.4　通过曲线组

该功能通过同一方向上的一组曲线轮廓线生成一个体。这些曲线轮廓称为截面线串。用户选择的截面线串定义体的截面。截面线串可以由单个对象或多个对象组成。对象可以是曲线、实边或实面。

STEP 01 **打开图档**。在 UG NX 12.0 主界面单击“菜单”→“文件”→“打开”，打开光盘“HC-2D”文件夹中的 HC-T4 文件，如图 1-53 所示。

STEP 02 **通过曲线组**。在功能区单击“菜单”→“插入”→“网格曲面”→“通过曲线组”命令，弹出“通过曲线组”对话框，如图 1-54 所示。

选择第 1 个圆作为第 1 个截面线串并单击鼠标中键以完成选择。继续选择其他曲线并添加为新截面。单击“确定”生成实体，如图 1-55 所示。

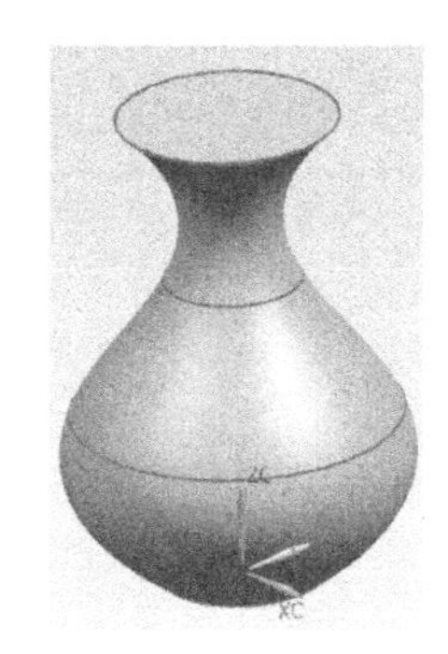

图 1-53　文件 HC-T4　　图 1-54　“通过曲线组”对话框　　图 1-55　生成实体

提示

选取截面线串时，一定要注意选取顺序，而且每选择一条截面线，都要单击鼠标中键或在“通过曲线组”对话框中单击“添加新集”。

1.10.5　边倒圆

该功能用于在实体边缘去除材料或添加材料，使实体上的尖锐边缘变成圆滑表面（圆角面）。可以沿一条边或多条边同时进行倒圆操作。沿边的长度方向，倒圆半径可以不变，也可以是变化的。

STEP 01 **打开图档**。在 UG NX 12.0 主界面单击“菜单”→“文件”→“打开”，打开光盘“HC-2D”文件夹中的 HC-T5 文件。

STEP 02 **边倒圆**。在功能区单击“主页”→边倒圆“ ”按钮，弹出“边倒圆”对话框，如图 1-56 所示。

选择平面边缘 4 条边和凸台根部 4 条边，输入半径 4，单击“确定”生成圆角，如图 1-57 所示。

图 1-56 “边倒圆”对话框

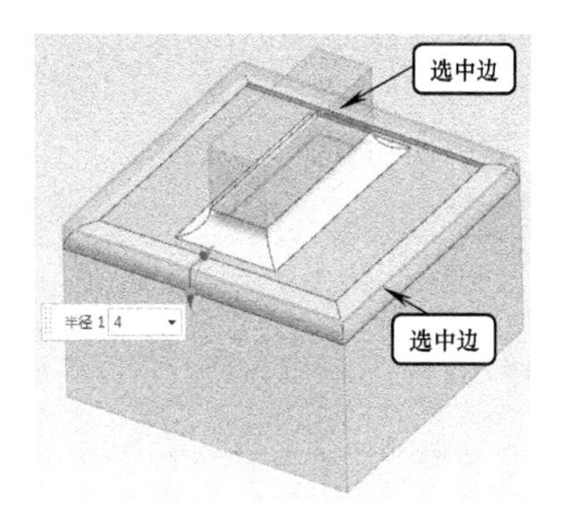

图 1-57　生成圆角

1.10.6　倒斜角

该功能定义所需的倒角尺寸来在实体的边上形成斜角。

STEP 01 打开图档。在 UG NX 12.0 主界面单击“菜单”→“文件”→“打开”，打开光盘“HC-2D”文件夹中的 HC-T5 文件。

STEP 02 倒斜角。在功能区单击“主页”→倒斜角“ ”按钮，弹出“倒斜角”对话框，如图 1-58 所示。

选择平面边缘 4 条边和凸台根部 4 条边，输入斜角距离 4，单击“确定”生成倒角，如图 1-59 所示。

图 1-58 “倒斜角”对话框

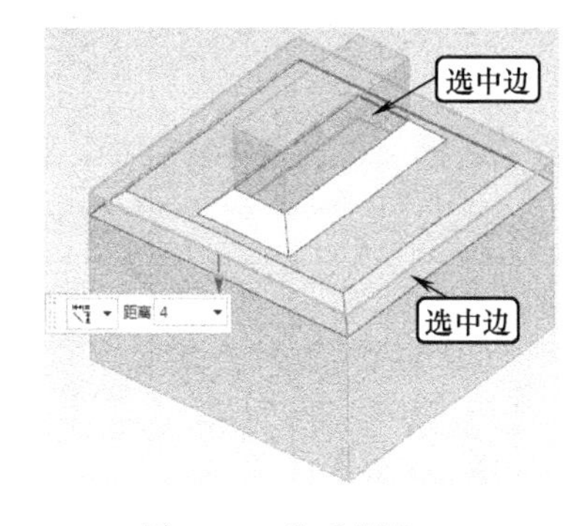

图 1-59　生成倒角

1.10.7　替换面

该命令能够用另一个面替换一组面，同时还能重新生成相邻的圆角面。当需要改变面的几何体时，比如需要简化它或用一个复杂的曲面替换它时，就使用该命令。

STEP 01 打开图档。在 UG NX 12.0 主界面单击“菜单”→“文件”→“打开”，打开光盘“HC-2D”

文件夹中的 HC-T6 文件，如图 1-60 所示。

STEP 02 **替换面**。在功能区单击“主页”→替换面“ ”按钮，弹出“替换面”对话框，如图 1-61 所示。

在图形中选择一组原始面，再切换到“替换面”项，旋转图形选择底面为替换面，单击“确定”，替换面后如图 1-62 所示。

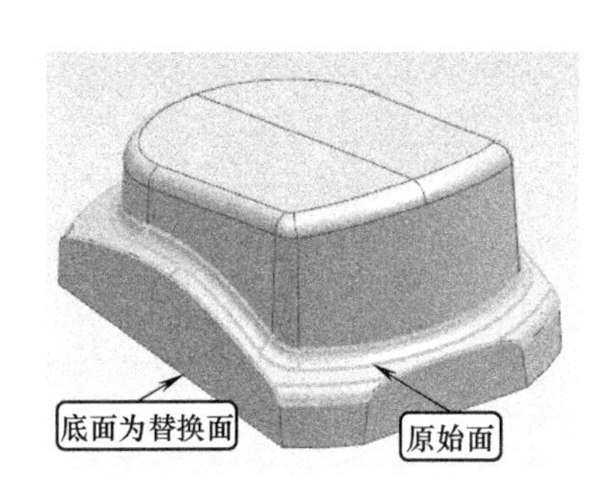

图 1-60　文件 HC-T6

图 1-61　“替换面”对话框

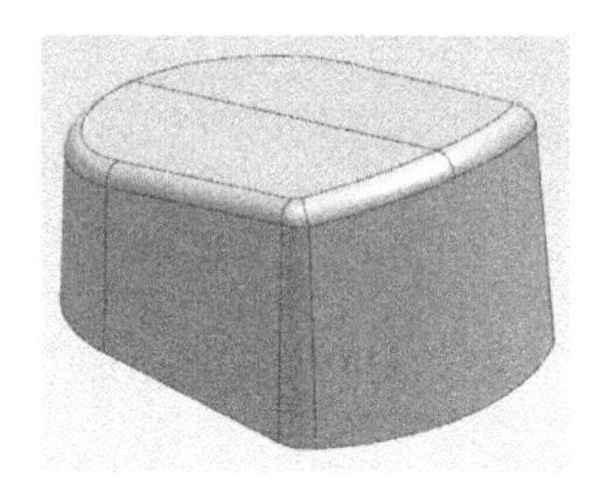

图 1-62　替换面之后

1.10.8　偏置区域

该命令可以在单个步骤中偏置一组面或一个整体。相邻的圆角面可以有选择地重新生成。偏置区域忽略模型的特征历史，是一种修改模型的快速而直接的方法。它的另一个好处是能重新生成圆角。

STEP 01 **打开图档**。在 UG NX 12.0 主界面单击“菜单”→“文件”→“打开”，打开光盘“HC-2D”文件夹中的 HC-T7 文件，如图 1-63 所示。

STEP 02 **偏置区域**。在功能区单击“主页”→偏置区域“ ”按钮，弹出“偏置区域”对话框，如图 1-64 所示。

在图形中选择一组需要偏置的面，输入偏置 2，单击“确定”，偏置区域如图 1-65 所示。

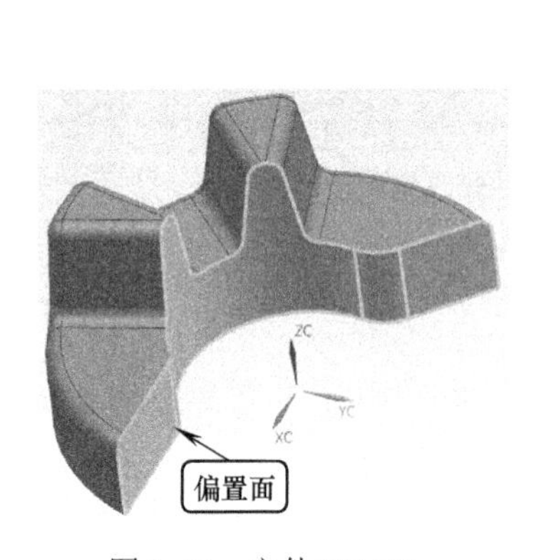

图 1-63　文件 HC-T7

图 1-64　“偏置区域”对话框

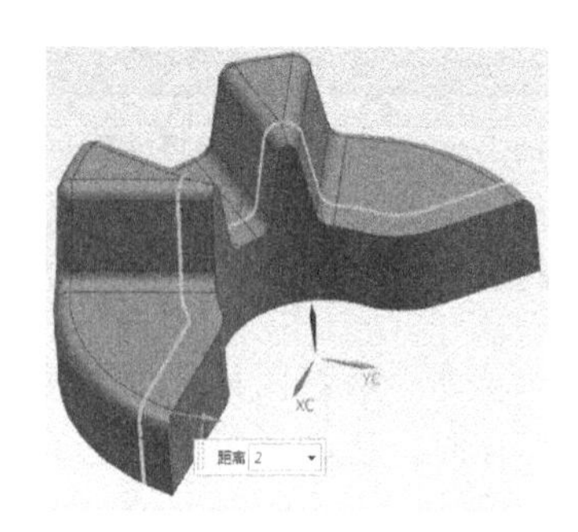

图 1-65　偏置区域

1.10.9 删除面

该命令可以将单个或一组特征进行删除，重新生成新的特征。

STEP 01 **打开图档**。在 UG NX 12.0 主界面单击“菜单”→“文件”→“打开”，打开光盘“HC-2D”文件夹中的 HC-T8 文件，如图 1-66 所示。

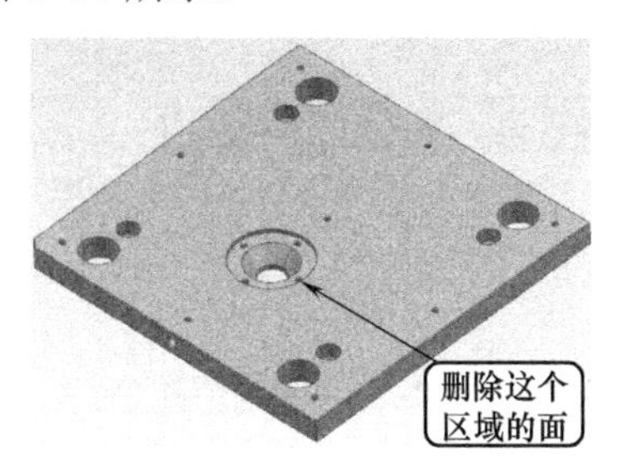

图 1-66 文件 HC-T8

STEP 02 **删除面**。在功能区单击“主页”→删除面“ ”按钮，弹出“删除面”对话框，如图 1-67 所示。

调整视角按 F8，对角窗选要删除的面，如图 1-68 所示，单击“确定”，删除后如图 1-69 所示。

图 1-67 “删除面”对话框

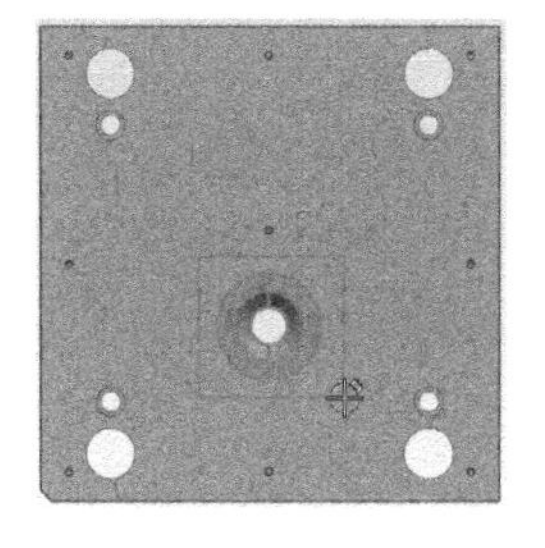

图 1-68 对角窗选要删除的面

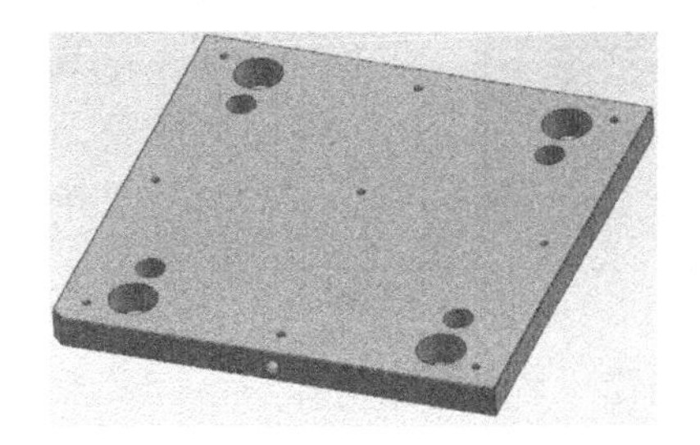

图 1-69 删除面后

第2章 UG NX 12.0 CAM 加工基础

2.1 UG NX 12.0 编程基本操作要点

2.1.1 进入加工模块

在“应用模块”中选择“加工”图标 或按快捷键 Ctrl+Alt+M，进入加工模块，如图 2-1 所示。

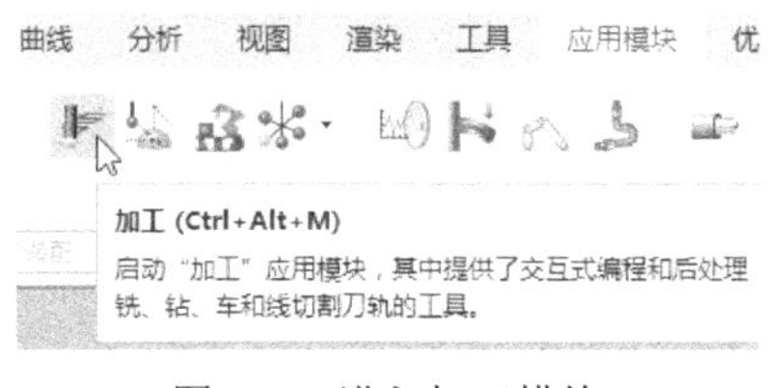

图 2-1 进入加工模块

提示

当前工作在加工模块时，打开的文件将直接进入加工模块。

打开的文件原先在加工模块下保存的可直接进入加工模块。

进入加工模块后，可以进行部分建模设计和部件参数的更改。

2.1.2 对象的选择

选择对象是最常用的操作，UG NX 12.0 提供了快捷的选择工具条，如图 2-2 所示。在其“类型过滤器”下拉列表框中，可以指定具体的选择类型，下拉列表框根据不同的环境自动变换内容，使用很方便。例如在执行拉伸、旋转等命令时，会自动弹出选择意图工具条，如图 2-3 所示。

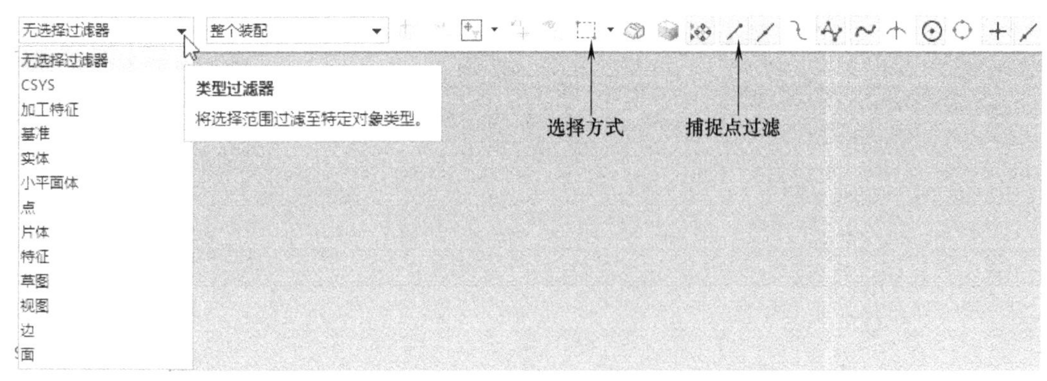

图 2-2 选择工具条

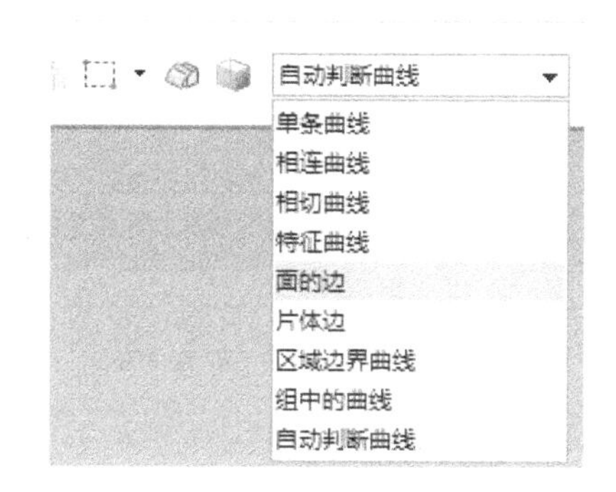

图 2-3　选择意图工具条

2.1.3　分析工具

UG NX 12.0 的分析功能非常强大，在这里只是从加工的角度出发，介绍几个常用和关键的命令。在确定加工步骤并决定选择什么刀具之前，以及在加工过程中，都需要对模型进行分析和测量，最常用到的是距离测量，角度测量、几何属性、曲线和曲面半径的分析。“分析”子菜单如图 2-4 所示。

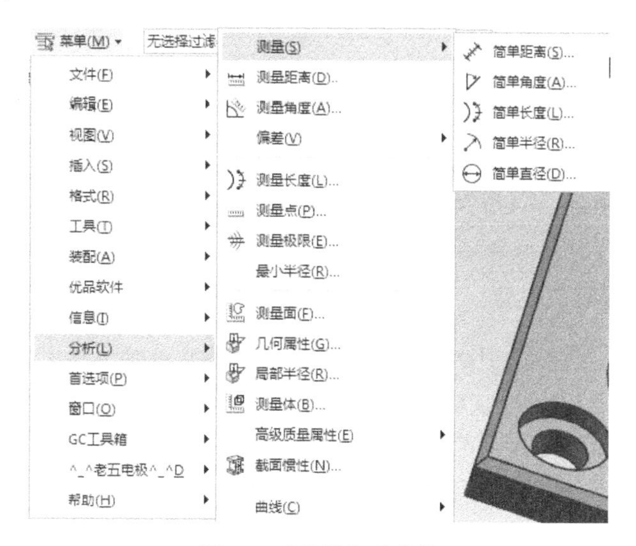

图 2-4　“分析”子菜单

1．测量

测量包括简单距离、简单角度、简单长度、简单半径、简单直径五种测量方法，是经过简化后的测量工具，只针对相应的方式测量。

2．测量距离

在主菜单中选择“分析”→“测量距离”命令，打开“测量距离”对话框，如图 2-5 所示。该功能主要用于测量模型的大小、凹槽的宽度、刀轨的长度等。当在“结果显示”中的“显示信息窗口”前打钩，会打开“信息”对话框，在对话框中显示了 2D 距离，两对象的 X、Y、Z 三个轴向上的距离（增量距离）以及两点的坐标，如图 2-6 所示。其中，XC、YC、

ZC 为工作坐标，X、Y、Z 为绝对坐标。

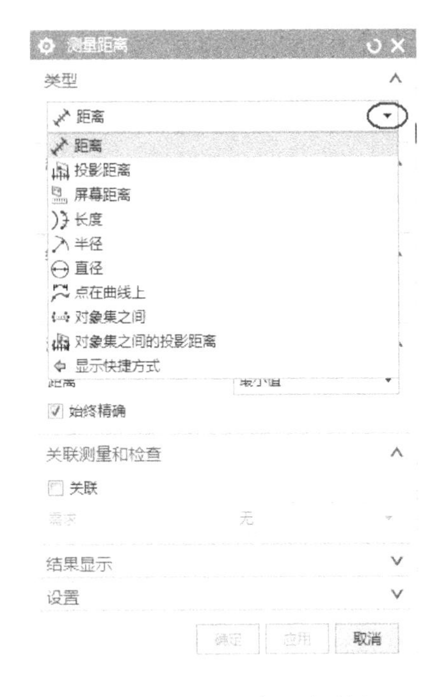

图 2-5 “测量距离”对话框

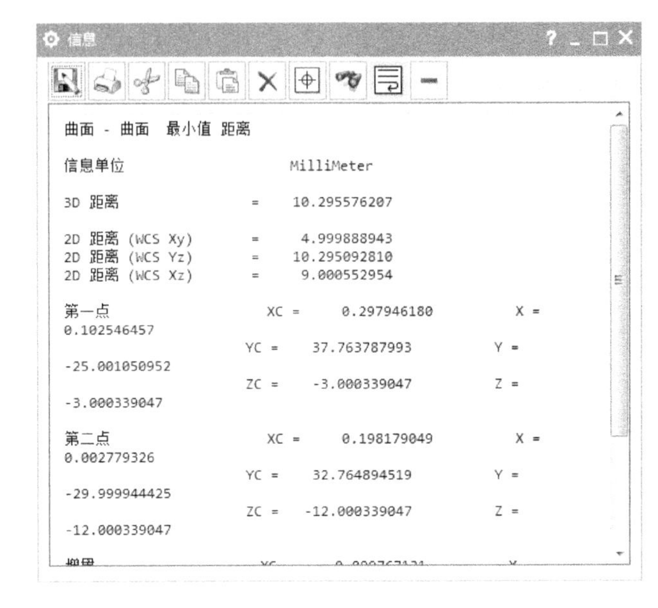

图 2-6 “信息”对话框

3. 几何属性的动态分析

在主菜单中选择“分析”→“几何属性”命令，打开“几何属性”对话框，在绘图区图形表面移动鼠标指针，会自动捕捉模型曲面上的点，并在显示框中动态显示该点的信息。图 2-7 为分析曲面时所显示的参数。

图 2-7 动态分析曲面上的点

该命令主要用于分析模型内圆角的半径、模型上任意点的坐标值，以便确定刀具和设定加工参数。

4. 分析曲面的最小半径

数控加工过程中，在选择刀具之前，必须先分析模型曲面的最小内圆角的半径，用来确定要选择的最小刀具。选择“分析”→“最小半径”命令，打开图 2-8 所示的“最小半径”对话框。

此时可以选择模型上的多个曲面进行分析。当选择了对话框中的“在最小半径处创建点”复选框时，将在最小半径处生成一个点，并用箭头指示。

图 2-8 “最小半径”对话框

5. 投影距离

测量指定的两点或两个对象在指定的矢量方向上的距离，使用时必须先定义矢量方向。

6. 测量长度

测量单个曲线的长度或者多个串联的曲线的总长。

2.1.4 初始设置

在 UG NX 中编程的核心部分是创建工序。在创建工序前，有必要进行初始设置，从而可以更方便地进行操作的创建。初始设置主要是一些组参数的设置，包括程序组、刀具、几何体、方法等，设置完成这些参数后，在创建工序时就可以直接调用。创建组参数可以在图 2-9 所示的插入组工具条上单击相应的图标进行。

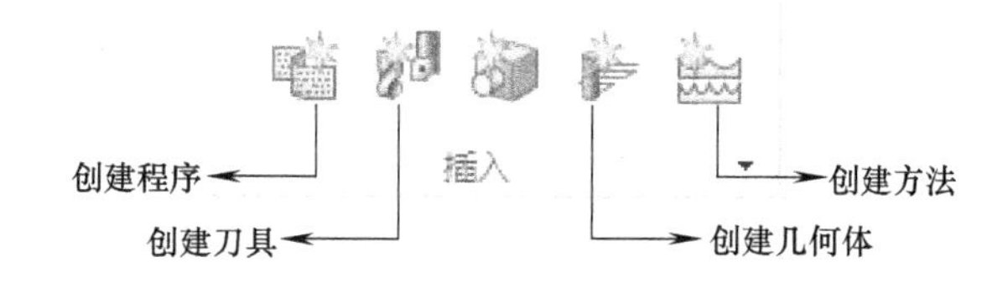

图 2-9 插入组工具条

1. 程序顺序视图

该视图模式管理操作决定操作输出的顺序，即按照刀具路径的执行顺序列出当前零件中的所有操作，显示每个操作所属的程序组和每个操作在机床上执行的顺序。每个操作的排列顺序决定了后处理的顺序和生成刀具位置源文件（CLSF）的顺序。

在该视图模式下包含多个参数栏目，例如名称、路径、刀具等，用于显示每个操作的名称以及操作的相关信息。其中在“换刀”列中显示该操作相对于前一个操作是否更换刀具，而“刀轨”列中显示该操作对应的刀具路径是否生成，此外在其他列中显示其他类型名称，如图 2-10 所示。

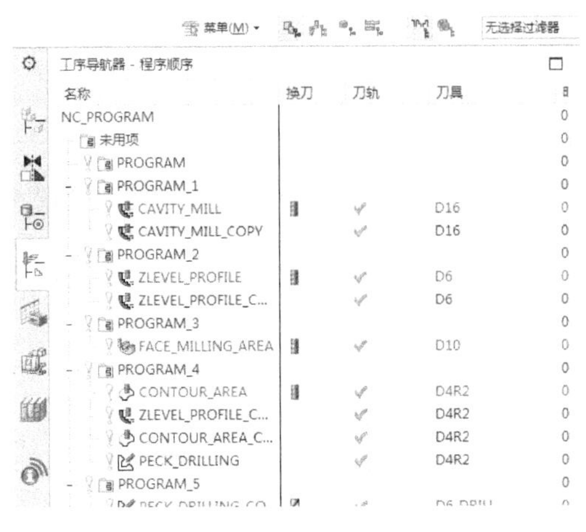

图 2-10　程序顺序视图

提示

视图中的参数栏目，可通过右击导航器空白处，在打开的快捷菜单中选择“列”→“配置”选项，然后在打开的“导航器属性”对话框自定义列类型。

2. 机床视图

机床视图按照切削刀具来组织各个操作，其中列出了当前零件中存在的所有刀具，以及使用这些刀具的操作名称，如图 2-11 所示。其中“描述”列中显示当前刀具和操作的相关信息，并且每个刀具的所有操作显示在刀具的子节点下面。

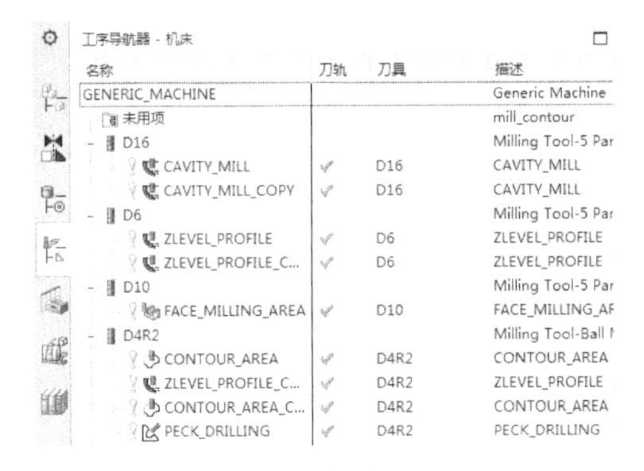

图 2-11　机床视图

提示

在机床视图中，可使用同一把刀的所有操作一次性进行后处理，但需要注意的是操作在刀具子节点下的排列顺序，并且后处理应当以排列顺序为基准。

3. 几何视图

在加工几何视图中显示了当前零件中存在的几何组的坐标系，以及这些几何组和坐标系的操作名称。并且这些操作位于几何组和坐标系的子节点下面。此外，相应的操作将继承该父节点几何组和坐标系的所有参数，如图 2-12 所示。操作必须位于设定的加工坐标系子节点下方，否则后处理的程序将会出错。

4. *加工方法视图*

在加工方法视图中显示了当前零件中存在的加工方法，例如粗加工、半精加工、精加工等，以及使用这些方法的操作名称等信息，如图 2-13 所示。

图 2-12　几何视图

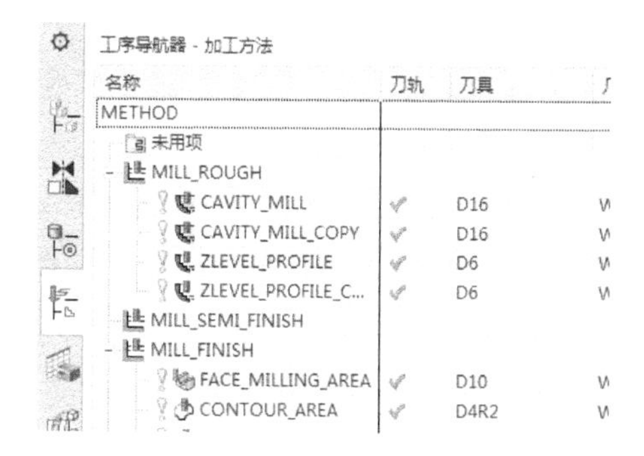

图 2-13　加工方法视图

2.2　型腔铣加工子类型

创建工序时，选择“类型”为“mill_contour”，可以选择多种子类型，如图 2-14 所示，第一行 6 种操作子类型属于型腔铣的子类型。各种类型的说明见表 2-1。不同子类型的加工对象选择、切削方法、加工区域判断将有所差别。

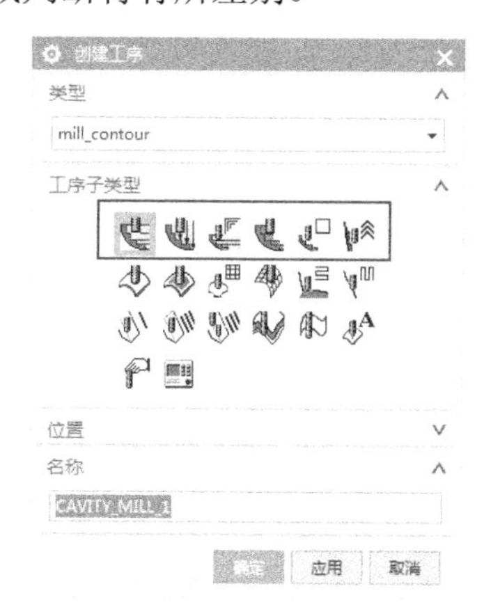

图 2-14　创建工序

表 2-1　型腔铣的子类型

图　标	中 文 含 义	说　明
	型腔铣	标准型腔铣，适合各种零件的粗加工
	插铣	以钻削方法去除材料的铣削加工
	拐角粗加工	清理角落残料的型腔铣
	剩余铣	以残余材料为毛坯的型腔铣
	深度轮廓铣	切削方式为沿着轮廓的型腔铣
	深度加工拐角	清理角落部位的等高轮廓铣

2.2.1 型腔铣加工范例

型腔铣的加工特征是刀具路径在同一高度内完成一层切削，遇到曲面时将绕过，下降一个高度进行下一层的切削。系统按照零件在不同深度的截面形状计算各层的刀具轨迹。

型腔铣可用于大部分零件的粗加工，以及直壁或者斜度不大的侧壁精加工。通过限定高度值，型腔铣可用于平面的精加工以及清角加工等。

STEP 01 打开图档。在 UG NX 12.0 主界面单击“菜单”→“文件”→“打开”，打开光盘“HC-Examples”文件夹中的 HC-01 文件，如图 2-15 所示。

STEP 02 进入加工模块。在功能区单击“应用模块”→加工“ ”按钮或按快捷键 CTRL+ALT+M，进入加工模块。进入加工模块时，系统会弹出“加工环境”对话框，如图 2-16 所示。选择“CAM 会话配置”和“要创建的 CAM 组装”的相应项后单击“确定”按钮，启用加工配置。

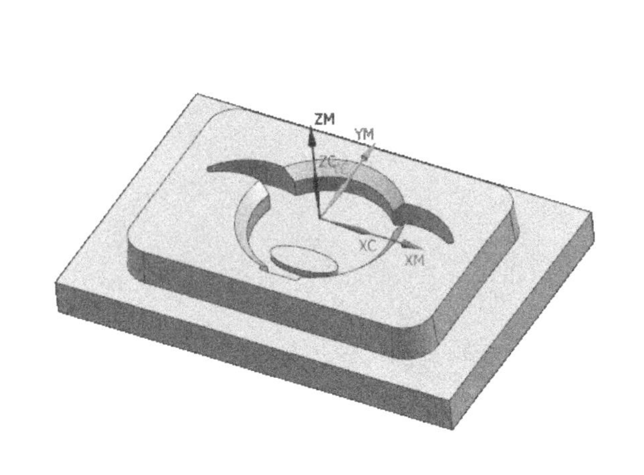

图 2-15 图形 HC-01

图 2-16 加工环境设置

“CAM 会话配置”用于选择加工所使用的机床类型。“要创建的 CAM 组装”是在加工方式中选定一个加工模版集。在 3 轴数控编程中，将“CAM 会话配置”设置为“cam_general”，而“要创建的 CAM 组装”设置为 mill_planar（平面铣）、mill_contour（轮廓铣）或 hole_making（孔加工）。

STEP 03 创建程序组。在功能区单击“主页”→创建程序“ ”按钮，然后如图 2-17 所示操作。

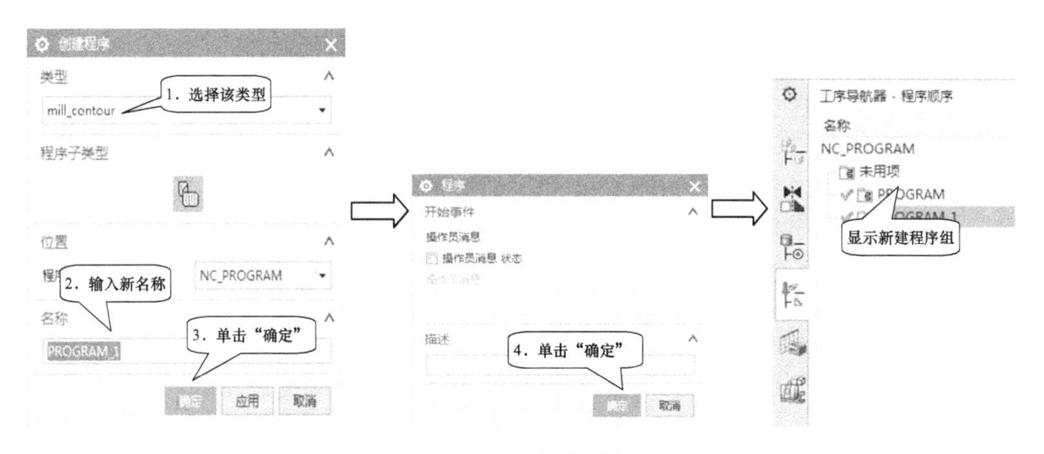

图 2-17　创建程序组

STEP 04 **创建刀具**。通过对图形分析，开粗使用 D30R5 的刀具。在工序导航器空白处右击，通过选择快捷菜单命令可以自由切换各个视图，如图 2-18 所示；也可以在功能区单击相应视图切换按钮进行切换，如图 2-19 所示。

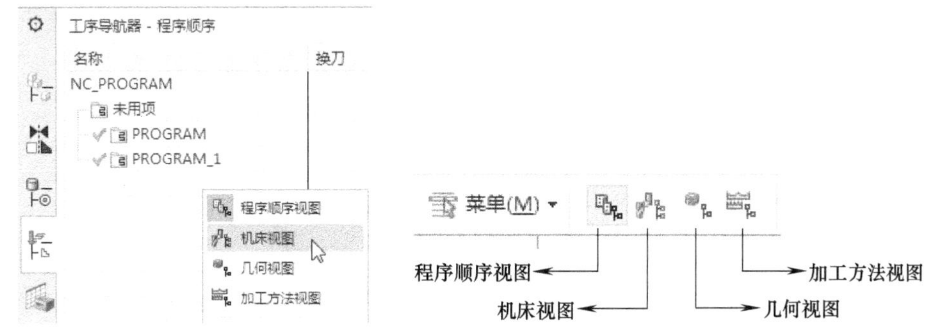

图 2-18　右击视图切换　　　　图 2-19　视图切换按钮

在功能区单击“主页”→创建刀具“ ”按钮，然后如图 2-20 所示操作。

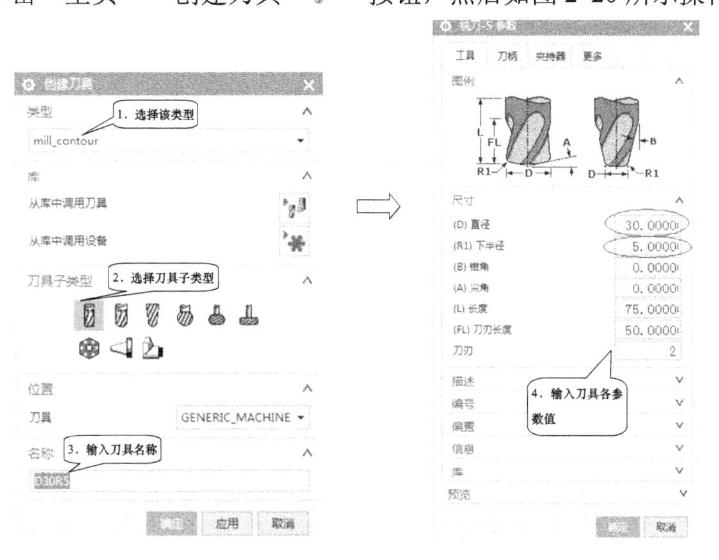

图 2-20　创建刀具

STEP 05 **创建加工坐标系。**加工坐标系是指定加工几何在数控机床的加工工位，即加工坐标系 MCS，该坐标系的原点称为对刀点。

进入加工模块后，在几何视图中有一个默认的坐标系和几何体，如图 2-21 所示。可以直接双击“MCS-MILL”进行更改和设置。如何删除加工坐标系，右击“MCS-MILL”，选择“删除”即可，如图 2-22 所示。

图 2-21　几何视图　　图 2-22　删除加工坐标系

在功能区单击“主页”→创建几何体“ ”按钮，进行创建加工坐标系操作，如图 2-23 所示。

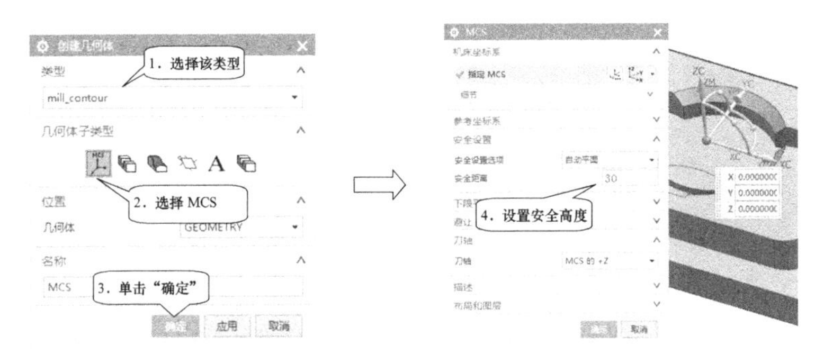

图 2-23　创建加工坐标系

STEP 06 **创建几何体。**创建加工几何体主要是定义要加工的几何对象，其中包括加工坐标系、毛坯体、切削区域、边界、文本、零件几何体等。加工几何体可以在创建操作之前定义，也可以在创建操作过程中分别指定，如图 2-24 所示。

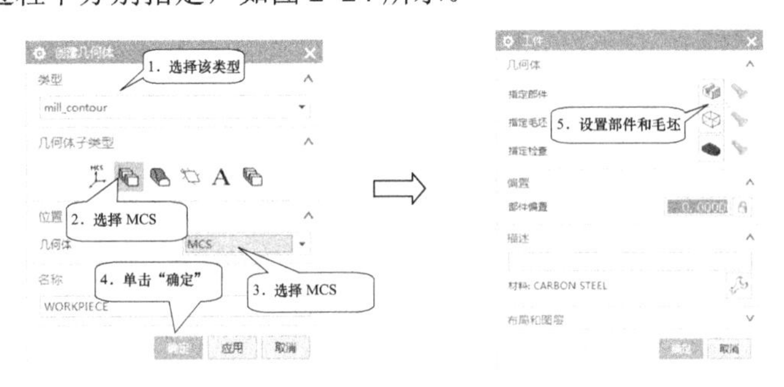

图 2-24　创建几何体

在平面铣和型腔铣中，部件表示零件加工后得到的形状；在固定轴铣和变轴铣中，部件表示零件上要加工的轮廓表面、部件几何和边界共同定义切削区域，可以选择实体、片体、面、表面区域等作为部件几何体。

毛坯是定义要加工成零件的原材料。指定部件和毛坯操作如图 2-25 所示。

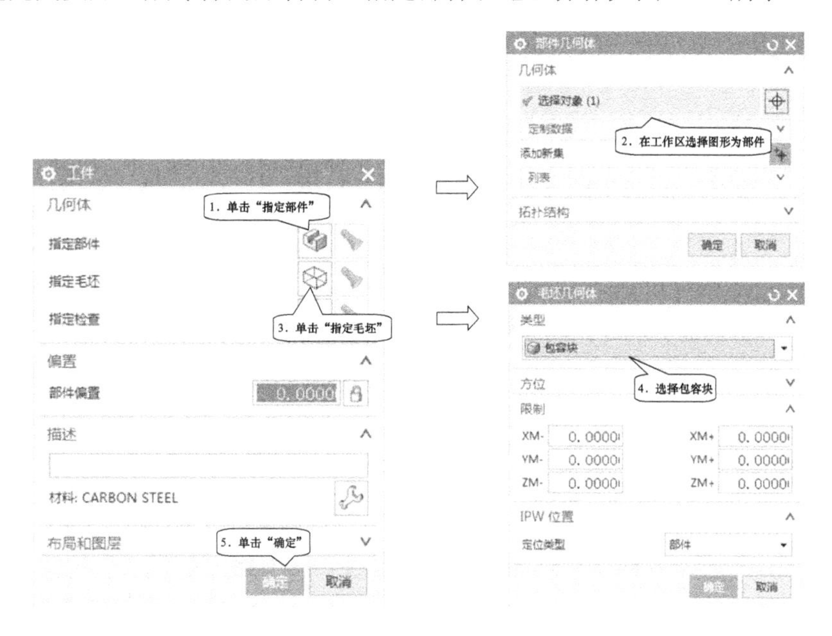

图 2-25　指定部件和毛坯

STEP 07 **加工方法参数设置**。在零件加工过程中，为了保证加工的精度，需要进行粗加工、半精加工和精加工几个步骤。加工方法参数设置就是为粗加工、半精加工和精加工指定统一的加工公差、加工余量、进给率等参数。加工方法对话框如图 2-26 所示。

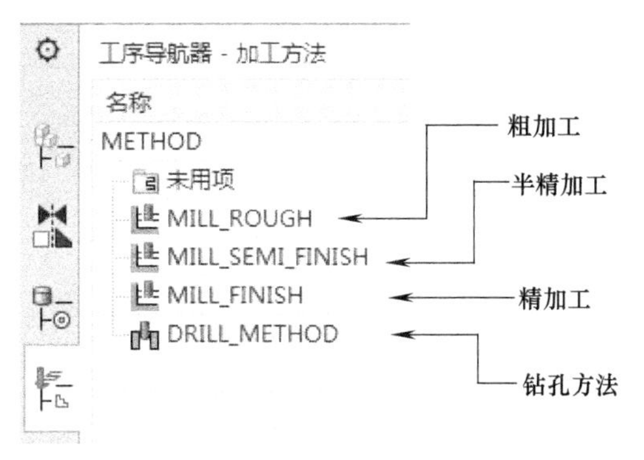

图 2-26　加工方法对话框

双击“MILL ROUGH”进入粗加工参数设置对话框，设置“部件余量”为 0.4000mm，如图 2-27 所示。在粗加工参数对话框中单击进给按钮，设置“进给率”为 2000.000、“进刀”为 60.0000%切削，如图 2-28 所示。单击“确定”完成设置。

图 2-27　粗加工参数

图 2-28　进给率设置

STEP 08 **创建工序——型腔铣**。在功能区单击“主页”→创建工序“ ”按钮，进入“创建工序”对话框，选择“工序子类型”中的型腔铣，“位置”项下面选择前面创建的各项，如图 2-29 所示。单击“确定”，进入“型腔铣”对话框并设置各参数。

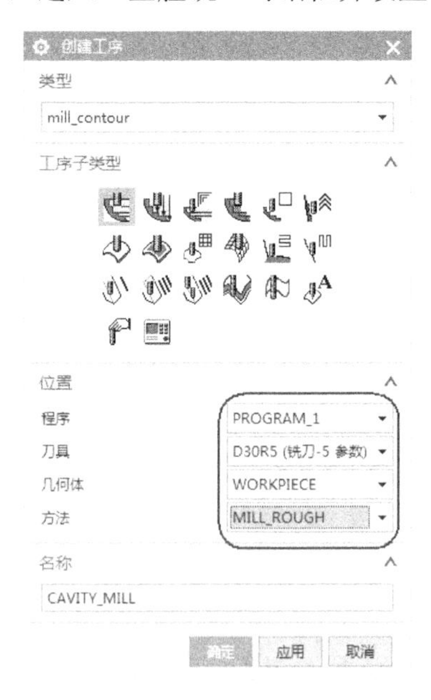

图 2-29　创建工序

1）指定修剪边界操作如图 2-30 所示。

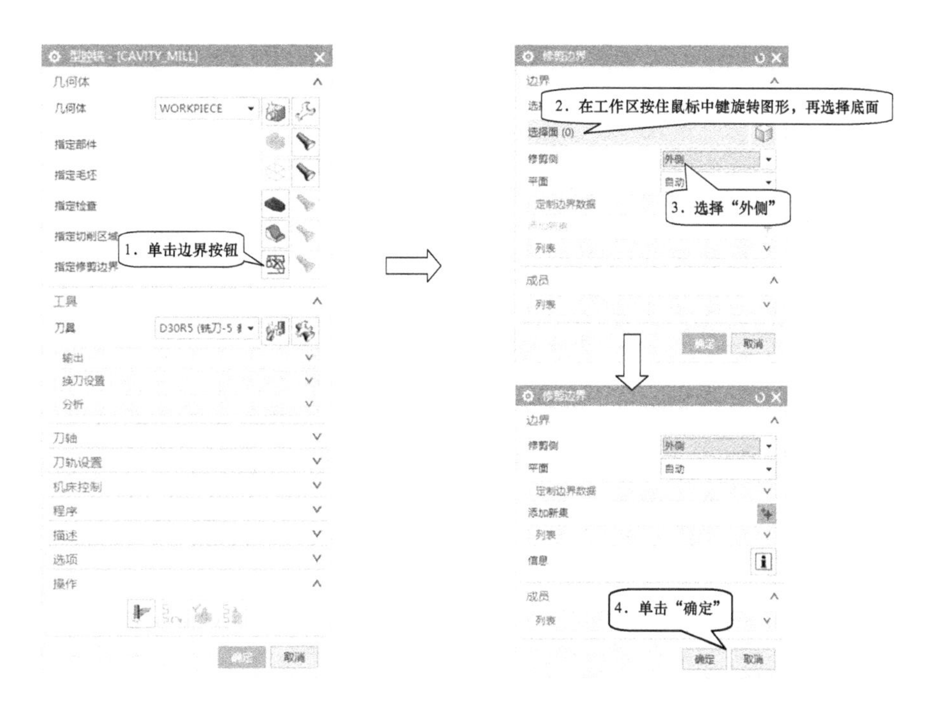

图 2-30　指定修剪边界

2）刀轨设置：选择“切削模式”为“跟随周边”、“平面直径百分比”为 80.0000、“最大距离”为 0.4000，如图 2-31 所示。

图 2-31　刀轨设置

在型腔铣与平面铣操作中，切削模式决定了用于加工切削区域的走刀方式。型腔铣中共有 7 种可用的切削方式。

往复式切削：往复式切削的刀轨在切削区域内沿平行直线来回加工，往复式切削方法顺铣、逆铣交替产生，移除材料的效率较高。

单向切削：创建平行且单向的刀位轨迹。

单向带轮廓铣：与单向切削类似，但是在下刀时将下刀在前一行的起始点位置，然后沿轮廓切削到当前行的起点进行当前行的切削，切削到端点时，沿轮廓切削到前一行的端点。使用该方式将在轮廓周边不留残余。

跟随周边：通过对切削区域的轮廓进行偏置产生环绕切削的刀轨。跟随周边切削方式适用于各种零件的粗加工。

跟随部件：通过对所有指定的部件几何体进行偏置来产生刀轨。跟随部件相对于跟随周边而言，将不考虑毛坯几何体的偏置。

摆线：摆线加工通过产生一个小的回转圆圈，从而避免在切削过程中全刀切入时切削材料量的过大。摆线加工适用于高速加工，可以减少刀具负荷。

轮廓切削：用于创建一条或者指定数量的刀轨来完成零件侧壁或轮廓的切削。可以用于敞开区域和封闭区域的加工。轮廓切削加工方式通常用于零件的侧壁或者外形轮廓的精加工或者半精加工。

3）切削参数：单击切削参数按钮，进入“切削参数”对话框，在“策略”选项卡设置参数，如图 2-32 所示。当“切削模式”使用“跟随周边”时，开放区域的“刀路方向”设置为“向内”，并且设置“壁清理”为“自动”。深度优先能减少区域间的提刀、移刀，优化切削的顺序。在“余量”选项卡设置参数，如图 2-33 所示。

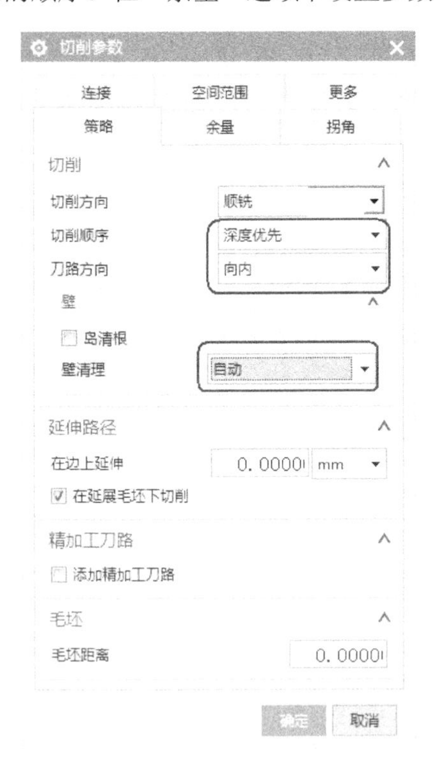

图 2-32 “切削参数”的“策略”对话框

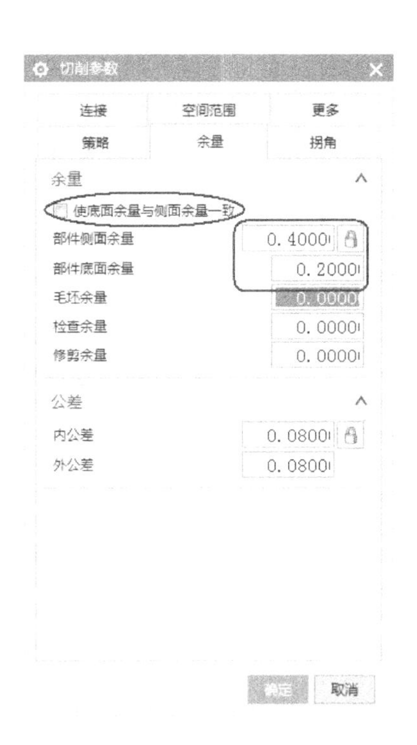

图 2-33 “切削参数”的“余量”对话框

4）非切削移动：非切削移动就是控制进刀、退刀、移刀等参数设置。单击非切削移动按钮，进入“非切削移动”对话框，如图 2-34 所示。

进刀：图形中封闭区域使用螺旋下刀，下刀稳定，进刀量由少至多，有效避免直踩下刀的不稳定和刀具损坏。斜坡角一般设置为 1°～3°，高度值要大于 Z 轴方向余量，最小安全距离要保证比侧面余量大，最小斜面长度为 40%～50%刀具（主要避免区域太小造成不安全的进刀方式），如图 2-34 所示。

图 2-34 “非切削移动”的“进刀”对话框

退刀：开粗刀路一般设置抬刀，高度为 3.0000mm，提高加工效率，如图 2-35 所示。

图 2-35 “非切削移动”的“退刀”对话框

转移/快速：设置区域内的转移类型为前一平面，主要是控制在同一区域内的抬刀高度，前一平面 3.0000mm 指的是抬刀在当前加工深度抬高 3.0000mm 再移至下一个下刀点高度，如图 2-36 所示。

5）进给率和速度：单击进给率和速度按钮，进入“进给率和速度”对话框，进给率和进刀速度默认了加工方法设置的参数，在这只需要在“主轴速度”输入 1500.000，如图 2-37 所示。

参数设置完成后，单击生成按钮生成刀轨，如图 2-38 所示。

STEP 09 刀具路径仿真。选中需要仿真的刀具路径，在功能区单击“主页”→确认刀轨“ ”按钮，进入刀轨可视化对话框，选择 3D 动态仿真，仿真效果如图 2-39 所示。

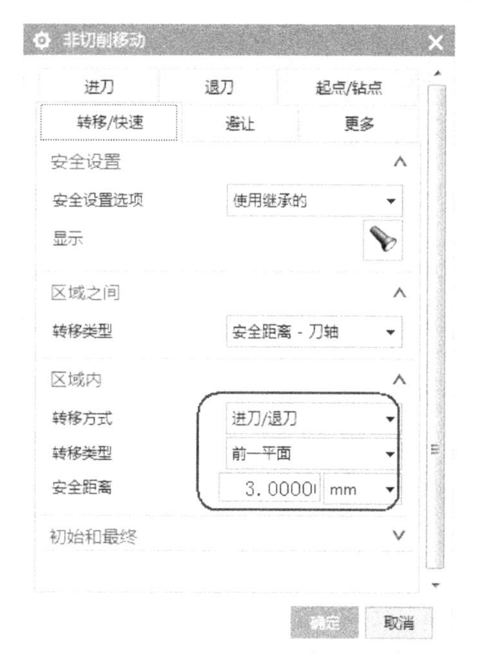

图 2-36 “非切削移动”的“转移/快速”对话框

图 2-37 “进给率和速度”对话框

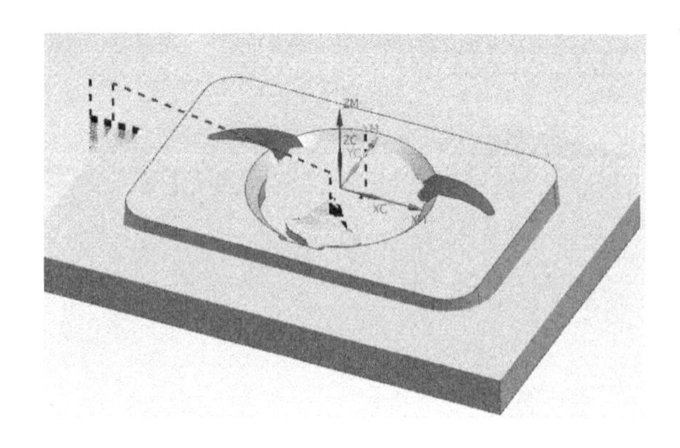

图 2-38 生成刀轨

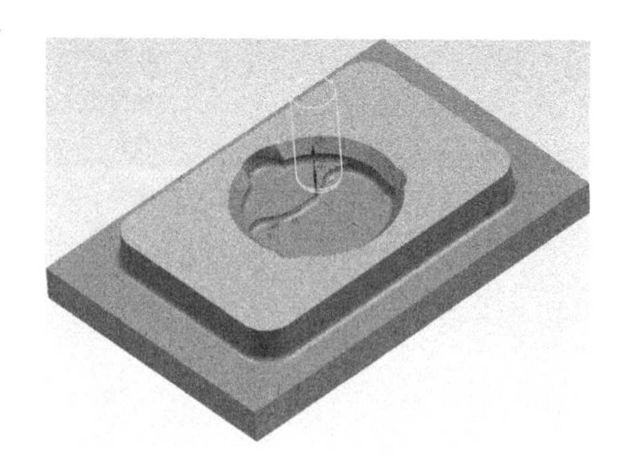

图 2-39 3D 动态仿真

2.2.2　拐角粗加工

拐角粗加工是以前面开粗中使用的刀具作为参考刀具来计算刀路，适用于形状较为复杂，且凹角比较多的图形开粗后使用。

通过型腔铣开粗刀路仿真后分析，可以看到残料比较多，如图 2-39 所示。而 UG NX 12.0 清残料的方法有两种：拐角粗加工和剩余铣。也就是我们经常说的二次粗加工。

STEP 01 **创建程序组**。在功能区单击“主页”→创建程序“ ”按钮，如图 2-40 所示操作。

STEP 02 **创建刀具**。二次粗加工选刀方法依据上一把刀半径以内并且接近半径值的刀具，上一步型腔铣开粗是用 D30R5 刀具，在 D30R5 刀具半径以内的有 D12、D10 刀具，而 D10 是常用刀具，所以选择 D10 作为拐角粗加工的刀具。

在功能区单击“主页”→创建刀具“ ”按钮，如图 2-41 所示操作。

图 2-40　创建程序组

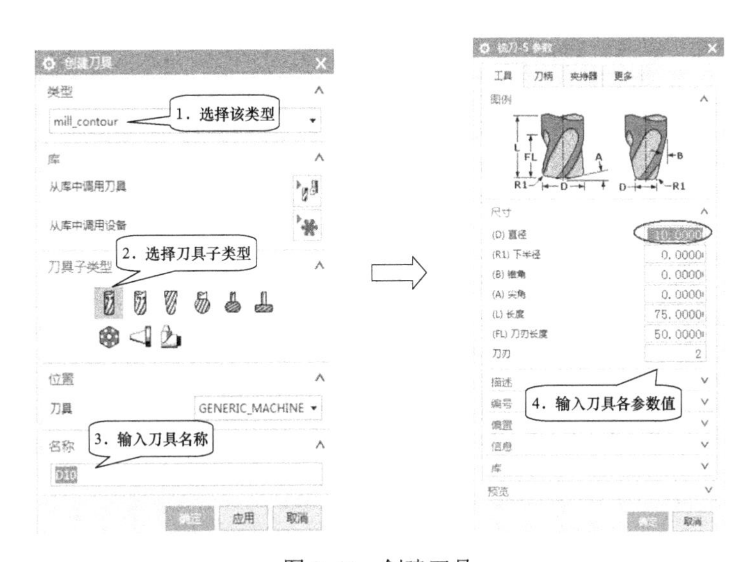

图 2-41　创建刀具

STEP 03 **创建工序——拐角粗加工**。在功能区单击“主页”→创建工序“ ”按钮，进入“创建工序”对话框，“工序子类型”选择拐角粗加工，“位置”项下面选择前面创建的各项，如图 2-42 所示。单击“确定”，进入拐角粗加工对话框并设置各参数。

1）指定修剪边界，参考型腔铣中的指定修剪边界。

2）设置参考刀具：选择开粗刀具 D30R5 作为拐角粗加工的参考刀具。

3）刀轨设置：选择“切削模式”为“跟随周边”，“平面直径百分比”为 70.0000%，最大距离为 0.25mm，如图 2-43 所示。

4）切削参数：单击切削参数按钮，进入“切削参数”对话框，在“策略”选项卡设置“刀路方向”为“向内”，并且设置“壁清理”为“自动”。深度优先能减少区域间的提刀和移刀。在“余量”选项卡设置参数如图 2-44 所示。拐角粗加工的余量设置要比粗加工大。

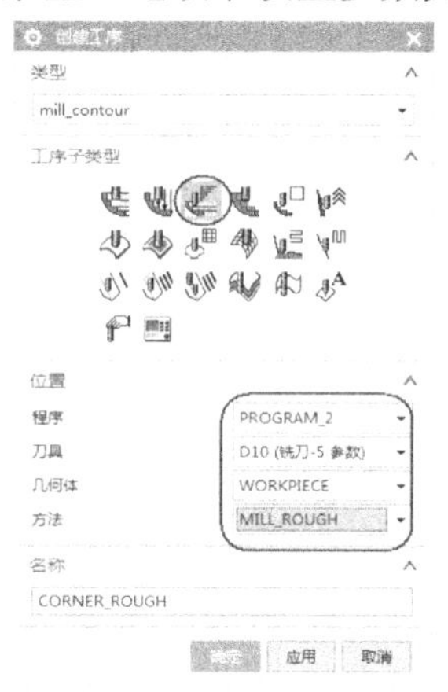

图 2-42　创建工序

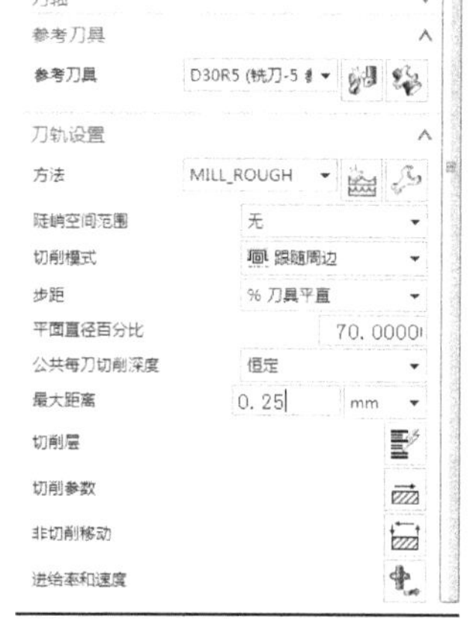

图 2-43　刀轨设置

5）非切削移动：单击非切削移动按钮，进入“非切削移动”对话框。

进刀：粗加工后产生的残料属于开放区域残料，系统自动使用开放区域的进刀参数，如图 2-45 所示。

图 2-44　“切削参数”的“余量”对话框

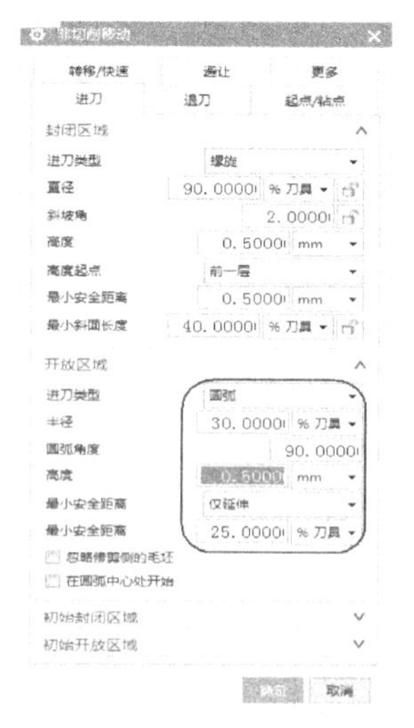

图 2-45　“非切削移动”的“进刀”对话框

退刀：设置与进刀相同。

转移/快速：设置“区域内”的“转移类型”为“直接/上一个备用平面”，这样在区域内退刀就会按照进刀项里的 0.5mm 高度来退刀；“区域之间”则设置“前一平面”，如图 2-46 所示。

6）进给率和速度：单击进给率和速度按钮，进入“进给率和速度”对话框，进给率和进刀速度默认了加工方法设置的参数，在这只需要在“主轴速度”输入“2000.000”，如图 2-47 所示。

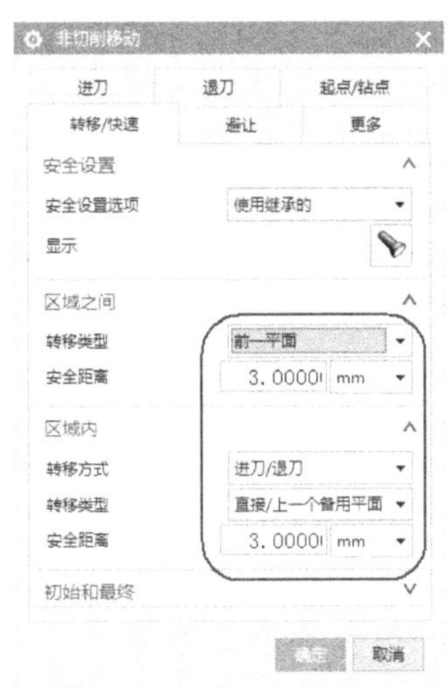

图 2-46 “非切削移动”的“转移快速”对话框

图 2-47 “进给率和速度”对话框

参数设置完成后，单击生成按钮生成刀轨，如图 2-48 所示。

STEP 04 **刀具路径仿真**。选中需要仿真的刀具路径，在功能区“主页”中单击确认刀轨“ ”按钮，进入“刀轨可视化”对话框，选择 3D 动态仿真，仿真效果如图 2-49 所示。

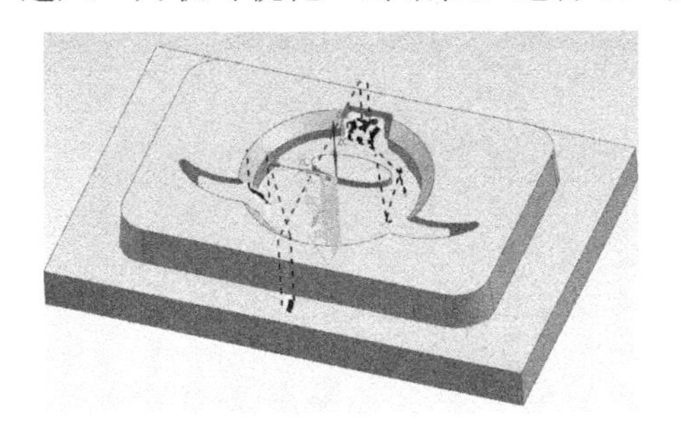

图 2-48　生成刀轨

图 2-49　3D 动态仿真

2.2.3　剩余铣

剩余铣是自动以前面操作残余的部分材料作为毛坯的一种加工方法。适用于形状较为复杂，且凹角比较多的图形开粗后使用。它与拐角粗加工都属于二次粗加工的方法，开粗后进行下一步程序加工选择这两种方法的其中一种。在这用剩余铣方法来跟拐角粗加工做对比。

通过型腔铣开粗刀路仿真后分析，可以看到残料比较多，使用剩余铣进行二次粗加工。

STEP 01 **创建程序组**。在功能区单击“主页”→创建程序“ ”按钮，如图 2-50 所示操作。

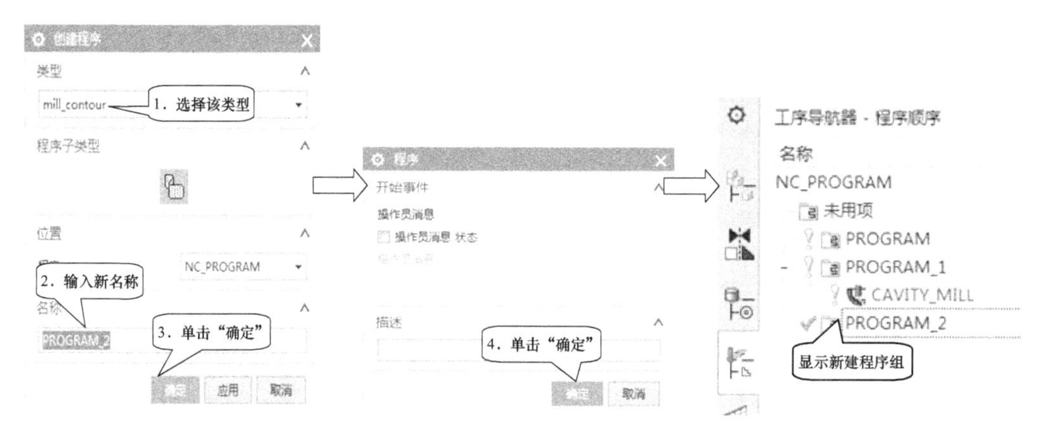

图 2-50 创建程序组

STEP 02 **创建刀具**。二次粗加工选刀方法依据上一把刀半径以内并且接近半径值的刀具，上一步型腔铣开粗用 D30R5 刀具，在 D30R5 刀具半径以内的有 D12、D10 刀具，而 D10 是常用刀具，所以选择 D10 作为剩余铣加工刀具。

在功能区单击“主页”→创建刀具“ ”按钮，如图 2-51 所示操作。

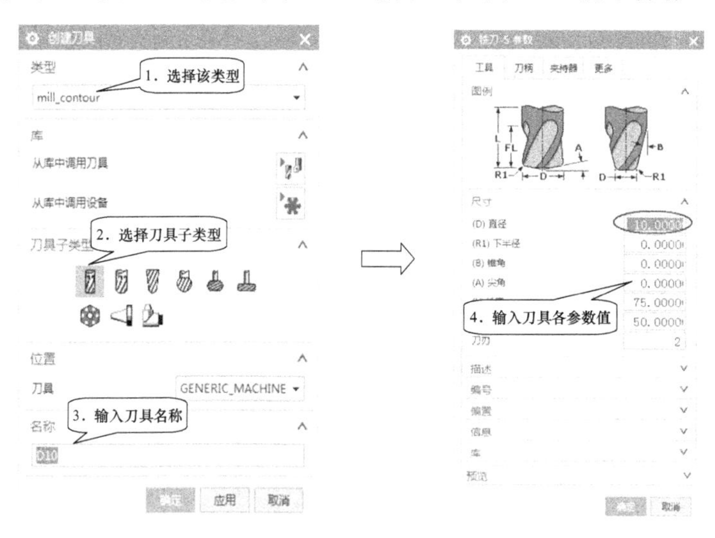

图 2-51 创建刀具

STEP 03 **创建工序——剩余铣**。“工序子类型”选择角粗加工 ，“位置”项下面选择前面创建的各项，如图 2-52 所示。单击“确定”，进入“剩余铣”对话框并设置各参数。

1）指定修剪边界，参考型腔铣中的指定修剪边界。

2）刀轨设置：选择“切削模式”为“跟随周边”、“平面直径百分比”为 70.0000%、最大距离为 0.2500mm，如图 2-53 所示。

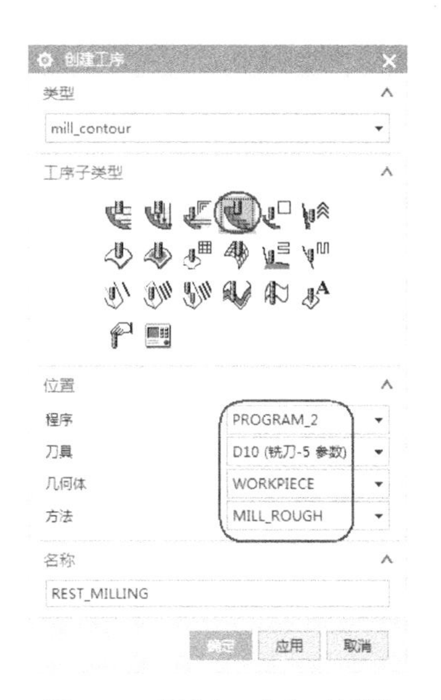

图 2-52 “创建工序”对话框

图 2-53 刀轨设置

3）切削参数：单击切削参数按钮，进入“切削参数”对话框，在“策略”选项卡设置“刀路方向”为“向内”，并且设置“壁清理”为“自动”。深度优先能减少区域间的提刀和移刀。在“余量”选项卡设置参数，如图 2-54 所示。剩余铣加工的余量设置要比粗加工大。空间范围：当使用剩余铣方法的时候，切削参数中的空间范围处理中的工件默认了“使用基于层的”，“重叠距离”设为 1，如图 2-55 所示。

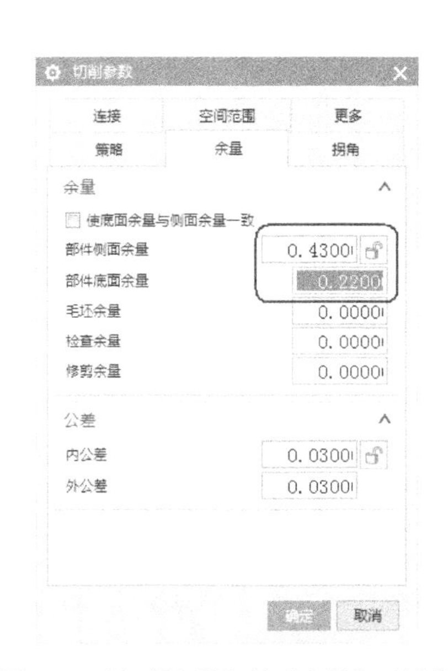

图 2-54 “切削参数”的“余量”对话框

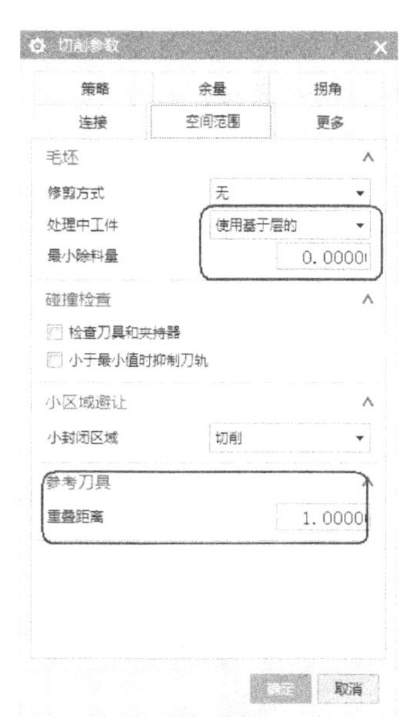

图 2-55 “切削参数”的“空间范围”对话框

4）非切削移动：单击非切削移动按钮，进入“非切削移动”对话框。

进刀：粗加工后产生的残料属于开放区域残料，系统自动使用开放区域的进刀参数，如

图 2-56 所示。

退刀：设置与进刀相同。

转移/快速：设置区域内的“转移类型”为“直接/上一个备用平面”，这样在区域内退刀就会按照进刀项里的 0.5mm 高度来退刀；“区域之间”则设置“前一平面”，如图 2-57 所示。

图 2-56 “非切削移动”的“进刀”对话框

图 2-57 “非切削移动”的“转移快速”对话框

5）进给率和速度：单击进给率和速度按钮，进入“进给率和速度”对话框，进给率和进刀速度默认了加工方法设置的参数，在这只需要在主轴速度输入 2000。

参数设置完成后，单击生成按钮生成刀轨，如图 2-58 所示。

STEP 04 **刀具路径仿真**。选中需要仿真的刀具路径，在功能区单击“主页”→确认刀轨“ ”按钮，进入“刀轨可视化”对话框，选择 3D 动态仿真，仿真效果如图 2-59 所示。加工效果跟拐角粗加工类似。

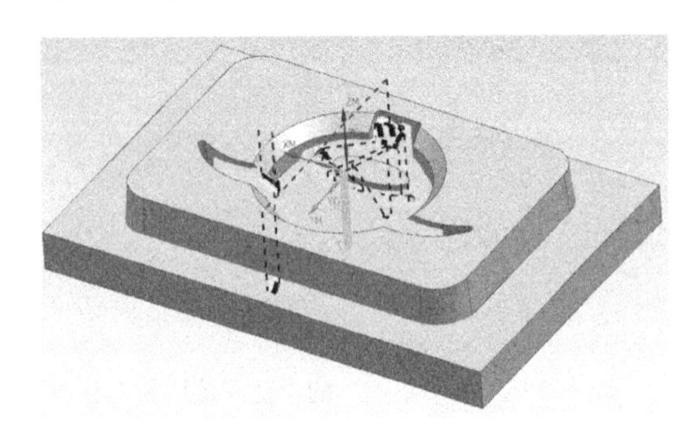

图 2-58 生成刀轨

图 2-59 3D 动态仿真

2.2.4　深度轮廓加工

深度轮廓加工是使用垂直刀轴的平面切削对指定层的壁进行轮廓加工，还可以清理各层之间缝隙中遗留的材料。深度轮廓加工通常用于陡峭侧壁的半精加工和精加工。

经过了型腔铣开粗和拐角粗加工后，预留量有 0.4mm，使用 D10 刀采用深度轮廓加工进行整体半精加工。

STEP 01 **加工方法参数设置。** 工序导航器切换到加工方法视图，双击“MILL SEMI_FINISH”，进入“铣削半精加工”对话框，设置“部件余量”为 0.2000，如图 2-60 所示。单击进给按钮，设置切削进给率为 2000.000、“进刀”为 60.0000%，如图 2-61 所示。单击“确定”完成设置。

图 2-60　半精加工参数设置

图 2-61　进给率设置

STEP 02 **创建工序——深度轮廓加工。** 在功能区单击“主页”→创建工序“ ”按钮，进入“创建工序”对话框，“工序子类型”选择深度轮廓加工，“位置”项下面选择已创建的各项，如图 2-62 所示。单击“确定”，进入“深度轮廓加工”对话框并设置各参数。

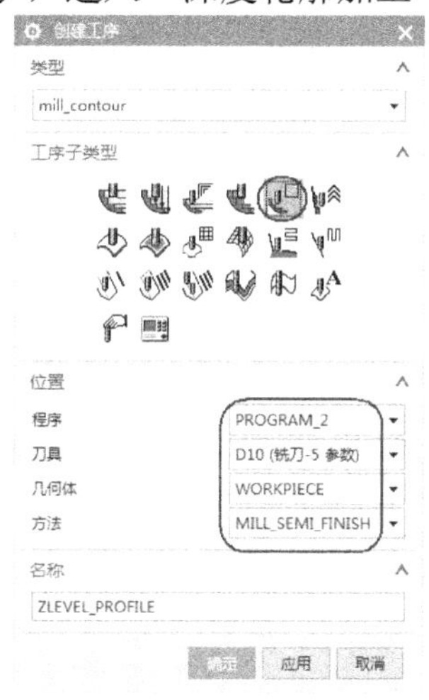

图 2-62　创建工序

1）指定切削区域：单击指定切削区域按钮，弹出“切削区域”对话框，如图 2-63 所示。然后在工作区调整图形视角，按 F8 键快速摆正视角，在左上角按住鼠标左键拉至右下角，松开鼠标左键，单击“确定”完成切削区域的选择，如图 2-64 所示。

图 2-63 “切削区域”对话框

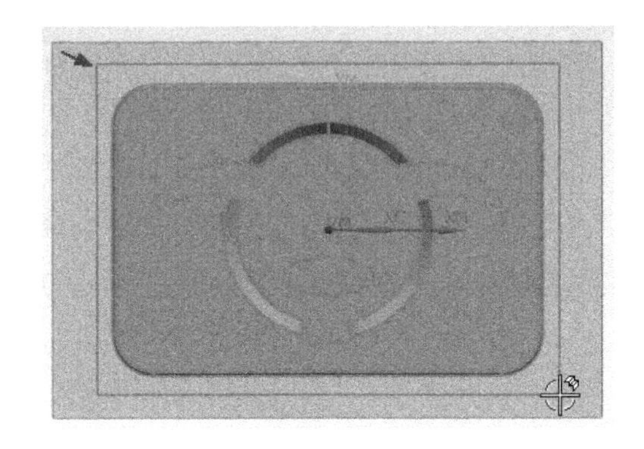

图 2-64 对角选择切削区域

2）刀轨设置：设置“公共每刀切削深度”为“恒定”、“最大距离”为 0.3000mm，如图 2-65 所示。

3）切削参数：单击切削参数按钮，进入“切削参数”对话框，在“余量”选项卡设置参数，如图 2-66 所示。“连接”选项卡设置“层到层”为“沿部件斜进刀”、“斜坡角”为 1.0000，这样可以减少进退刀或提刀，如图 2-67 所示。

4）非切削移动：单击非切削移动按钮，设置进刀参数，如图 2-68 所示，其他默认。

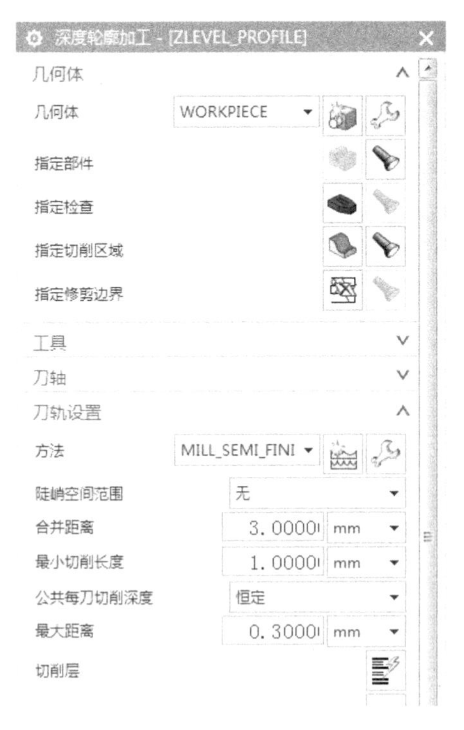

图 2-65 刀轨设置

图 2-66 “切削参数”的“余量”对话框

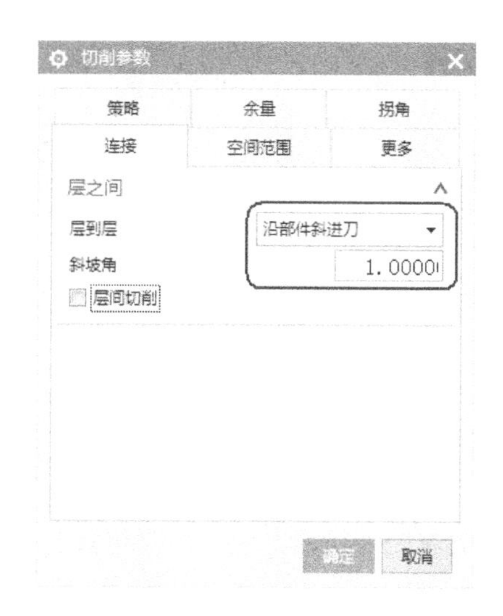

图 2-67 “切削参数”的“连接”对话框

图 2-68 “非切削移动”的“进刀”对话框

5）进给率和速度：单击进给率和速度按钮，进入“进给率和速度”对话框，进给率和进刀速度默认了加工方法设置的参数，在这只需要在“主轴速度”输入 2000。

参数设置完成后，单击生成按钮生成刀轨，如图 2-69 所示。

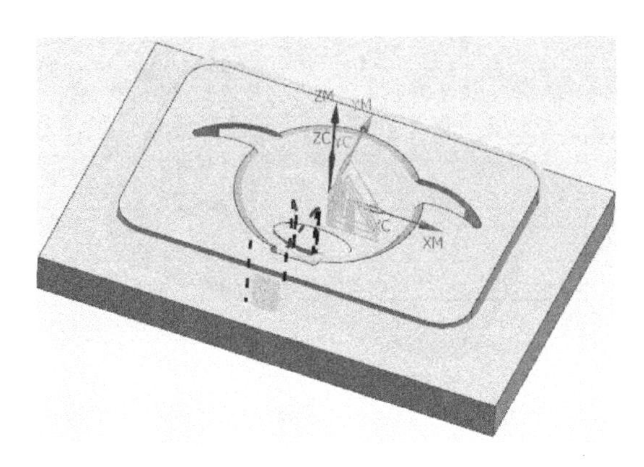

图 2-69　生成刀轨

STEP 03 **刀具路径仿真**。选中需要仿真的刀具路径，在功能区单击“主页”→确认刀轨“ ”按钮，进入“刀轨可视化”对话框，选择 3D 动态仿真。单击“文件”→“保存”→“另存为”，保存图档为 HC-01A。

2.2.5　深度加工拐角

深度加工拐角只沿轮廓侧壁加工清除前一刀具残留的部分材料，而且可以设置切削区域和陡峭限制，特别适合用于垂直方向的清角加工。

打开保存好的 HC-01A 图档，从前面的程序加工后的形状分析，所剩残料不多，角落还需再用小刀进行清角。

STEP 01 **创建程序组**。在功能区单击“主页”→创建程序“ ”按钮，如图 2-70 所示操作。

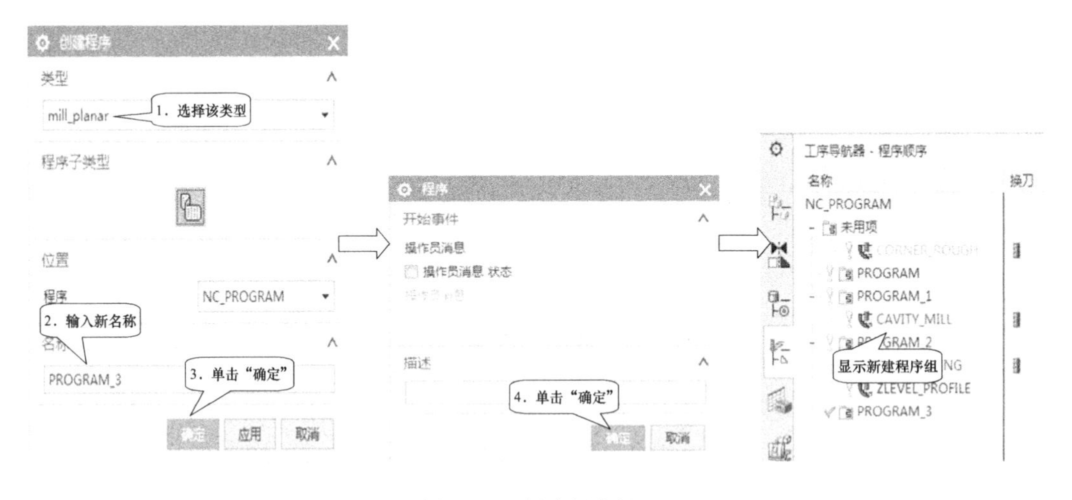

图 2-70　创建程序组

STEP 02 **创建刀具**。深度加工拐角选刀方法依据上一把刀半径以上并且接近半径值的刀具，对于残料不多的图形可以适当选择直径小一些的刀具，通过分析选 D5 平刀进行深度加工拐角。

在功能区单击“主页”→创建刀具“ ”按钮，如图 2-71 所示操作。

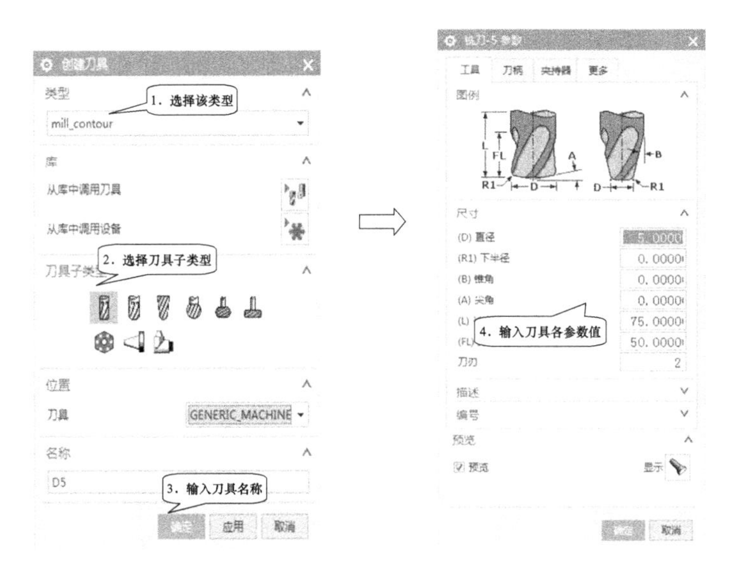

图 2-71　创建刀具

STEP 03 创建工序－深度加工拐角。在功能区单击“主页”→创建工序“ ”按钮，进入“创建工序”对话框，“工序子类型”选择拐角粗加工 ，“位置”项下面选择前面创建的各项，如图 2-72 所示。单击“确定”，进入“深度加工拐角”对话框并设置各参数。

1）设置参考刀具：选择前一把刀具 D10 作为深度加工拐角的参考刀具。

2）刀轨设置：“陡峭空间范围”设为“无”，“公共每刀切削深度”设为“恒定”，并设置“最大距离”为 0.1500mm，如图 2-73 所示。

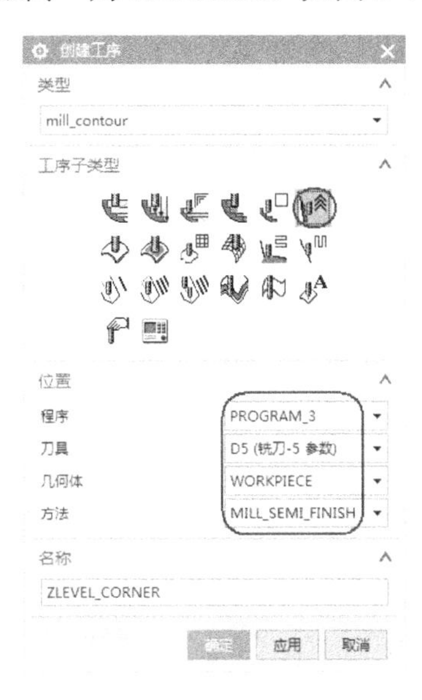

图 2-72　创建工序

图 2-73　刀轨设置

3）切削参数：单击切削参数 按钮，在“余量”选项卡设置参数，如图 2-74 所示。深度加工拐角的余量设置跟前面程序余量相等或稍大一些。

4）非切削移动：单击非切削移动按钮，进入“非切削移动”对话框。

进刀：残料属于开放区域残料，系统自动使用开放区域的进刀参数。如图 2-75 所示。

图 2-74 “切削参数”的“余量”对话框

图 2-75 “非切削移动”的“进刀”对话框

退刀：设置与进刀相同。

转移/快速：设置“区域内”的“转移类型”为“直接/上一个备用平面”，这样在区域内退刀就会按照进刀项里的 0.5mm 高度来退刀；“区域之间”则设置“前一平面”，如图 2-76 所示。

5）进给率和速度：单击进给率和速度按钮，进入“进给率和速度”对话框，进给率和进刀速度默认了加工方法设置的参数，在这只需要在“主轴速度”输入 3500.000，如图 2-77 所示。

图 2-76 “非切削移动”的“转移/快速”对话框

图 2-77 进给率和速度

参数设置完成后，单击生成按钮生成刀轨，如图 2-78 所示。

STEP 04 **刀具路径仿真**。选中需要仿真的刀具路径，在功能区“主页”中单击确认刀轨“ ”

按钮，进入“刀轨可视化”对话框，选择 3D 动态仿真，仿真效果如图 2-79 所示。单击保存按钮进行保存。

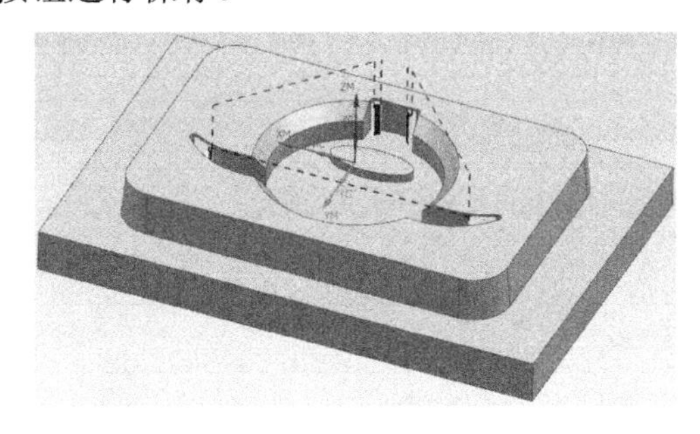

图 2-78　生成刀轨

图 2-79　3D 动态仿真

2.3　平面铣加工子类型

创建工序时，选择“类型”为“mill_planar”（平面铣），可以选择多种操作子类型，如图 3-80 所示。不同子类型的切削方法、加工区域判断将有所差别。各种子类型的说明见表 2-2。

图 2-80　平面铣的子类型

表 2-2　平面铣各子类型说明

图　标	中 文 含 义	说　明
	底壁加工	切削底面和壁
	带 IPW 的底壁加工	使用 IPW 切削底面和壁
	使用边界面铣削	用平面边界或面定义切削区域，切削到底平面
	手工面铣削	切削垂直于固定刀轴的平面的同时，允许向每个包含手工切削模式的切削区域指派不同切削模式
	平面铣	移除垂直于固定刀轴的平面切削层中的材料
	平面轮廓铣	使用“轮廓”切削模式来生成单刀路和沿部件边界描绘轮廓的多层平面刀路
	清理拐角	使用 2D 处理中工件来移除完成之前工序所遗留材料
	精加工壁	使用“轮廓”切削模式来精加工壁，同时留出底面上的余量

（续）

图　标	中文含义	说　明
	精加工底面	默认切削方法为跟随部件铣削，默认深度为只有底面的平面铣，同时留出壁上的余量
	槽铣削	使用 T 形刀切削单个线性槽
	孔铣	使用平面螺旋和/或螺旋切削模式来加工不通孔和通孔
	螺纹铣	建立加工螺纹的操作
	文本铣削	对文字曲线进行雕刻加工
	铣削控制	建立机床控制操作，添加相关后置处理命令
	自定义方式	自定义参数建立操作

平面铣是一种 2.5 轴的加工方式，它在加工过程中产生在水平方向的 XY 两轴联动，而 Z 轴方向只在完成一层加工后进入下一层时才做单独的动作。

平面铣的加工对象是边界，是以曲线/边界来限制切削区域的。它生成的刀轨上下一致。通过设置不同的切削方法，平面铣可以完成挖槽或者是轮廓外形的加工。平面铣用于直壁的，并且岛屿顶面和槽腔底面为平面的零件的加工。对于直壁的、水平底面为平面的零件，常选用平面铣操作做粗加工和精加工，如加工产品的基准面、内腔的底面、敞开的外形轮廓等。使用平面铣操作进行数控加工程序的编制，可以取代手工编程。

2.3.1 平面铣

平面铣方法用得比较多，设置不同的参数可以演变出不同的加工形式！可以用于二维图形的开粗，也可以用来精加工外形和精推平面等。

STEP 01 打开图档。在 UG NX 12.0 主界面单击“菜单”→“文件”→“打开”，打开光盘“HC-Examples”文件夹中的 HC-02 文件，如图 2-81 所示。

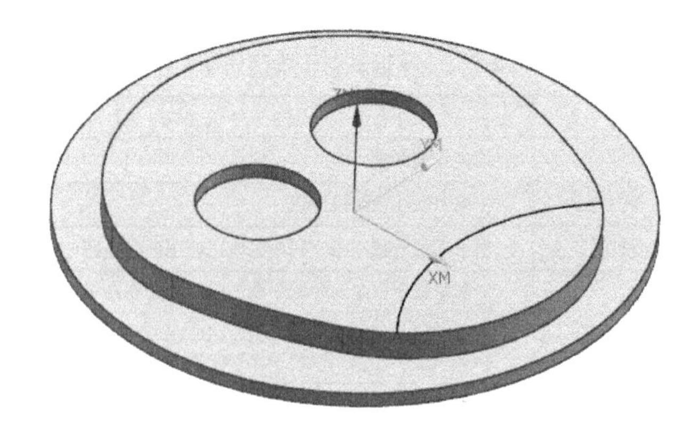

图 2-81　图形 HC-02

STEP 02 **进入加工模块**。在功能区单击“应用模块”→加工“ ”按钮或按快捷键 CTRL+ALT+M，进入加工模块，系统弹出“加工环境”对话框，如图 2-82 所示。“CAM 会话配置”设置为“cam_general”，“要创建的 CAM 组装”设置为“mill_planar”，单击“确定”启用加工配置。

图 2-82　加工环境设置

STEP 03 **创建程序组**。在功能区单击“主页”→创建程序“ ”按钮，如图 2-83 所示操作。

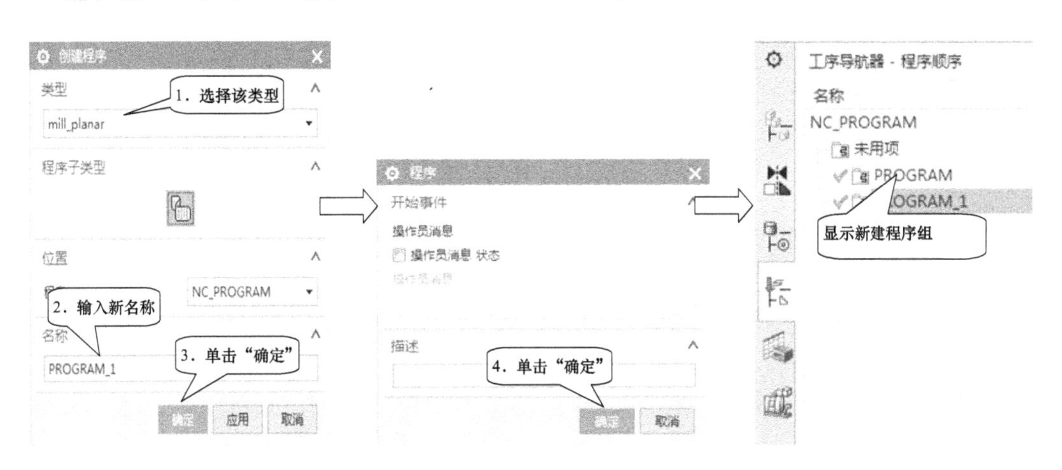

图 2-83　创建程序组

STEP 04 **创建刀具**。通过对图形分析，开粗使用 D12 的刀具。

在功能区单击“主页”→创建刀具“ ”按钮，如图 2-84 所示操作。

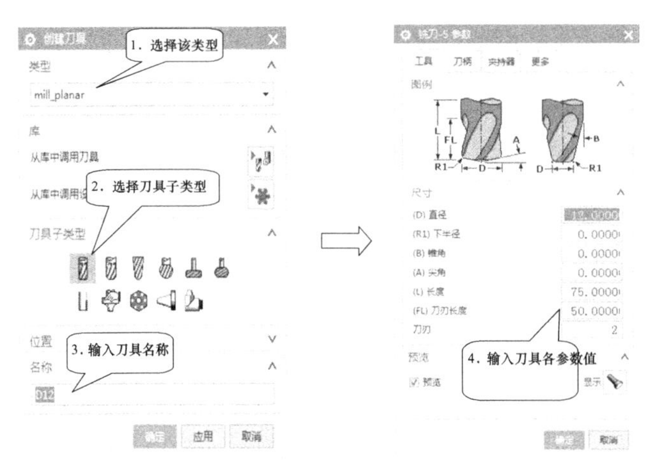

图 2-84　创建刀具

STEP 05 设置加工坐标系和几何体。软件进入加工模块后，在几何视图中有一个默认的坐标系和几何体，如图 2-85 所示。双击“MCS_MILL”进入“Mill Orient”对话框，“安全距离”设置为 30.0000，如图 2-86 所示，单击“确定”完成设置。

双击“WORKPIECE”，进入铣削几何体对话框，如图 2-87 所示设置部件和毛坯。

图 2-85　“工序导航器-几何”对话框　　　图 2-86　“Mill Orient”对话框

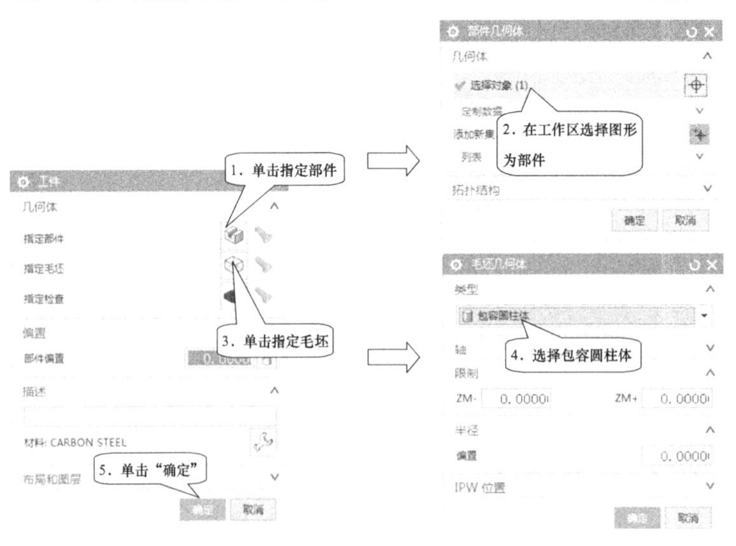

图 2-87　指定部件和毛坯

STEP 06 **加工方法参数设置**。双击“MILL ROUGH”，进入“铣削方法”对话框，设置“部件余量”为 0.2000，如图 2-88 所示。单击进给按钮，设置切削进给率为 2000.000，“进刀”为 60.0000%切削，如图 2-89 所示。单击“确定”完成设置。

STEP 07 **创建工序**。在功能区单击“主页”→创建工序“ ”按钮，进入“创建工序”对话框，选择“工序子类型”中的平面铣，“位置”项下面选择前面创建的各项，如图 2-90 所示。单击“确定”，进入“平面铣”对话框并设置各参数，如图 2-91 所示。

图 2-88　“铣削方法”对话框

图 2-89　进给率设置

图 2-90　“创建工序”对话框

图 2-91　“平面铣”对话框

1）指定部件边界：在“平面铣”对话框中单击“指定部件边界”图标，系统打开“边界几何体”对话框，如图 2-92 所示。选择工件顶平面，并确定退出，图 2-93 所示为选择的边界几何体。

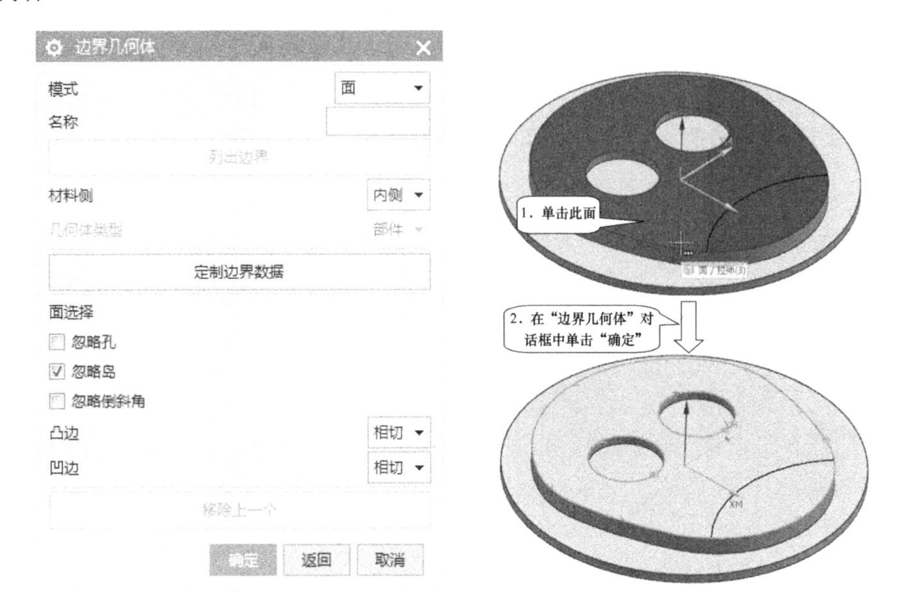

图 2-92 “边界几何体”对话框　　　图 2-93 指定部件边界

2）指定毛坯边界：在“平面铣”对话框中单击“指定毛坯边界”图标，系统打开“边界几何体”对话框，选择“模式”为“曲线/边”，打开“创建边界”对话框，如图 2-94 所示。

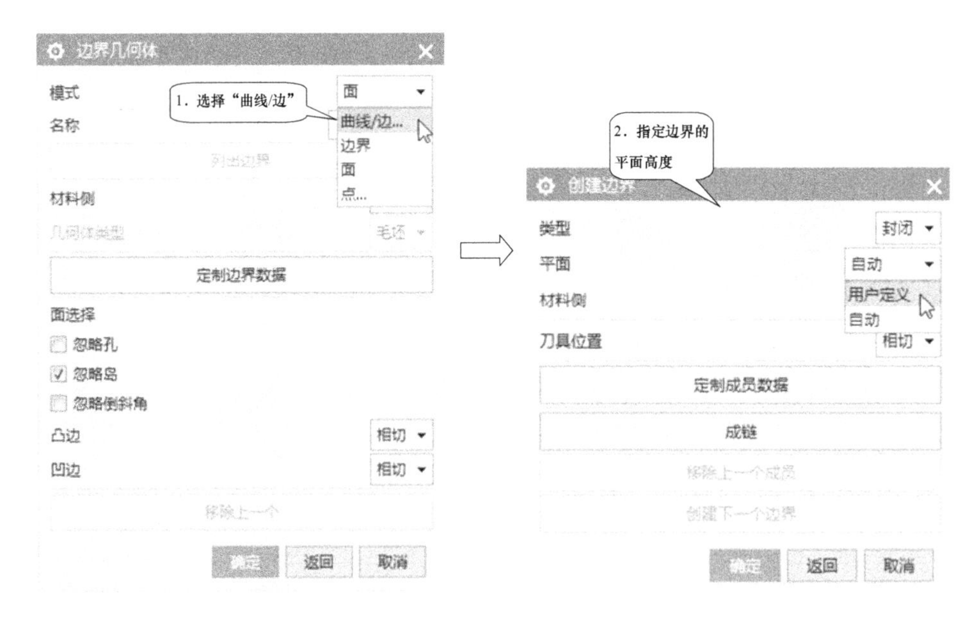

图 2-94 边界几何体

选择“平面”为“用户定义”，弹出“平面”对话框，选择图形顶面，单击“确定”，如图 2-95 所示。在图形上选取最大边缘的圆形边界，并确认创建毛坯边界，如图 2-96 所示。

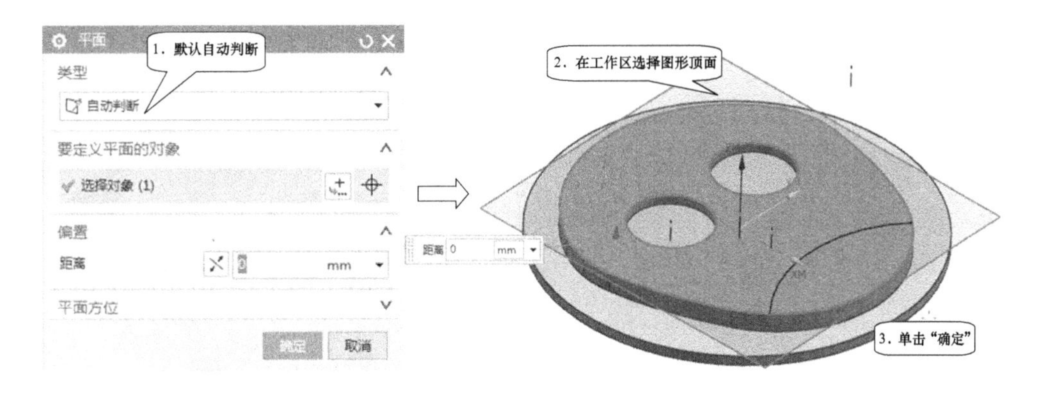

图 2-95　指定边界平面高度

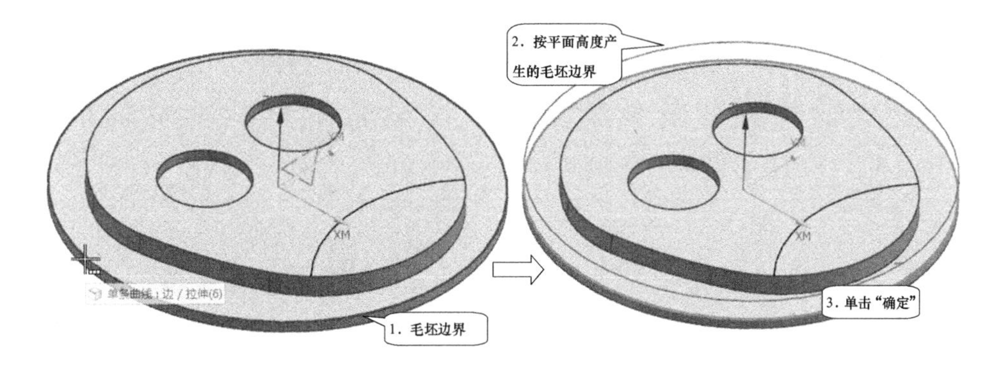

图 2-96　生成毛坯边界

3）指定检查边界：在“平面铣”对话框中单击“指定检查边界”图标，系统打开“边界几何体”对话框，默认边界“模式”为“面”，设置选项参数如图 2-97 所示，选择两个圆形凹槽的底面，并单击“确定”。

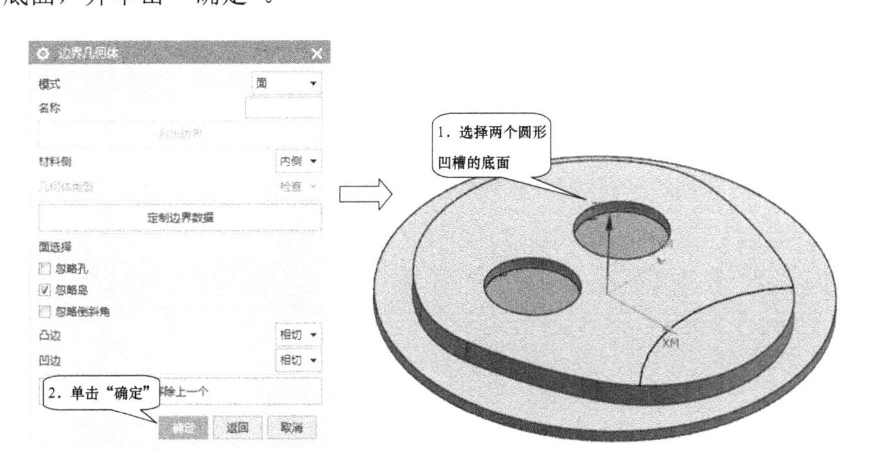

图 2-97　指定检查边界

4）指定底面：在“平面铣”对话框中单击“指定底面”图标，系统弹出“平面”对话框，在图形上选择底平面，如图 2-98 所示。单击“确定”或单击中键返回“平面铣”

对话框。在图形上将以虚线三角形显示底平面的位置。

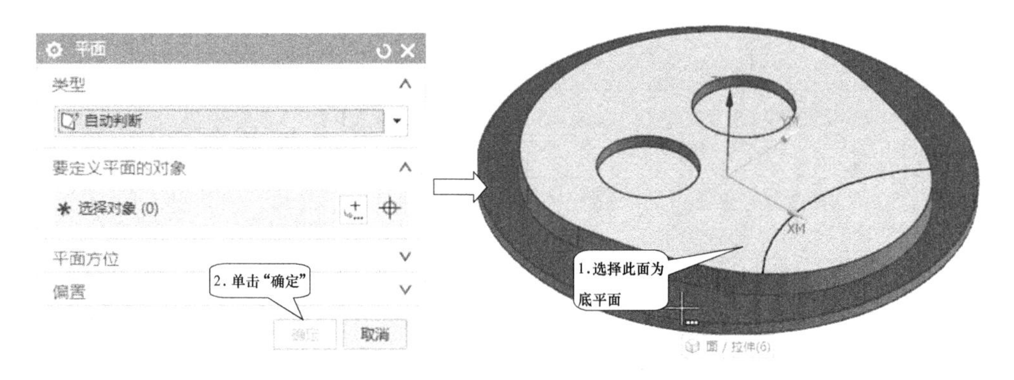

图 2-98　指定底面

5）刀轨设置：选择“切削模式”为“跟随部件”、“平面直径百分比”为 70.0000，如图 2-99 所示。

图 2-99　刀轨设置

6）切削层：单击切削层按钮，进入“切削层”对话框，设置“每刀切削深度”的“公共”为 0.5000，如图 2-100 所示。单击“确定”。

图 2-100　“切削层”对话框

7）切削参数：单击切削参数按钮，进入“切削参数”对话框，在“策略”选项卡设置参数，如图 2-101 所示。在“余量”选项卡设置参数，如图 2-102 所示。

图 2-101　“切削参数”的“策略”对话框

图 2-102　“切削参数”的“余量”对话框

8）非切削移动：非切削移动就是控制进刀、退刀、移刀等参数设置。单击非切削移动按钮，进入“非切削移动”对话框，如图 2-103 所示。

进刀：图形中封闭区域使用螺旋下刀，下刀稳定，进刀量由少至多，有效避免直踩下刀的不稳定和刀具损坏。斜坡角一般设置为 1°～3°，高度值要大于 Z 轴方向余量，最小安全距离要保证比侧面余量大，最小斜面长度为 40%，50%刀具（主要避免区域太小而造成不安全的进刀方式）。如图 2-103 所示。

退刀：开粗刀路一般设置抬刀，高度为 3.0000mm，提高加工效，如图 2-104 所示。

图 2-103　“非切削移动”的“进刀”对话框　　图 2-104　“非切削移动”的“退刀”对话框

转移/快速：设置“区域内”的“转移类型”为“前一平面”，主要控制在同一区域内的抬刀高度，前一平面 3mm 指的是抬刀在当前加工深度抬高 3mm 再移至下一个下刀点高度，如图 2-105 所示。

9）进给率和速度：单击进给率和速度按钮，进入“进给率和速度”对话框，进给率和进刀速度默认了加工方法设置的参数，在这只需要在“主轴速度”输入 1500.000，如图 2-106 所示。

图 2-105 “非切削移动”的“转移/快速”对话框

图 2-106 “进给率和速度”对话框

参数设置完成后，单击生成按钮生成刀轨，如图 2-107 所示。

STEP 08 刀具路径仿真。选中需要仿真的刀具路径，在功能区单击“主页”→确认刀轨“ ”按钮，进入“刀轨可视化”对话框，选择 3D 动态仿真，仿真效果如图 2-108 所示。单击“文件”→“保存”→“另存为”，保存图档为 HC-02A。

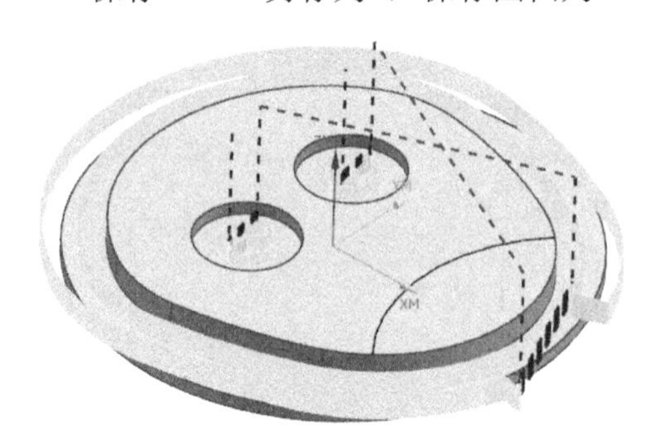

图 2-107 生成刀轨

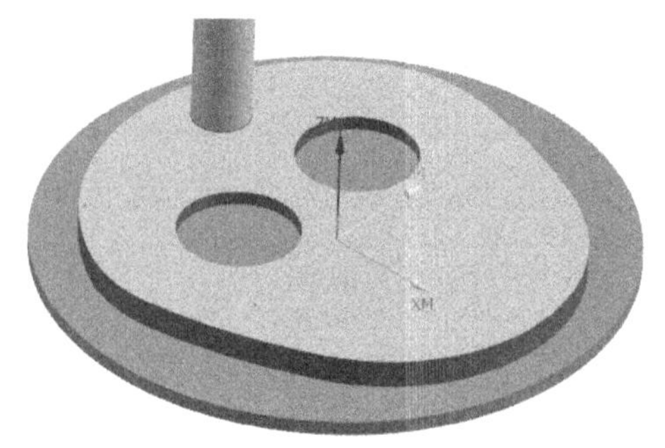

图 2-108 3D 动态仿真

2.3.2 平面轮廓铣

使用“轮廓”切削模式来生成单刀路和沿部件边界描绘轮廓的多层平面刀路。平面轮廓铣是线加工方法，可以设置混合铣，减少提刀和移刀。

STEP 01 **打开图档**。在 UG NX 12.0 主界面单击“菜单”→“文件”→“打开”，打开上一例题保存好的 HC-02A 文件。

STEP 02 **创建程序组**。在功能区单击“主页”→创建程序“ ”按钮，如图 2-109 所示操作。

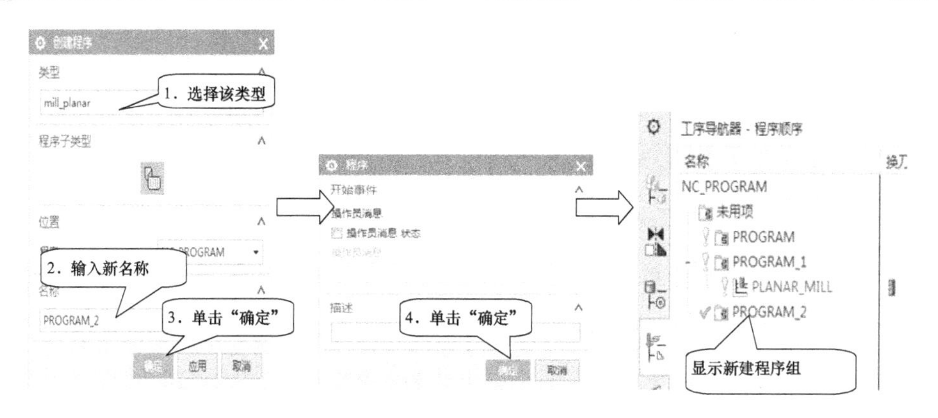

图 2-109 创建程序组

STEP 03 **创建刀具**。单线加工，选择 D5 刀具对中线条加工。
在功能区单击“主页”→创建刀具“ ”按钮，如图 2-110 所示操作。

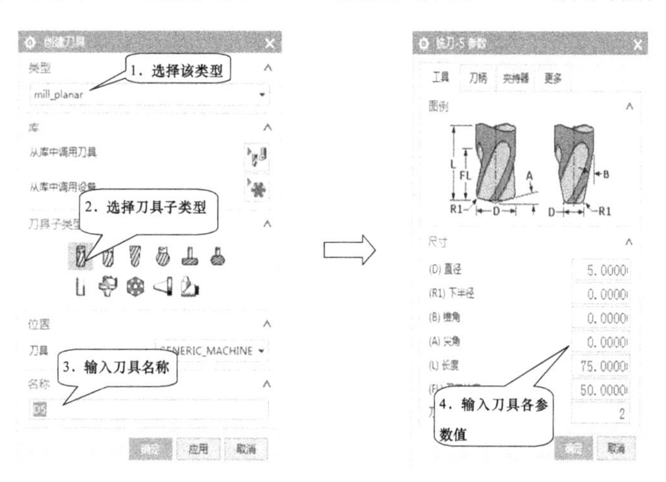

图 2-110 创建刀具

STEP 04 **加工方法参数设置**。双击“MILL _FINISH”进入精加工参数设置界面，设置“部件余量”为 0.000mm、公差为 0.0100，如图 2-111 所示。在精加工参数界面中单击进给 按钮，设置进给率为 1200.000，“进刀”为 60.0000%切削，如图 2-112 所示。单击“确定”完成设置。

图 2-111 粗加工参数

图 2-112 进给率设置

STEP 05 **创建工序**。在功能区单击“主页”→创建工序“ ”按钮，进入“创建工序”对话框，选择“工序子类型”中的平面轮廓铣，“位置”项下面选择前面创建的各项，如图 2-113 所示。单击“确定”，进入“平面铣”对话框并设置各参数，如图 2-114 所示。

图 2-113 创建工序

图 2-114 “平面铣”对话框

1）指定部件边界：在“平面铣”对话框中单击“指定部件边界”图标，系统打开“边界几何体”对话框，“模式”选择“曲线/边”，如图 2-115 所示；切换到“创建边界”对话框，“类型”选择“开放”，如图 2-116 所示；在工作区选择图形中的线条，如图 2-117 所示。单击“确定”回到“平面铣”对话框。

再次单击“指定部件边界”图标，进入“编辑边界”对话框，单击“编辑”，弹出“编辑成员”对话框，设置“刀具位置”为“对中”，如图 2-118 所示。

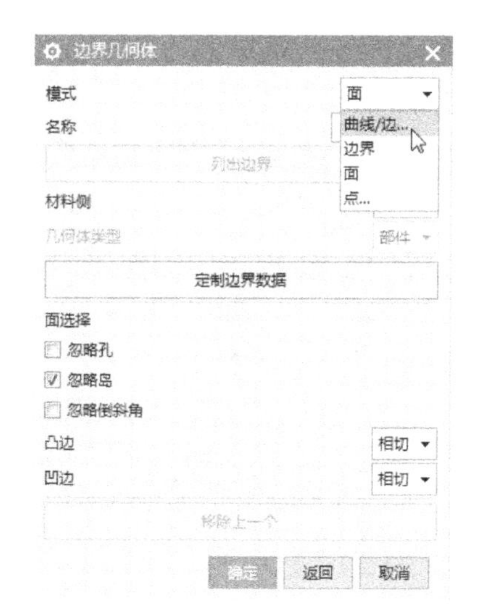

图 2-115 “边界几何体”对话框

图 2-116　创建边界

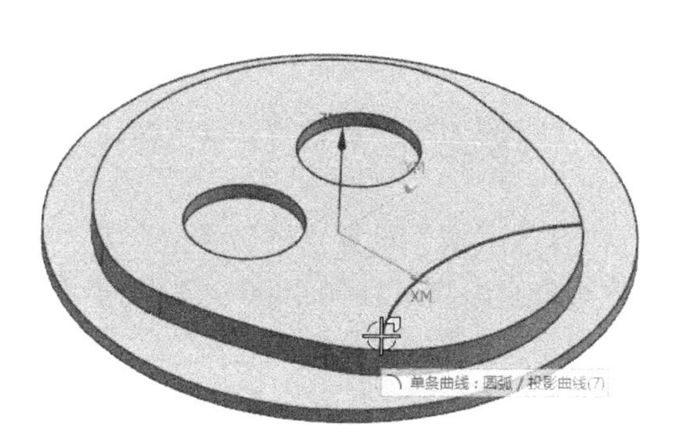

图 2-117　选择线条作为部件边界

图 2-118 “编辑成员”对话框

2）指定底面：在“平面铣”对话框中单击“指定底面”图标，系统弹出“平面构造器”对话框，在图形上选择底平面，如图 2-119 所示。单击“确定”或单击中键返回操作对话框。

在图形上将以虚线三角形显示底平面的位置。

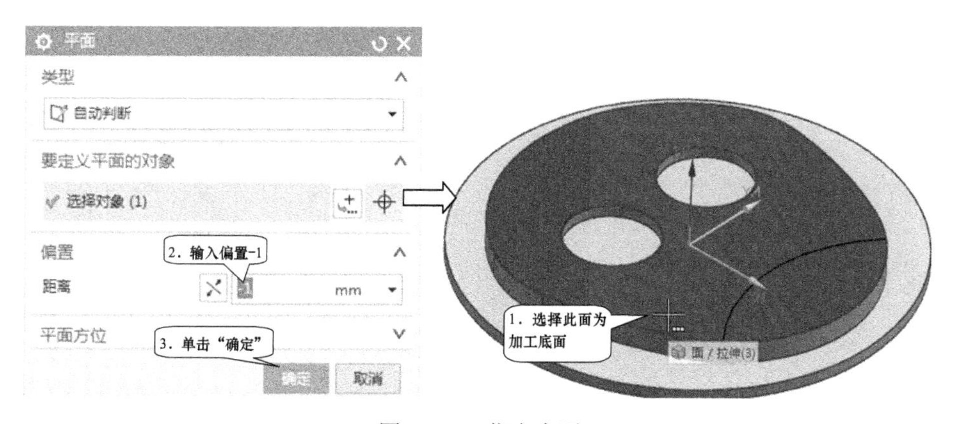

图 2-119　指定底面

3）刀轨设置：设置“切削进给”为1200.000、“切削深度”为“恒定”、“公共”下刀量为0.1500，如图2-120所示。

4）切削参数：单击切削参数按钮，进入“切削参数”对话框，在“策略”选项卡设置参数，如图2-121所示。

图2-120 刀轨设置

图2-121 “切削参数”的“策略”对话框

5）非切削移动：非切削参数就是控制进刀、退刀、移刀等参数设置。单击非切削移动按钮，进入“非切削移动”对话框。

进刀：单线加工进刀属于开放区域，所以在“开放区域”设置“进刀类型”为“线性”，“长度”为60.0000%刀具，“高度”为0.0000，“最小安全距离”为60.0000%刀具，如图2-122所示。亦可以将线条进行延长，这样“进刀类型”可以设置为“插削”。

退刀：与进刀相同。

转移/快速：设置区域内的“转移类型”为“直接/上一个备用平面”，如图2-123所示。

图2-122 “非切削移动”的“进刀”对话框

图2-123 “非切削移动”的“转移/快速”对话框

6）进给率和速度：单击进给率和速度按钮，进入“进给率和速度”对话框，进给率

和进刀速度默认了加工方法设置的参数，在这只需要在“主轴速度”输入 3500。

参数设置完成后，单击生成按钮生成刀轨，如图 2-124 所示。

STEP 06 **刀具路径仿真**。选中需要仿真的刀具路径，在功能区单击“主页”→确认刀轨“ ”按钮，进入“刀轨可视化”对话框，选择“3D 动态仿真”，仿真效果如图 2-125 所示。单击保存按钮进行保存。

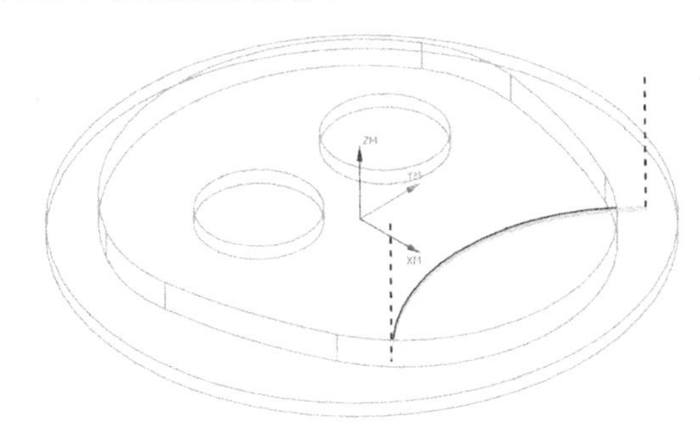

图 2-124　生成刀轨

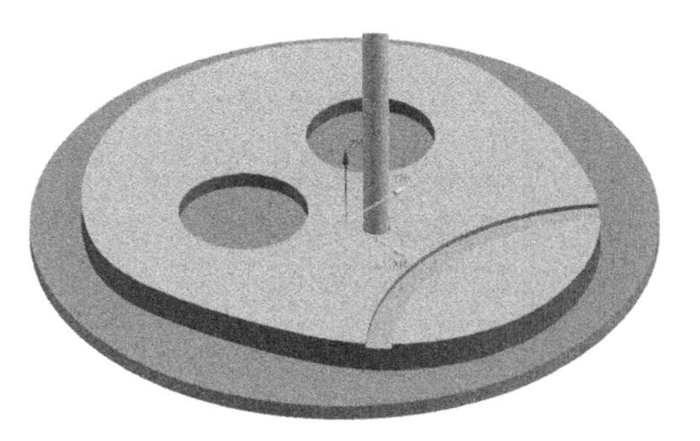

图 2-125　3D 动态仿真

2.3.3　使用边界面铣削

用平面边界或面定义切削区域，切削到底平面。

使用边界面铣削是一种特殊的平面铣加工，它以面或边界为加工对象，适合切削实体上的平面，如进行毛坯顶面的加工。

STEP 01 **打开图档**。在 UG NX 12.0 主界面单击“菜单”→“文件”→“打开”，打开光盘“HC-Examples”文件夹中的 HC-03 文件，如图 2-126 所示。

图档中已经创建了程序组和刀具，在“毛坯几何体”对话框中“类型”选择“部件的偏置”，并且偏置一定的量，这样才能在动态仿真的时候看到加工效果，如图 2-127 所示。

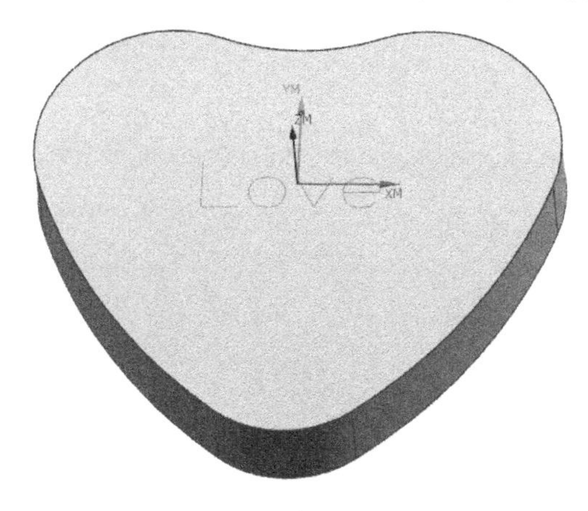

图 2-126　图档 HC-03

图 2-127　“毛坯几何体”对话框

STEP 02 **创建工序——使用边界面铣削**。在功能区单击“主页”→创建工序“ ”按钮，进入“创建工序”对话框，“工序子类型”选择使用边界面铣削，“位置”项下面选择前面创建的各项，如图 2-128 所示。单击“确定”，进入“面铣”对话框，如图 2-129 所示，并设置各参数。

1）指定面边界：单击指定边界按钮，弹出毛坯边界对话框，如图 2-130 所示，在工作区中选择要加工的平面，如图 2-131 所示。

图 2-128 “创建工序”对话框

图 2-129 “面铣”对话框

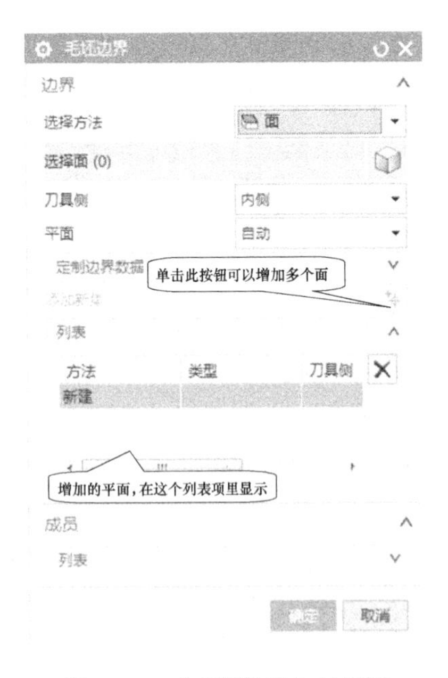

图 2-130 “毛坯边界”对话框

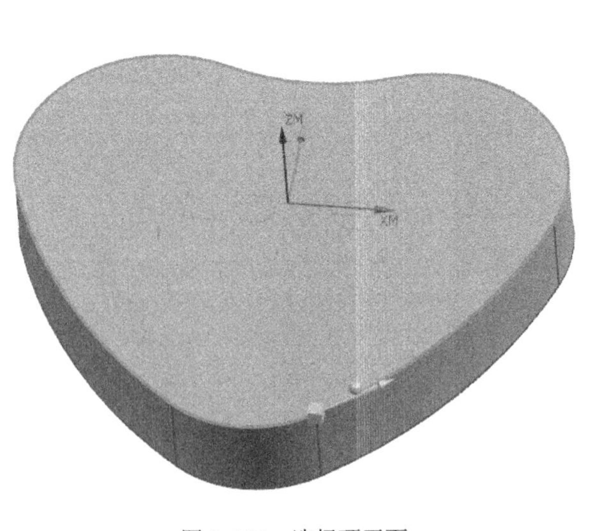

图 2-131 选择顶平面

2）检查几何体或检查边界：检查几何体或检查边界允许指定体或封闭边界用于表示夹具，生成的刀轨将避开这些区域。

3）刀轨设置：使用边界面铣削的刀轨设置如图 2-132 所示，大部分参数与平面铣操作一致，只是没有切削层选项，使用边界面铣削是对平面的加工，可以设置多层加工。选择“切削模式”为“往复”。

图 2-132　刀轨设置

毛坯距离定义了要去除的材料总厚度；最终底面余量定义在面几何体的上方剩余切削材料的厚度。

毛坯距离与最终底面余量的差值为加工的总厚度，当两者的差值为 0 或者每一刀的深度为 0 时，将只生成一层的刀轨，如图 2-133 所示。

而毛坯距离与最终底面余量的差值大于 0 时，将进行分层加工，从零件表面向上偏置产生多层刀轨，如图 2-134 所示。

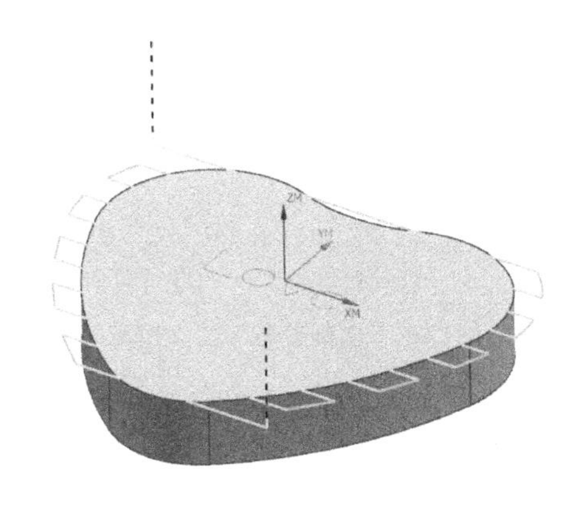

图 2-133　单层切削

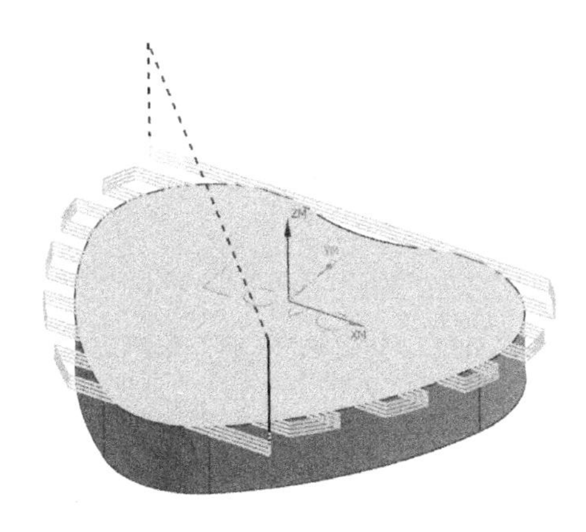

图 2-134　多层切削

4）切削参数：单击切削参数按钮，进入“切削参数”对话框，在“策略”选项卡设置参数，如图 2-135 所示。有侧壁的图形要设置“壁清理”为“在终点”。指定毛坯延展的距离将使刀具在铣削边界上进行延展，如图 2-136 所示为设置不同刀具延展量产生的刀轨对比。

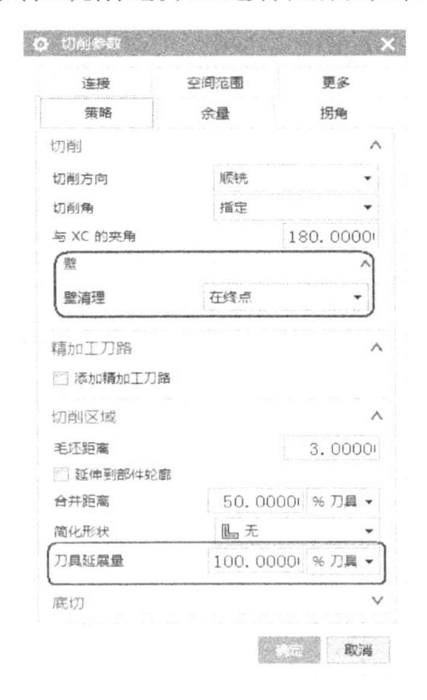

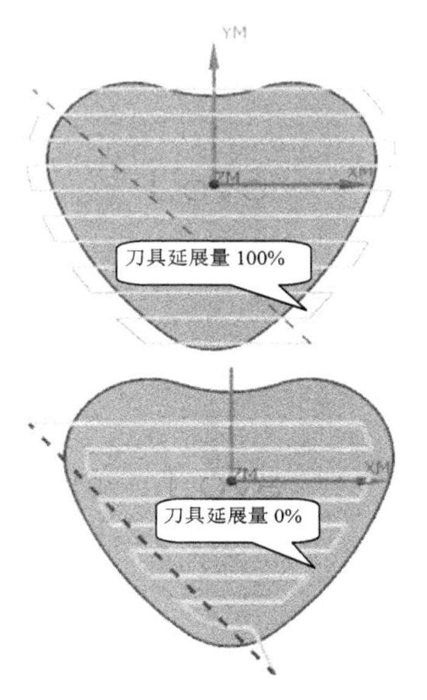

图 2-135 “切削参数”对话框

图 2-136 刀具延展量

“余量”选项卡设置“部件余量”为 0.2500，保证加工带有侧壁的图形避免碰撞侧壁余量，如图 2-137 所示。

在“拐角”选项卡设置“凸角”为“延伸并修剪”，避免在边角处拐弯，影响加工效果，如图 2-138 所示。

图 2-137 “切削参数”的“余量”对话框

图 2-138 “切削参数”的“拐角”对话框

5）进给率和速度：单击进给率和速度按钮，进入“进给率和速度”对话框，“主轴速度”输入 2500，“进给率”设置为 600。

参数设置完成后，单击生成按钮生成刀轨，如图 2-139 所示。

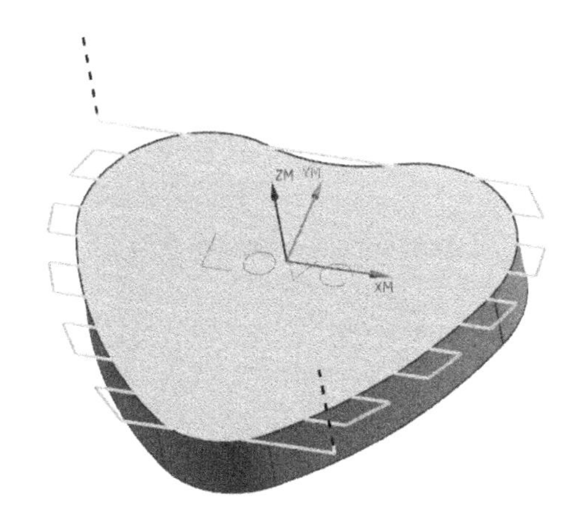

图 2-139　生成刀轨

STEP 03 **刀具路径仿真**。选中需要仿真的刀具路径，在功能区单击“主页”→确认刀轨“ ”按钮，进入“刀轨可视化”对话框，选择 3D 动态仿真。单击“文件”→“保存”→“另存为”，保存图档为 HC-03A。

2.3.4　手工面铣削

切削垂直于固定刀轴的平面的同时允许向每个包含手工切削模式的切削区域指派不同的切削模式。

STEP 01 **打开图档**。在 UG NX 12.0 主界面单击“菜单”→“文件”→“打开”，打开光盘“HC-Examples”文件夹中的 HC-04 文件，如图 2-140 所示。

图档中已经使用平面铣进行开粗，动态仿真结果如图 2-141 所示。下一步选择手工面铣削进行加工平面。

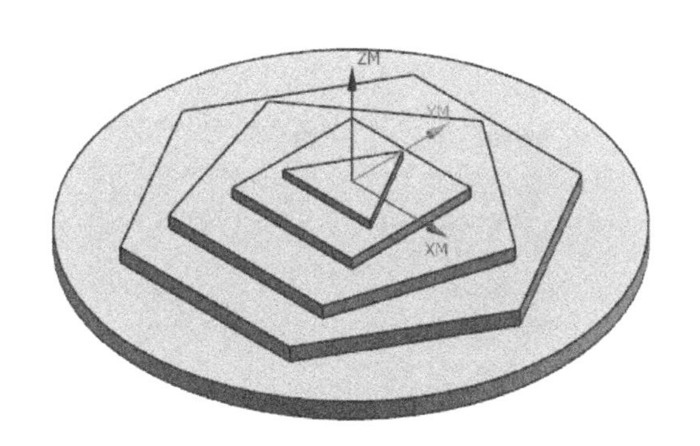

图 2-140　图档 HC-04

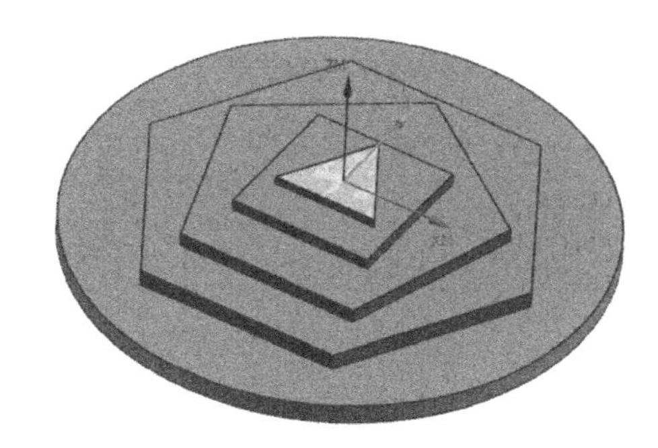

图 2-141　动态仿真

STEP 02 **创建程序组**。在功能区单击“主页”→创建程序“ ”按钮，如图 2-142 所示操作。

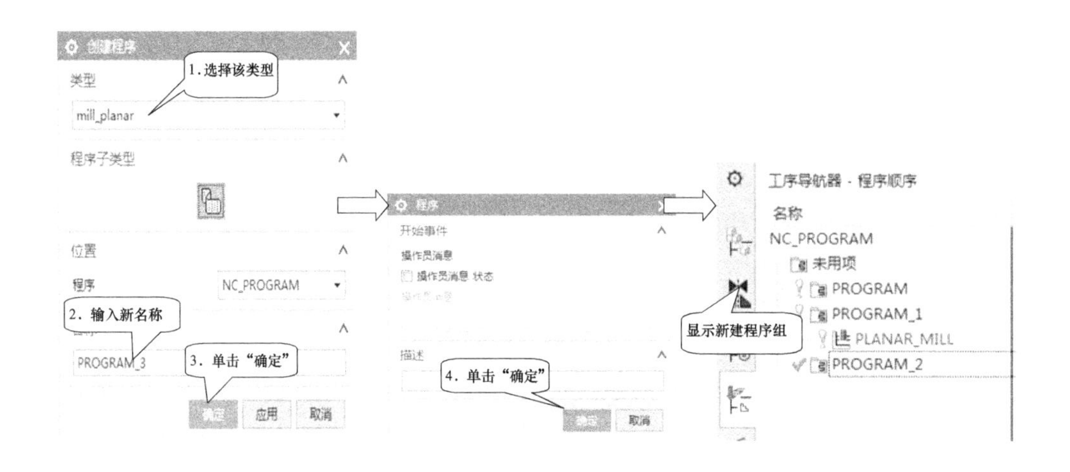

图 2-142　创建程序组

STEP 03 **创建工序——手工面铣削**。在功能区单击“主页”→创建工序“ ”按钮，进入“创建工序”对话框，“工序子类型”选择手工面铣削 ，“位置”项下面选择前面创建的各项，如图 2-143 所示。单击“确定”，进入“手工面铣削”对话框，如图 2-144 所示，设置各参数。

图 2-143　“创建工序”对话框

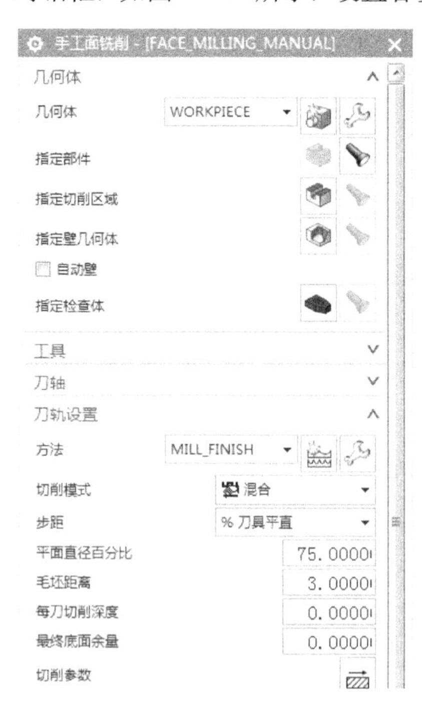

图 2-144　“手工面铣削”对话框

1）指定切削区域：单击指定切削区域 按钮，弹出“切削区域”对话框，如图 2-145 所示。在工作区图形中选择要加工的平面，如图 2-146 所示。单击“确定”回到“手工

面铣削”对话框。

2）刀轨设置：手工面铣削加工方法的“切削模式”默认了“混合”，不同的平面可以指派不同的切削模式，其余大部分参数与平面铣操作一致。

3）切削参数：单击切削参数按钮，进入“切削参数”对话框，“余量”选项卡设置“部件余量”为 0.2500，保证加工带有侧壁的图形避免碰撞侧壁余量，如图 2-147 所示。

在“拐角”选项卡设置“凸角”参数为“延伸并修剪”，避免在边角处拐弯，影响加工效果，如图 2-148 所示。

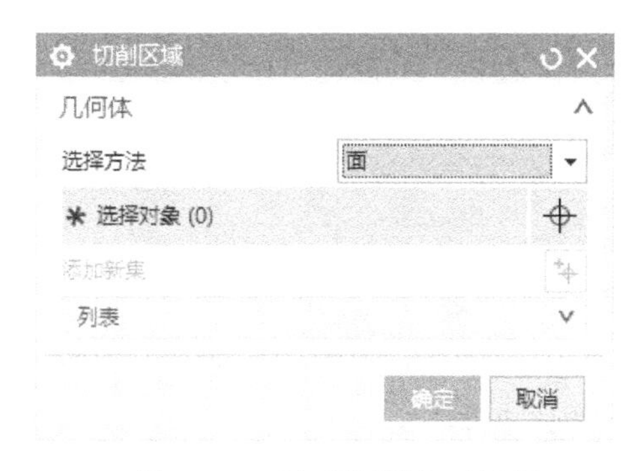

图 2-145　“切削区域”对话框

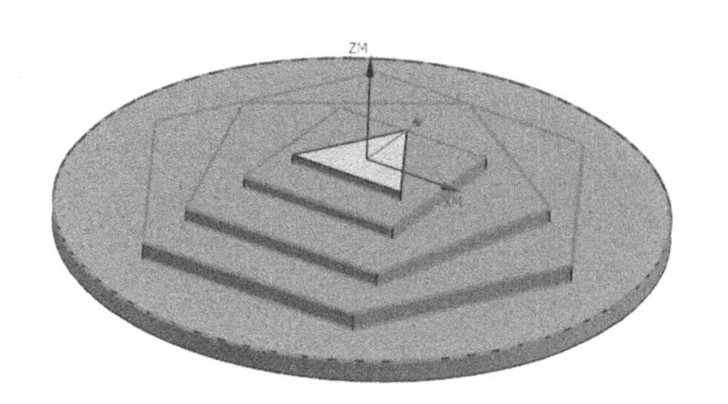

图 2-146　指定切削区域

图 2-147　“切削参数”的“余量”对话框

图 2-148　“切削参数”的“拐角”对话框

4）进给率和速度：单击进给率和速度按钮，进入“进给率和速度”对话框，“主轴速度”输入 2500，“进给率”设置为 600。

参数设置完成后，单击生成按钮，进入“区域切削模式”对话框，在此对话框设置各个平面的不同的切削模式；再单击“确定”按钮，生成刀轨，如图 2-149 所示。

STEP 04 **刀具路径仿真**。选中需要仿真的刀具路径，在功能区单击“主页”→“确认刀轨”按钮，进入“刀轨可视化”对话框，选择“3D 动态仿真”。单击“文件”→“保存”→“另存为”，保存图档为 HC-04A。

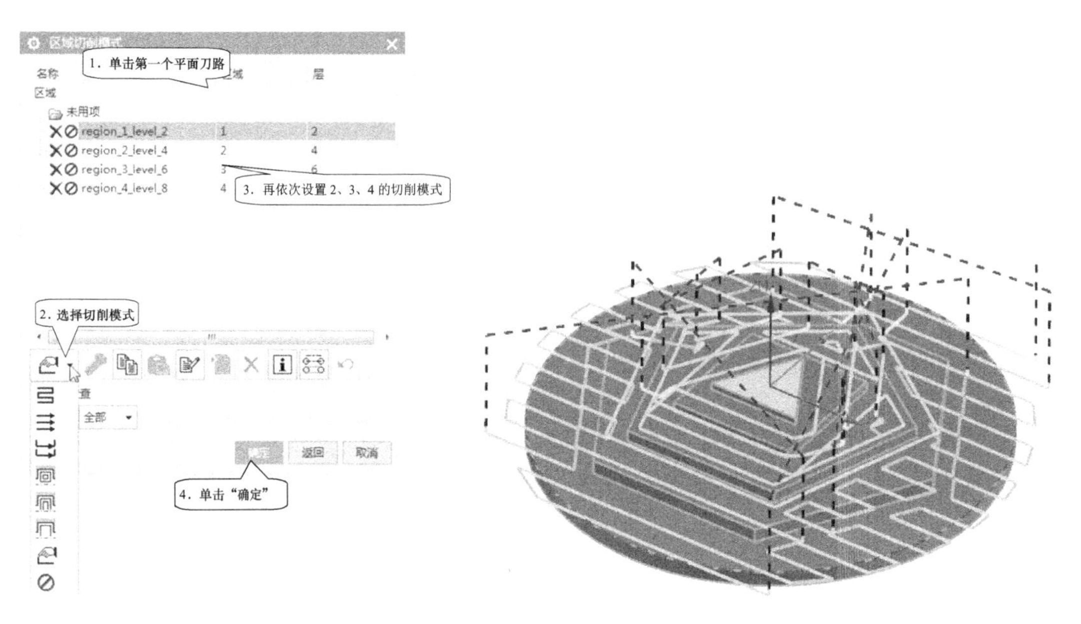

图 2-149 “区域切削模式”对话框和生成的刀轨

2.3.5 槽铣削

使用 T 形刀切削单个线性槽。

STEP 01 打开图档。在 UG NX 12.0 主界面单击“菜单”→“文件”→“打开”，打开光盘“HC-Examples”文件夹中的 HC-05 文件，如图 2-150 所示。T 形刀类型如图 2-151 所示。

图 2-150 箭头所指的 T 形槽，高度为 6mm、深度为 3mm，使用一把直径 D20、刀柄直径 D10、切削刃厚度为 5mm 的 T 形刀。

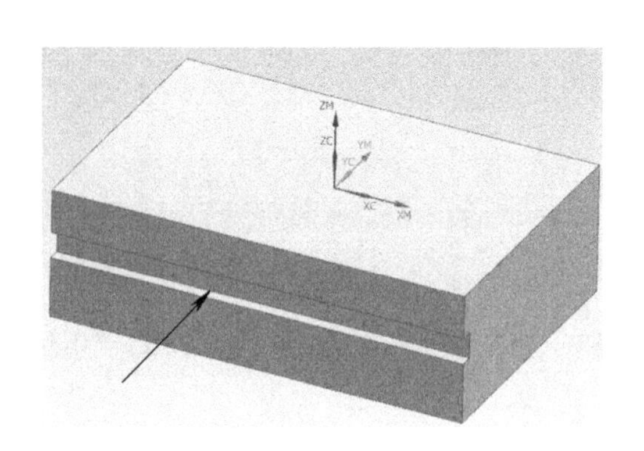

图 2-150 图档 HC-05

图 2-151 T 形刀类型

STEP 02 创建刀具。在功能区单击“主页”→“创建刀具”按钮，如图 2-152 所示操作。

STEP 03 创建工序——槽铣削。在功能区单击“主页”→创建工序“ ”按钮，进入“创建工序”对话框，“工序子类型”选择槽铣削，“位置”项下面选择前面创建的各项，如图 2-153

所示。单击“确定”，进入“槽铣削”对话框并设置各参数。

1）指定槽几何体：单击指定槽几何体按钮，弹出“特征几何体”对话框，如图 2-154 所示。在工作区图形中选择 T 形槽的底平面，如图 2-155 所示。单击后自动检测出 T 形槽的大小和形状，如图 2-156 所示。单击“确定”回到“槽铣削”对话框。

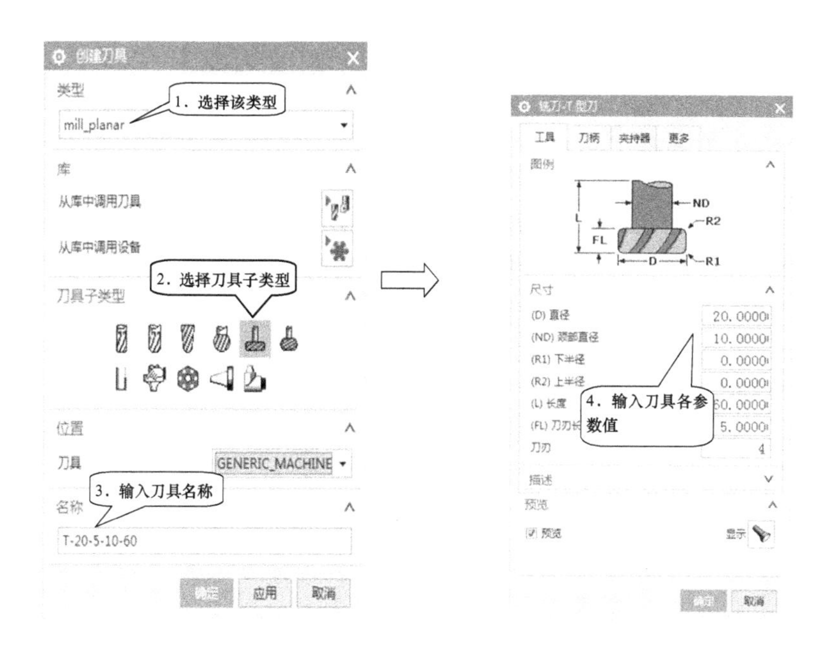

图 2-152　创建刀具

图 2-153　“创建工序”对话框

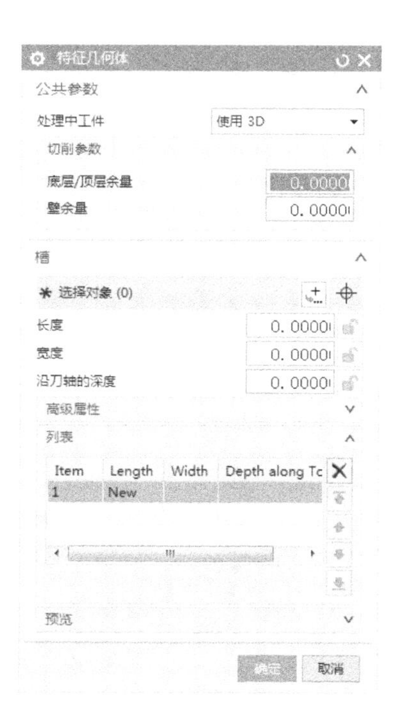

图 2-154　“特征几何体”对话框

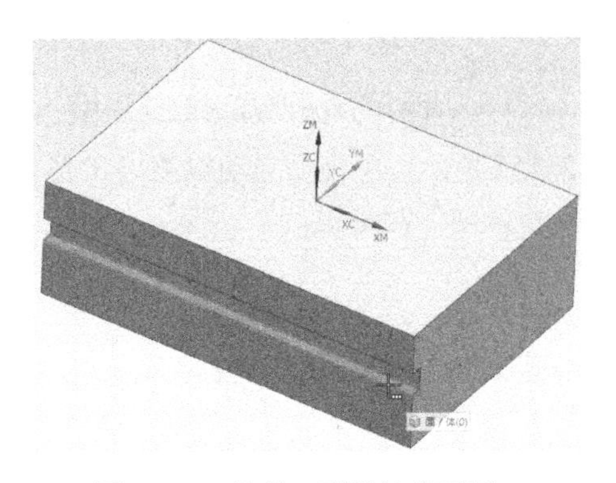

图 2-155　选择 T 形槽的底平面

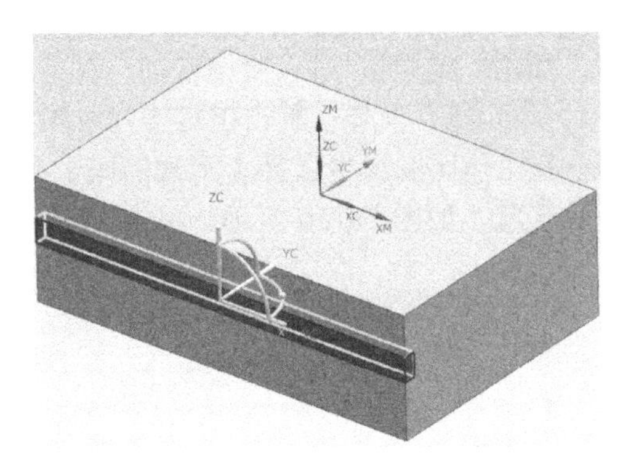

图 2-156　自动检测 T 形槽

2）刀轨设置：设置“步距”为“恒定”、“最大距离”为 0.3000，如图 2-157 所示。

3）切削层：单击切削层按钮，弹出“切削层”对话框，设置参数如图 2-158 所示。再单击“确定”按钮，回到“槽铣削”对话框。单击生成按钮生成刀轨，如图 2-159 所示。从生成的刀轨看到提刀、移刀多，需要继续设置切削参数和非切削参数来优化刀路。

4）切削参数：单击切削参数按钮，进入“切削参数”对话框，在“策略”选项卡设置“切削方向”为“混合”，其余参数默认，如图 2-160 所示。

图 2-157　“槽铣削”对话框

图 2-158　“切削层”对话框

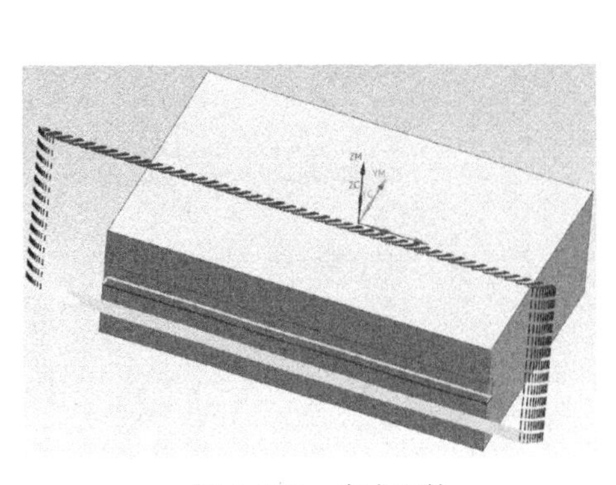

图 2-159　生成刀轨

图 2-160　“切削参数”的“策略”对话框

5）非切削移动：单击非切削移动按钮，进入“非切削移动”对话框，在“转移/快速”选项卡中“区域内”的“转移类型”设置为“直接/上一个备用平面”，其余参数默认，如图 2-161 所示。再单击“确定”按钮，回到“槽铣削”对话框，单击生成按钮生成刀轨，如图 2-162 所示。

图 2-161 “非切削移动”—“转移/快速”对话框

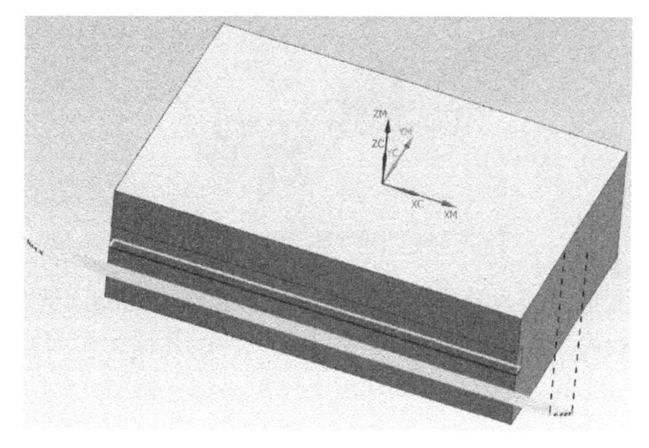

图 2-162 生成刀轨

6）进给率和速度：单击进给率和速度按钮，进入“进给率和速度”对话框，“主轴速度”输入 1500，“进给率”设置为 1000。

STEP 04 **刀具路径仿真**。选中需要仿真的刀具路径，在功能区单击“主页”→确认刀轨“”按钮，进入“刀轨可视化”对话框，选择“3D 动态仿真”，仿真效果如图 2-163 所示。单击“文件”→“保存”→“另存为”，保存图档为 HC-05A。

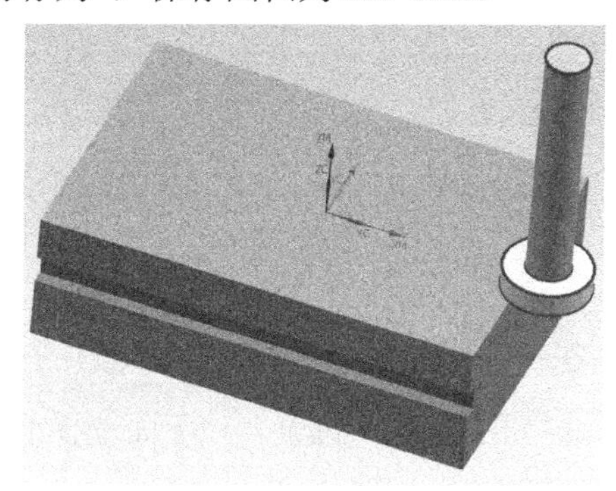

图 2-163 刀具路径仿真

2.3.6 孔铣

使用平面螺旋和/或螺旋切削模式来加工不通孔和通孔。

STEP 01 **打开图档**。在 UG NX 12.0 主界面单击“菜单”→“文件”→“打开”，打开光盘“HC-Examples”文件夹中的 HC-06 文件，如图 2-164 所示。

STEP 02 **设置加工坐标系和几何体**。在几何视图中双击“MCS_MILL”加工坐标系，进入“Mill Orient”对话框，“安全距离”设置为 30.0000，如图 2-165 所示，单击“确定”完成设置。

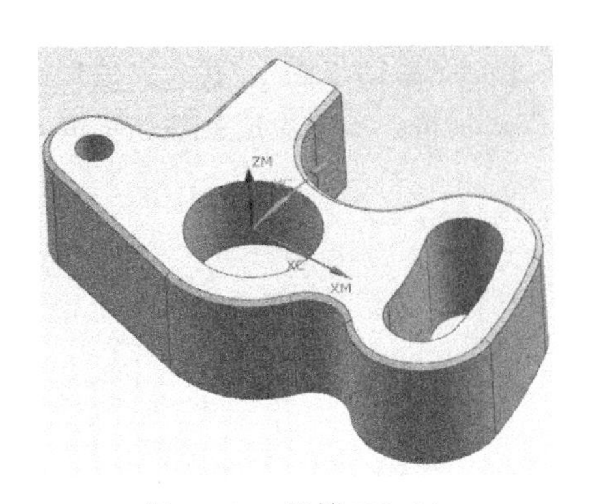

图 2-164　图档 HC-06

图 2-165　“Mill Orient”对话框

图形中间内孔直径为 22mm、深度为 20mm，选择使用直径 D12 平底刀进行加工。

双击“WORKPIECE”，进入“铣削几何体”对话框，如图 2-166 所示设置部件和毛坯。

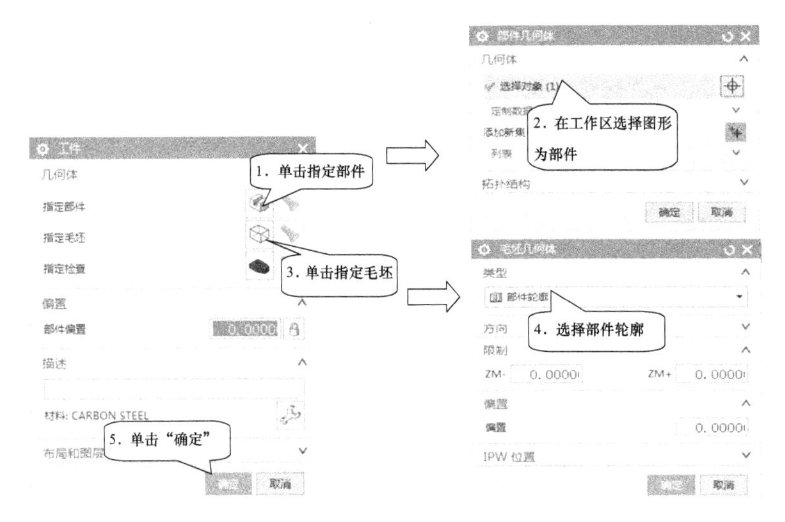

图 2-166　指定部件和毛坯

STEP 03 **创建工序——孔铣**。在功能区单击“主页”→创建工序“ ”按钮，进入“创建工序”对话框，“工序子类型”选择孔铣 ，“位置”项下面选择前面创建的各项，如图 2-167 所示。单击“确定”，进入“孔铣”对话框并设置各参数。

1）指定特征几何体：单击指定特征几何体 按钮，弹出“特征几何体”对话框，如图 2-168 所示。在工作区图形中选择 D22 的内孔，如图 2-169 所示。单击后自动检测出内孔的大小深度，如图 2-170 所示。单击“确定”回到“孔铣”对话框。

2）刀轨设置：“切削模式”下拉选项里有径向螺旋、深度螺旋、平面螺旋、圆形 4 种，在这设置为“深度螺旋”。“每转深度”设置为“距离”，“螺距”为 0.2000，如图 2-171 所示。

3）切削参数：单击切削参数 按钮，进入“切削参数”对话框，“策略”选项卡设置“切削方向”为“顺铣”，“延伸路径”下的“顶偏置”距离为 0.2000，如图 2-172 所示。如果粗加工，在“余量”选项卡设置留上适当的余量值，其余参数默认。

图 2-167 “创建工序”对话框

图 2-168 “特征几何体”对话框

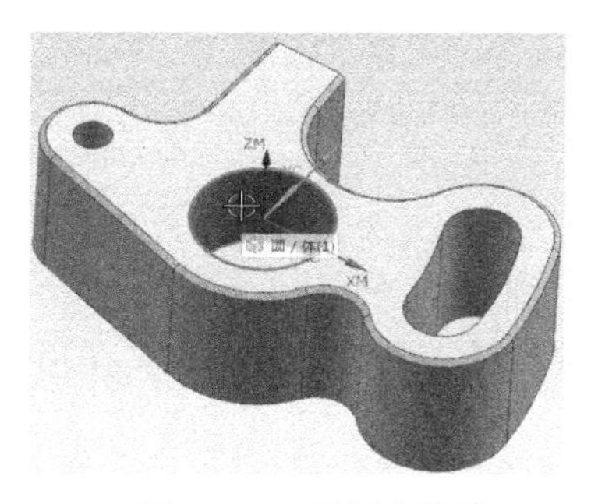

图 2-169 选择内孔壁

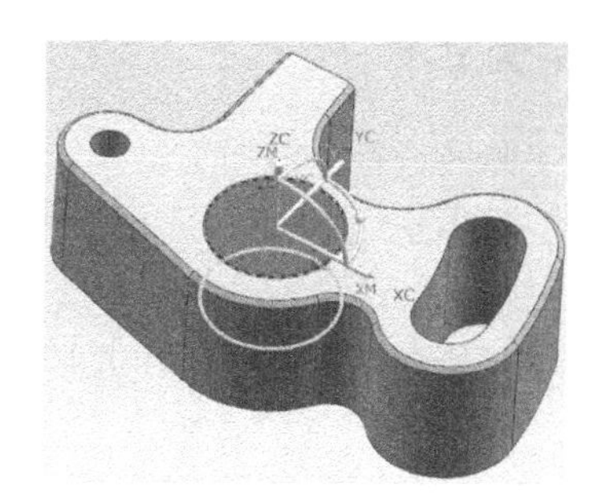

图 2-170 自动检测内孔

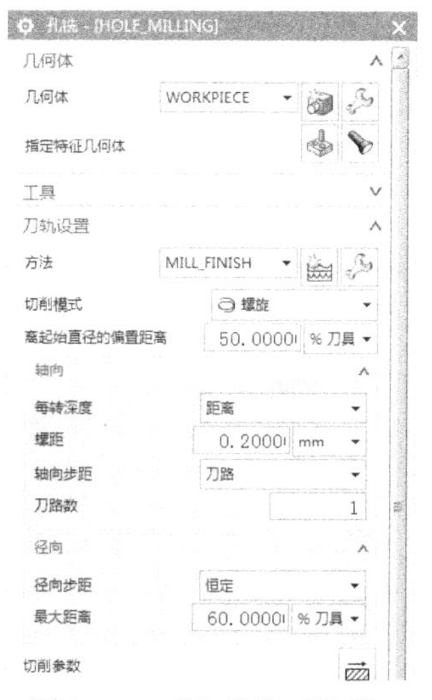

图 2-171 “孔铣”对话框

图 2-172 “切削参数”的“策略”对话框

4）进给率和速度：单击进给率和速度按钮，进入“进给率和速度”对话框“主轴速度”输入 2000，“进给率”设置为 1000。再单击“确定”按钮，回到“槽铣削”对话框，单击生成按钮生成刀轨，如图 2-173 所示。

STEP 04 **刀具路径仿真**。选中需要仿真的刀具路径，在功能区单击“主页”→确认刀轨“ ”按钮，进入“刀轨可视化”对话框，选择“3D 动态仿真”，仿真效果如图 2-174 所示。单击“文件”→“保存”→“另存为”，保存图档为 HC-06A。

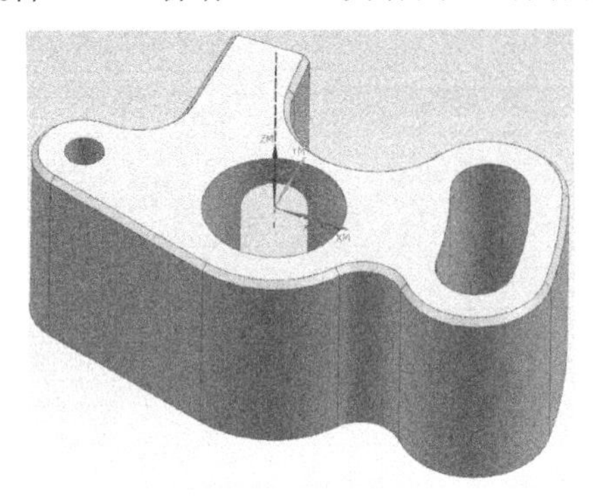

图 2-173　生成刀轨

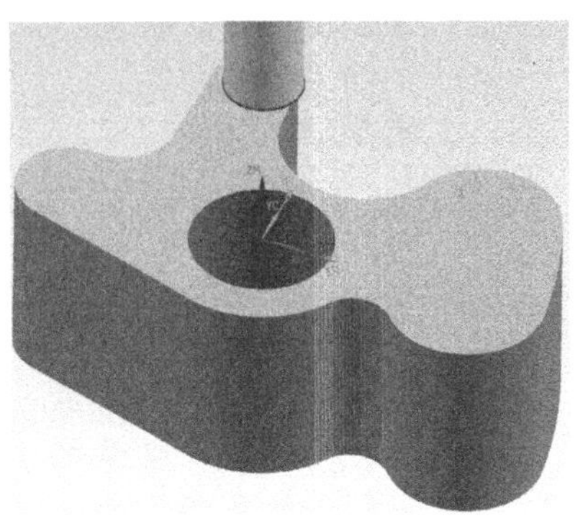

图 2-174　刀具路径仿真

2.3.7　平面文本

对文字曲线进行雕刻加工。

STEP 01 **打开图档**。在 UG NX 12.0 主界面单击“菜单”→“文件”→“打开”，打开“2.3.3 使用边界面铣削”中保存的 HC-03A 文件，如图 2-175 所示。

图档中已经创建了程序组和刀具，并编好顶面程序，接着使用 D2R1 刀具在顶平面上刻出 LOVE 字体。

STEP 02 **创建工序——平面文本**。在功能区单击“主页”→创建工序“ ”按钮，进入“创建工序”对话框，“工序子类型”选择平面文本，“位置”项下面选择前面创建的各项，如图 2-176 所示。单击“确定”，进入“平面文本”对话框并设置各参数。

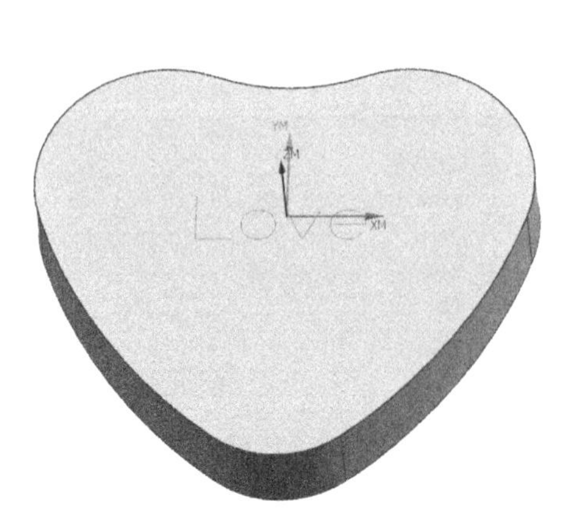

图 2-175　图档 HC-03A

图 2-176　“创建工序”对话框

1）指定制图文本：单击指定制图文本 A 按钮，如图 2-177 所示，弹出“文本几何体”对话框，如图 2-178 所示，在工作区中选择 LOVE 注释文本，如图 2-179 所示。单击“确定”返回“平面文本”对话框。

2）指定底面：单击指定底面按钮，弹出“平面”对话框，如图 2-180 所示，在工作区图形中选择顶面，如图 2-181 所示。单击“确定”返回“平面文本”对话框。

3）刀轨设置：“文本深度”设置为 0.1mm。如需要进行分层分次加工，设置每刀切削深度即可。

4）非切削移动：单击非切削移动按钮，进入“非切削移动”对话框，设置进刀参数如图 2-182 所示，在工作区中选择 LOVE 注释文本，如图 2-179 所示。单击“确定”返回“平面文本”文本框。

图 2-177　“平面文本”对话框

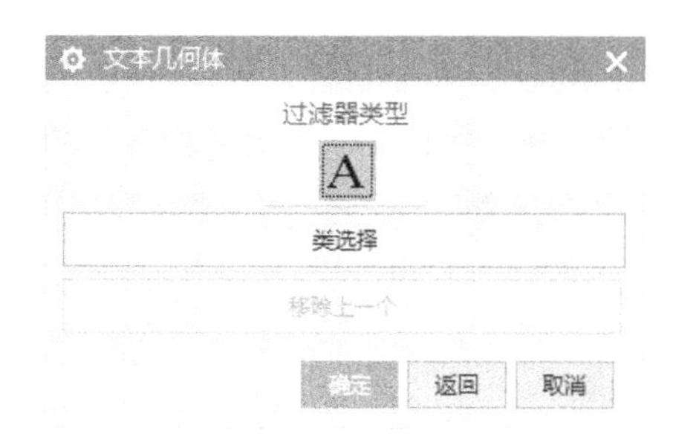

图 2-178　“文本几何体”对话框

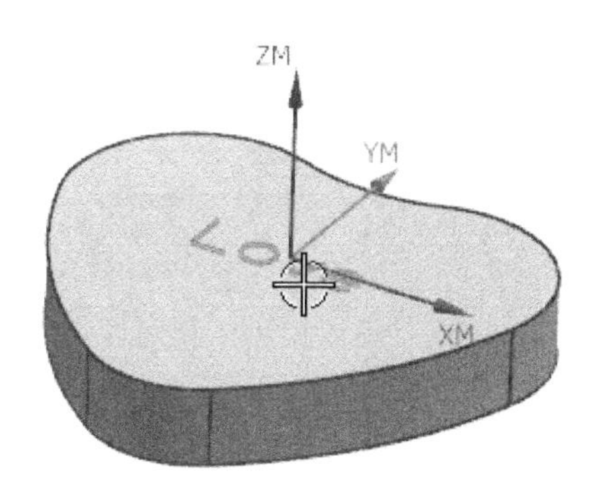

图 2-179　选择注释文本

图 2-180　平面

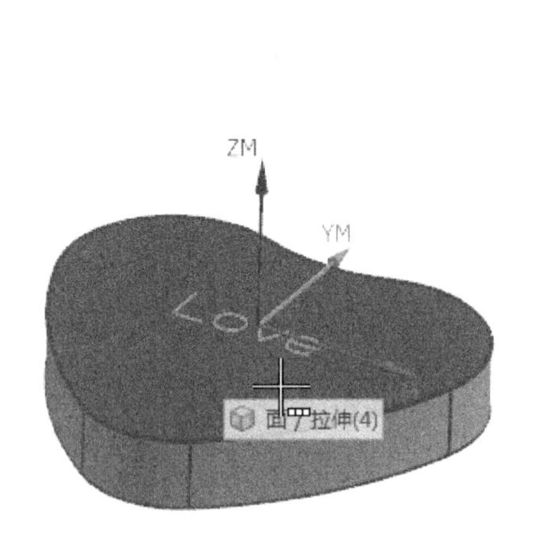

图 2-181　选择顶面

图 2-182　非切削移动－进刀

5）进给率和速度：单击进给率和速度按钮，进入“进给率和速度”对话框，“主轴速度”输入 4000.000，“进给率”的“切削”设置为 600.0000，如图 2-183 所示。单击“确定”返回“平面文本”对话框。

参数设置完成后，单击生成按钮生成刀轨。

STEP 03 **刀具路径仿真**。选中需要仿真的刀具路径，在功能区单击“主页”→确认刀轨“ ”按钮，进入“刀轨可视化”对话框，选择“3D 动态仿真”，仿真效果如图 2-184 所示。单击“文件”→“保存”→“另存为”，保存图档为 HC-03B。

图 2-183　“进给率和速度”对话框

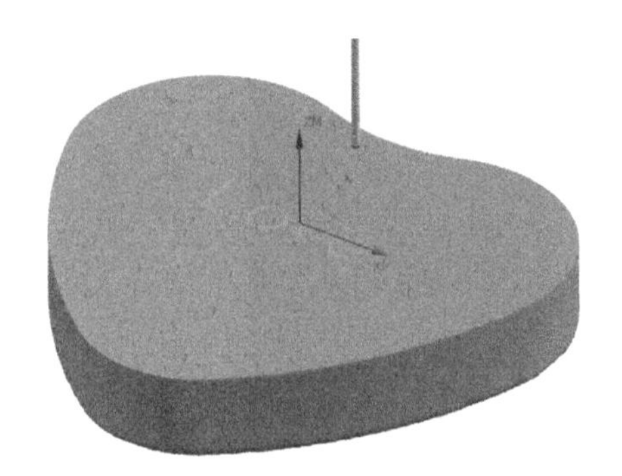

图 2-184　刀具路径仿真

2.4　固定轴曲面轮廓铣

固定轴曲面轮廓铣是 UG NX 中用于曲面精加工的主要加工方式。其刀具路径由投影驱动点到零件表面而产生。

固定轴曲面轮廓的主要控制要素为驱动图形，系统在图形及边界上建立一系列的驱动点，并将点沿着指定向量的方向投影到零件表面，产生刀轨。

固定轴曲面轮廓通常用于半精加工或者精加工程序，选择不同的驱动方式，并设置不同的驱动参数，将获得不同的刀轨形式。固定轴曲面轮廓铣图标说明见表 2-3。

表 2-3　固定轴曲面轮廓铣图标说明

图　标	中文含义	说　明
	固定轮廓铣	用于对具有各种驱动方法、空间范围和切削模式的部件或切削区域进行轮廓铣的基础固定轴曲面轮廓铣工序
	区域轮廓铣	使用区域驱动方法来加工切削区域中面的固定轴曲面铣工序，常用于半精加工和精加工
	曲面区域轮廓铣	使用曲面区域驱动方法对选定面定义的驱动几何体进行精加工的固定轴曲面轮廓铣工序
	流线	使用流曲线和交叉曲线来引导切削模式并遵照驱动几何体形状的固定轴曲面轮廓铣工序
	非陡峭区域轮廓铣	使用区域铣削驱动方法来切削陡峭度小于特定陡峭壁角度的区域的固定轴曲面轮廓铣工序
	陡峭区域轮廓铣	使用区域铣削驱动方法来切削陡峭度大于特定陡峭壁角度的区域的固定轴曲面轮廓铣工序
	单刀路清根	通过清根驱动方法使用单刀路精加工或修整拐角和凹部的固定轴曲面轮廓铣
	多刀路清根	通过清根驱动方法使用多刀路精加工或修整拐角和凹部的固定轴曲面轮廓铣
	清根参考刀具	使用清根驱动方法在指定参考刀具确定的切削区域中创建多刀路
	实体轮廓 3D	沿着选定直壁的轮廓边描绘轮廓
	轮廓 3D	特殊的三维轮廓铣切削类型，其深度取决于边界中的边或曲线，常用于修边
	轮廓文本	文本刻字，用于三维雕刻

2.4.1　固定轮廓铣

固定轮廓铣用于对具有各种驱动方法、空间范围和切削模式的部件或切削区域进行轮廓铣的基础固定轴曲面轮廓铣工序。

STEP 01 打开图档。在 UG NX 12.0 主界面单击“菜单”→“文件”→“打开”，打开光盘“HC-Examples”文件夹中的 HC-07 文件，如图 2-185 所示。

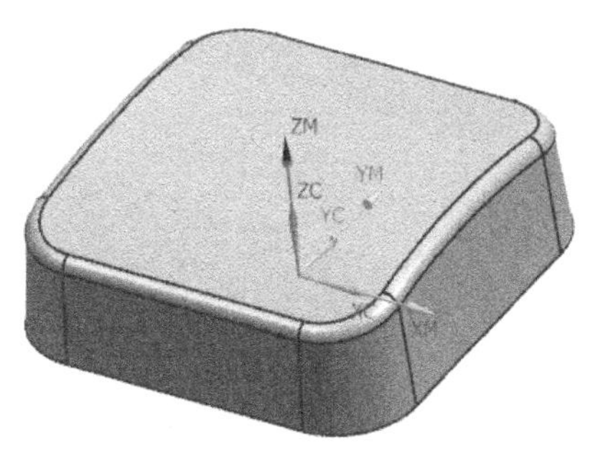

图 2-185　图形 HC-07

STEP 02 **创建刀具**。精加工圆弧面使用加工钢料常用的 D8R4 球刀。在功能区单击“主页”→创建刀具“ ”按钮，如图 2-186 所示操作。

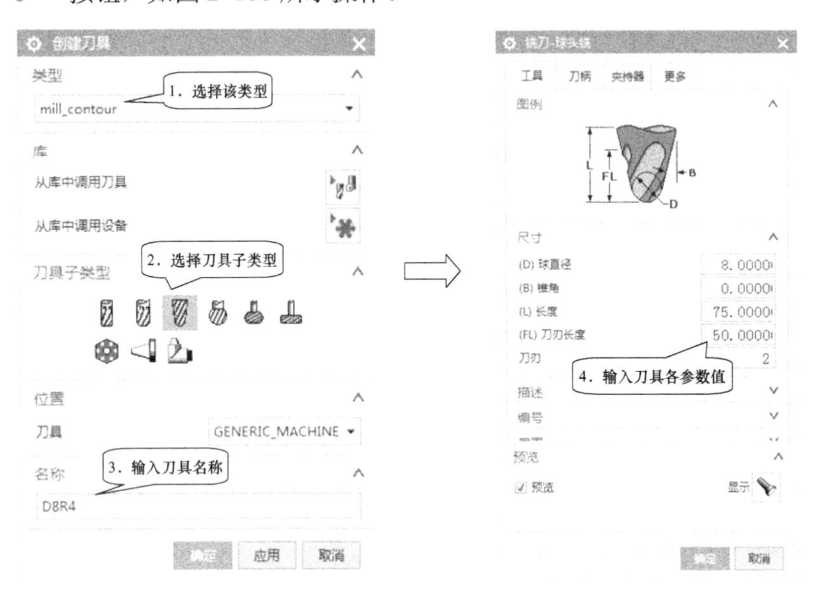

图 2-186　创建刀具

STEP 03 **设置加工坐标系和几何体**。在几何视图中双击 MCS_MILL 加工坐标系进入 Mill Orient 视窗，安全距离设置 30，单击“确定”完成设置。

双击 WORKPIECE 进入铣削几何体视窗，如图 2-187 所示设置部件和毛坯。

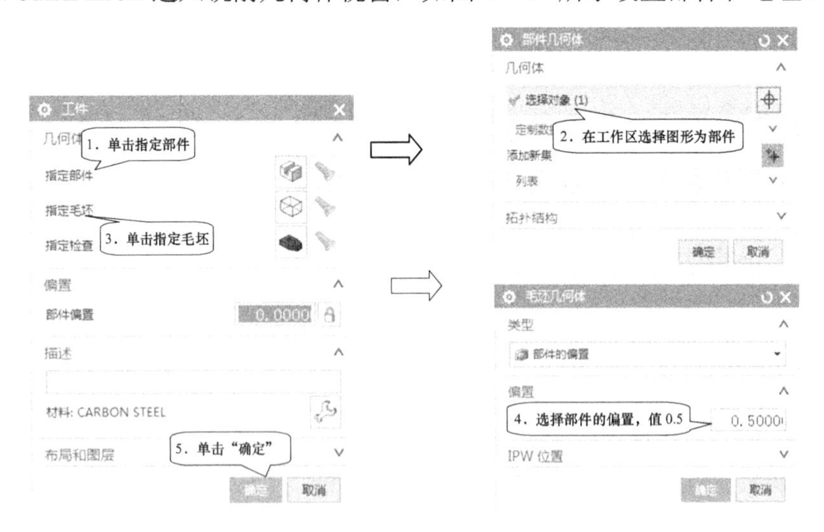

图 2-187　指定部件和毛坯

STEP 04 **创建工序——固定轮廓铣**。在功能区单击“主页”→创建工序“ ”按钮，进入“创建工序”对话框，选择“工序子类型”中的固定轮廓铣，“位置”项下面选择前面创建的各项，如图 2-188 所示。单击“确定”，进入“固定轮廓铣”对话框并设置各参数，如图 2-189 所示。

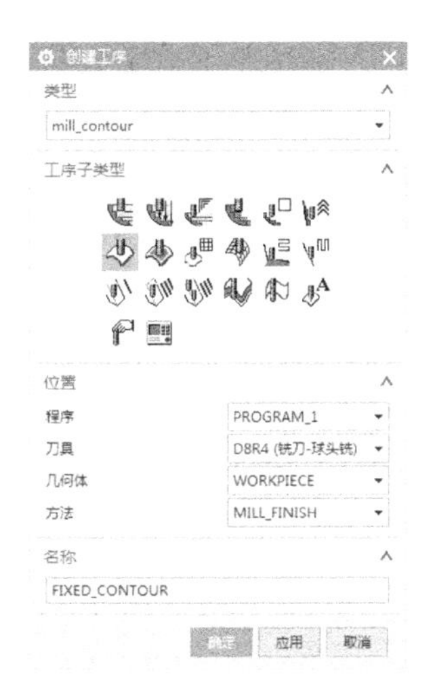

图 2-188　“创建工序”对话框

图 2-189　“固定轮廓铣”对话框

1）指定边界驱动方法：驱动“方法”默认为“边界”，单击编辑按钮，弹出“边界驱动方法”对话框，如图 2-190 所示。在“边界驱动方法”对话框中单击指定驱动几何体按钮，弹出“边界几何体”对话框，如图 2-191 所示。在“边界几何体”对话框中，“模式”选择“曲线/边”，弹出“创建边界”对话框，如图 2-192 所示。在图形中依次选择圆角边缘曲线，如图 2-193 所示。

图 2-190　“边界驱动方法”对话框

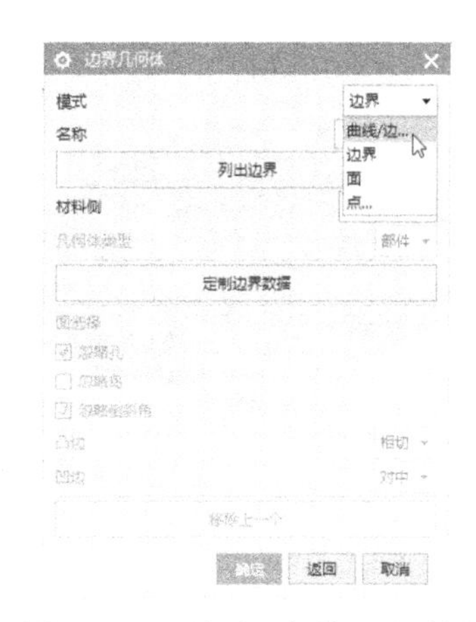

图 2-191　“边界几何体”对话框

图 2-192　“创建边界”对话框

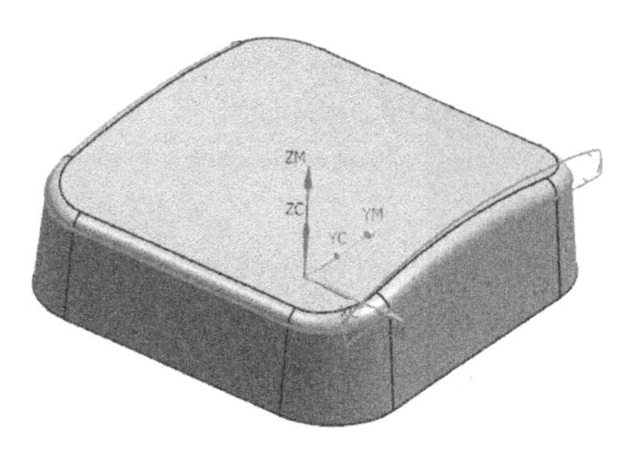

图 2-193　依次选择曲线

因为是 3D 外形曲线，所以当平面为自动的时候，自动生成的平面方向不一定正确。在“创建边界”对话框中，“平面”选择“用户定义”，如图 2-194 所示。弹出“平面”对话框，如图 2-195 所示。按住鼠标中键旋转图形，在图形中单击底面来确定边界投影平面，如图 2-196 所示。单击“确定”，回到“创建边界”对话框，再单击“确定”，回到“边界几何体”对话框，已生成平面边界，如图 2-197 所示。

图 2-194 “创建边界”对话框

图 2-195 “平面”对话框

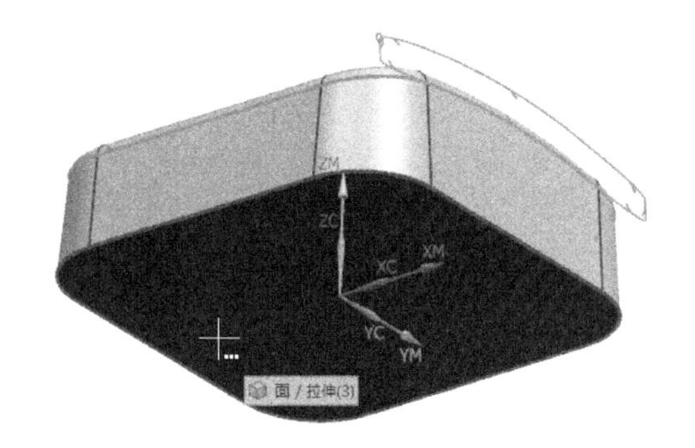

图 2-196 指定底面

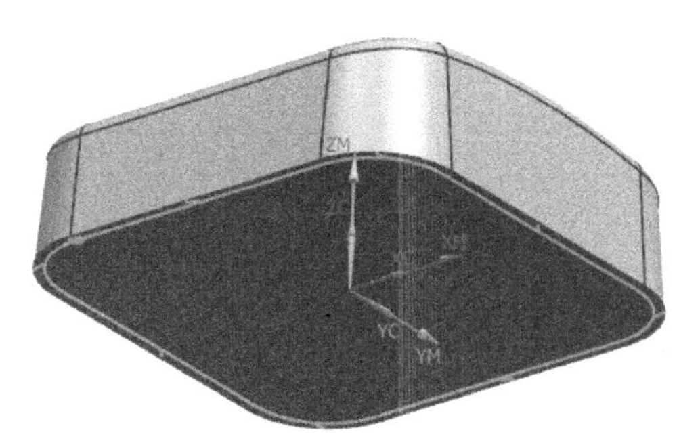

图 2-197 产生平面边界

单击“确定”，回到“边界驱动方法”对话框，再单击“确定”回到“固定轮廓铣”对话框，单击生成“ ”按钮生成刀轨，如图 2-198 所示。继续设置其他参数优化刀路。

提示

在边界选择时，需要特别注意“材料侧”，“材料侧”为“外部”时，刀路在内部。

“刀具位置”为“位于”时，加工时刀具中心将加工到边界。

驱动几何体的边界选择时，可以选择开放或者封闭的边界；驱动几何体的平面位置将不影响刀轨的生成。

单击编辑 按钮，弹出“边界驱动方法”对话框，设置参数如图 2-199 所示。我们前面设置“材料侧”为“外侧”，“刀具位置”设置为“相切”，所以刀具相切于边界在内部产生刀路，但要加工到圆角边缘，所以“边界偏置”设为-8（负刀具直径）。

2）非切削移动：单击非切削移动 按钮，进入“非切削移动”对话框，如图 2-200 所示。

3）进给率和速度：单击进给率和速度 按钮，进入“进给率和速度”对话框，进给率和进刀速度默认了加工方法设置的参数，在这只需要在“主轴速度”中输入 3000。

参数设置完成后，单击生成按钮生成刀轨，如图 2-201 所示。

STEP 05 **刀具路径仿真**。选中需要仿真的刀具路径，在功能区单击“主页”→确认刀轨“ ”按钮，进入“刀轨可视化”对话框，选择“3D 动态仿真”。单击“文件”→“保存”→“另存为”，保存图档为 HC-07A。

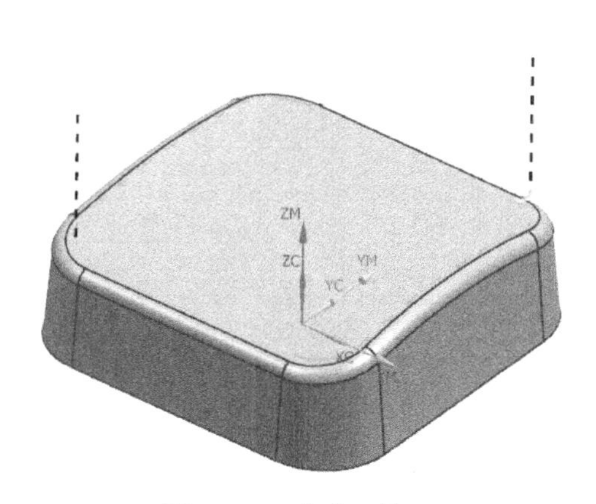

图 2-198　生成刀轨

图 2-199　“边界驱动方法”对话框

图 2-200　“非切削参数”的“进刀”对话框

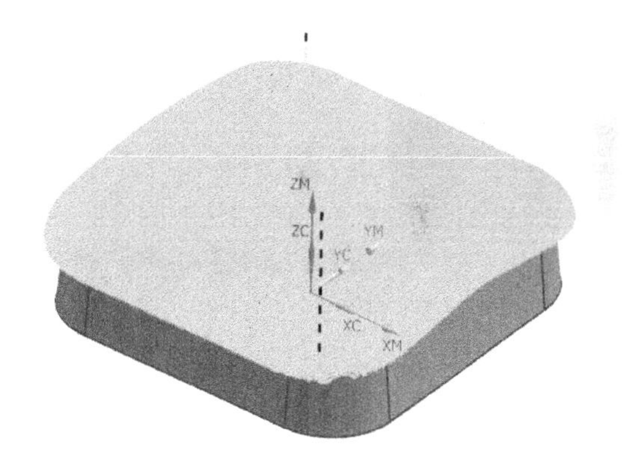

图 2-201　生成刀轨

2.4.2　区域轮廓铣

区域轮廓铣是最常用的一种精加工操作方式。区域轮廓铣允许指定一个切削区域来生成刀位轨迹。

区域铣削与边界驱动生成的刀轨类似，但是其创建的刀轨可靠性更好，并且有陡峭区域判断及步距应用于部件上功能，建议优先选用区域铣削。通过选择不同的图样方式与驱动设置，区域铣削可以适应绝大部分的曲面精加工要求。

STEP 01 **打开图档**。在 UG NX 12.0 主界面单击“菜单”→“文件”→“打开”，打开光盘“HC-Examples”文件夹中的 HC-07 文件，如图 2-202 所示。

STEP 02 **创建刀具**。精加工圆弧面使用加工钢料常用的 D8R4 球刀。在功能区单击“主页”→创建刀具“ ”按钮，如图 2-203 所示操作。

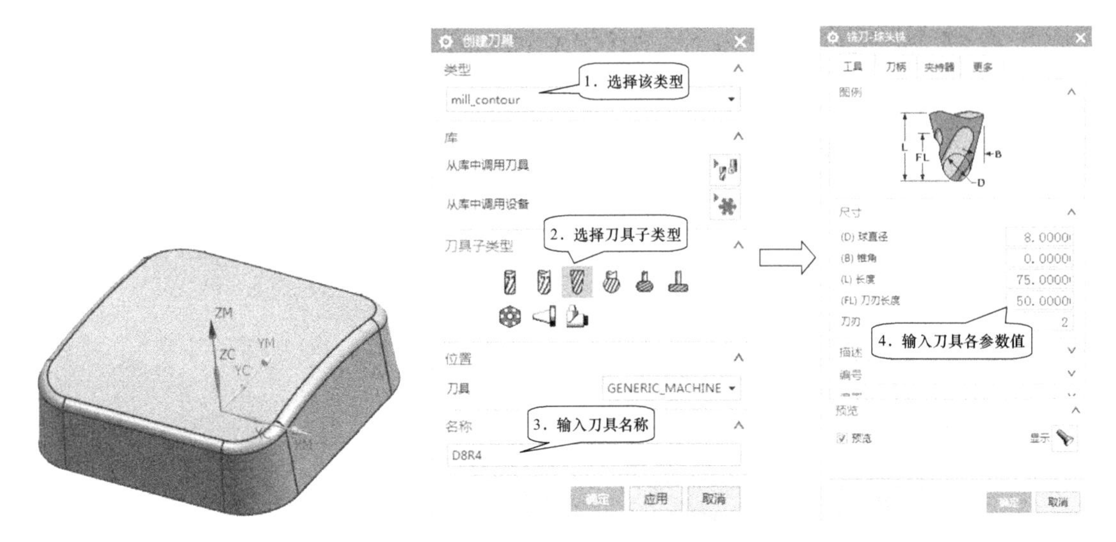

图 2-202　图形 HC-07　　　　图 2-203　创建刀具

STEP 03 **设置加工坐标系和几何体**。在几何视图中双击“MCS_MILL”加工坐标系，进入“Mill Orient”对话框，“安全距离”设置 30，单击“确定”完成设置。

双击“WORKPIECE”，进入“工件”对话框，如图 2-204 所示设置部件和毛坯。

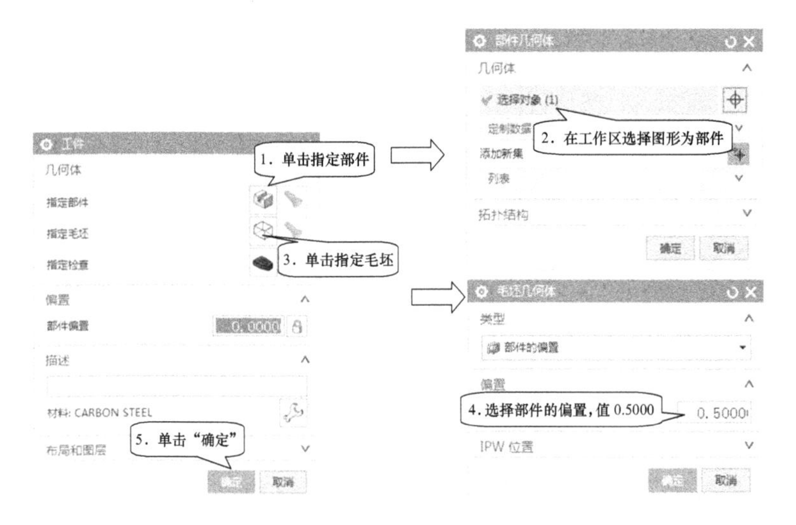

图 2-204　指定部件和毛坯

STEP 04 **创建工序——区域轮廓铣**。在功能区单击“主页”→创建工序“ ”按钮，进入“创建工序”对话框，选择“工序子类型”中的区域轮廓铣 ，“位置”项下面选择前面创建的各项，如图 2-205 所示。单击“确定”，进入“区域轮廓铣”对话框并设置各参数。

1）指定切削区域：在“区域轮廓铣”对话框中单击指定切削区域 按钮，如图 2-206

所示，弹出“切削区域”对话框，如图 2-207 所示。在工作区图形中选择要加工的面或调整视角窗选要加工的面，如图 2-208 所示。单击“确定”返回“区域轮廓铣”对话框。

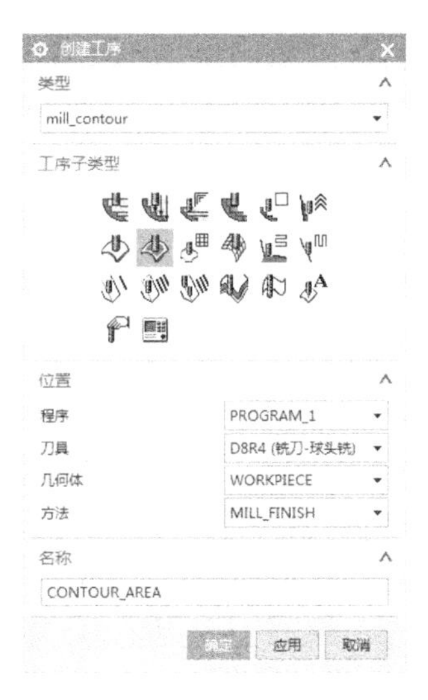

图 2-205　“创建工序”对话框

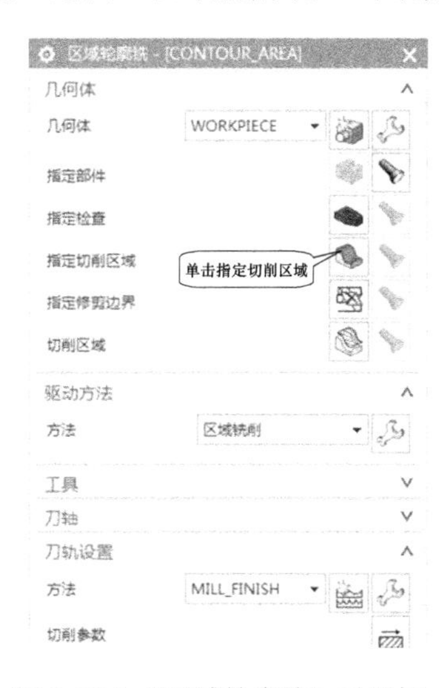

图 2-206　“区域轮廓铣”对话框

图 2-207　“切削区域”对话框

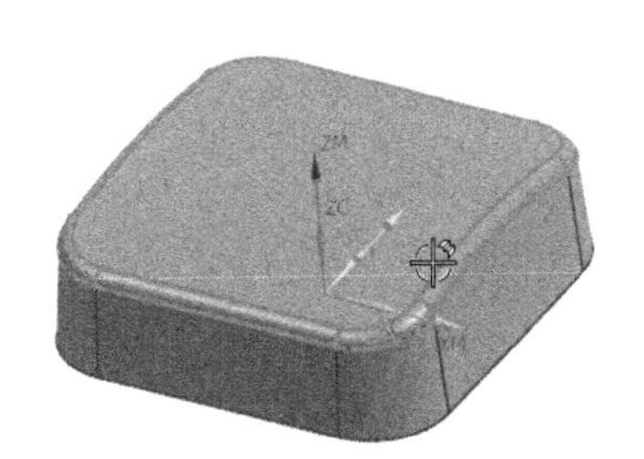

图 2-208　指定切削区域

提示

在选择切削区域时，如果多选了加工面，按住“Shift”再单击多选的加工面，可以取消选择。

2）设置驱动方法参数：驱动方法默认为区域铣削，单击编辑按钮，弹出“区域铣削驱动方法”对话框，设置参数如图 2-209 所示。

陡峭空间范围：“陡峭空间范围”的“方法”下拉项可以切换“非陡峭”“定向陡峭”“陡峭和非陡峭”模式，用陡峭壁角度去控制不同的切削效果。

步距已应用：区域铣削驱动方法可以设置“步距已应用”为“在平面上”或“在部件上”，以达到更好的切削效果，“在平面上”如图 2-210 所示，“在部件上”如图 2-211 所示。

切削角：设置为“指定”，绝大部分设置成 45°，遵循由高到低、由余量小到余量多的方式来控制切削角。

3）非切削移动：单击非切削移动按钮，进入“非切削移动”对话框，如图 2-212 所示。

4）进给率和速度：单击进给率和速度按钮，进入“进给率和速度”对话框，进给率

和进刀速度默认了加工方法设置的参数，在这只需要在“主轴速度”输入 3000。

参数设置完成后，单击生成按钮生成刀轨。

STEP 05 刀具路径仿真。选中需要仿真的刀具路径，在功能区单击“主页”→确认刀轨“”按钮，进入“刀轨可视化”对话框，选择“3D 动态仿真”。单击“文件”→“保存”→“另存为”，保存图档为 HC-07B。

图 2-209　区域铣削驱动方法

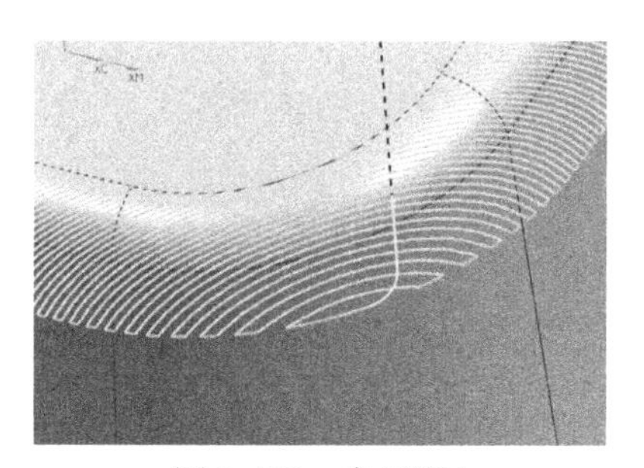

图 2-210　在平面上

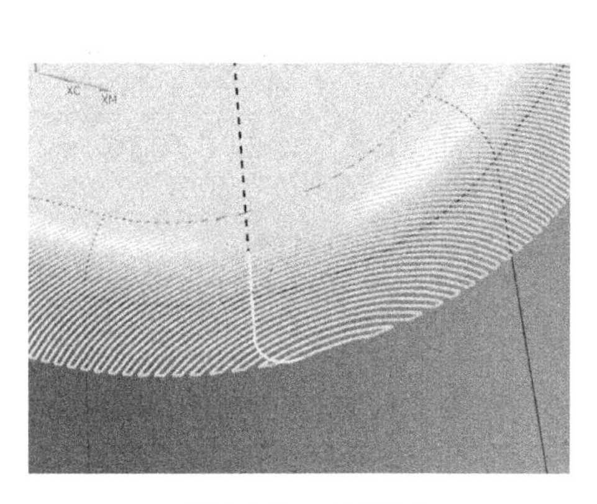

图 2-211　在部件上

图 2-212　“非切削移动”的“进刀”对话框

2.4.3　单刀路清根

单刀路清根沿着凹角与沟槽产生一条单一的刀具路径。使用单刀路形式时，没有其余附加的参数需要激活选择。

STEP 01 打开图档。在 UG NX 12.0 主界面单击“菜单”→“文件”→“打开”，打开光盘“HC-Examples”文件夹中的 HC-08 文件，如图 2-213 所示，已经完成了主体部件的精加工，要求进行单刀路清根加工侧壁根部。

STEP 02 创建工序——单刀路清根。在功能区单击“主页”→创建工序“”按钮，进入“创建工序”对话框，选择“工序子类型”中的单刀路清根，“位置”项下面选择前面创建的各项，如图 2-214 所示。单击“确定”，进入“单刀路清根”对话框并设置各参数。

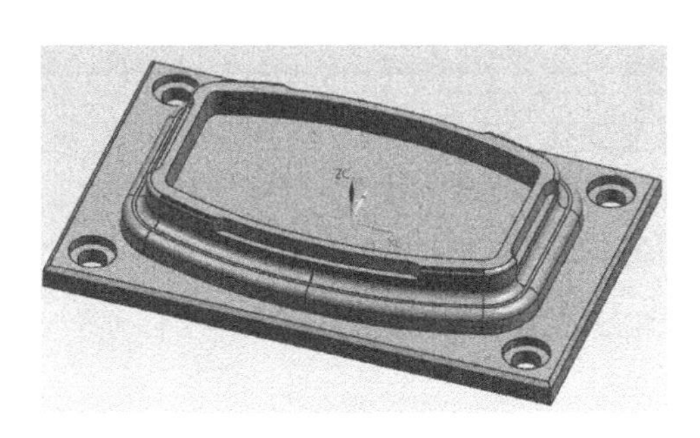

图 2-213　图形 HC-08

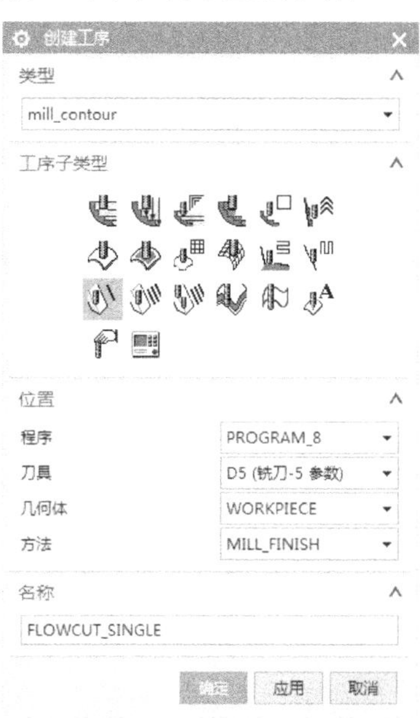

图 2-214　“创建工序 ”对话框

1）指定切削区域：在“单刀路清根”对话框中单击指定切削区域按钮，如图 2-215 所示，弹出“切削区域”对话框，如图 2-216 所示。在工作区图形中选择要加工的面或调整视角窗选要加工的面，如图 2-217 所示。单击“确定”返回“单刀路清根”对话框。

2）切削参数：大部分参数都默认。单击切削参数按钮，进入“切削参数”对话框，在“余量”选项卡设置“部件余量”为 0.0100，是为了避免跟前面精加工程序产生接痕，如图 2-218 所示。

图 2-215　“单刀路清根”对话框

图 2-216　“切削区域”对话框

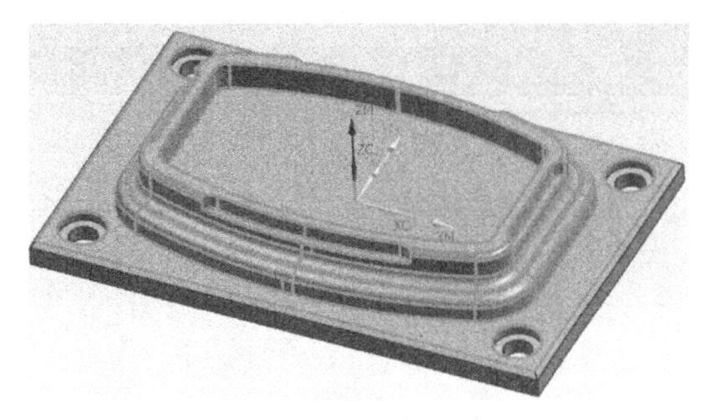

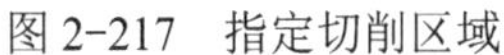

图 2-217　指定切削区域

图 2-218　“切削参数”的“余量”对话框

3）进给率和速度：单击进给率和速度按钮，进入“进给率和速度”对话框，进给率和进刀速度默认了加工方法设置的参数，在这只需要在“主轴速度”输入 3500。

参数设置完成后，单击生成按钮生成刀轨。如图 2-219 所示。

STEP 03 **刀具路径仿真**。选中需要仿真的刀具路径，在功能区单击“主页”→确认刀轨“ ”按钮，进入“刀轨可视化”对话框，选择“3D 动态仿真”。单击“文件”→“保存”→“另存为”，保存图档为 HC-08A。

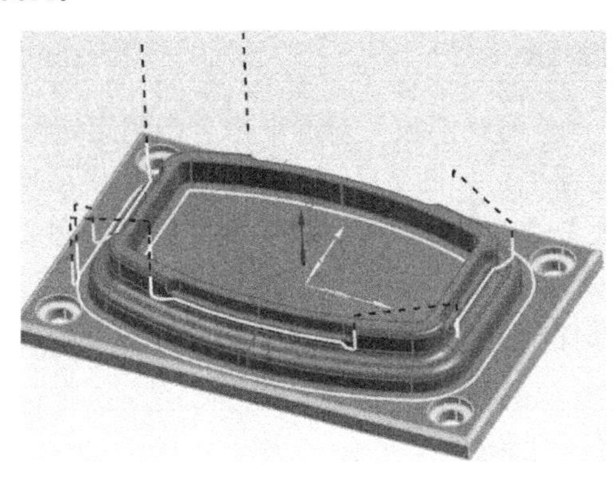

图 2-219　生成刀轨

2.4.4　多刀路清根

多刀路清根通过指定偏置数目以及相邻偏置间的横向距离，在清根中心的两侧产生多道切削刀具路径。

STEP 01 **打开图档**。在 UG NX 12.0 主界面单击“菜单”→“文件”→“打开”，打开光盘“HC-Examples”文件夹中的 HC-09 文件，如图 2-220 所示，已经完成了主体部件的精加工，因精加工侧壁使用 D10R0.5 刀具产生根部 *R*0.5mm 余量，要求进行多刀路清根加工根部余量。

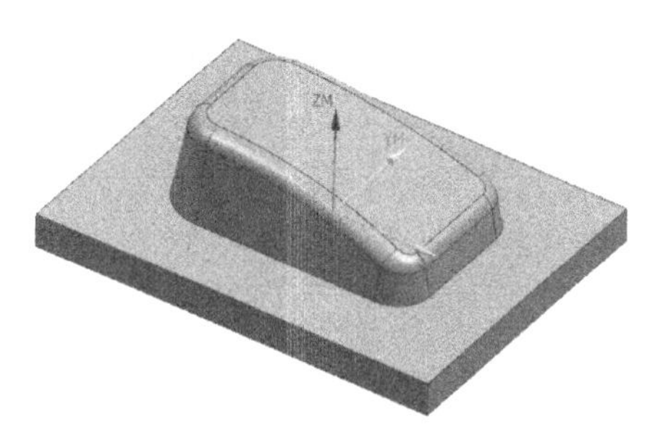

图 2-220　图形 HC-09

STEP 02 **创建工序——多刀路清根**。在功能区单击“主页”→创建工序“ ”按钮，进入“创建工序”对话框，选择“工序子类型”中的多刀路清根 ，“位置”项下面选择前面创建的各项，如图 2-221 所示。单击“确定”，进入“多刀路清根”对话框并设置各参数。

1）驱动设置：在“多刀路清根”对话框中设置“非陡峭切削模式”为“往复”、“步距”为 0.1500、“每侧步距数”为 3，如图 2-222 所示。（余量为 0.5mm，步距设为 0.1500mm，基本上分 3 个步距数可以走完残料。）

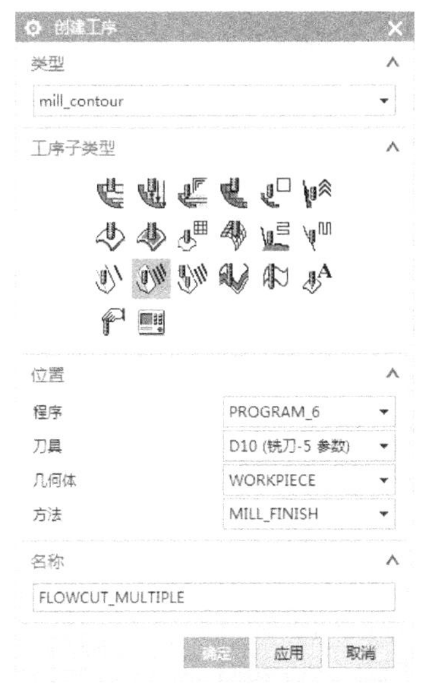

图 2-221　“创建工序”对话框

图 2-222　“多刀路清根”对话框

2）切削参数：大部分参数都默认。单击切削参数 按钮，进入“切削参数”对话框，在“余量”选项卡设置“部件余量”为 0.0100，是为了避免跟前面精加工程序产生接痕，如图 2-223 所示。

3）进给率和速度：单击进给率和速度 按钮，进入“进给率和速度”对话框，进给率和进刀速度默认了加工方法设置的参数，在这只需要在“主轴速度”输入 3500。

参数设置完成后，单击生成 按钮生成刀轨，如图 2-224 所示。

图 2-223　“切削参数”的“余量”对话框

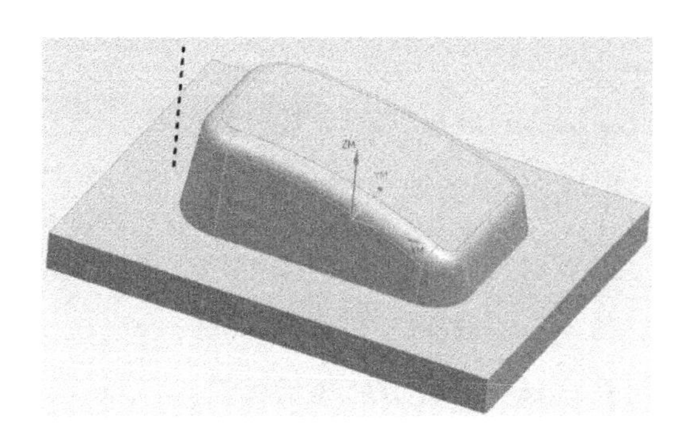

图 2-224　生成刀轨

STEP 03 **刀具路径仿真**。选中需要仿真的刀具路径，在功能区单击“主页”→确认刀轨“ ”按钮，进入“刀轨可视化”对话框，选择“3D 动态仿真”。单击“文件”→“保存”→“另存为”，保存图档为 HC-09A。

2.4.5 清根参考刀具

清根参考刀具驱动方法通过指定一个参考刀具直径来定义加工区域的总宽度，并且指定该加工区中的步距，在以凹槽为中心的任意两边产生多条切削轨迹。可以用“重叠距离”选项，沿着相切曲面扩展由参考刀具直径定义的区域宽度。

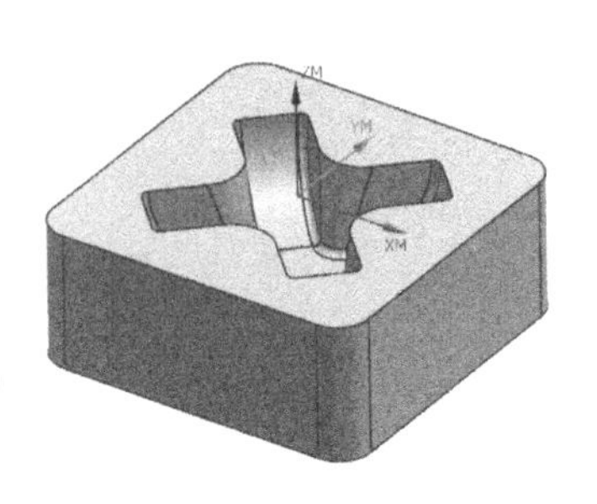

图 2-225 图形 HC-10

STEP 01 **打开图档**。在 UG NX 12.0 主界面单击“菜单”→“文件”→“打开”，打开光盘“HC-Examples”文件夹中的 HC-10 文件，如图 2-225 所示，已经完成了主体部件的精加工。通过分析图形内圆角是 R2.3mm，而深度是 25mm，如果直接用 D4R2 球刀精加工，不仅效率不高，而且加工效果也不好，所以整体精加工先选择 D6R3 球刀，角落产生残料再使用 D4R2 刀具进行清根参考刀具。

程序组和 D4R2 球刀已创建好，分析后直接创建工序——清根参考刀具。

STEP 02 **创建工序——清根参考刀具**。在功能区单击“主页”→创建工序“ ”按钮，进入“创建工序”对话框，选择“工序子类型”中的清根参考刀具 ，“位置”项下面选择前面创建的各项，如图 2-226 所示。单击“确定”，进入“清根参考刀具”对话框，如图 2-227 所示。

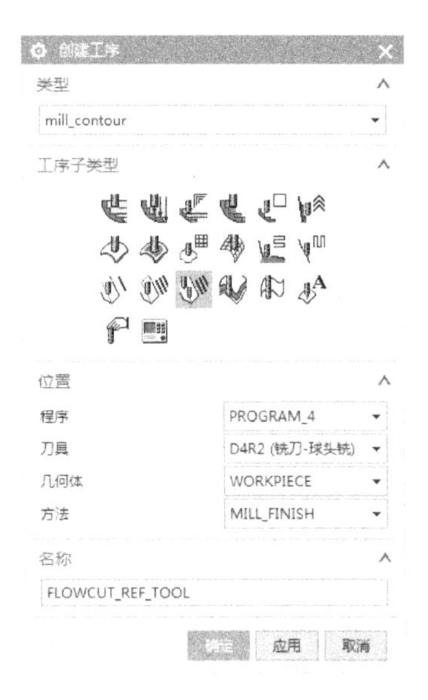

图 2-226 “创建工序”对话框

图 2-227 “清根参考刀具”对话框

1）驱动方法：在“清根参考刀具”对话框中“驱动方法”的“方法”默认为“清根”，

单击编辑按钮，弹出“清根驱动方法”对话框，参数设置如图 2-228 所示。

2）切削参数：单击切削参数按钮，进入“切削参数”对话框，在“余量”选项卡设置“部件余量”为 0.0100，是为了避免跟前面精加工程序产生接痕，如图 2-229 所示。其余参数默认。

图 2-228　“清根驱动方法”对话框

图 2-229　“切削参数”的“余量”对话框

3）进给率和速度：单击进给率和速度按钮，进入“进给率和速度”对话框，进给率和进刀速度默认了加工方法设置的参数，在这只需要在“主轴速度”输入 4000。

设置完成参数后，单击生成按钮生成刀轨。如图 2-230 所示。

STEP 03 **刀具路径仿真**。选中“NC PROGRAM”，在功能区单击“主页”→确认刀轨“ ”按钮，进入“刀轨可视化”对话框，选择“3D 动态仿真”，仿真效果如图 2-231 所示。单击“文件”→“保存”→“另存为”，保存图档为 HC-10A。

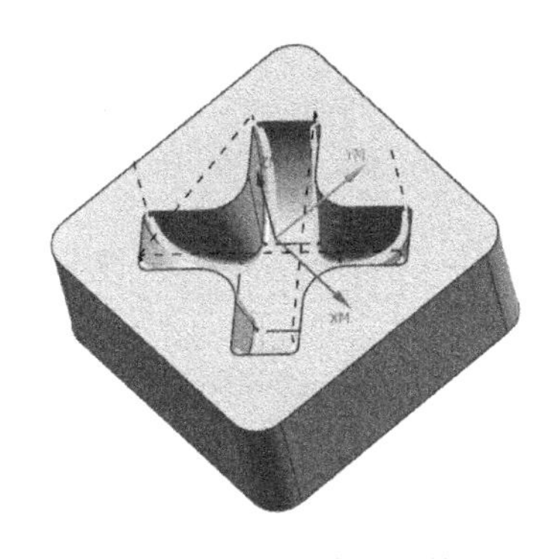

图 2-230　生成刀轨

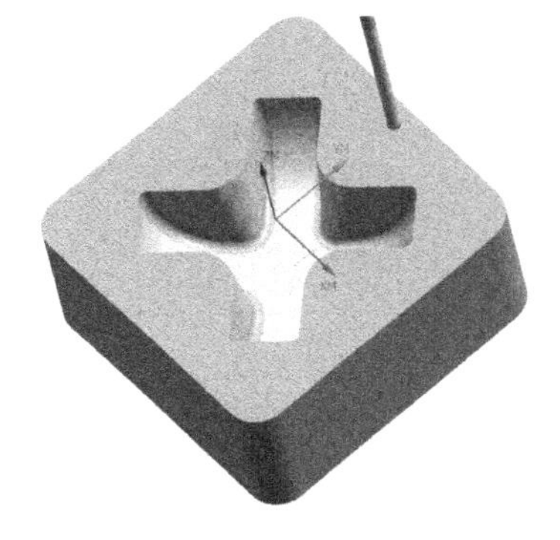

图 2-231　刀具路径仿真

2.4.6　轮廓 3D

轮廓 3D 沿着空间轮廓进行加工，生成的路径与轮廓完全重合，加工方法最简单，距离最短，在实际应用中常用于空间曲线的雕刻加工。模具中的流道也常用轮廓 3D 来加工。

STEP 01 **打开图档**。在 UG NX 12.0 主界面单击“菜单”→“文件”→“打开”，打开光盘“HC-Examples”文件夹中的 HC-11 文件。如图 2-232 所示前模，已经完成了主体部件的精加工，最后使用 D6R3 球刀进行轮廓 3D 加工流道。

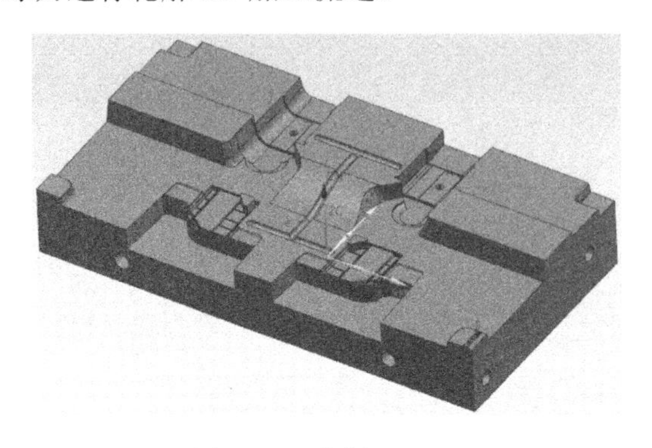

图 2-232　图档 HC-11

STEP 02 **创建工序——轮廓 3D**。在功能区单击“主页”→创建工序“ ”按钮，进入“创建工序”对话框，选择“工序子类型”中的轮廓 3D ，“位置”项下面选择已创建的各项，如图 2-233 所示。单击“确定”，进入“轮廓 3D”对话框并设置各参数，如图 2-234 所示。

图 2-233　“创建工序“对话框

图 2-234　“轮廓 3D”对话框

1）指定部件边界：在“轮廓 3D”对话框中单击“指定部件边界”图标 ，系统打开“边界几何体”对话框，“模式”选择为“曲线/边...”，如图 2-235 所示，切换到“创建边界”对话框，“类型”下拉选择为“开放”，如图 2-236 所示，在工作区选择图形中的线条，如图 2-237 所示，在“创建边界”对话框单击“创建下一个边界”，继续在工作区选择第二根线条，如图 2-238 所示。单击“确定”回到“轮廓 3D”对话框。

图 2-235 “边界几何体”对话框

图 2-236 “创建边界”对话框

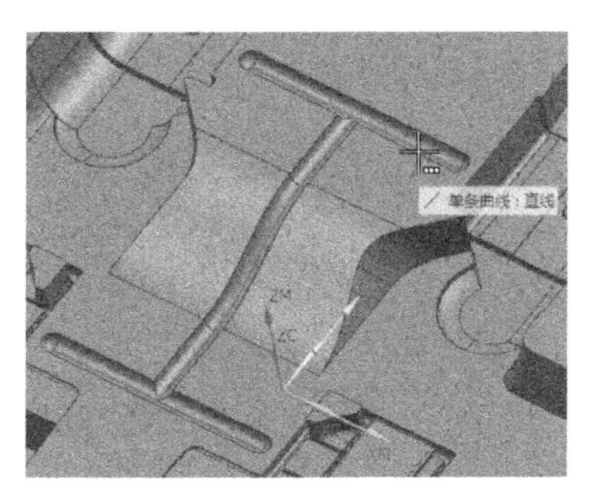

图 2-237　选择曲线 1

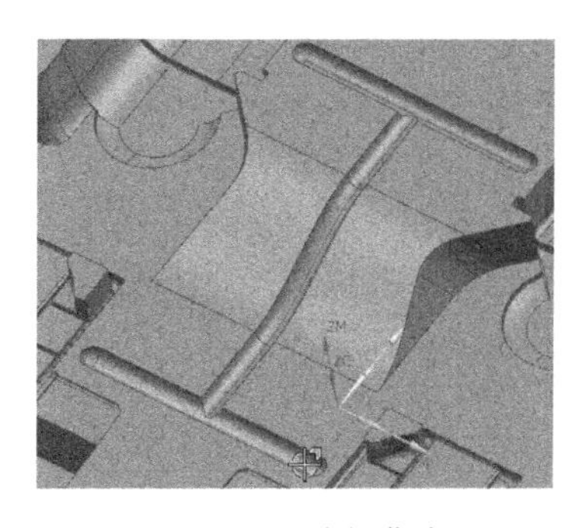

图 2-238　选择曲线 2

2）刀轨设置：“部件余量”设置为-3.0000，如图 2-239 所示。部件余量是根据刀具是相切于线条加工还是对中线条加工来设置。相切于线条，余量为 0，在图 2-236“创建边界”对话框中的“材料侧”可以控制左或右。对中线条，“余量”设置为负刀具半径。

图 2-239 “轮廓 3D”对话框

Z 向深度偏置设置为 0，抽取的线是流道底部线，所以不需要往下再偏置。

3）切削参数：单击切削参数按钮，进入“切削参数”对话框，在“策略”选项卡设置参数，如图 2-240 所示。

单击“多刀路”，勾选“多重深度”，设置“深度余量偏置”为 3.0000，“增量”值是 0.1500，如图 2-241 所示。

4）非切削移动：单击非切削移动按钮，进入“非切削移动”对话框。加工流道不需要进退刀，所以“进刀”选项卡封闭区域中“进刀类型”设置为“插削”，“高度”设置为 0.2000 或 0.0000，“开放区域”进刀类型设置为与“封闭区域”相同，如图 2-242 所示。

退刀：与进刀相同。

转移/快速：设置“区域内”的“转移类型”为“直接/上一个备用平面”，如图 2-243 所示。

图 2-240 “切削参数”的“策略”对话框

图 2-241 “切削参数”的“多刀路”对话框

图 2-242 “非切削移动”的“进刀”对话框

图 2-243 “非切削移动”的“转移/快速”对话框

5）进给率和速度：单击进给率和速度按钮，进入“进给率和速度”对话框，进给率和进刀速度默认了加工方法设置的参数，在这只需要在“主轴速度”输入 3500。

参数设置完成后，单击生成按钮生成刀轨，如图 2-244 所示。

STEP 03 **刀具路径仿真**。选中需要仿真的刀具路径，在功能区单击“主页”→确认刀轨“ ”按钮，进入“刀轨可视化”对话框，选择“3D 动态仿真”，仿真效果如图 2-245 所示。单击“文件”→“保存”→“另存为”，保存图档为 HC-11A。

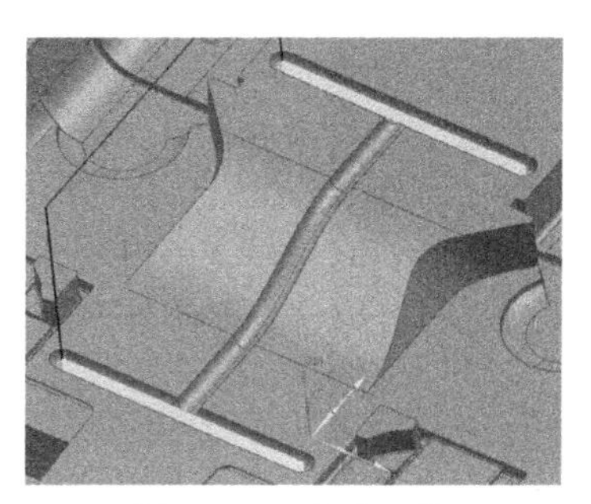

图 2-244　生成刀轨

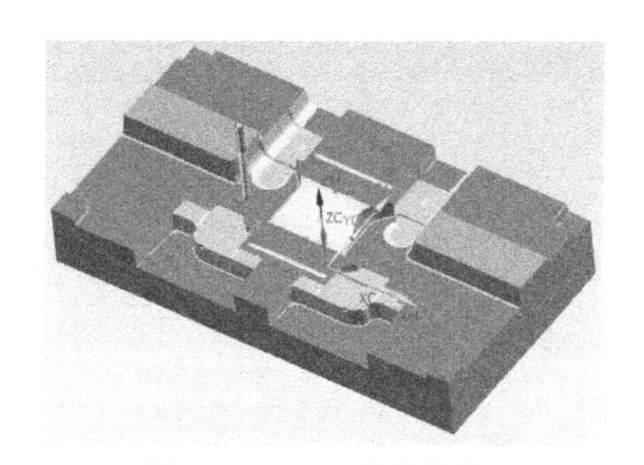

图 2-245　3D 动态仿真

2.4.7　曲线/点

曲线/点驱动方法允许通过指定点和曲线来定义驱动几何体。驱动曲线可以是敞开的或是封闭的，连续的或是非连续的，平面的或是非平面的。曲线/点驱动方法最常用于在曲线上雕刻图案或者文字，将零件面的余量设置为负值，刀具可以在低于零件面处切出一条槽。

STEP 01 **打开图档**。在 UG NX 12.0 主界面单击“菜单”→“文件”→“打开”，打开轮廓 3D 范例中保存好的 HC-11A 文件。3D 流道使用 D6R3 球刀进行曲线/点加工。

STEP 02 **创建工序——曲线/点**。曲线/点没有指定的功能图标，所以只有由固定轮廓铣或其他方法中切换驱动方式为“曲线/点”。

在功能区单击“主页”→创建工序“ ”按钮，进入“创建工序”对话框，选择“工序子类型”中的固定轮廓铣，“位置”项下面选择已创建的各项（注意几何体选择 MCS_MILL），如图 2-246 所示。

1）设置驱动方法为曲线/点：单击“确定”，进入“固定轮廓铣”对话框，在“驱动方法”的“方法”下拉菜单中选择“曲线/点”，如图 2-247 所示。弹出“驱动方法”提示对话框，如图 2-248 所示。

单击“确定”，弹出“曲线/点驱动方法”对话框，如图 2-249 所示。设置驱动几何体，在图形中依次选择 3D 流道线，如图 2-250 所示。单击“确定”回到“固定轮廓铣”对话框，如图 2-251 所示。

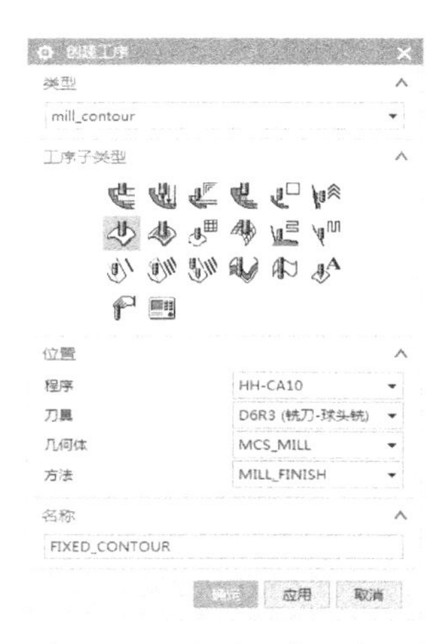

图 2-246　“创建工序”选项卡

图 2-247　“固定轮廓铣”对话框

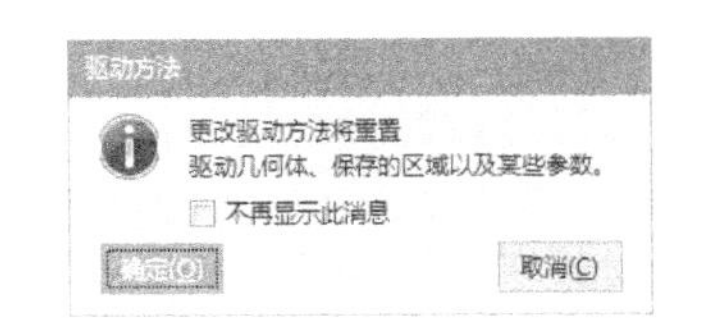

图 2-248 “驱动方法”提示对话框

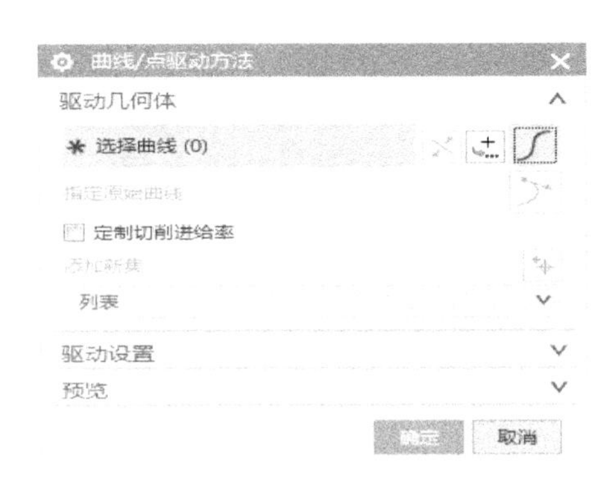

图 2-249 “曲线/点驱动方法”对话框

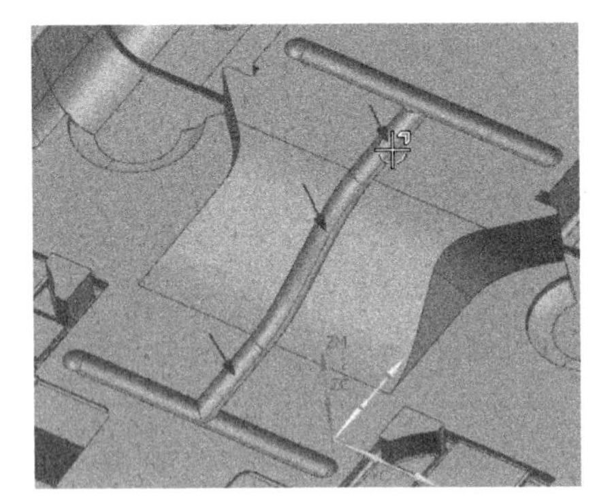

图 2-250 依次选择 3D 流道线

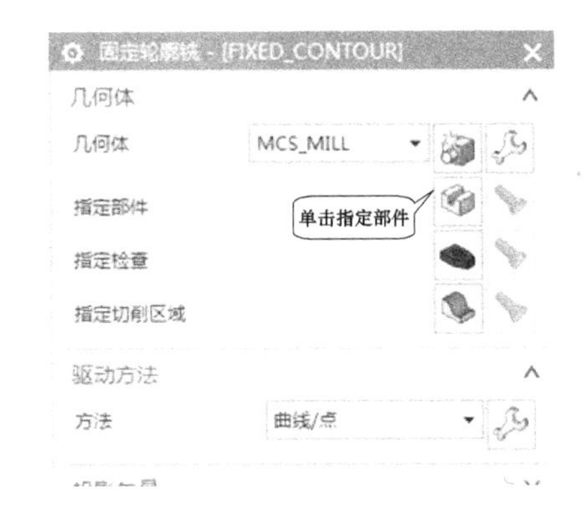

图 2-251 “固定轮廓铣”对话框

2）指定部件：曲线/点一般不选择体作为部件，而是以曲线作为部件来计算刀路。

在“固定轮廓铣”对话框中单击“指定部件”图标，系统打开“部件几何体”对话框，如图 2-252 所示，在选择条中类型过滤器选择为“曲线”，如图 2-253 所示。在工作区选择图形中的 3D 曲线，如图 2-250 所示。单击“确定”回到“固定轮廓铣”对话框。

3）切削参数：单击切削参数按钮，进入“切削参数”对话框，单击“多刀路”，勾选“多重深度切削”，设置“部件余量偏置”为 3.0000，“增量”值是 0.1500，如图 2-254 所示。

4）非切削移动：单击非切削移动按钮，进入“非切削移动”对话框。加工流道不需要进/退刀，所以“进刀”选项卡“开放区域”中“进刀类型”设置为“插削”，“高度”设置为 3.0000，如图 2-255 所示。其余参数默认。

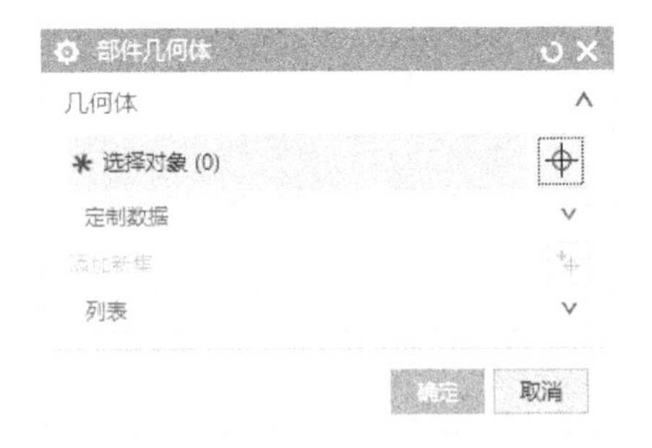

图 2-252 “部件几何体”对话框

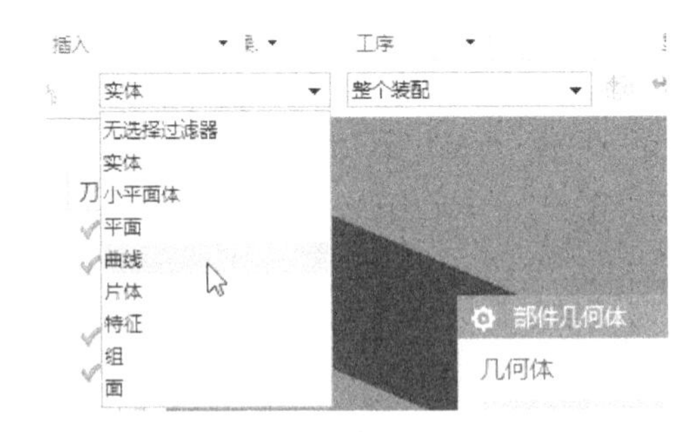

图 2-253 类型过滤器

图 2-254　“切削参数”的“多刀路”对话框

图 2-255　“非切削移动”的“进刀”对话框

5）进给率和速度：单击进给率和速度按钮，进入“进给率和速度”对话框，进给率和进刀速度默认了加工方法设置的参数，在这只需要在“主轴速度”输入 3500。

参数设置完成后，单击生成按钮生成刀轨，如图 2-256 所示。

STEP 03 **刀具路径仿真**。选中需要仿真的刀具路径，在功能区单击“主页”→确认刀轨“ ”按钮，进入“刀轨可视化”对话框，选择“3D 动态仿真”，仿真效果如图 2-257 所示。单击“文件”→“保存”→“另存为”，保存图档为 HC-11B。

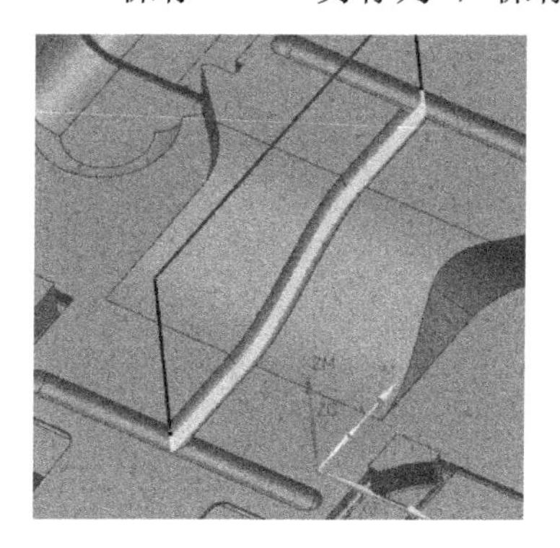

图 2-256　生成刀轨

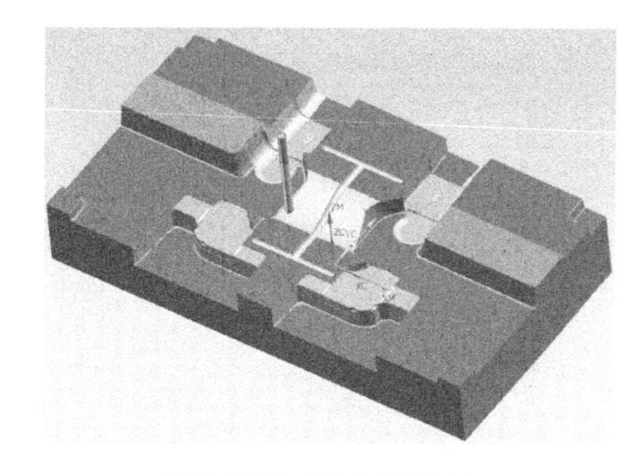

图 2-257　3D 动态仿真

2.4.8　轮廓文本

轮廓文本方式直接以注释文本为驱动几何体，生成刀位点并投影到部件曲面生成刀轨。

STEP 01 **打开图档**。在 UG NX 12.0 主界面单击“菜单”→“文件”→“打开”，打开光盘“HC-Examples”文件夹中的 HC-12 文件，如图 2-258 所示。使用 D2R1 刀具把“昊成模具”刻在顶圆弧面上。

STEP 02 **创建工序——轮廓文本**。在功能区单击“主页”→创建工序“ ”按钮，进入“创建工序”对话框，“工序子类型”选择轮廓文本，“位置”项下面选择已创建的各项，如图

2-259 所示。单击“确定”，进入“轮廓文本”对话框，如图 2-260 所示，设置各参数。

1）指定切削区域：单击指定切削区域按钮，弹出“切削区域”对话框，如图 2-261 所示，在工作区图形中选择圆弧顶面，如图 2-262 所示。单击“确定”返回“轮廓文本”对话框。

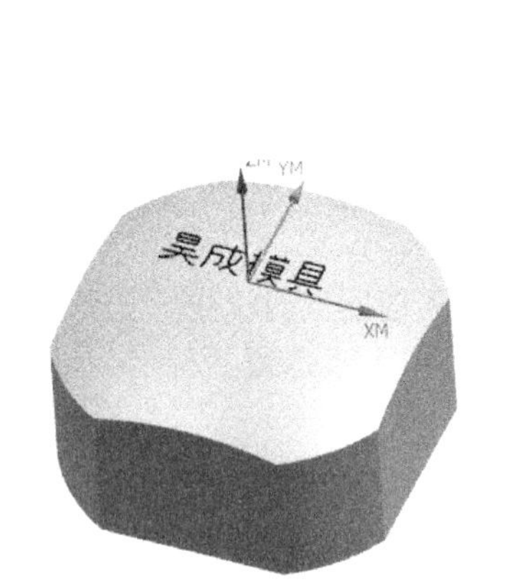

图 2-258　图档 HC-12

图 2-259　“创建工序”对话框

图 2-260　“轮廓文本”对话框

图 2-261　“切削区域”对话框

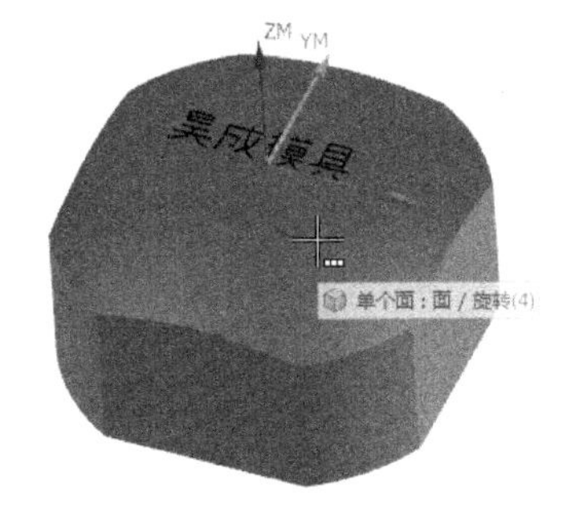

图 2-262　选择顶圆弧面

2）指定制图文本：单击指定制图文本 **A** 按钮，弹出“文本几何体”对话框，如图 2-263 所示，在工作区中选择“昊成模具”注释字体，单击“确定”返回“轮廓文本”对话框。

3）刀轨设置：“文本深度”设置为 0.1500，如需要进行分层分次加工，单击切削参数按钮，进入“切削参数”对话框，在“多刀路”选项卡设置“部件余量偏置”为 0.1500，勾选“多重深度切削”，“增量”设置 0.0500 一刀分层切削，如图 2-264 所示。

4）进给率和速度：单击进给率和速度按钮，进入“进给率和速度”对话框，“主轴速度”输入 4000，“进给率”设置为 600，单击“确定”返回“轮廓文本”对话框。

参数设置完成后，单击生成按钮生成刀轨，如图 2-265 所示。

STEP 03 刀具路径仿真。选中需要仿真的刀具路径，在功能区单击“主页”→确认刀轨“ ”

按钮，进入“刀轨可视化”对话框，选择“3D 动态仿真”，仿真效果如图 2-266 所示。单击“文件”→“保存”→“另存为”，保存图档为 HC-12A。

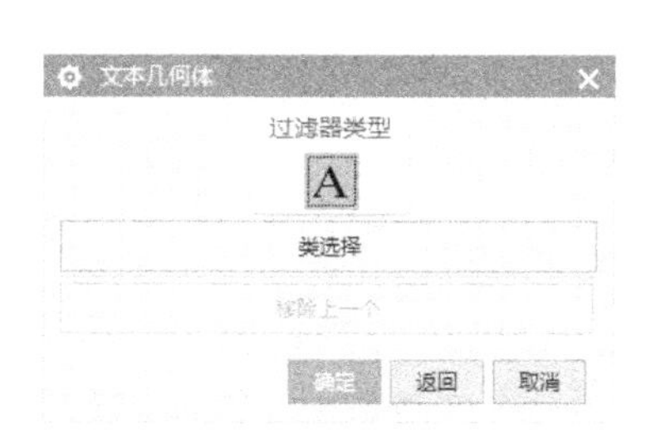

图 2-263　文本几何体视窗

图 2-264　“切削参数”的“多刀路”对话框

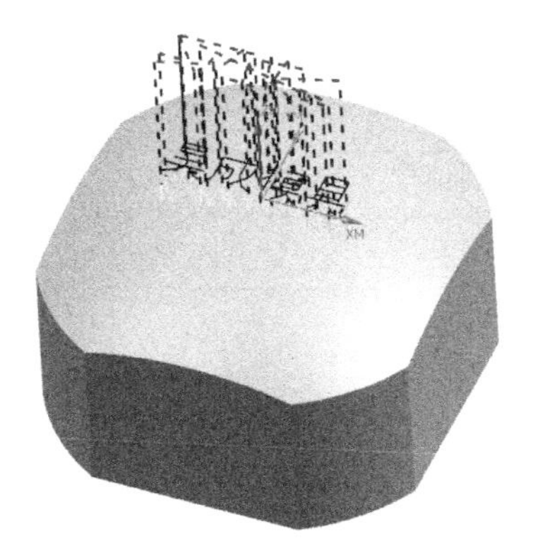

图 2-265　生成刀轨

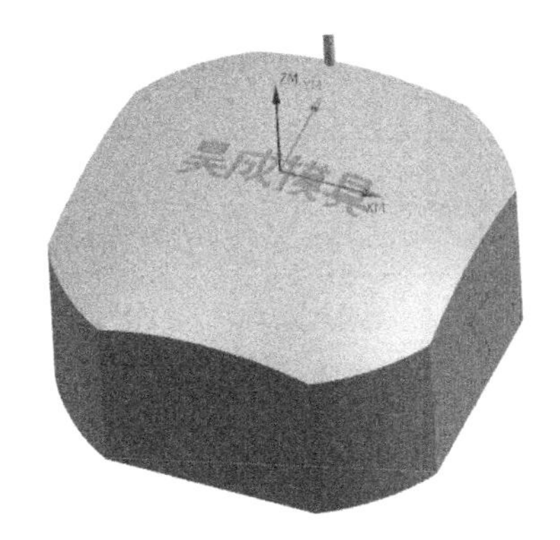

图 2-266　刀具路径仿真

第3章 孔类零件和攻螺纹加工编程实例

3.1 钻孔加工子类型

创建操作时，选择“类型”为“hole_making”，则显示各种钻孔加工的子类型，分别定制各钻孔加工操作的参数对话框。

钻孔加工的子类型中有些是标准的固定循环方式加工；有些是按固定循环方式加工，但是设定了一定的加工范围等限制条件；还有一些则不是以固定循环方式进行切削加工的。大部分的子类型只是默认选择了特定的循环类型。表 3-1 为钻孔加工各子类型说明。

表 3-1 钻孔加工各子类型说明

图 标	中 文 含 义	说 明
	定心钻	主要用来定位，可以钻出精度较高的孔
	钻孔	是通用的钻孔模板
	钻深孔	刀具以循环进给率移动至第一个中间增量处
	钻埋头孔	主要用于加工埋头孔
	钻背埋头孔	主要用于加工背埋头孔
	攻螺纹	利用数控机床攻螺纹
	孔铣	使用平面螺旋和/或螺旋切削模式来加工不通孔和通孔
	孔倒斜铣	使用圆弧模式对孔倒斜角
	顺序钻	钻孔工序可以对选定的断孔几何体手动钻孔
	凸台铣	使用平面螺旋和/或螺旋切削模式来加工圆柱台
	螺纹铣	用得较少，可用普通机床代替
	凸台螺纹铣	加工圆柱台螺纹
	径向槽铣	使用圆弧模式加工径向槽
	切削控制	只包含机床控制事件
	钻孔	用于创建基于特征加工的模板，而非意在创建工序
	铣孔	用于创建基于特征加工的模板，而非意在创建工序

3.2　法兰孔加工编程

在 UG NX 12.0 主界面单击“菜单”→“文件”→“打开”，打开光盘“HC-Examples”文件夹中的 HC-13 文件，如图 3-1 所示。

1. 加工任务概述

法兰孔零件加工，外形已进行线切割加工，顶面和底面磨好，材料为 45 钢，机床选择 850 数控铣进行钻孔加工，全部尺寸的公差为 ±0.05mm。

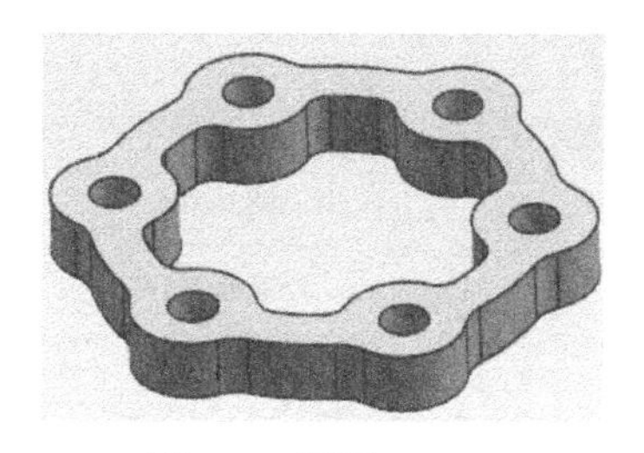

图 3-1　图形 HC-13

2. 工艺方案

1）钻孔加工，可使用台虎钳装夹或定制夹具，钻通孔，工件底部去掉垫块悬空一段高度。

2）刀具选择中心钻和 D12 钻嘴。

a）使用定心钻对 6 个孔定位，使用 D10 中心钻或 D10R5 以内的球刀。

b）深钻孔钻 6 个通孔，使用 D12 钻嘴。

3.2.1　定心钻定位加工

定心钻定位加工主要用来定位，可以钻出精度较高的孔。定位使用中心钻或球刀，主要用于引正钻嘴。

STEP 01 进入加工模块。在功能区单击“应用模块”→加工“ ”按钮或按快捷键 CTRL+ALT+M，进入加工模块，系统弹出“加工环境”对话框，如图 3-2 所示。选择“CAM 会话配置”和“要创建的 CAM 组装”后单击“确定”按钮启用加工配置。

图 3-2　加工环境设置

创建程序组。在功能区单击“主页”→创建程序“ ”按钮，如图 3-3 所示操作。

图 3-3　创建程序组

创建刀具。通过对图形分析，孔直径是 D12，定位使用 D10 中心钻或 D10R5 以内的球刀。

在功能区单击“主页”→创建刀具“ ”按钮，如图 3-4 所示操作。

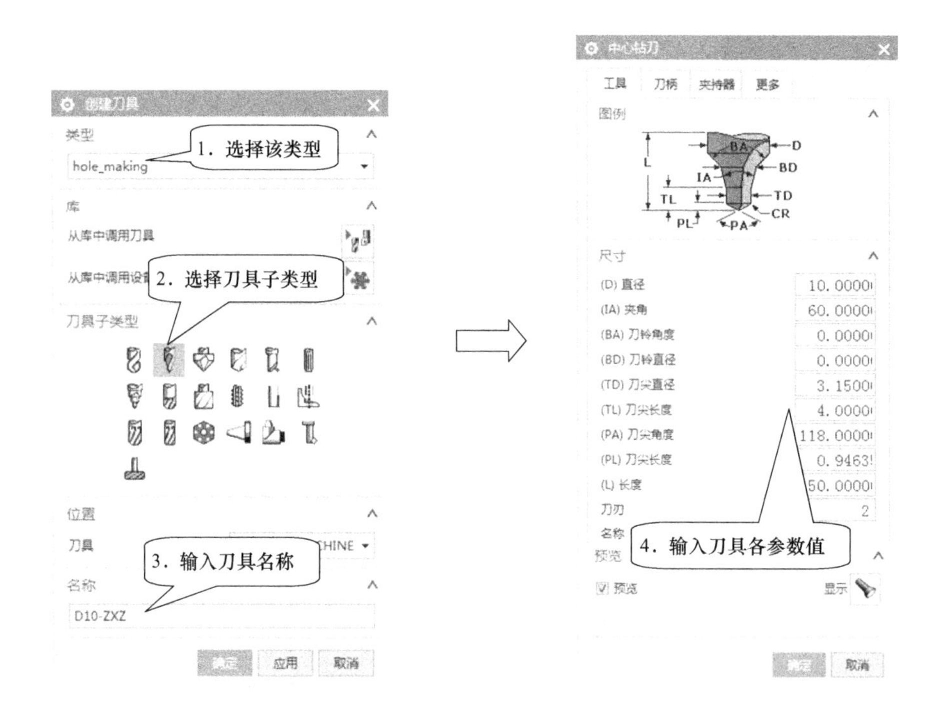

图 3-4　创建刀具

设置加工坐标系和几何体。进入加工模块后，在几何视图中有一个默认的坐标系和几何体，如图 3-5 所示。双击“MCS_MILL”，进入“Mill Orient”对话框，安全距离设置 30。如图 3-6 所示，单击“确定”完成设置。

图 3-5 “工序导航器-几何”对话框　　　　图 3-6 “Mill Orient”对话框

双击“WORKPIECE”，进入铣削几何体对话框，如图 3-7 所示设置部件和毛坯。

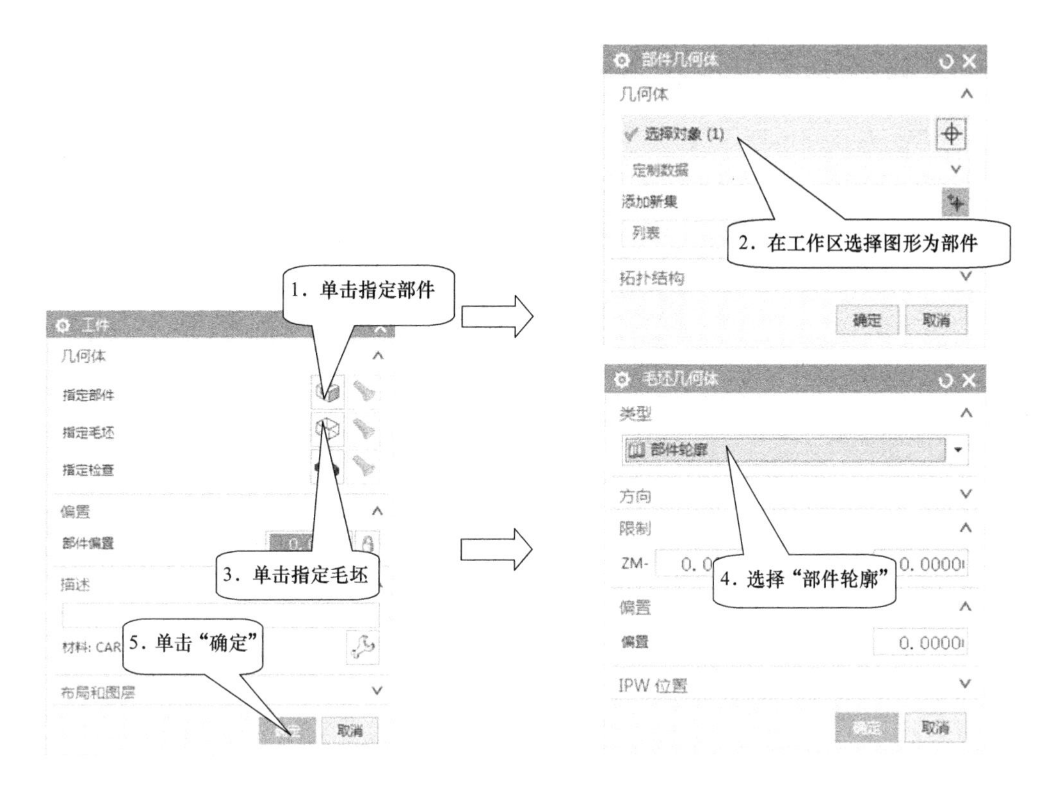

图 3-7 设置部件和毛坯

STEP 05 **创建工序——定心钻**。在功能区单击“主页”→创建工序“ ”按钮，进入“创建工序”对话框，选择“工序子类型”的定心钻 ，“位置”项下面选择已创建的各项，如图 3-8 所示。单击“确定”，进入“定心钻”对话框并设置各参数，如图 3-9 所示。

图 3-8 “创建工序”对话框

图 3-9 “定心钻”对话框

STEP 06 指定特征几何体。在“定心钻”对话框单击指定特征几何体按钮，弹出“特征几何体”对话框。在工作区选择图形中要定位的孔或圆弧，如图 3-10 所示。在“特征几何体”对话框中设置“深度”为 2.0000，如图 3-11 所示。单击“确定”，返回“定心钻”对话框。

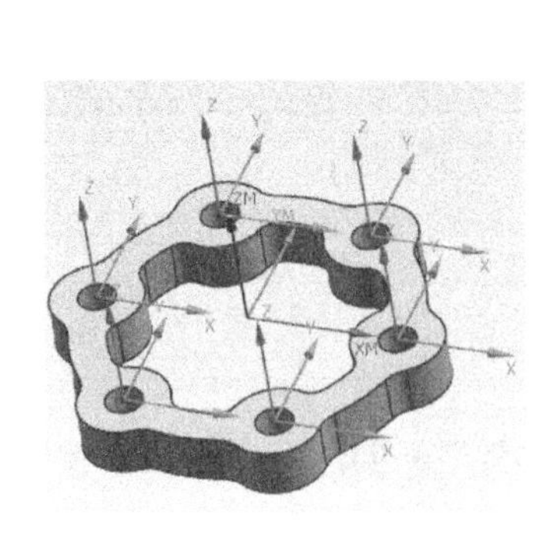

图 3-10 选择孔或圆弧

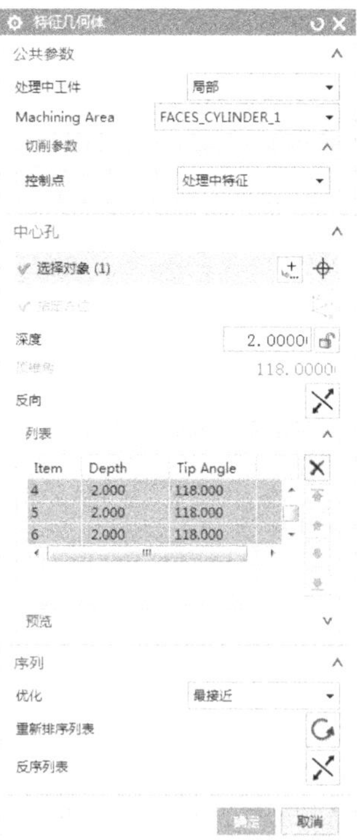

图 3-11 “特征几何体”对话框

STEP 07 **切削参数**。单击切削参数按钮，进入“切削参数”对话框，在“策略”选项卡设置参数，如图 3-12 所示。

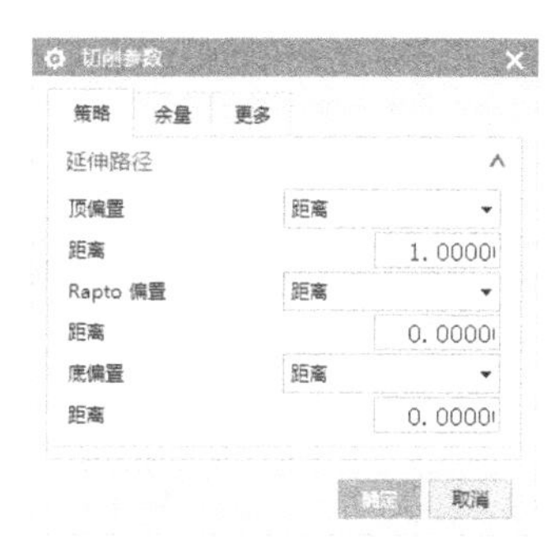

图 3-12 “切削参数”的“策略”对话框

STEP 08 **进给率和速度**。单击进给率和速度按钮，进入“进给率和速度”对话框，“主轴速度”输入 2000.000，“切削”下的“进给率”输入 100.0000，如图 3-13 所示。

参数设置完成后，单击生成按钮生成刀轨，如图 3-14 所示。

图 3-13 “进给率和速度”对话框

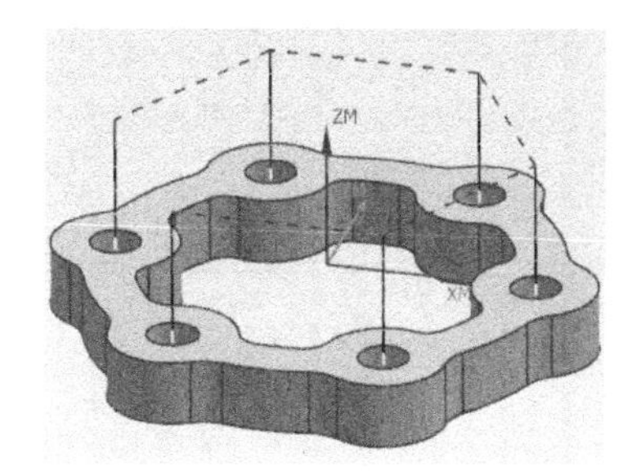

图 3-14　生成刀轨

STEP 09 **刀具路径仿真**。选中需要仿真的刀具路径，在功能区单击“主页”→确认刀轨“ ”按钮，进入“刀轨可视化”对话框，选择“3D 动态仿真”，仿真效果如图 3-15 所示。

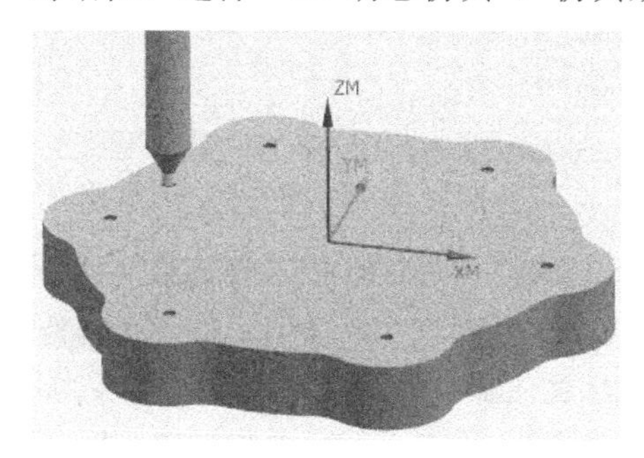

图 3-15　3D 动态仿真

3.2.2 钻深孔 D12 通孔

STEP 01 **建程序组**。在功能区单击“主页”→创建程序“ ”按钮，如图 3-16 所示操作。

图 3-16 创建程序组

STEP 02 **创建刀具**。通过对图形分析，孔直径是 D12，在功能区单击“主页”→创建刀具“ ”按钮，如图 3-17 所示操作。

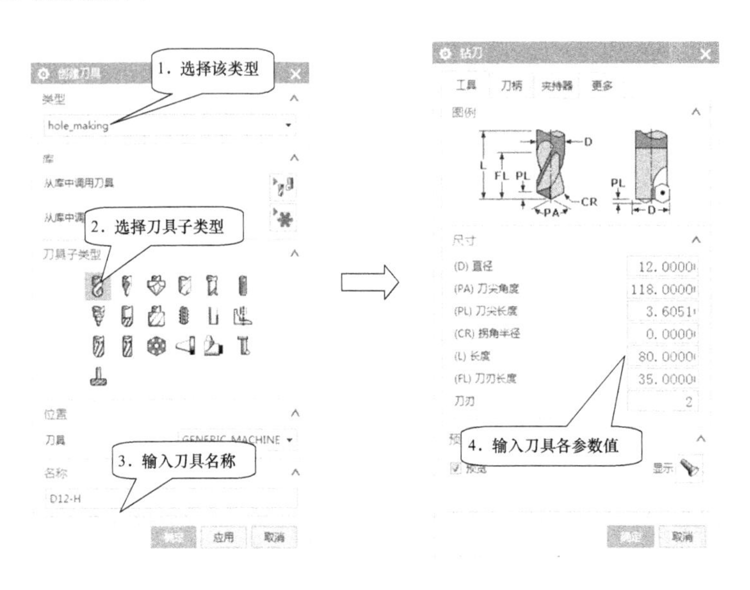

图 3-17 创建刀具

STEP 03 **创建工序——钻深孔**。在功能区单击“主页”→创建工序“ ”按钮，进入“创建工序”对话框，选择“工序子类型”的钻深孔 ，“位置”项下面选择已创建的各项，如图 3-18 所示。单击“确定”，进入“钻深孔”对话框并设置各参数。

“运动输出”设置为“机床加工周期”，在“循环”下拉菜单中可以选择不同的循环方式，如图 3-19 所示。选择“钻，深孔”，弹出“循环参数”对话框，设置“步进”的“最大距离”为 2.0000，如图 3-20 所示。单击“确定”，返回“钻深孔”对话框。

图 3-18　“创建工序”对话框

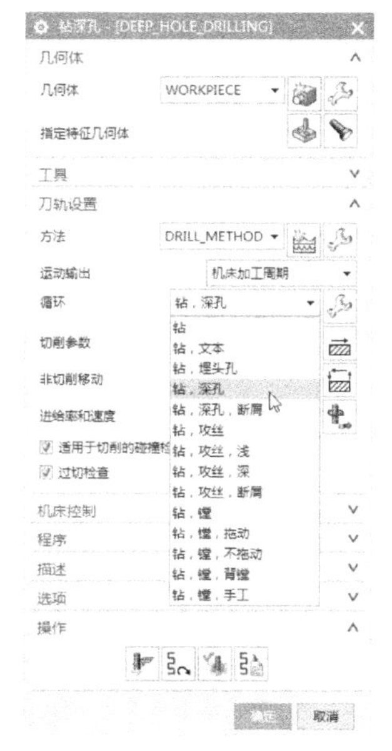

图 3-19　“钻深孔”对话框

图 3-20　“循环参数”对话框

STEP 04 指定特征几何体。在“钻深孔”对话框中单击指定特征几何体按钮，弹出“特征几何体”对话框。在工作区选择图形中要定位的孔或圆弧，如图 3-21 所示。在“特征几何体”对话框中可以看到孔的各参数都自动显示出来，如图 3-22 所示。单击“确定”，返回“钻深孔”对话框。

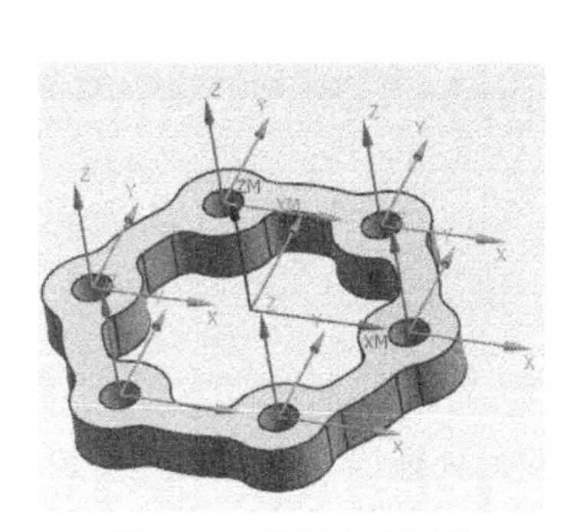

图 3-21　选择孔或圆弧

图 3-22　“特征几何体”对话框

STEP 05 **切削参数**。单击切削参数按钮，进入“切削参数”对话框，在“策略”选项卡设置参数，如图 3-23 所示。

STEP 06 **进给率和速度**。单击进给率和速度按钮，进入“进给率和速度”对话框，“主轴速度”输入 800，“进给率”输入 100。

参数设置完成后，单击生成按钮生成刀轨，如图 3-24 所示。

STEP 07 **刀具路径仿真**。选中需要仿真的刀具路径，在功能区单击“主页”→确认刀轨“ ”按钮，进入“刀轨可视化”对话框，选择“3D 动态仿真”，仿真效果如图 3-25 所示。单击“文件”→“保存”→“另存为”，保存图档为 HC-13A。

图 3-23 “切削参数”的“策略”对话框

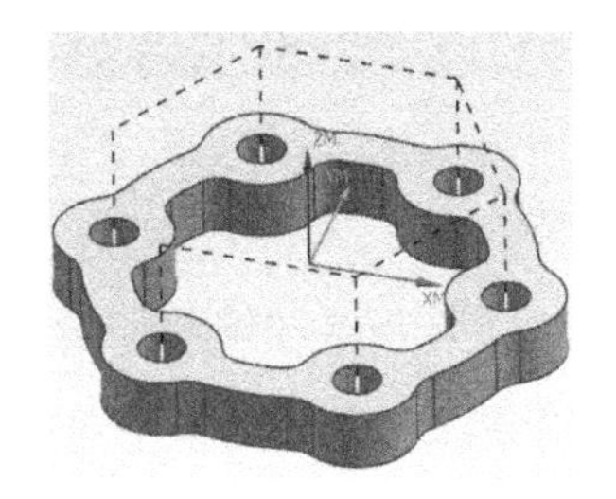

图 3-24 生成刀轨

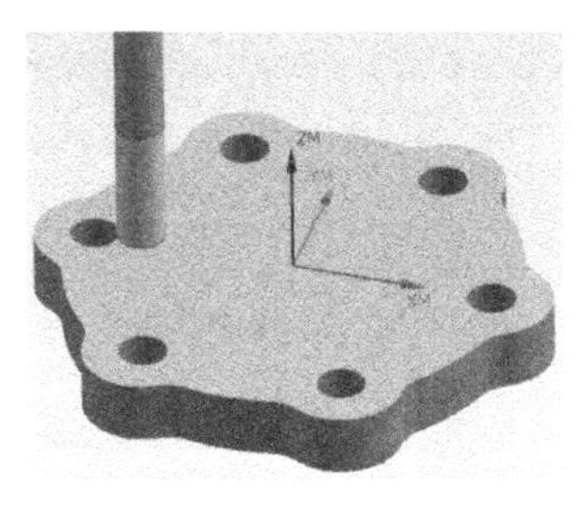

图 3-25 3D 动态仿真

3.2.3 NC 后处理

后处理功能可生成一个机床可以识别的 NC 文件。UG 提供了两种后处理器：通用图形后处理器（GPM）和 UG 后处理器（UG/POST）。通常情况下，在 UG 加工环境中，直接使用 UG/POST 进行后处理是最简便的一种方法。

在工序导航器中右击程序组，或在功能区单击“主页”→后处理“ ”按钮，弹出“后处理”对话框，如图 3-26 所示。软件默认的后处理器不适合我们工作中使用，所以把工厂常用的后处理器文件进行指定或更换。

图 3-26 “后处理”对话框

1）在“后处理”对话框中单击“浏览以查找后处理器”按钮，找到计算机硬盘中的后处理文件夹的后处理器，选择“点 OK 使用”。这种方式只是临时使用后处理器，下次再打开图档或打开另一个图档时，需要再重新指定。

2）打开 D:\Program Files\Siemens\NX 12.0\MACH\resource 路径，找到文件夹 postprocessor 右击并选择“删除”，复制光盘里的后处理文件夹 postprocessor，粘贴到 D:\Program Files\Siemens\NX 12.0\MACH\resource 路径中，设置后如图 3-27 所示。

3）复制光盘里的后处理文件夹 postprocessor，粘贴到 D:\中，在环境变量里新建一个变量名 UGII_CAM_POST_DIR，变量值 D:\Postprocessor\\，使用指定的后处理文件，重启 UG 生效。

图 3-27　更改后的后处理器

STEP **执行后处理**。在工序导航器中右击程序组，单击“后处理”，如图 3-28 所示；或在功能区单击“主页”→后处理“”按钮，弹出“后处理”对话框，如图 3-29 所示。选择三菱系统后处理器，文件名为 HC-13A1。

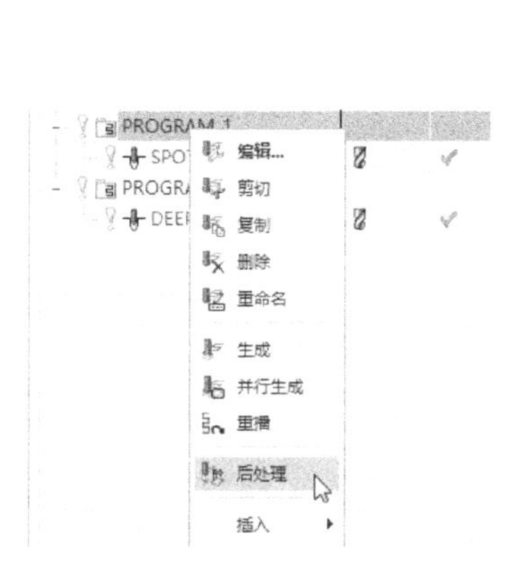

图 3-28　右击执行后处理

图 3-29　“后处理”对话框

1）后处理器：从列表中选择一个后处理的机床配置文件。因为不同厂商生产的数控机床其控制参数不同，必须选择合适的机床配置文件。

2）输出文件：指定后处理输出程序的文件名称和路径。可以在环境变量里新建一个变量名 UGII_CAM_POST_OUTPUT_DIR，变量值 D:\NC，可以指定后处理文件路径。

3）输出单位：可选择米制或英制单位。

4）列出输出：激活该选项，在完成后处理后，将在屏幕上显示生成的程序文件。

完成各项设定后，单击“确定”按钮，系统进行后处理运算，生成程序指定路径的文件名的程序文件，如图 3-30 所示为后处理后的 HC-13A1 程序。

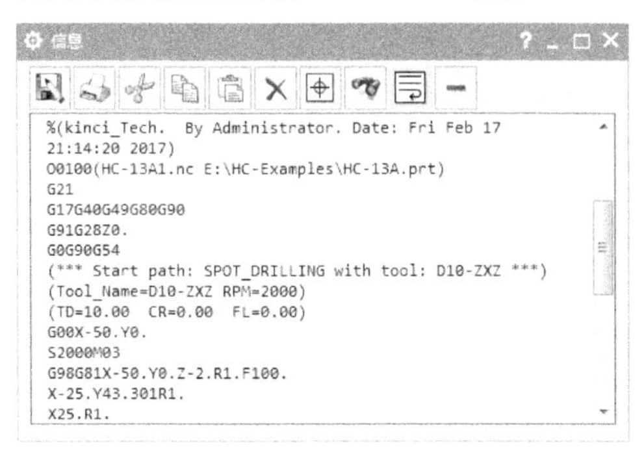

图 3-30　后处理后的程序文件

3.2.4　工程师经验点评

本例题通过一个综合练习来复习前面讲解的定心钻和深钻孔操作，重点是孔定位和钻孔的选刀，特别要注意钻孔的进给率和转速参数。

3.3　压板螺纹孔加工编程

在 UG NX 12.0 主界面单击“菜单”→“文件”→“打开”，打开光盘“HC-Examples”文件夹中的 HC-14 文件，如图 3-31 所示。白色是部件，灰色是毛坯，如已在几何体中设置好部件和毛坯，按快捷键 CTRL+B（隐藏）、CTRL+SHIFT+K（显示）进行显示切换。按 CTRL+B（隐藏），单击白色，再单击“确定”隐藏，如图 3-32 所示。

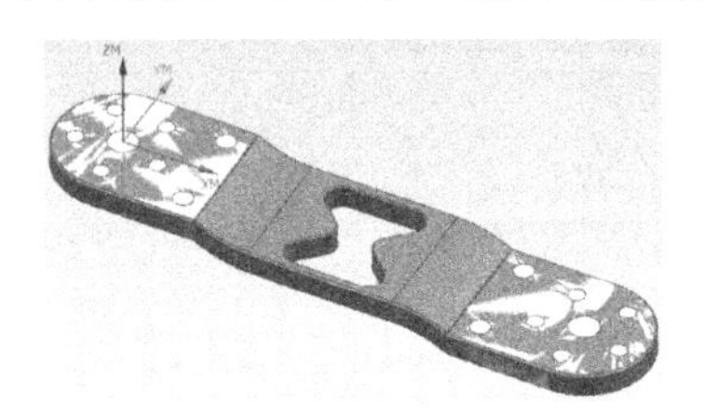

图 3-31　图档 HC-14

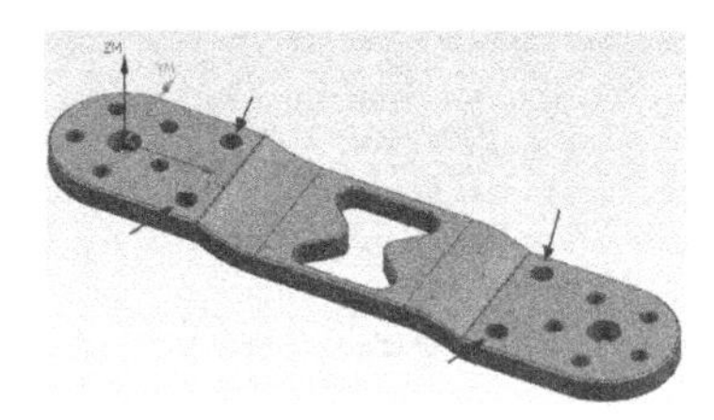

图 3-32　隐藏毛坯

1. 加工任务概述

零件螺纹孔加工，外形已加工好，需要攻螺纹的孔也钻好了底孔 D8.5，材料为铝合金，机床选择 850 数控铣进行攻螺纹加工。

2. 工艺方案

1）螺纹孔加工，可使用台虎钳装夹或定制夹具。

2）刀具选择 M10 丝攻，完成 4 个攻螺纹。

3.3.1　攻螺纹

STEP 01 **创建刀具**。图 3-32 中箭头是 4 个 M10 的螺纹孔，图档中已用 D8.5 的钻嘴钻好底孔，创建好 M10 的刀具，在功能区单击“主页”→创建刀具“ ”按钮，如图 3-33 所示操作。

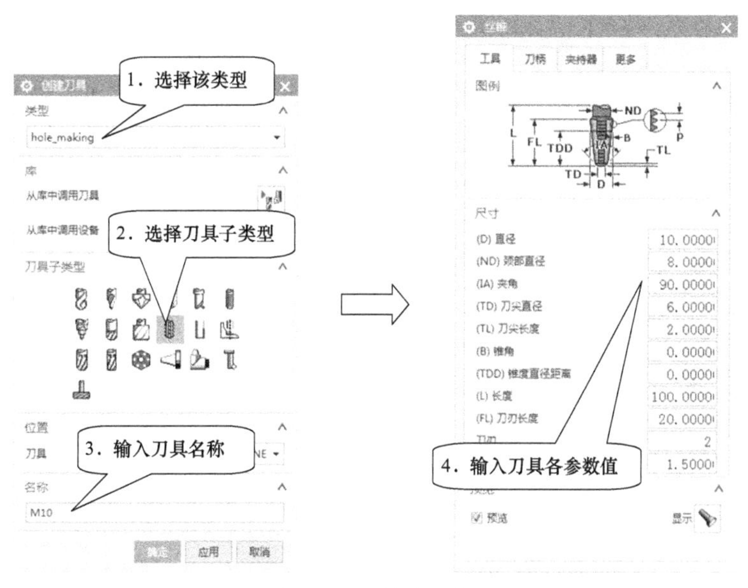

图 3-33　创建刀具

STEP 02 **创建工序——攻螺纹**。在功能区单击“主页”→创建工序“ ”按钮，进入“创建工序”对话框，选择“工序子类型”中的攻螺纹 ，“位置”项下面选择已创建的各项，如图 3-34 所示。单击“确定”，弹出“攻丝”对话框并设置各参数，如图 3-35 所示。

图 3-34　“创建工序”对话框

图 3-35　“攻丝”对话框

STEP 03 **指定特征几何体**。在“攻丝”对话框中单击“指定特征几何体”按钮，弹出“特征几何体“对话框，设置“牙型和螺距”为“从表”，设置“成形”为“Metric”（米制），“螺纹尺寸”的“大小”选择“M10×1.5”，在工作区选择图形中要攻螺纹的孔或圆弧，如图 3-36 所示。单击“确定”，返回“攻丝”对话框。

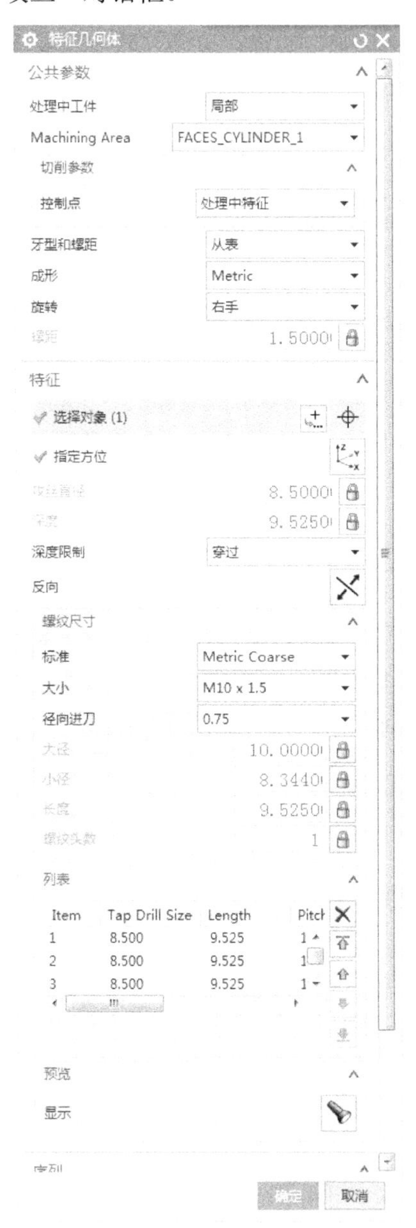

图 3-36　特征几何体

STEP 04 **切削参数**。单击切削参数按钮，进入“切削参数”对话框，在“策略”选项卡设置参数，如图 3-37 所示。

STEP 05 **进给率和速度**。攻螺纹的进给率和速度特别重要，主轴转速和进给速度一定要根据公式 F=sp 计算。式中 F 是进给率、s 是主轴转速、p 是螺距。单击进给率和速度按钮，弹出“进给率和速度”对话框，“主轴速度”输入 50.0000，“进给率”的“切削”输入 75.0000，如图 3-38 所示。

图 3-37 “切削参数”的“策略”对话框

图 3-38 “进给率和速度”对话框

参数设置完成后，单击生成按钮生成刀轨，如图 3-39 所示。

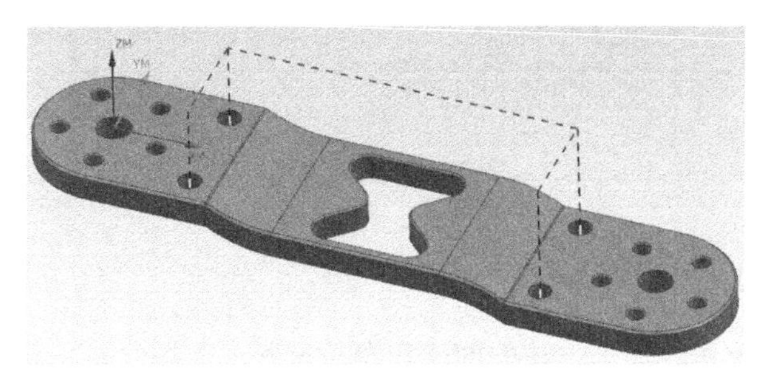

图 3-39 生成刀轨

STEP 06 **刀具路径仿真**。选中需要仿真的刀具路径，在功能区单击“主页”→确认刀轨“ ”按钮，进入“刀轨可视化”对话框，选择“3D 动态仿真”。注意仿真效果看不出螺纹的效果。单击“文件”→“保存”→“另存为”，保存图档为 HC-14A。

3.3.2 NC 后处理

STEP **执行后处理**。在工序导航器右击程序组，单击“后处理”，如图 3-40 所示；或在功能区单击“主页”→后处理“ ”按钮，弹出“后处理”对话框，如图 3-41 所示。选择跟机床相匹配的自动换刀后处理器，文件名为 HC-14A1。

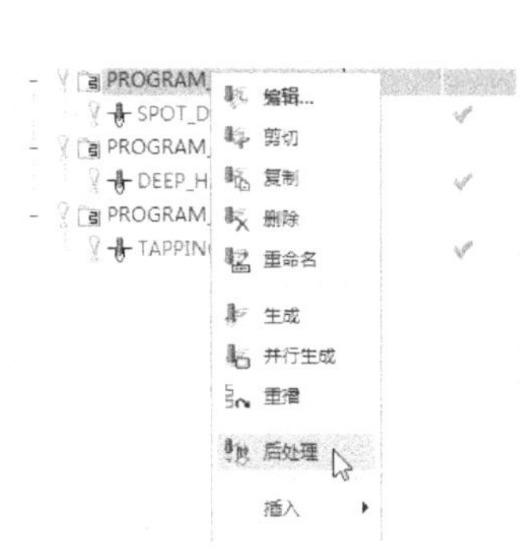

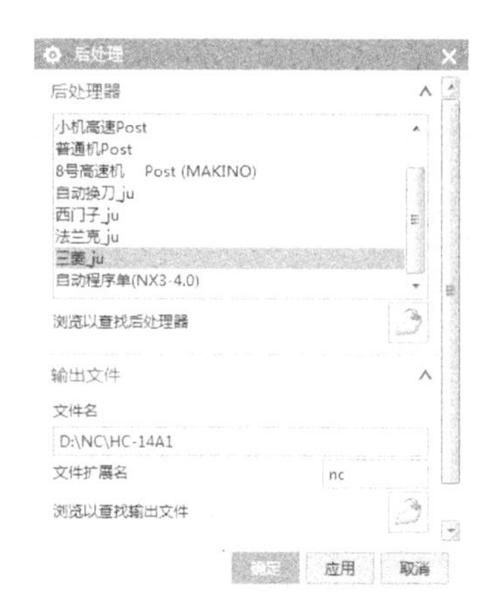

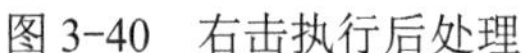

图 3-40　右击执行后处理　　　　图 3-41　“后处理”对话框

完成各项设定后，单击“确定”按钮，系统进行后处理运算，生成程序指定路径的文件名的程序文件。

继续用相同的方法后处理 PROGRAM_2、PROGRAM_3 程序组。攻螺纹程序处理出来的 HC-14A3 程序如图 3-42 所示。

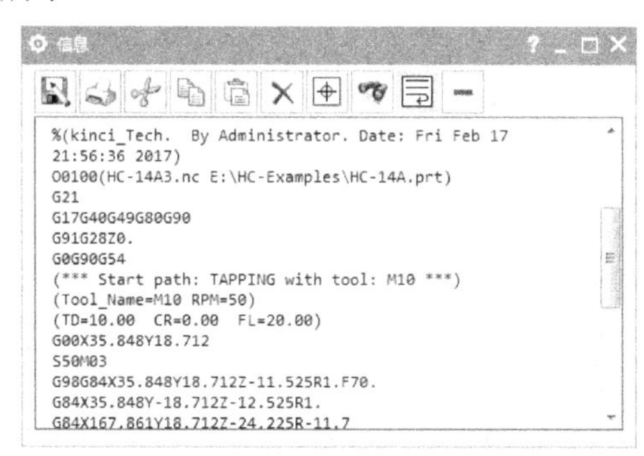

图 3-42　程序文件

3.3.3　工程师经验点评

本例题重点讲解攻螺纹加工方法的创建和参数设置，攻螺纹特别要注意进给和转速的配合，一定要用公式算出来的进给和转速。

3.4　复习与练习

完成图 3-43 所示零件（LX-1.prt）的孔定位、钻孔和攻螺纹加工操作的创建。

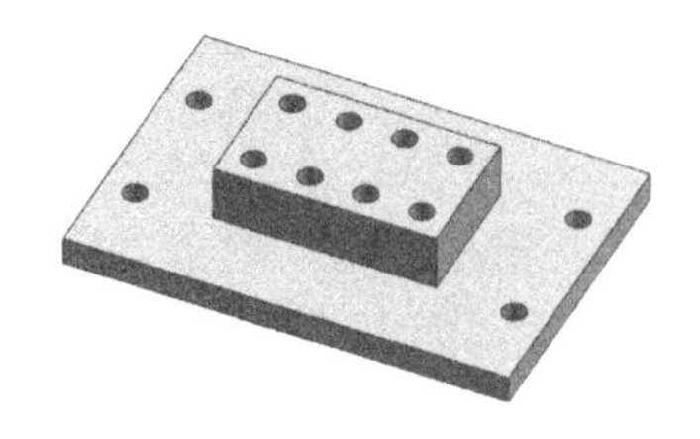

图 3-43　图 LX-1

第4章 二维零件加工编程实例

4.1 固定板加工编程

在 UG NX 12.0 主界面单击“菜单”→“文件”→“打开”，打开光盘“HC-Examples”文件夹中的 HC-15 文件，如图 4-1 所示。

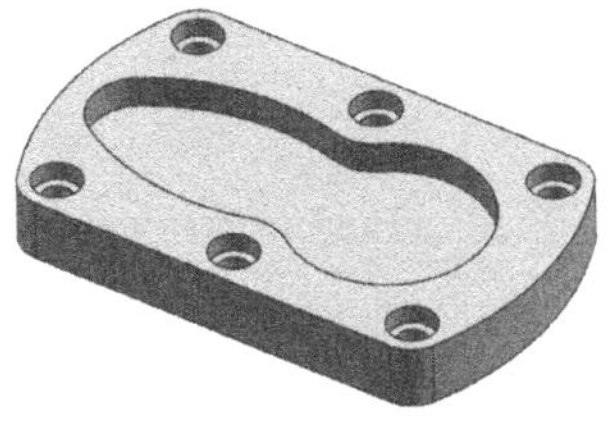

1. 加工任务概述

固定板零件加工，毛坯为立方块，材料为铝料。外形、内凹槽和孔要加工。

2. 工艺方案

1）材料为铝料，刀具选择白钢刀或铝专用刀，通过分析要加工部位的大小来选择 D16 刀具，进行粗加工外形和内凹槽。

2）进行孔定位。

3）使用钻嘴钻通孔。

4）使用 D8 或 D10 平刀进行精加工。

图 4-1 零件图 HC-15

4.1.1 内凹槽粗加工

创建平面铣方法进行粗加工，使用 D16 平刀。

STEP 01 **进入加工模块**。在功能区单击“应用模块”→加工“ ”按钮，或按快捷键 CTRL+ALT+M，进入加工模块。进入加工模块时，系统会弹出“加工环境”对话框，“CAM 会话配置”设置为“cam_general”，“要创建的 CAM 组装”设置为“mill_planar”（平面铣），然后单击“确定”按钮启用加工配置。

STEP 02 **创建程序组**。在功能区单击“主页”→创建程序“ ”按钮，如图 4-2 所示操作。

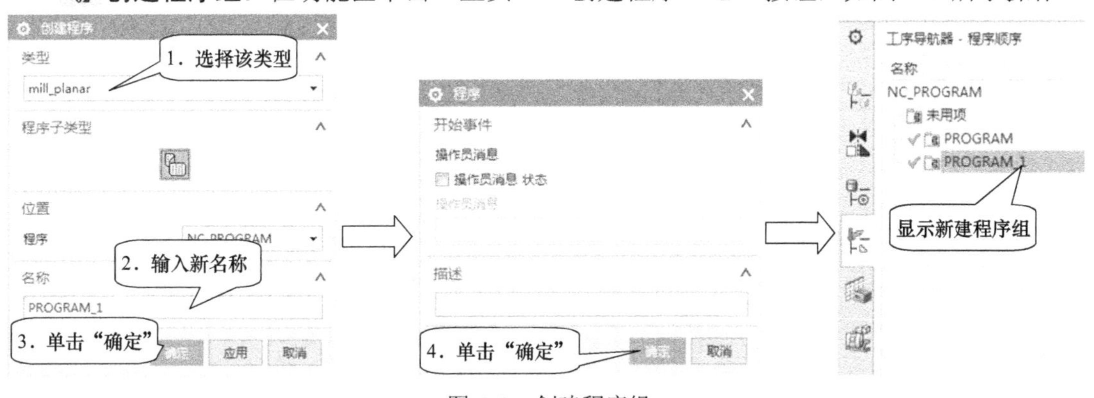

图 4-2 创建程序组

STEP 03 **创建刀具**。在功能区单击“主页”→创建刀具“ ”按钮，如图 4-3 所示操作。

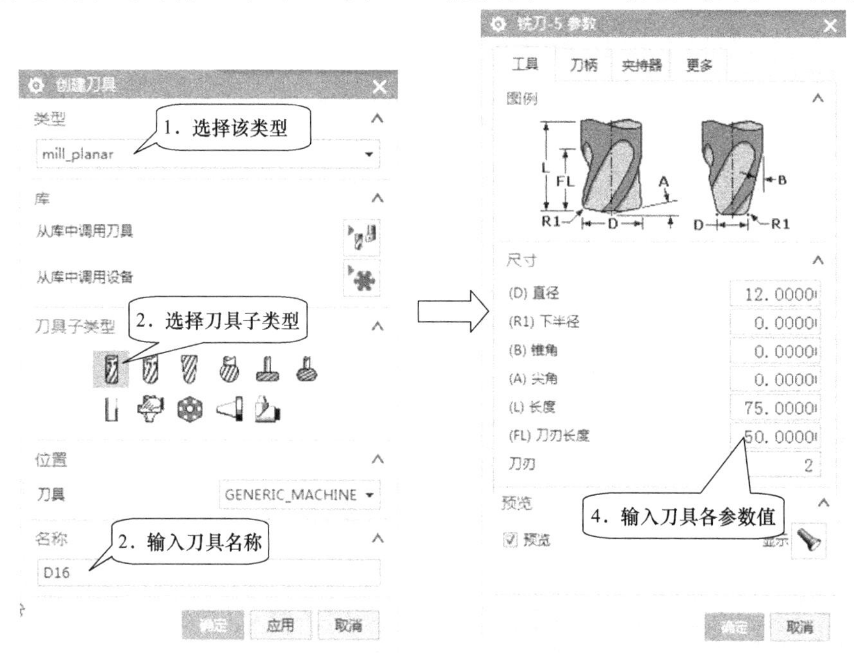

图 4-3　创建刀具

STEP 04 **设置加工坐标系和几何体**。在几何视图中，双击“MCS_MILL”，弹出“Mill Orient”对话框，“安全距离”设置为 30，单击“确定”完成设置。

在几何视图中，双击“WORKPIECE”，弹出“工件”对话框，如图 4-4 所示设置部件几何体和毛坯几何体。

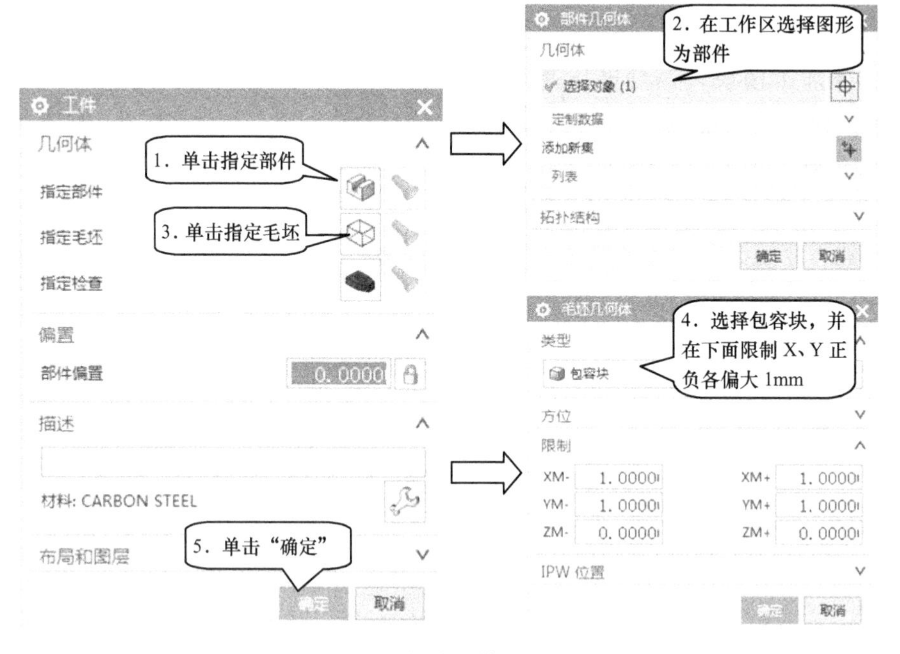

图 4-4　指定部件和毛坯

STEP 05 **加工方法参数设置**。双击“MILL ROUGH”，弹出“铣削方法”对话框，设置粗加工参数，设置“部件余量”为 0.2000，如图 4-5 所示。在“铣削方法”对话框中单击进给按钮，设置“进给率”的“切削”为 2000.000、“进刀”为 60.0000%切削，如图 4-6 所示，单击“确定”完成设置。

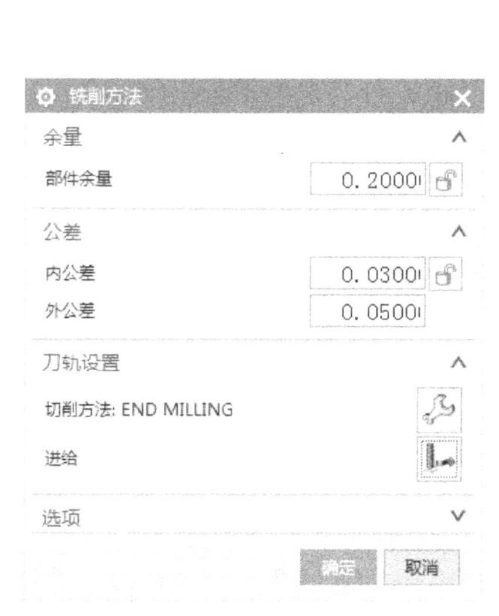

图 4-5　粗加工参数设置

图 4-6　进给率设置

STEP 06 **创建工序——平面铣**。在功能区单击“主页”→创建工序“ ”按钮，进入“创建工序”对话框，选择“工序子类型”中的平面铣，“位置”项下面选择已创建的各项，如图 4-7 所示。单击“确定”，进入“平面铣”对话框并设置各参数，如图 4-8 所示。

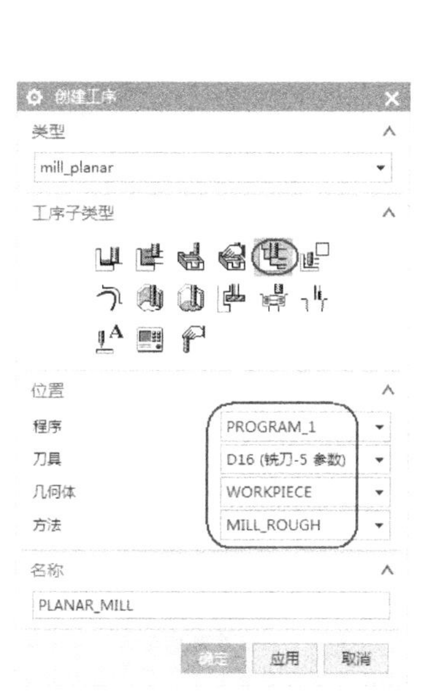

图 4-7　“创建工序”对话框

图 4-8　“平面铣”对话框

STEP 07 **指定部件边界**。在“平面铣”对话框中单击“指定部件边界”图标，系统打开“部件边界”对话框，如图 4-9 所示，选择“曲线”，弹出“创建边界”对话框，设置“刀具侧”为“内侧”，如图 4-10 所示。

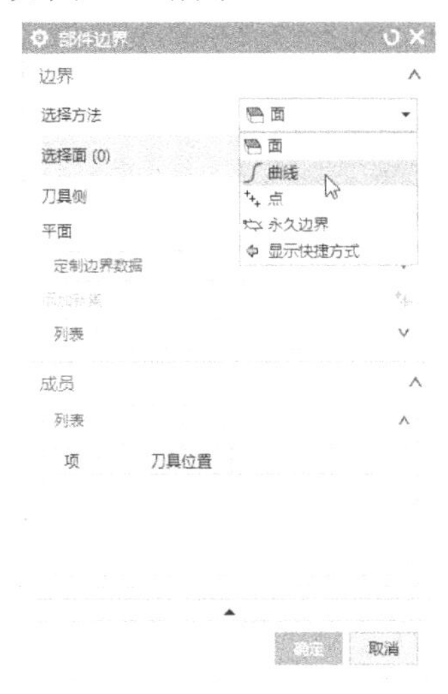

图 4-9 “部件边界”对话框 1

图 4-10 “部件边界”对话框 2

在选择条设置“相切曲线”，如图 4-11 所示。在图形中选择要加工的边界，如图 4-12 所示。单击“确定”，返回“平面铣”对话框。

图 4-11 曲线规则

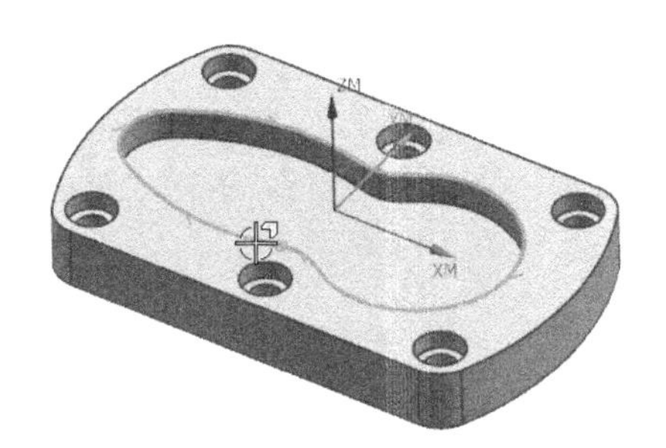

图 4-12 选择边界

STEP 08 **指定底面**。在“平面铣”对话框中单击“指定底面”图标，系统弹出“平面”对话框，在图形上选择底平面，如图 4-13 所示。单击“确定”或单击中键返回“平面铣”对话框。

在图形上将以虚线三角形显示底平面的位置。

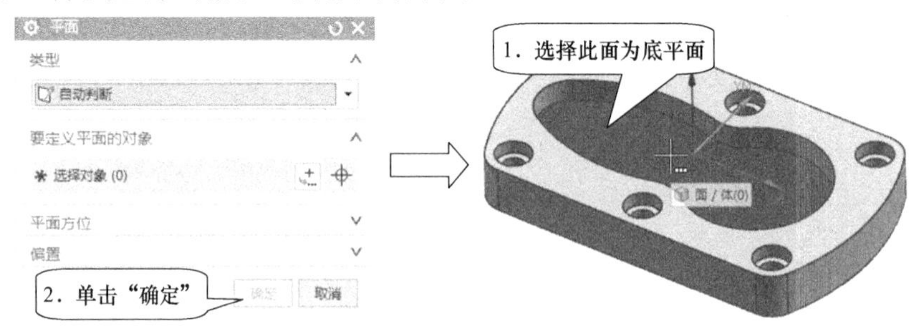

图 4-13 指定底面

STEP 09 **刀轨设置**。选择“切削模式”为“跟随部件”，“平面直径百分比”输入 70.0000，如图 4-14 所示。

STEP 10 **切削层**。单击切削层按钮，进入切削层参数设置对话框，设置“每刀切削深度”为 1mm，单击“确定”返回“平面铣”对话框。

STEP 11 **切削参数**。单击切削参数按钮，进入“切削参数”对话框，在“余量”选项卡设置参数，如图 4-15 所示。

图 4-14　刀轨设置

图 4-15　“切削参数”的“余量”对话框

STEP 12 **非切削移动**。非切削移动就是控制进刀、退刀、移刀等参数设置。单击非切削移动按钮，进入“非切削移动”对话框，“进刀”页面设置如图 4-16 所示，“退刀”选项卡设置如图 4-17 所示，“转移/快速”选项卡设置如图 4-18 所示。

STEP 13 **进给率和速度**。单击进给率和速度按钮，进入“进给率和速度”对话框，进给率和进刀速度默认了加工方法设置的参数，在这只需要在“主轴速度”输入 1500。

参数设置完成后，单击生成按钮生成刀轨，如图 4-19 所示。

图 4-16　“非切削移动”的“进刀”对话框

图 4-17　“非切削移动”的“退刀”对话框

图 4-18 “非切削移动”的“转移/快速”对话框

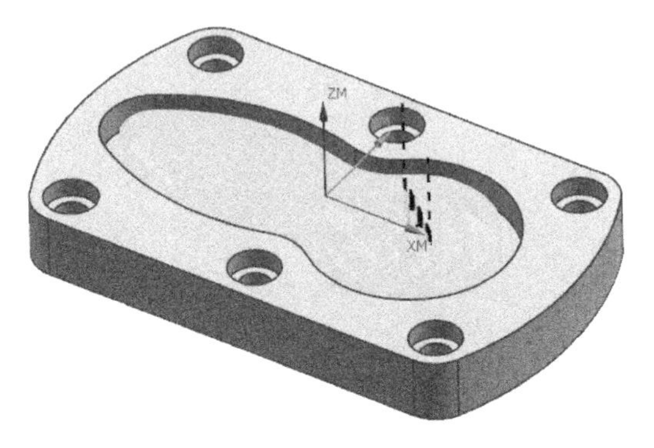

图 4-19 生成刀轨

4.1.2 零件外形粗加工

用相同加工方法复制上一步操作，这样很多参数可以默认不需更改！

STEP 01 **复制、粘贴程序**。在程序顺序视图中右击上一步程序，在弹出的快捷菜单中选择“复制”，如图 4-20 所示。再右击上一步程序，在弹出的快捷菜单中选择“粘贴”，如图 4-21 所示。双击复制后的程序，进入“平面铣”对话框并更改参数。

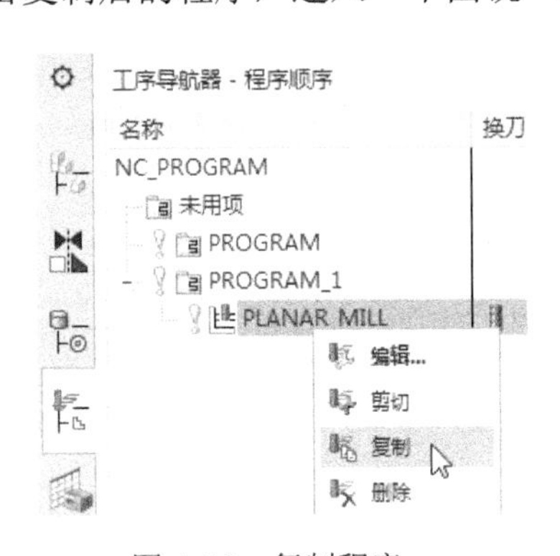

图 4-20 复制程序

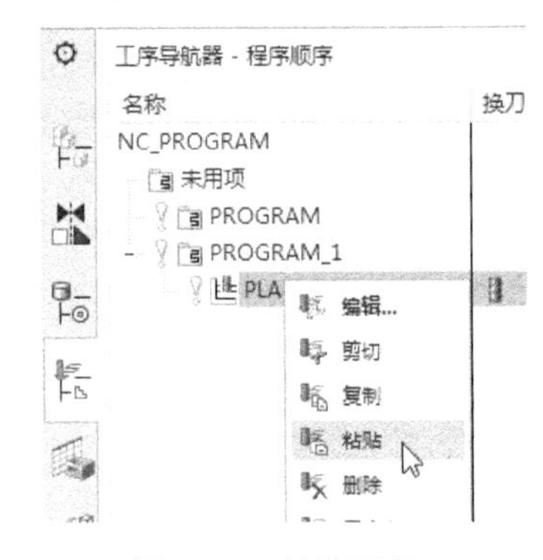

图 4-21 粘贴程序

STEP 02 **更改部件边界**。在“平面铣”对话框中单击“指定部件边界”图标，系统打开“部件边界”对话框，在列表中把上一程序的曲线边界删除，如图 4-22 所示。在“部件边界”对话框中，边界的选择方法为曲线，“边界类型”为“封闭”，“刀具侧”选择“外侧”，如图 4-23 所示。在选择条设置相切曲线，在图形中选择外形边界，生成图 4-24 所示边界。单击“确定”返回“平面铣”对话框。

STEP 03 **更改底面**。在“平面铣”对话框中单击“指定底面”图标，系统弹出“平面”对话框，在下拉菜单中选择“自动判断”，如图 4-25 所示，旋转图形选择图形底平面，单击“确定”或单击中键返回“平面铣”对话框。

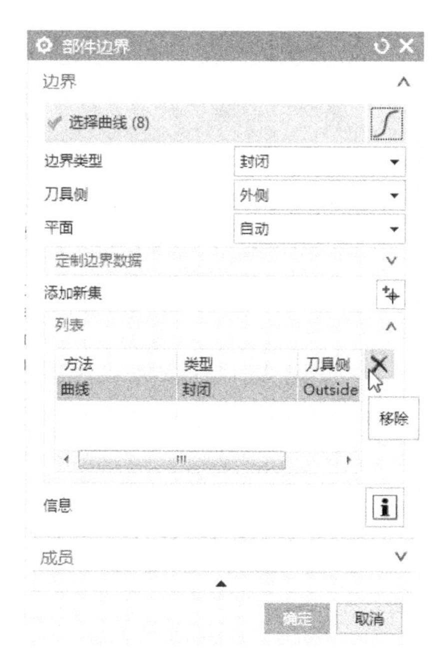

图 4-22　移除部件边界

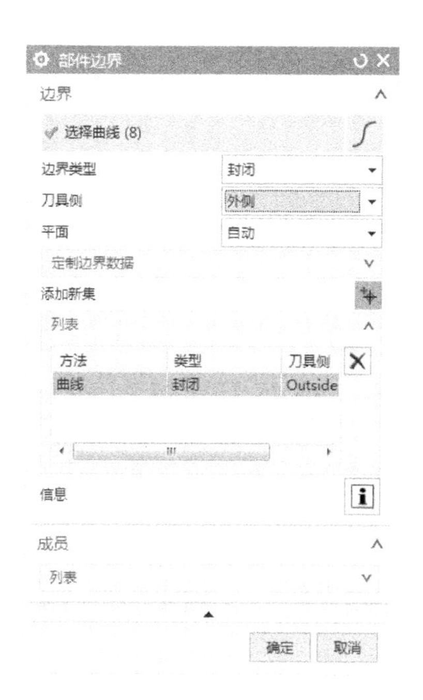

图 4-23　“部件边界”对话框

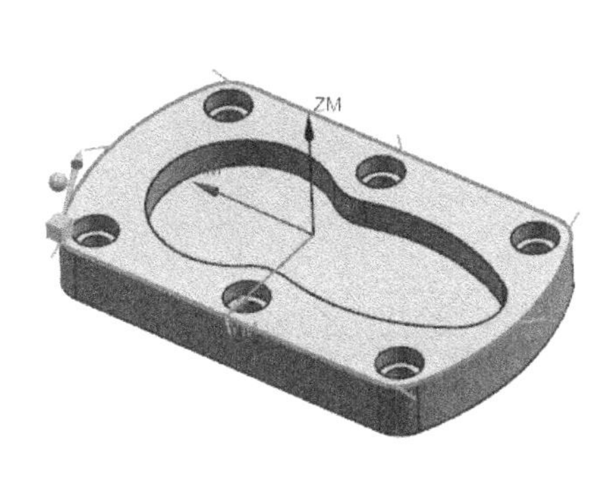

图 4-24　部件边界

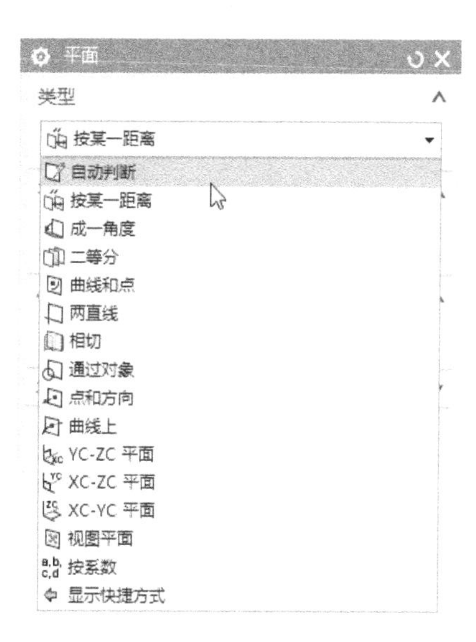

图 4-25　“平面”对话框

STEP 04 **更改刀轨设置**。选择“切削模式”为“轮廓”，如图 4-26 所示。

STEP 05 **更改切削层**。单击切削层按钮，进入切削层参数设置对话框，设置“每刀切削深度”为 2mm，单击“确定”返回“平面铣”对话框。

参数设置完成后，单击生成按钮生成刀轨，如图 4-27 所示。

图 4-26　刀轨设置

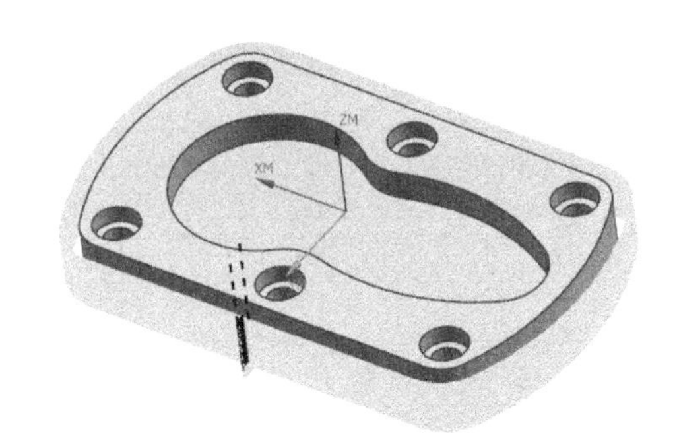

图 4-27　生成刀轨

4.1.3　用定心钻进行孔定位

STEP 01 **创建程序组**。在功能区单击“主页”→创建程序“ ”按钮，操作如图 4-27 所示。

STEP 02 **创建刀具**。在功能区单击“主页”→创建刀具“ ”按钮，如图 4-28 所示操作。

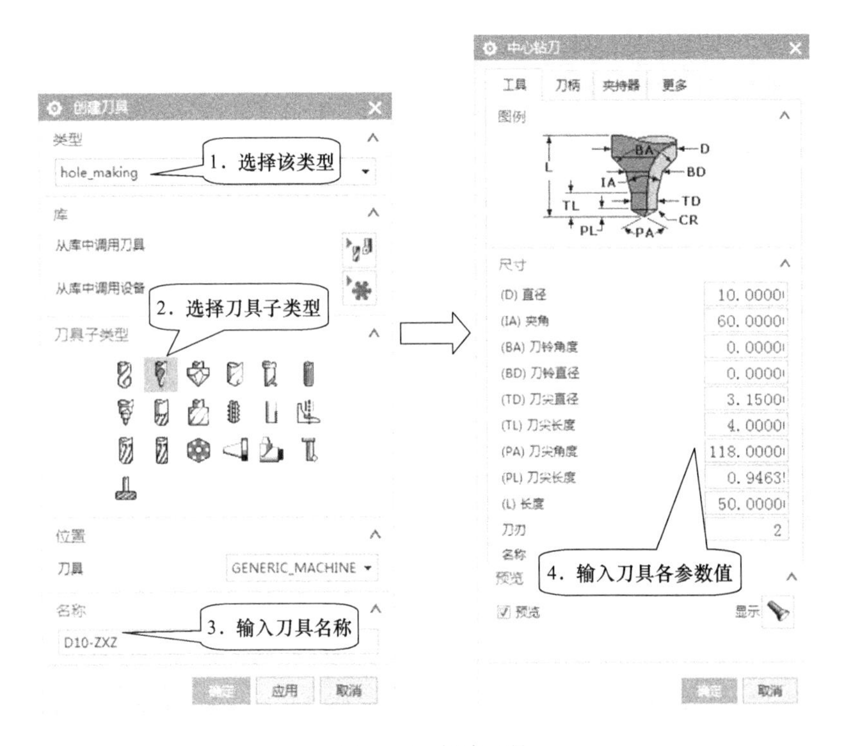

图 4-28　创建刀具

STEP 03 **创建工序——定心钻**。在功能区单击“主页”→创建工序“ ”按钮，进入“创建工序”对话框，选择“工序子类型”中的定心钻 ，“位置”项下面选择已创建的各项，如图 4-29 所示。单击“确定”，进入“定心钻”对话框并设置各参数，如图 4-30 所示。

图 4-29　“创建工序”对话框

图 4-30　“定心钻”对话框

STEP 04 指定特征几何体。在“定心钻”对话框中单击指定特征几何体按钮，弹出“特征几何体”对话框，在工作区选择图形中要定位的孔或圆弧，如图 4-31 所示。在“特征几何体”对话框中设置“深度”为 2.0000，如图 4-32 所示。单击“确定”，返回“定心钻”对话框。

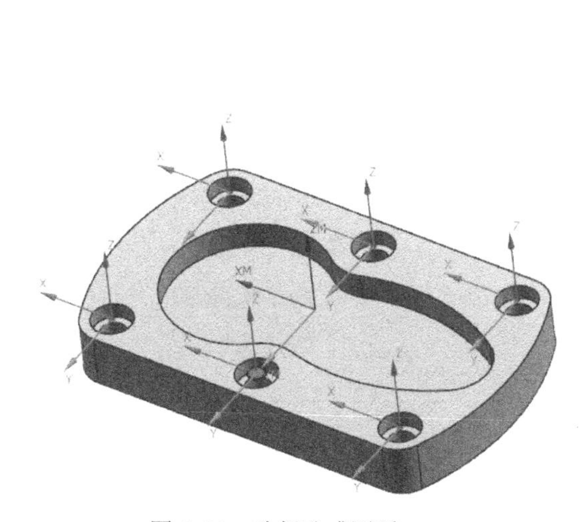

图 4-31　选择孔或圆弧

图 4-32　“特征几何体”对话框

STEP 05 **切削参数**。单击切削参数按钮，进入“切削参数”对话框，在“策略”选项卡设置参数，如图 4-33 所示。

STEP 06 **进给率和速度**。单击进给率和速度按钮，进入“进给率和速度”对话框，“主轴速度”输入 2000、“进给率”输入 100。

参数设置完成后，单击生成按钮生成刀轨，如图 4-34 所示。

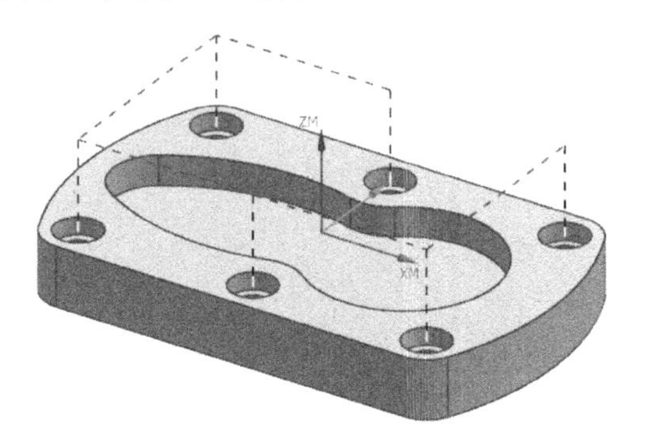

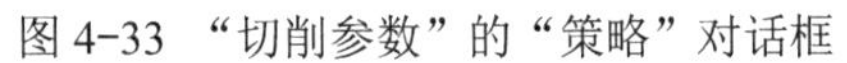

图 4-33 “切削参数”的“策略”对话框

图 4-34 生成刀轨

4.1.4 钻孔

STEP 01 **创建程序组**。在功能区单击“主页”→创建程序“ ”按钮，操作如图 4-2 所示。

STEP 02 **创建刀具**。通过对图形分析，孔直径是 D10，在功能区单击“主页”→创建刀具“ ”按钮，如图 4-35 所示操作。

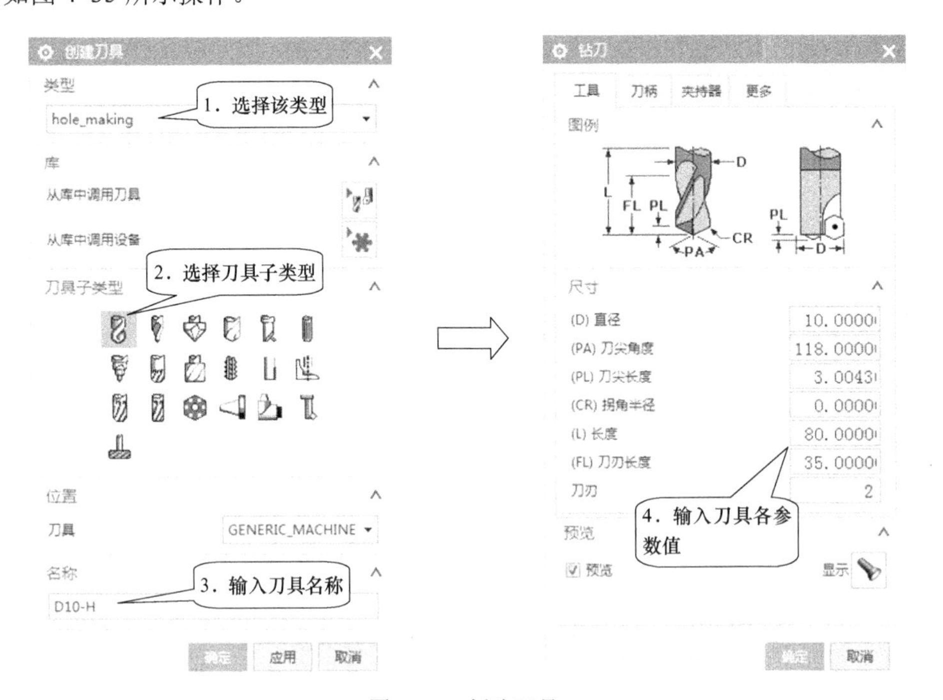

图 4-35 创建刀具

STEP 03 **创建工序——钻深孔**。在功能区单击“主页”→创建工序“ ”按钮，进入“创建工序”对话框，选择“工序子类型”中的钻深孔 ，“位置”项下面选择已创建的各项，如图 4-36 所示。单击“确定”，进入“钻深孔”对话框并设置各参数。“运动输出”设置为“机床加工周期”，在“循环”下拉菜单中可以选择不同的循环方式，如图 4-37 所示。选择“钻，深孔”，弹出“循环参数”对话框，设置最大距离为 2.0000，如图 4-38 所示。单击“确定”返回“钻深孔”对话框。

图 4-36 “创建工序”对话框

图 4-37 “钻深孔”对话框

STEP 04 **指定特征几何体**。在“定心钻”对话框中单击指定特征几何体 按钮，弹出“特征几何体”对话框，在工作区选择图形中要定位的孔或圆弧，如图 4-39 所示。在“特征几何体”对话框中单击深度 按钮，选择用户定义，输入深度 20.0000，“深度限制”设置为“通孔”，如图 4-40 所示。单击“确定”，返回“钻深孔”对话框。

STEP 05 **切削参数**。单击切削参数 按钮，进入“切削参数”对话框，在“策略”选项卡设置参数，如图 4-41 所示。

STEP 06 **进给率和速度**。单击进给率和速度 按钮，进入“进给率和速度”对话框，“主轴速度”输入 800、“进给率”输入 100。

参数设置完成后，单击生成 按钮生成刀轨。

图 4-38 “循环参数”对话框

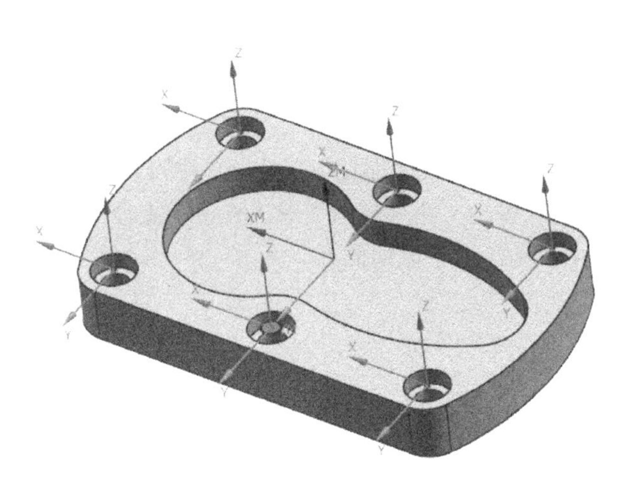

图 4-39 选择孔或圆弧

图 4-40 “特征几何体”对话框

图 4-41 “切削参数”的“策略”对话框

4.1.5 精加工零件外形

精加工零件外形使用平面铣方法，利用刀侧刃铣分次加工。可以复制零件外形粗加工平面铣程序然后更改参数。

STEP 01 **创建程序组**。在功能区单击“主页”→创建程序“ ”按钮，操作如图 4-2 所示。

STEP 02 **创建刀具**。在功能区单击“主页”→创建刀具“ ”按钮，如图 4-42 所示操作。

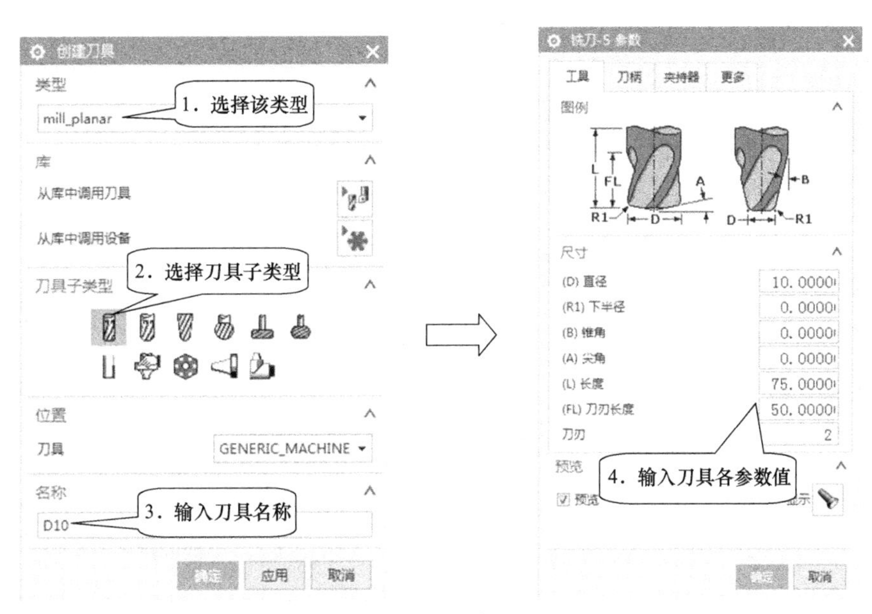

图 4-42　创建刀具

STEP 03 复制平面铣，更改参数。在程序顺序视图中右击平面铣程序，选择“复制”，如图 4-43 所示。再右击创建好的程序组“PROGRAM_4”，选择“内部粘贴”，如图 4-44 所示。双击复制后的程序，进入“平面铣”对话框并更改参数。

图 4-43　复制程序　　　　图 4-44　粘贴程序

STEP 04 更改刀具。在“平面铣”对话框的“刀具”下拉菜单中选择“D10”，如图 4-45 所示。

STEP 05 更改刀轨设置。更改方法为“MILL_FINISH”，并检查切削参数中的余量设置，精加工侧面底面为 0。选择“切削模式”为“轮廓”，“步距”更改为“恒定”，“最大距离”设为 0.1000，“附加刀路”设为 1（粗加工余量为 0.2mm，每一刀的距离是 0.1mm，所以需要再附加 1 个刀路），如图 4-45 所示。

STEP 06 切削层。单击切削层按钮，进入“切削层”对话框，设置每刀切削深度为 0 或“类型”下拉菜单选择“仅底面”，如图 4-46 所示。单击“确定”返回“平面铣”对话框。

图 4-45　更改刀具

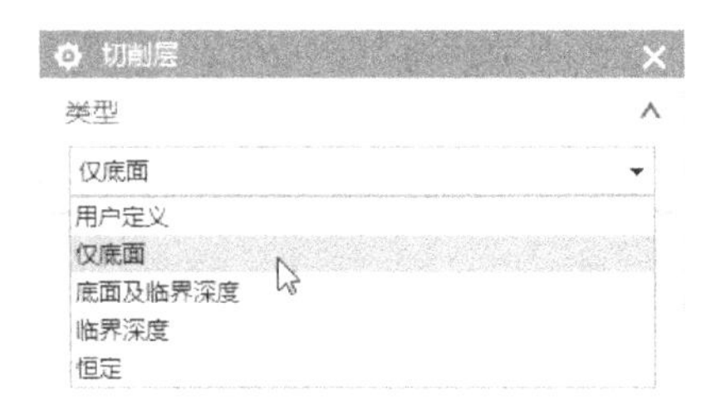

图 4-46　"切削层"对话框

STEP 07 **设置非切削移动**。单击非切削移动按钮，进入"非切削移动"对话框，设置成 180°圆弧进退刀，如图 4-47 所示。退刀设置与进刀相同。转移/快速设置如图 4-48 所示。

图 4-47　"非切削移动"的"进刀"对话框

图 4-48　"非切削移动"的"转移/快速"对话框

STEP 08 **进给率和速度**。单击进给率和速度按钮，进入"进给率和速度"对话框，"主轴速度"输入 1500，"进给率"输入 500。

参数设置完成后，单击生成按钮生成刀轨，如图 4-49 所示。滚动鼠标中键放大，可以看到侧方向产生两条刀路切削和圆弧进/退刀效果，如图 4-50 所示。

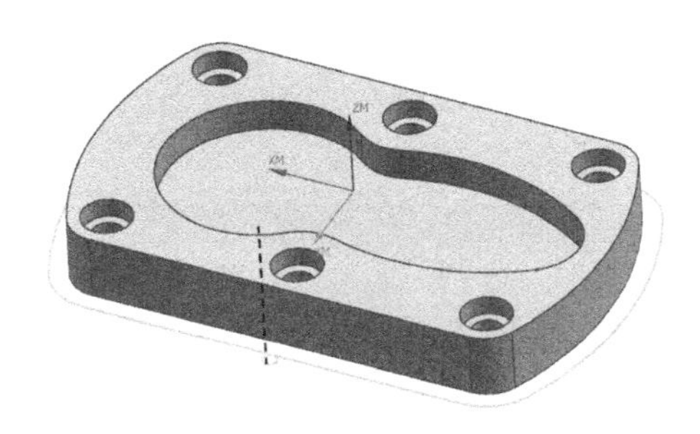

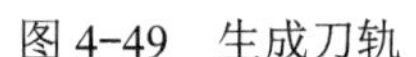
图 4-49　生成刀轨

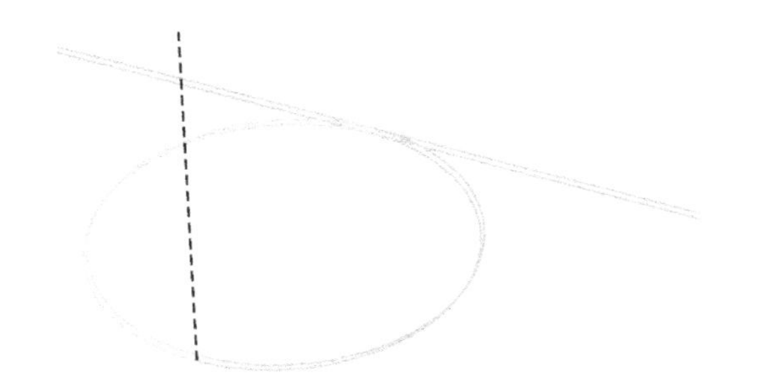
图 4-50　刀路放大

4.1.6　精加工内凹槽底面和侧面

精加工零件外形使用平面铣方法，利用刀侧刃铣分次加工侧壁，底面设置“切削模式”为“往复”或“跟随部件”。可以复制零件内凹槽粗加工平面铣程序进行更改参数。

STEP 01 **复制、粘贴零件内凹槽粗加工平面铣并更改参数**。在程序顺序视图中右击平面铣程序，在弹出的快捷菜单中选择“复制”，如图 4-51 所示；再右击上一步程序，在弹出的快捷菜单中选择“粘贴”，如图 4-52 所示。双击复制后的程序，进入“平面铣”对话框并更改参数。

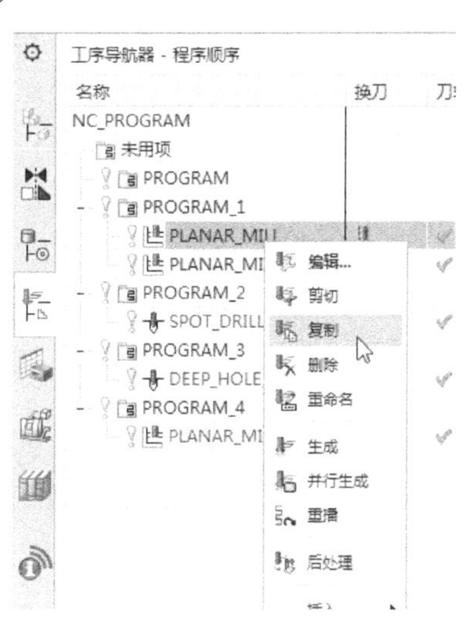

图 4-51　复制程序

图 4-52　粘贴程序

STEP 02 **更改刀具**。在“平面铣”对话框的“刀具”下拉菜单中选择“D10”。

STEP 03 **更改刀轨设置**。更改“方法”为“MILL_FINISH”，并检查“切削参数”中的余量设置，精加工侧面底面为 0。选择“切削模式”为“跟随部件”或“往复”，如图 4-53 所示。

STEP 04 **更改切削层**。单击切削层按钮，进入“切削层”对话框，设置每刀切削深度为 0 或“类型”下拉菜单选择“仅底面”，如图 4-54 所示。单击“确定”返回“平面铣”对话框。

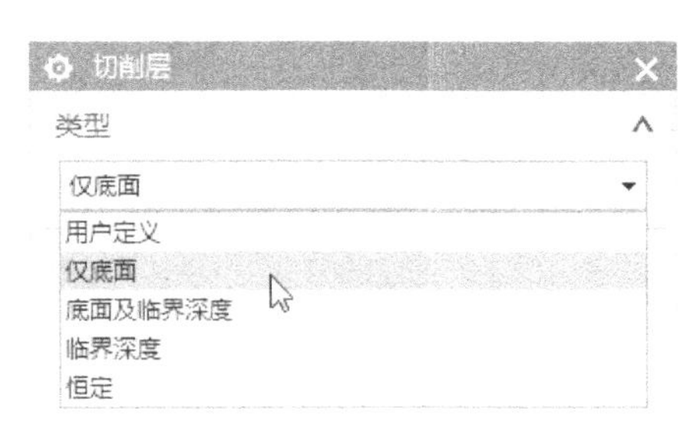

图 4-53　刀轨设置　　　　图 4-54 “切削层”对话框

STEP 05 **更改切削参数**。单击切削参数按钮，进入“切削参数”对话框，在“策略”选项卡勾选“添加精加工刀路”，并设置侧壁精加工参数，如图 4-55 所示。单击“确定”返回“平面铣”对话框。

STEP 06 **更改进给率和速度**。单击进给率和速度按钮，进入“进给率和速度”对话框，“主轴速度”输入 1500，“进给率”输入 500。

参数设置完成后，单击生成按钮生成刀轨，从生成的刀轨上可以看到螺旋下刀的高度太高，单击非切削移动按钮，进入“非切削移动”对话框，在高度起点设置“当前层”，最终生成刀轨如图 4-56 所示。

图 4-55 “切削参数”的“策略”对话框

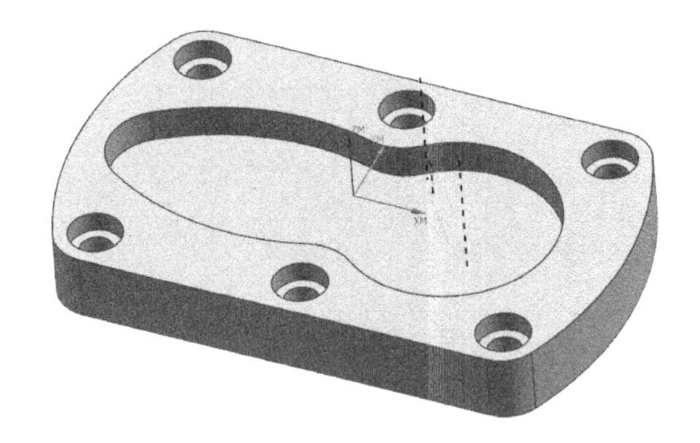

图 4-56　生成刀轨

4.1.7 精加工 6 个沉头孔

6 个沉头孔是 D16 直径，已经使用 D10 钻嘴进行了钻孔，再使用 D10 刀用孔铣方法进行加工。

STEP 01 **创建工序——孔铣**。在功能区单击“主页”→创建工序“ ”按钮，进入“创建工序”对话框，“工序子类型”选择孔铣 ，“位置”项下面选择已创建的各项，如图 4-57 所示。单击“确定”，进入“孔铣”对话框并设置各参数。

STEP 02 **指定特征几何体**。单击指定特征几何体 按钮，弹出“特征几何体”对话框，在工作区图形中选择 6 个 D16 的内孔壁，单击后自动检测出内孔的大小深度，选择完后“特征几何体”对话框如图 4-58 所示。单击“确定”回到“孔铣”对话框。

图 4-57 “创建工序”对话框

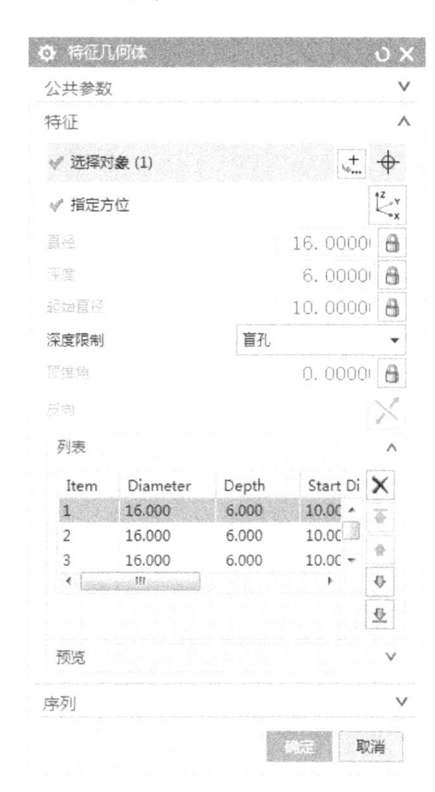

图 4-58 “特征几何体”对话框

STEP 03 **刀轨设置**。“切削模式”下拉选项里有径向螺旋、深度螺旋、平面螺旋、圆形 4 种切削模式选择，在这设置为“深度螺旋”。“每转深度”设置为“距离”、“螺距”为 0.1500，如图 4-59 所示。

STEP 04 **切削参数**。单击切削参数 按钮，进入“切削参数”对话框，“策略”选项卡设置“切削方向”为“顺铣”，“延伸路径”下“顶偏置”的“距离”为 0.2000，如图 4-60 所示，其余参数默认。

STEP 05 **进给率和速度**。单击进给率和速度 按钮，进入“进给率和速度”对话框，“主轴速度”输入 2000，“进给率”设置为 500。单击“确定”回到“孔铣”对话框，单击生成 按钮生成刀轨，如图 4-61 所示。

STEP 06 **刀具路径仿真**。选中需要仿真的刀具路径，在功能区单击“主页”→确认刀轨“ ”按钮，进入“刀轨可视化”对话框，选择“3D 动态仿真”，仿真效果如图 4-62 所示。

图 4-59 “孔铣”对话框

图 4-60 “切削参数”的“策略”对话框

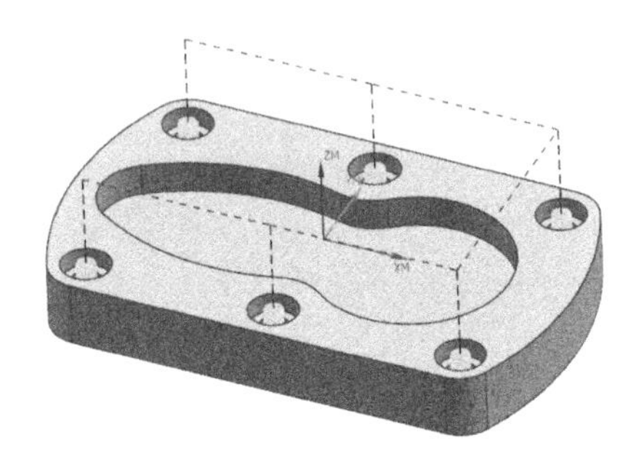

图 4-61 生成刀轨

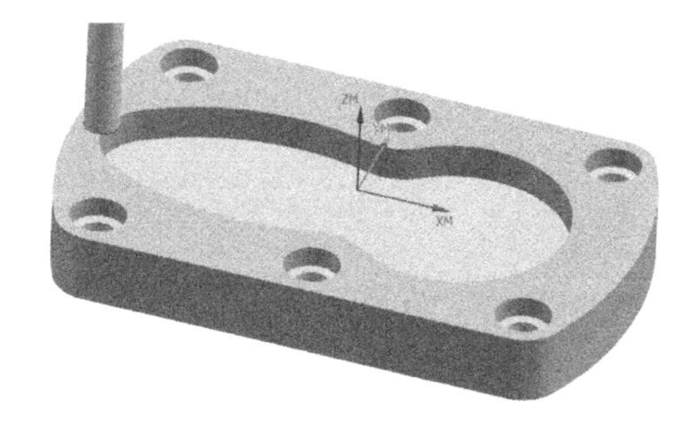

图 4-62 刀具路径仿真

4.1.8 NC 后处理

后处理功能生成一个机床可以识别的 NC 文件。UG 提供了两种后处理器：通用图形后处理器（GPM）和 UG 后处理器（UG/POST）。通常情况下，在 UG 加工环境中，直接使用 UG/POST 进行后处理是最简便的一种方法。

在工序导航器中右击程序组或在功能区单击“主页”→后处理“ ”按钮，弹出“后处理”对话框，如图 4-63 所示。软件默认的后处理器不适合我们工作中使用，所以把工厂常用的后处理器文件进行指定或更换。

1）在“后处理”对话框中单击“浏览以查找后处理器” 按钮，找到计算机硬盘中的后处理文件夹的后处理器，选择“点 OK 使用”。这种方式只是临时使用后处理器，下次再打开图档或打开另一个图档时，要再重新指定。

2）打开 D:\Program Files\Siemens\NX 12.0\MACH\resource 路径，找到文件夹 postprocessor 右击并选择“删除”，复制光盘里的后处理文件夹 postprocessor，粘贴到 D:\Program Files\Siemens\NX 11.0\MACH\resource 路径中，设置后如图 4-64 所示。

图 4-63　“后处理”对话框

图 4-64　更改后的后处理器

3）复制光盘里的后处理文件夹 postprocessor，粘贴到 D:\中，在环境变量里新建一个变量名 UGII_CAM_POST_DIR，变量值 D:\Postprocessor\\，使用指定的后处理文件，重启 UG 生效。

STEP **执行后处理**。在工序导航器中右击程序组，在快捷菜单中单击“后处理”，如图 4-65 所示；或在功能区单击“主页”→后处理“ ”按钮，弹出“后处理”对话框，如图 4-66 所示。选择三菱系统后处理器，文件名为 HC-15A1。

图 4-65　右击执行后处理

图 4-66　“后处理”对话框

1）后处理器：从列表中选择一个后处理的机床配置文件。因为不同厂商生产的数控机床其控制参数不同，必须选择合适的机床配置文件。

2）输出文件：指定后处理输出程序的文件名称和路径。可以在环境变量里新建一个变量名 UGII_CAM_POST_OUTPUT_DIR，变量值 D:\NC，可以指定后处理文件路径。

3）输出单位：可选择米制或英制单位。

4）列出输出：激活该选项，在完成后处理后，将在屏幕上显示生成的程序文件。

完成各项设定后，单击“确定”按钮，系统进行后处理运算，生成程序指定路径的文件名的程序文件，如图 4-67 所示为后处理后的 HC-15A1 程序。

继续用相同的方法后处理 PROGRAM_2、PROGRAM_3 和 PROGRAM_4 程序。

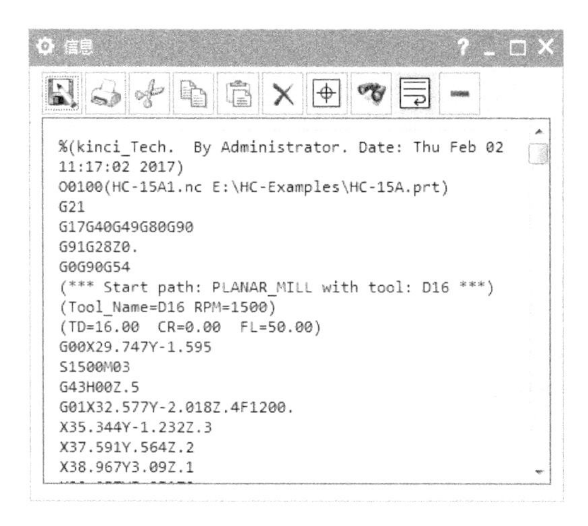

图 4-67　后处理后的程序文件

4.1.9　工程师经验点评

本例题通过一个综合练习来复习前面讲解的平面铣操作和钻孔加工操作创建的典型应用知识。重点是平面铣方法，设置不同的参数得到不同的加工效果，内凹槽整体粗加工，外形轮廓粗加工，利用刀侧刃铣多刀路切削加快效率，底面跟侧面一起精加工，钻孔方法，孔铣产生螺旋切削刀路等。

4.2　校徽文字加工编程

在 UG NX 12.0 主界面单击“菜单”→“文件”→“打开”，打开光盘“HC-Examples”文件夹中的 HC-16 文件，如图 4-68 所示。

图 4-68　零件图 HC-16

1. 加工任务概述

已车削好零件外形，机床选择带刀库的精雕机进行雕刻加工字体，该零件材料为铜，全部尺寸的公差为±0.05mm。

2. 工艺方案

1）毛料为ϕ45mm×55mm 的圆棒料，材料为铜。

2）先车一端面及外圆，然后调头，夹持已经车削的一端，车削球形手把形状。

3）采用自定心卡盘装夹，进行精雕加工刻字。

4）字面粗加工刀路型腔铣，使用 D2 平底刀，余量为 0.1mm，下刀量为 0.08mm。

5）平面精加工刀路，使用 D2 平底刀，部件余量为 0.12mm，底平面余量为 0。

6）字面精加工刀路，使用 D1 平底刀，部件余量为 0，底平面余量为 0。

7）拐角粗加工清除残料刀路，使用刀具 D0.2 平底刀，余量为 0。

4.2.1 型腔铣字面粗加工

STEP 01 **进入加工模块**。在功能区单击“应用模块”→加工“ ”按钮或按快捷键 CTRL+ALT+M，进入加工模块。系统弹出“加工环境”对话框，“CAM 会话配置”设置为“cam_general”，“要创建的 CAM 组装”设置为“mill_contour”（轮廓铣）。

STEP 02 **创建程序组**。如果装有外挂可以批量创建程序组。或在功能区单击“主页”→创建程序“ ”按钮，创建出 1 个程序组，如图 4-69 所示。

图 4-69　创建程序组

STEP 03 **创建刀具**。在功能区单击“主页”→创建刀具“ ”按钮，如图 4-70 所示操作，可以继续创建剩下的刀具。

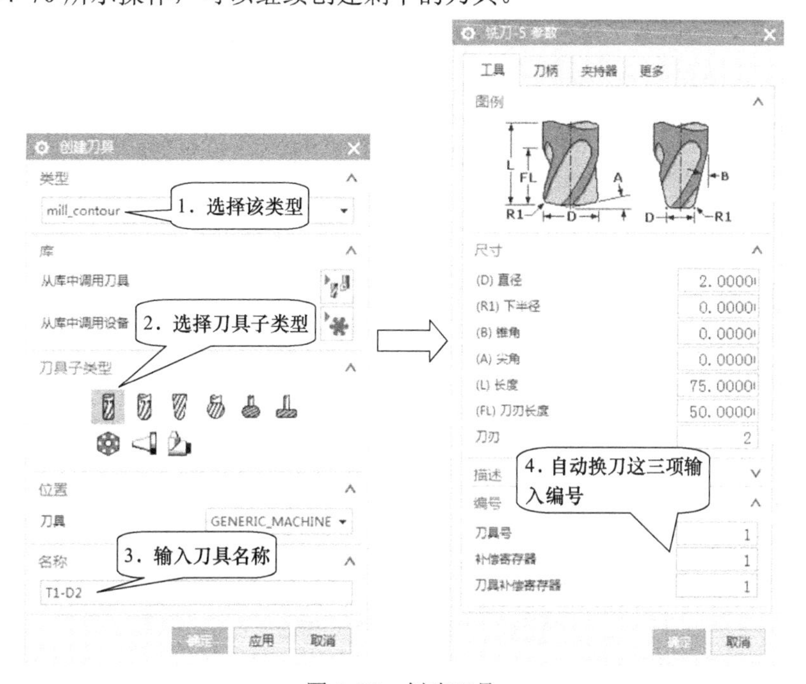

图 4-70　创建刀具

STEP 04 **设置加工坐标系和几何体**。进入加工模块后，在几何视图中有一个默认的坐标系和几何体，双击“MCS_MILL”，进入“Mill Orient”对话框，“安全距离”设置为 30，单击“确定”完成设置。

双击“WORKPIECE”，进入“工件”对话框，如图 4-71 所示设置部件和毛坯。

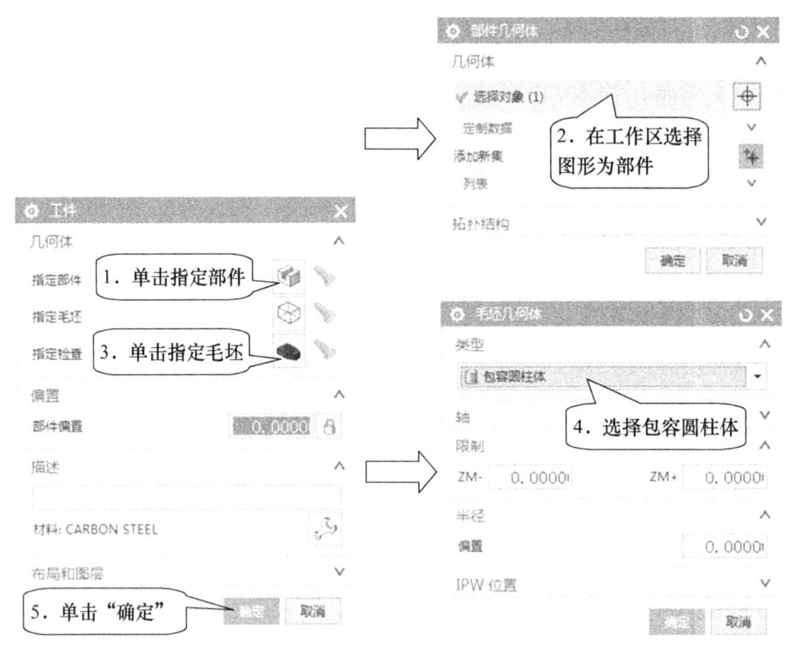

图 4-71　设置部件和毛坯

STEP 05 加工方法参数设置。双击“MILL ROUGH”，进入“铣削粗加工”对话框，设置“部件余量”为 0.1200，如图 4-72 所示。单击进给按钮，设置“进给率”的“切削”为 4000.000，“进刀”为 60.0000%切削，如图 4-73 所示。单击“确定”完成设置。

图 4-72　“铣削粗加工”对话框

图 4-73　“进给”对话框

双击“MILL FINISH”，进入精加工参数设置对话框，设置“部件余量”为 0，“公差”

调整为 0.01。单击进给按钮，设置“进给率”的切削为 2000.000，“进刀”为 60.0000% 切削，单击“确定”完成设置。

STEP 06 **创建工序——型腔铣**。在功能区单击“主页”→创建工序“ ”按钮，进入“创建工序”对话框，选择“工序子类型”中的型腔铣，“位置”项下面选择已创建的各项，如图 4-74 所示。单击“确定”，进入“型腔铣”对话框并设置各参数。

STEP 07 **指定修剪边界**。如图 4-75 所示操作。

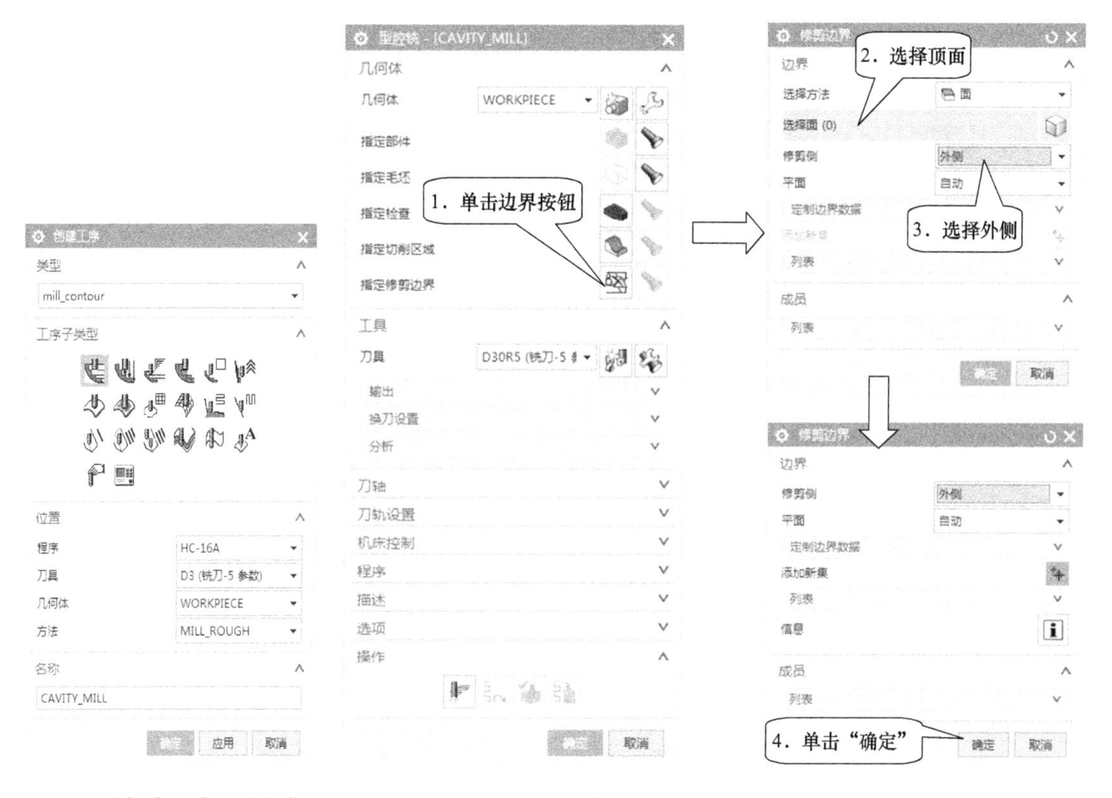

图 4-74 “创建工序”对话框　　　　图 4-75　指定修剪边界

STEP 08 **刀轨设置**。选择“切削模式”为“跟随部件”，“平面直径百分比”为 65.0000，公共每刀切削深度为 0.0800，如图 4-76 所示。

STEP 09 **切削参数**。单击切削参数按钮，进入“切削参数”对话框，在“策略”选项卡设置参数，如图 4-77 所示。深度优先能减少区域间的提刀、移刀，优化切削的顺序。在“余量”选项卡设置参数，如图 4-78 所示。

STEP 10 **非切削移动**。单击非切削移动按钮，进入“非切削移动”对话框，如图 4-79 所示。“退刀”设置“抬刀高度”为 3。在“转移/快速”选项卡中设置“区域内”的“转移类型”为“前一平面”，如图 4-80 所示。

STEP 11 **进给率和速度**。单击进给率和速度按钮，进入“进给率和速度”对话框，进给率和进刀速度默认了加工方法设置的参数，在这只需要在“主轴速度”输入 15000。

参数设置完成后，单击生成按钮生成刀轨，如图 4-81 所示。

图 4-76　刀轨设置

图 4-77　“切削参数”的“策略”对话框

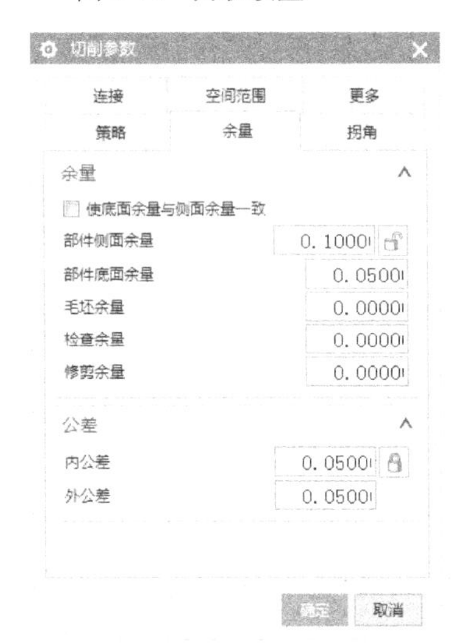

图 4-78　“切削参数”的“余量”对话框

图 4-79　“非切削移动”的“进刀”对话框

图 4-80　“非切削移动”的“转移/快速”对话框

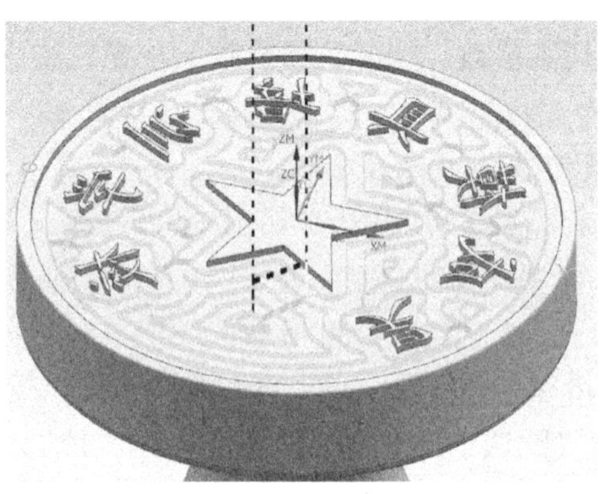

图 4-81　生成刀轨

4.2.2 精加工平面

精加工平面可以使用“边界面铣削”方法或复制上一步“型腔铣”方法更改参数。

STEP 01 **创建刀具**。在功能区单击“主页”→创建刀具“ ”按钮，创建一把D2平底刀，名称为T2-D2，在“刀具参数”对话框编号中三项都输入2，创建方法参考4.2.1中的操作，并在下面双击展开复制后的型腔铣程序中的刀具，更改为新创建的刀具。精加工平面需要换新刀切削。

STEP 02 **复制、粘贴程序**。在程序顺序视图中右击型腔铣程序，在弹出的快捷菜单中选择“复制”，如图4-82所示；再右击程序，在弹出的快捷菜单中选择“粘贴”，如图4-83所示。双击复制后的程序，进入“型腔铣”对话框并更改参数。

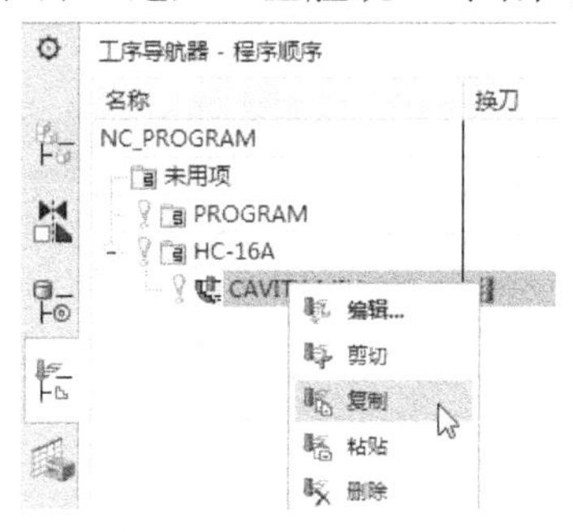

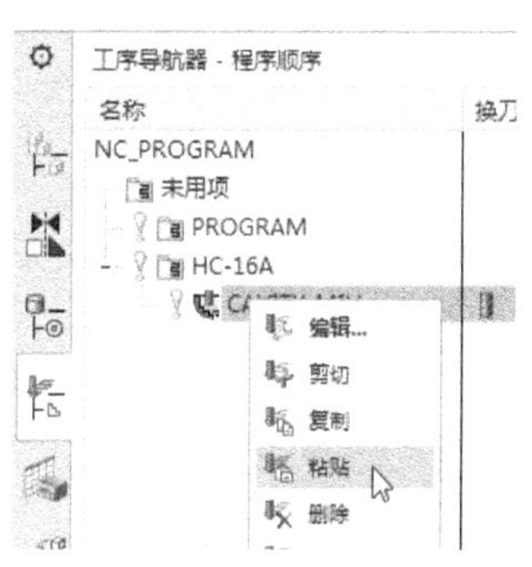

图4-82 复制程序　　图4-83 粘贴程序

STEP 03 **更改刀轨设置**。“方法”更改为“MILL_FINISH”，如图4-84所示。

STEP 04 **更改切削层**。单击切削层 按钮，进入“切削层”对话框，设置“仅在范围底部”，如图4-85所示。

图4-84 刀轨设置　　图4-85 “切削层”对话框

STEP 05 **更改切削参数**。单击切削参数 按钮，进入“切削参数”对话框，在“余量”选项卡设置“部件侧面余量”为0.1000、“部件底面余量”为0.0000，参数如图4-86所示。

STEP 06 **更改非切削移动**。单击非切削移动 按钮，进入“非切削移动”对话框，为了降低进刀螺旋高度，设置“高度起点”为“当前层”，如图4-87所示。

STEP 07 **更改进给率和速度**。单击进给率和速度 按钮，进入“进给率和速度”对话框，“主轴速度”设置为15000，“进给率”设置为500。

参数设置完成后，单击生成 按钮生成刀轨，如图4-88所示。

图 4-86 “切削参数”的“余量”对话框

图 4-87 “非切削移动”的“进刀”对话框

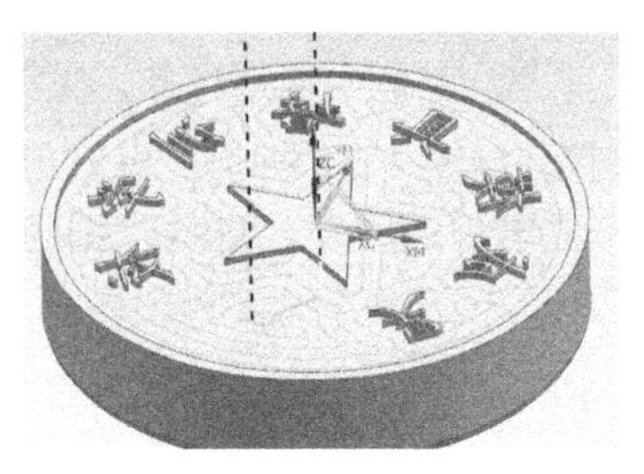

图 4-88 生成刀轨

4.2.3 深度轮廓精加工外形

STEP 01 **创建刀具**。在功能区单击“主页”→创建刀具“ ”按钮，创建一把 D1 平底刀，名称为 T3-D1，在“刀具参数”对话框编号中三项都输入 3，创建方法参考 4.2.1 中的操作。

STEP 02 **创建工序——深度轮廓加工**。在功能区单击“主页”→创建工序“ ”按钮，进入“创建工序”对话框，“工序子类型”选择深度轮廓加工 ，“位置”项下面选择已创建的各项，如图 4-89 所示。单击“确定”，进入“深度轮廓加工”对话框并设置各参数。

STEP 03 **指定修剪边界**。参照 4.2.1 中的方法操作。

STEP 04 **刀轨设置**。设置“公共每刀切削深度”为恒定，“最大距离”为 0.0300，如图 4-90 所示。

图 4-89 “创建工序”对话框

图 4-90 刀轨设置

STEP 05 **切削参数**。单击切削参数按钮，进入“切削参数”对话框，在“余量”选项卡中设置参数，如图4-91所示。在“连接”选项卡中设置“层到层”为“沿部件斜进刀”，“斜坡角”为1.0000，这样可以减少进/退刀或提刀，也避免在残料上直接踩刀，如图4-92所示。

图4-91　“切削参数”的“余量”对话框

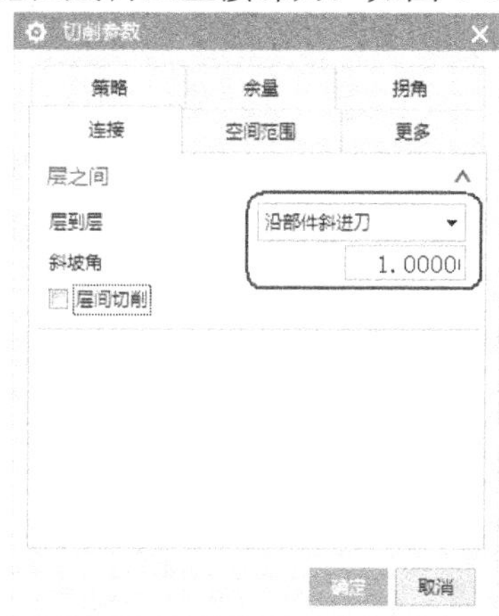

图4-92　“切削参数”的“连接”对话框

STEP 06 **非切削移动**。单击非切削移动按钮，设置进刀参数如图4-93所示，退刀参数按默认，“转移/快速”选项卡参数设置如图4-94所示。

STEP 07 **进给率和速度**。单击进给率和速度按钮，进入“进给率和速度”对话框，进给率和进刀速度默认了加工方法设置的参数，在这只需要在“主轴速度”输入15000。

参数设置完成后，单击生成按钮生成刀轨，如图4-95所示。

图4-93　“非切削移动”的“进刀”对话框

图4-94　“非切削移动”的“转移/快速”对话框

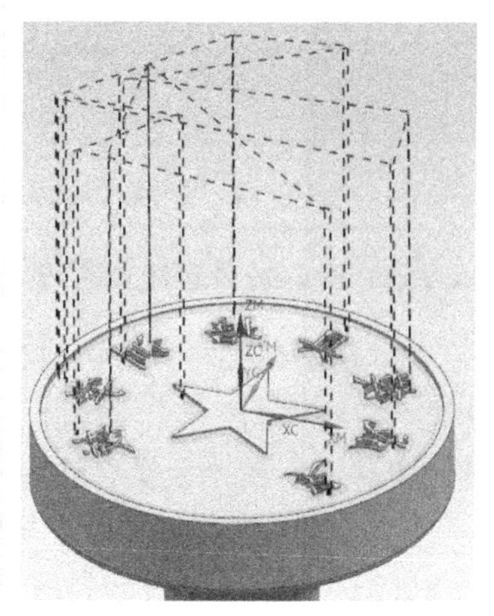

图4-95　生成刀轨

4.2.4 拐角粗加工清除残料

利用一把 D0.2 平底刀清除剩下的残料，材料为铜，所剩余量不多，不留余量直接精铣。

STEP 01 **创建刀具**。在功能区单击“主页”→创建刀具“ ”按钮，创建一把 D0.2 平底刀，名称为 T4-D0.2，在“刀具参数”对话框编号中三项都输入 4，创建方法参考 4.2.1 中的操作。

STEP 02 **创建工序——拐角粗加工**。在功能区单击“主页”→创建工序“ ”按钮，进入“创建工序”对话框，“工序子类型”选择拐角粗加工 ，“位置”项下面选择已创建的各项，如图 4-96 所示。单击“确定”，进入“拐角粗加工”对话框并设置各参数。

STEP 03 **指定修剪边界**。参考 4.2.1 中的指定修剪边界方法。

STEP 04 **设置参考刀具**。新建一把 D1.5 刀具作为参考刀具。

STEP 05 **刀轨设置**。选择“切削模式”为“跟随周边”，“平面直径百分比”为 60.0000，“公共每刀切削深度”的“最大距离”为 0.0100，如图 4-97 所示。

图 4-96 “创建工序”对话框

图 4-97 刀轨设置

STEP 06 **切削参数**。单击切削参数 按钮，进入“切削参数”对话框，在“策略”选项卡设置“刀路方向”为“向内”，并且设置“壁清理”为“自动”，深度优先能减少区域间的提刀和移刀。在“余量”选项卡设置参数，如图 4-98 所示。

STEP 07 **非切削移动**。单击非切削移动 按钮，进入“非切削移动”对话框。

进刀：所剩大部分残料属于开放区域残料，所以系统自动使用开放区域的进刀参数，有些内凹位属封闭区域，所以封闭区域参数也要设置，如图 4-99 所示。

退刀：设置与进刀相同。

图4-98 “切削参数”的“余量”对话框　　　　图4-99 “非切削移动”的“进刀”对话框

转移/快速：设置“区域内”的“转移类型”为“直接/上一个备用平面”，“区域之间”则设置为“前一平面”，如图4-100所示。

STEP 08 **进给率和速度**。单击进给率和速度按钮，进入“进给率和速度”对话框，进给率和进刀速度默认了加工方法设置的参数，在这只需要在“主轴速度”输入20000。

参数设置完成后，单击生成按钮生成刀轨，如图4-101所示。

STEP 09 **刀具路径仿真**。选中需要仿真的刀具路径，在功能区单击“主页”→确认刀轨“ ”按钮，进入“刀轨可视化”对话框，选择“3D动态仿真”，仿真效果如图4-102所示。

图4-100 “非切削移动”的“转移/快速”对话框

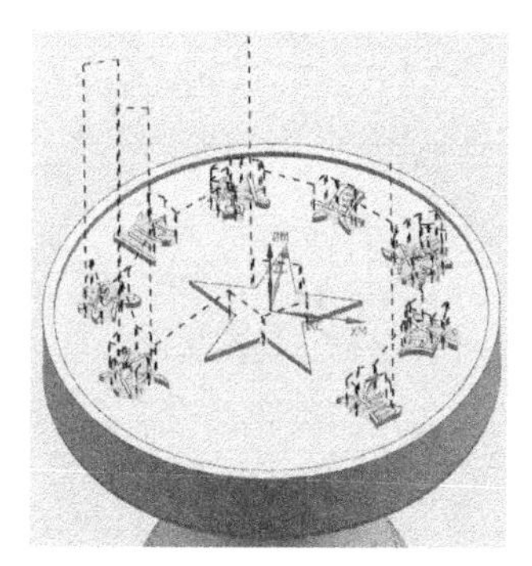

图4-101　生成刀轨

图4-102　刀具路径仿真

4.2.5 NC 后处理

STEP **执行后处理**。在工序导航器右击程序组，如图 4-103 所示；或在功能区单击“主页”→后处理“ ”按钮执行后处理，弹出“后处理”对话框，如图 4-104 所示。选择跟机床相匹配的自动换刀后处理器，文件名为 HC-16A。

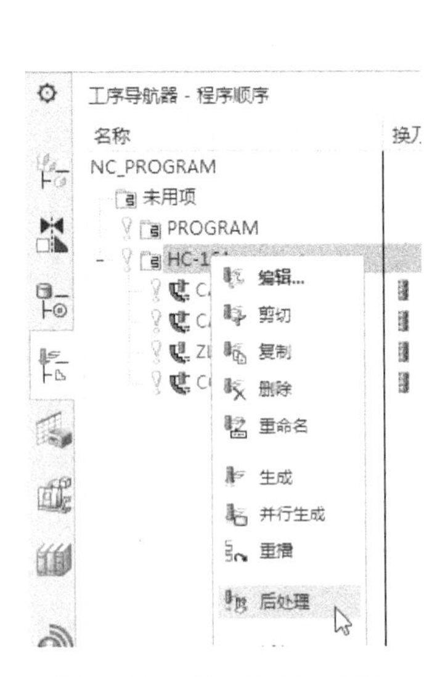

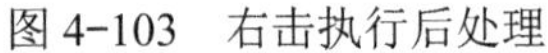

图 4-103　右击执行后处理

图 4-104　“后处理”对话框

完成各项设定后，单击“确定”按钮，系统进行后处理运算，生成程序指定路径的文件名的程序文件，如图 4-105 所示为后处理出来的 HC-16A 程序，从图中圆圈处可以看到已产生了换刀指令和深度补偿项。

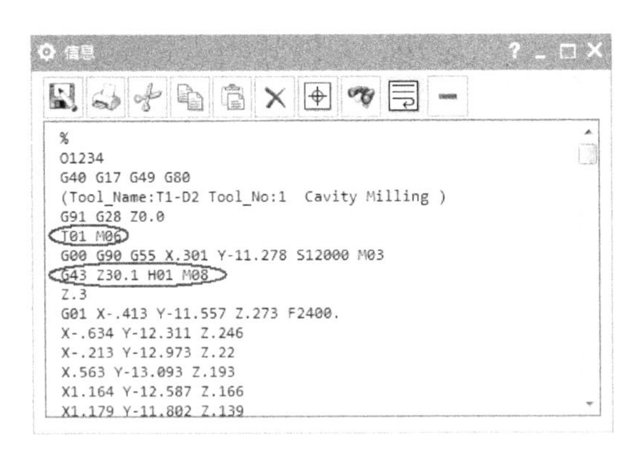

图 4-105　程序文件

4.2.6 工程师经验点评

本例题通过一个综合练习来复习前面讲解的型腔铣、等高、二次粗加工、清角方法等。重点是精雕机雕刻加工时的选刀和参数，带刀库机床的执行后处理。

4.3　复习与练习

完成如图 4-106 所示零件（LX-2.prt）的粗加工和精加工加工操作的创建。

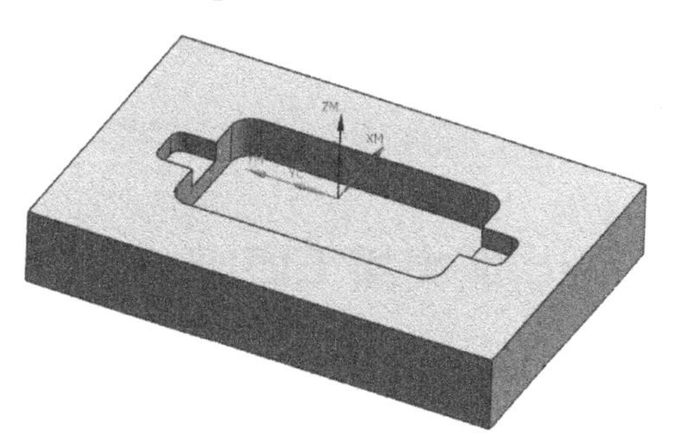

图 4-106　零件 LX-2

第5章 三维零件加工编程实例

5.1 零件 HC-17 第一次装夹加工底面

在 UG NX 12.0 主界面单击“菜单”→“文件”→“打开”，打开光盘“HC-Examples”文件夹中的 HC-17 文件，图 5-1 为零件正面，图 5-2 为零件底面。

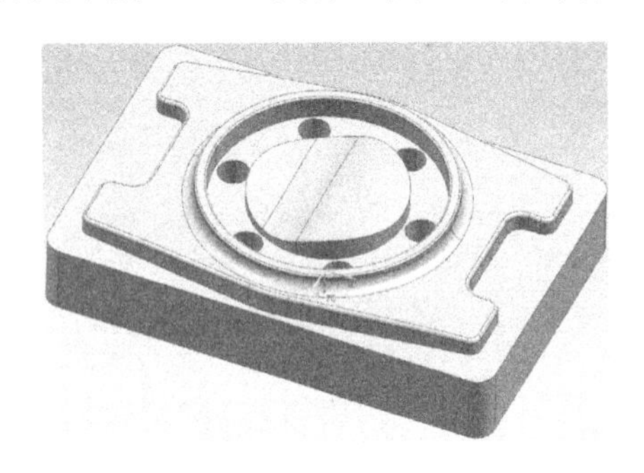

图 5-1 零件图 HC-17 正面

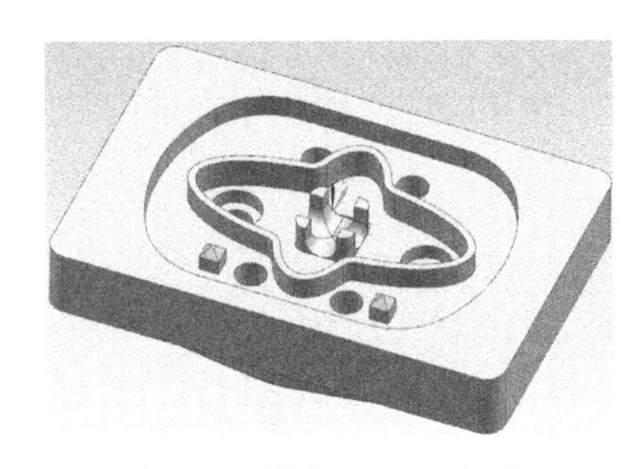

图 5-2 零件图 HC-17 底面

1. 加工任务概述

固定板零件加工，毛坯为立方块，材料为铝，机床选择带刀库的精雕机进行整体外形加工，全部尺寸的公差为±0.05mm。分二次装夹加工，这一节先加工零件底面。

2. 工艺方案

1）加工零件底面，使用台虎钳装夹，装夹材料凸出台虎钳口 18mm。

2）材料为铝，刀具选择白钢刀或铝专用刀。

3）平面铣外形粗加工，使用 D10 平底刀，余量为 0.15mm，下刀量为 0. 25mm。

4）精加工顶平面，使用 D10 平底刀，余量为 0。

5）精加工外形刀路, 使用 D10 平底刀，部件余量为 0. 0，底平面余量为 0。

6）第一个内凹槽粗加工，使用 D6 平底刀，部件余量为 0. 15mm，底平面余量为 0. 1mm。

7）第二个内凹槽粗加工，使用 D6 平底刀，部件余量为 0. 15mm，底平面余量为 0. 1mm。

8）精加工第一个内凹槽底面和侧面，使用 D6 平底刀，部件余量为 0，底平面余量为 0。

9）精加工第二个内凹槽底面和侧面，使用 D6 平底刀，部件余量为 0，底平面余量为 0。

10）精加工两个 *R*4mm 内圆弧槽，使用 D84 球刀，部件余量为 0，底平面余量为 0。

11）变换旋转刀路。

12）倒角加工，使用 D10 倒角刀，部件余量为 0，底平面余量为 0。

5.1.1 平面铣外形粗加工

STEP 01 **进入加工模块**。在功能区单击“应用模块”→加工“ ”按钮或按快捷键CTRL+ALT+M，进入加工模块，系统弹出“加工环境”对话框，“CAM 会话配置”设置为“cam_general”，“要创建的 CAM 组装”设置为“mill_contour”（轮廓铣）。

STEP 02 **创建程序组**。在功能区单击“主页”→创建程序“ ”按钮，创建出 1 个程序组，如图 5-3 所示。

STEP 03 **创建刀具**。在功能区单击“主页”→创建刀具“ ”按钮，如图 5-4 所示操作，可以继续创建剩下的刀具。

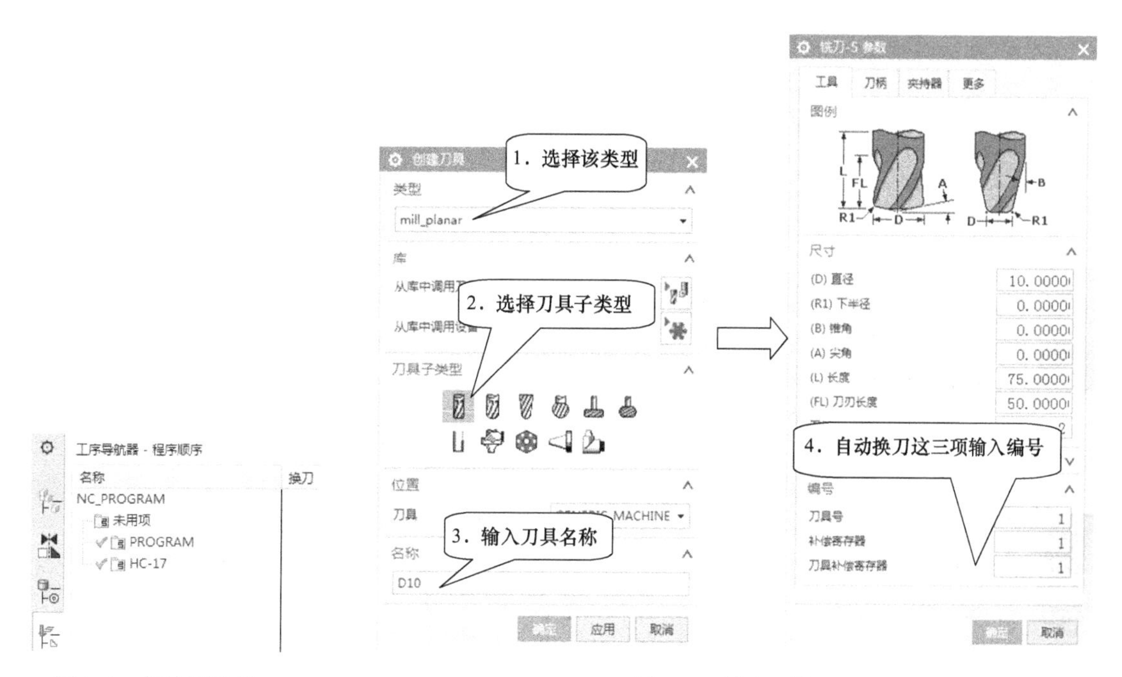

图 5-3 创建程序组　　图 5-4 创建刀具

STEP 04 **设置加工坐标系和几何体**。进入加工模块后，在几何视图中有一个默认的坐标系和几何体，双击“MCS_MILL”，进入“Mill Orient”对话框，“安全距离”设置 30。单击“确定”完成设置。

双击“WORKPIECE”，进入“工件”对话框，如图 5-5 所示设置部件几何体和毛坯几何体。

STEP 05 **加工方法参数设置**。双击“MILL ROUGH”，进入“铣削粗加工”对话框，设置“部件余量”为 0.1500，如图 5-6 所示。单击进给 按钮，设置“进给率”的“切削”为 4000.000，“进刀”为 60.0000%切削，如图 5-7 所示。单击“确定”完成设置。

双击“MILL FINISH”，进入精加工参数设置对话框，设置“部件余量”为 0，“公差”

调整为 0.01。单击进给按钮，设置“进给率”为 2000，“进刀”为 60.0000%切削，单击“确定”完成设置。

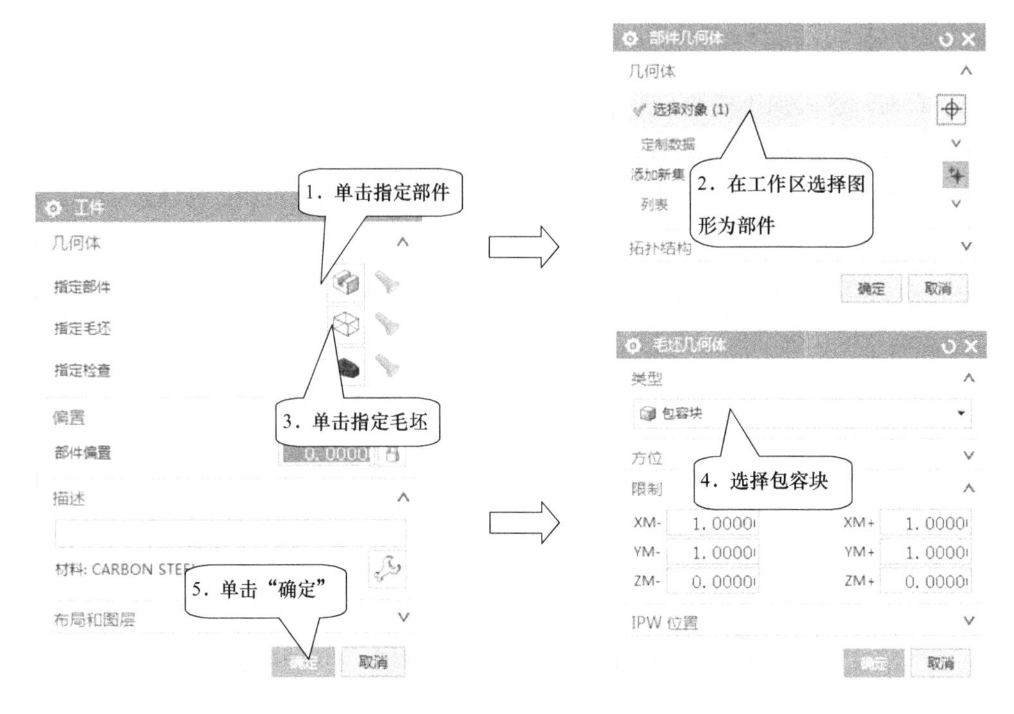

图 5-5 指定部件和毛坯

图 5-6 部件余量设置

图 5-7 进给设置

STEP 06 **创建工序——平面铣**。在功能区单击“主页”→创建工序“ ”按钮，进入“创建工序”对话框，选择“工序子类型”中的平面铣，“位置”项下面选择已创建的各项，如图 5-8 所示。单击“确定”，进入“平面铣”对话框并设置各参数，如图 5-9 所示。

图 5-8 “创建工序”对话框

图 5-9 “平面铣”对话框

STEP 07 指定部件边界。在“平面铣”对话框中单击“指定部件边界”图标，系统打开“部件边界”对话框，选择曲线，“刀具侧”设为“外侧”，如图 5-10 所示。在选择条设置相切曲线，在图形中选择要加工的边界，如图 5-11 所示。单击“确定”返回“平面铣”对话框。

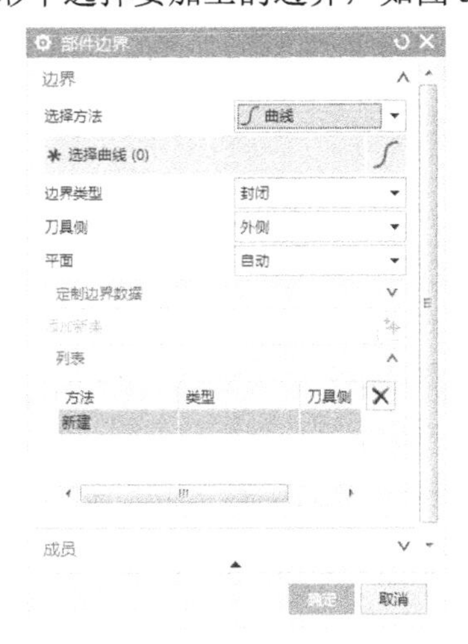

图 5-10 “部件边界”对话框

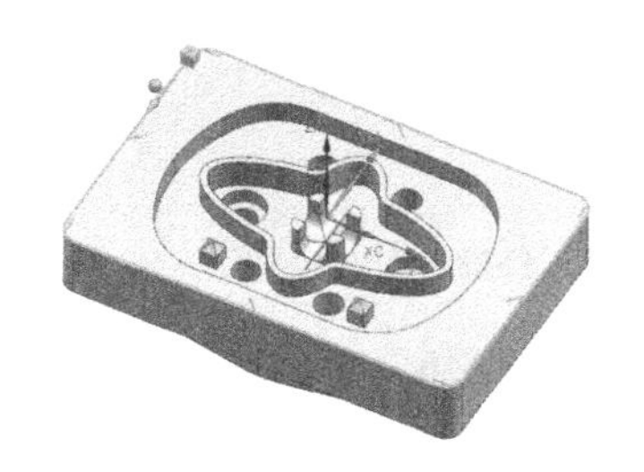

图 5-11 选择边界

STEP 08 指定底面。在“平面铣”对话框中单击“指定底面”图标，系统弹出“平面”对话框，在图形上选择底平面，如图 5-12 所示操作。单击“确定”或单击中键返回操作对话框。

STEP 09 刀轨设置。选择“切削模式”为“轮廓”，如图 5-13 所示。

STEP 10 切削层。单击切削层按钮，进入“切削参数”对话框，设置每刀切削深度为 0.25，单击“确定”返回“平面铣”对话框。

STEP 11 **切削参数**。单击切削参数按钮，进入“切削参数”对话框，在“余量”选项卡设置参数，如图 5-14 所示。

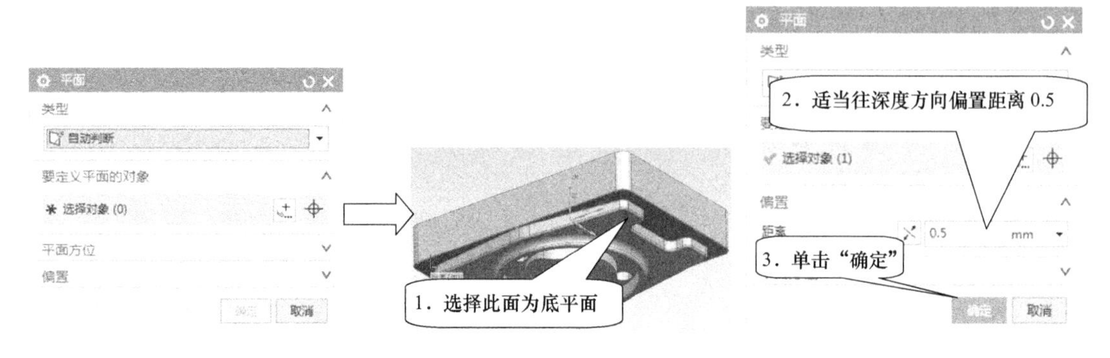

图 5-12　指定底面

图 5-13　刀轨设置

图 5-14　“切削参数”的“余量”对话框

STEP 12 **非切削移动**。非切削移动就是控制进刀、退刀、移刀等参数设置。单击非切削移动按钮，进入“非切削移动”对话框，设置进刀参数，如图 5-15 所示。“退刀”选项卡设置与进刀相同。“转移/快速”选项卡设置如图 5-16 所示。

STEP 13 **进给率和速度**。单击进给率和速度按钮，进入“进给率和速度”对话框，进给率和进刀速度默认了加工方法设置的参数，在这只需要在“主轴速度”输入 10000.00，如图 5-17 所示。

参数设置完成后，单击生成按钮生成刀轨，如图 5-18 所示。

图 5-15 “非切削移动”的“进刀”对话框

图 5-16 “非切削移动”的“转移/快速”对话框

图 5-17 “进给率和速度”对话框

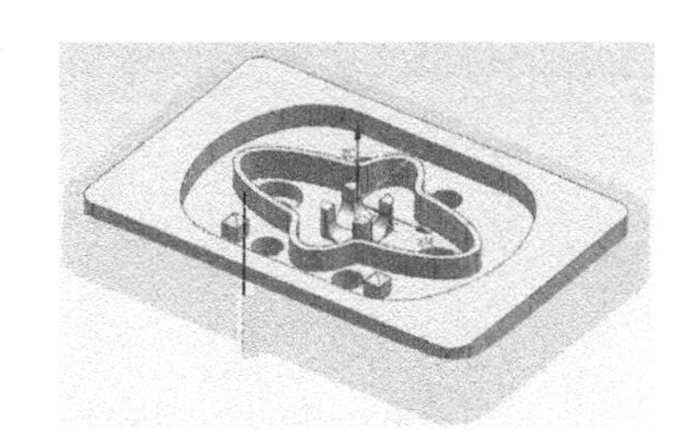

图 5-18 生成刀轨

5.1.2 精加工顶平面

用平面边界或面定义切削区域，精加工顶平面。

STEP 01 创建刀具。在功能区单击“主页”→创建刀具“ ”按钮，创建一把 D10 平底刀，名称为 T2-D10，在刀具参数页面编号中三项都输入 2，创建方法参考 5.1.1 中的操作。

STEP 02 创建工序——使用边界面铣削。在功能区单击“主页”→创建工序“ ”按钮，进入“创建工序”对话框，“工序子类型”选择使用边界面铣削，“位置”项下面选择前面创建的各项，如图 5-19 所示。单击“确定”，进入“面铣”对话框并设置各参数，如图 5-20

所示。

图 5-19 “创建工序”对话框

图 5-20 “面铣”对话框

STEP 03 创指定面边界。单击指定边界按钮，弹出“毛坯边界”对话框，如图 5-21 所示，在工作区中选择要加工的平面，如图 5-22 所示。

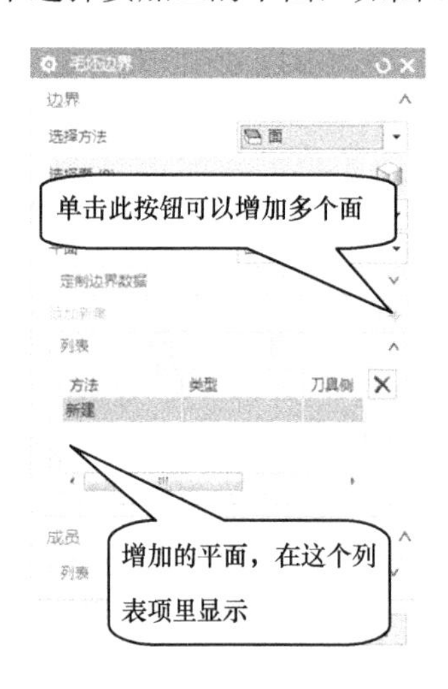

图 5-21 “毛坯边界”对话框

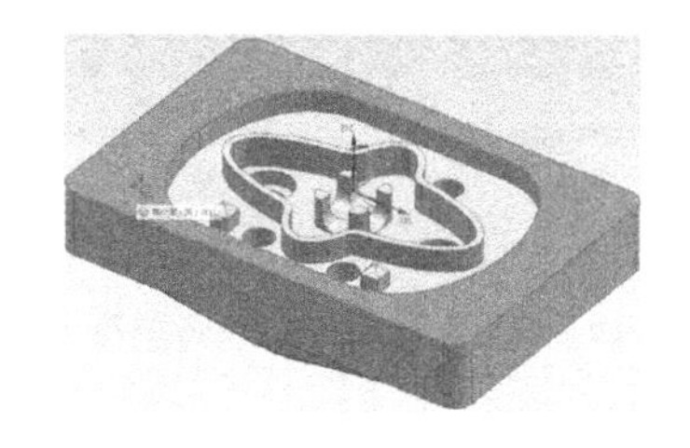

图 5-22 选择顶平面

STEP 04 刀轨设置。使用边界面铣削的刀轨设置，如图 5-23 所示，选择“切削模式”为“往复”，边界面铣削是对平面的加工，可以设置多层加工。

STEP 05 切削参数。单击切削参数按钮，进入“切削参数”对话框，在“策略”选项卡设置参数，如图 5-24 所示。当有侧壁的图形时，设置“壁清理”为“在终点”。指定“刀具延展量”将使刀具在铣削边界上进行延展。

图 5-23　刀轨设置

图 5-24 “切削参数”的“策略”对话框

STEP 06 进给率和速度。单击进给率和速度按钮，进入“进给率和速度”对话框，“主轴速度”输入 12000，“进给率”设置为 800。

参数设置完成后，单击生成按钮生成刀轨，如图 5-25 所示。

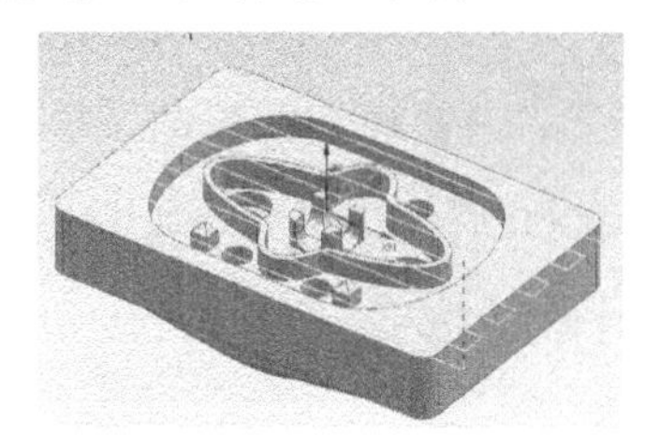

图 5-25　生成刀轨

5.1.3　精加工零件外形

精加工零件外形使用平面铣方法，利用刀侧刃铣分次加工。可以复制第一步平面铣程序来更改参数。刀具继续使用 T2-D10。

STEP 01 复制平面铣更改参数。在程序顺序视图中右击平面铣程序，在弹出的快捷菜单中选择“复制”，如图 5-26 所示。再右击创建好的程序组“PROGRAM_4”，在弹出的快捷菜单中选择“粘贴”，如图 5-27 所示。双击复制后的程序，进入“平面铣”对话框并更改参数。

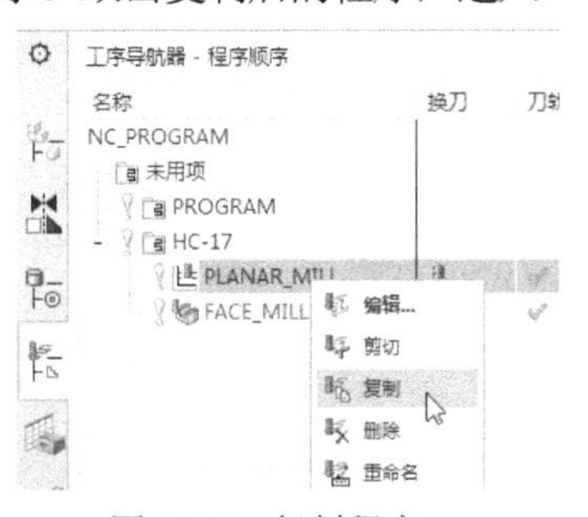

图 5-26　复制程序

图 5-27　粘贴程序

STEP 02 更改刀具。在“平面铣”对话框中，“刀具”选择“T2-D10”，如图 5-28 所示。

STEP 03 更改刀轨设置。更改“方法”为“MILL_FINISH”，并检查切削参数中的余量设置，精加工侧面底面为 0。选择“切削模式”为“轮廓”，“步距”更改为“恒定”，“最大距离”设 0.1000，“附加刀路”设置为 1（粗加工余量为 0.2mm，每一刀的距离是 0.1mm，所以需要再附加 1 个刀路），如图 5-28 所示。

STEP 04 **切削层**。单击切削层按钮，进入“切削层”对话框，设置每刀切削深度为 0 或“类型”选择“仅底面”，如图 5-29 所示。单击“确定”返回“平面铣”对话框。

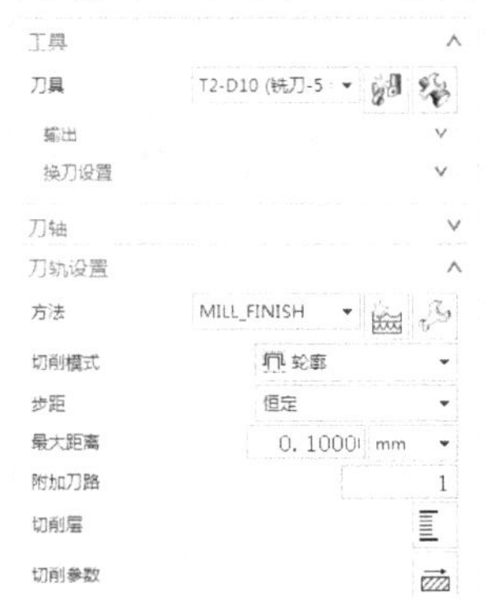

图 5-28　刀轨设置

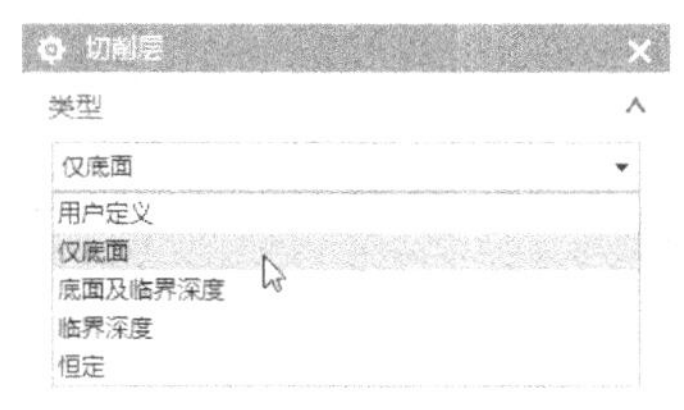

图 5-29　“切削层”对话框

STEP 05 **设置非切削移动**。单击非切削移动按钮，进入“非切削移动”对话框，设置成 180.0000 圆弧进退刀，如图 5-30 所示。退刀设置“与进刀相同”。“转移/快速”选项卡设置如图 5-31 所示。

图 5-30　“非切削移动”的“进刀”对话框

图 5-31　“非切削移动”的“转移/快速”对话框

STEP 06 **进给率和速度**。单击进给率和速度按钮，进入“进给率和速度”对话框，“主轴速度”输入 12000，“进给率”输入 800。

参数设置完成后，单击“生成”按钮生成刀轨，如图 5-32 所示。

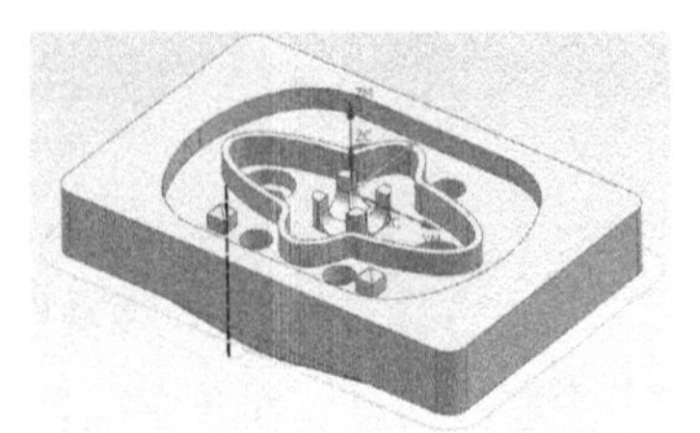

图 5-32　刀轨设置

5.1.4 第一个内凹形状粗加工

STEP 01 **创建刀具**。在功能区单击“主页”→创建刀具“ ”按钮，创建一把 D6 平底刀，名称为 T3-D6，在刀具参数页面编号中三项都输入 3，创建方法参考 5.1.1 中的操作。

STEP 02 **创建工序——平面铣**。在功能区单击“主页”→创建工序“ ”按钮，进入“创建工序”对话框，选择“工序子类型”中的平面铣 ，“位置”项下面选择已创建的各项，如图 5-33 所示。单击“确定”，进入“平面铣”对话框并设置各参数，如图 5-34 所示。

图 5-33 “创建工序”对话框

图 5-34 “平面铣”对话框

STEP 03 **指定部件边界**。在“平面铣”对话框中单击“指定部件边界”图标 ，系统打开“部件边界”对话框，设置“边界”的“选择方法”为“曲线”、“边界类型”为“封闭”、“刀具侧”为“内侧”，如图 5-35 所示。

在选择条中设置相切曲线，在图形中选择要加工的边界，如图 5-36 所示。

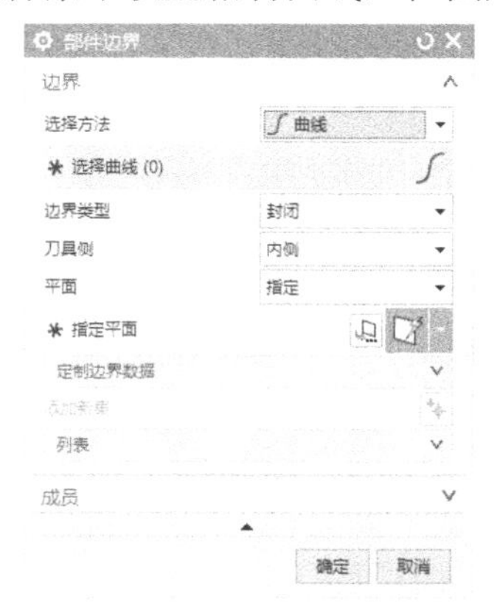

图 5-35 “部件边界”对话框 1

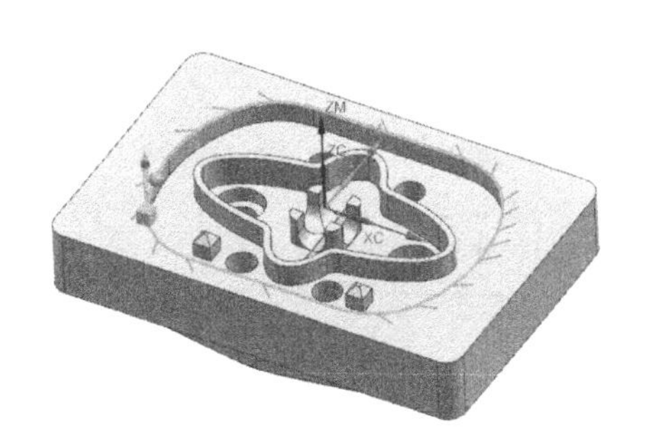

图 5-36 选择边界

在“部件边界”对话框中单击添加新集按钮，并把“刀具侧”设为“外侧”，如图 5-37 所示。在选择条中设置相切曲线，在图形中选择要加工的第二个边界，如图 5-38 所示。

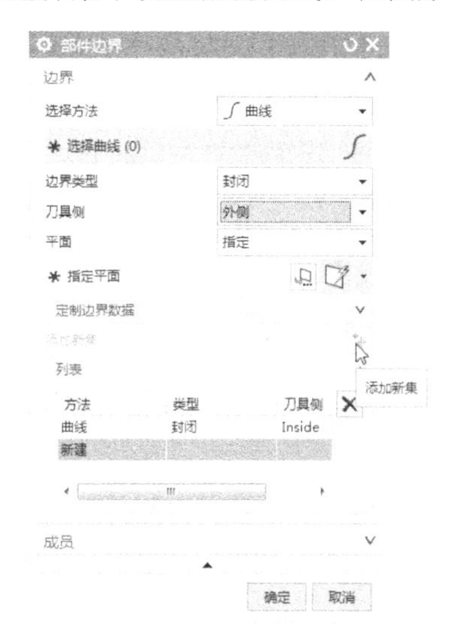

图 5-37 “部件边界”对话框 2

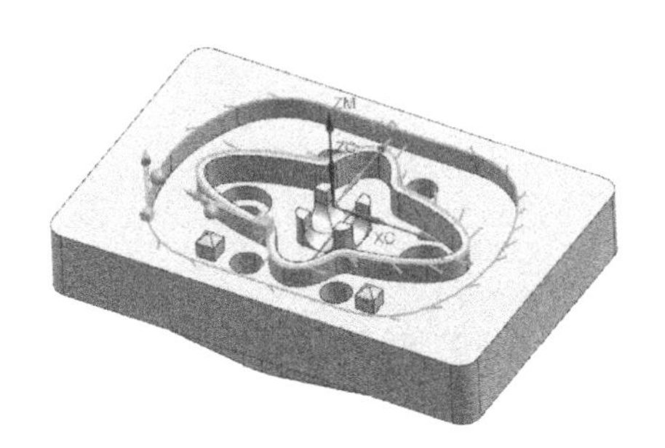

图 5-38 选择第二个边界

继续相同步骤设置第 3 个和第 4 个外形边界。单击添加新集按钮，第 3 个和第 4 个外形边界需要将边界提高到顶平面的深度，在“部件边界”对话框中将“平面”选项切换为“指定”，单击“指定平面”，然后单击图形顶面，接着单击“选择曲线”，在图形中依次选择第 3 个边界的线条；单击添加新集按钮，在图形中依次选择第 4 个边界的线条，如图 5-39 所示。

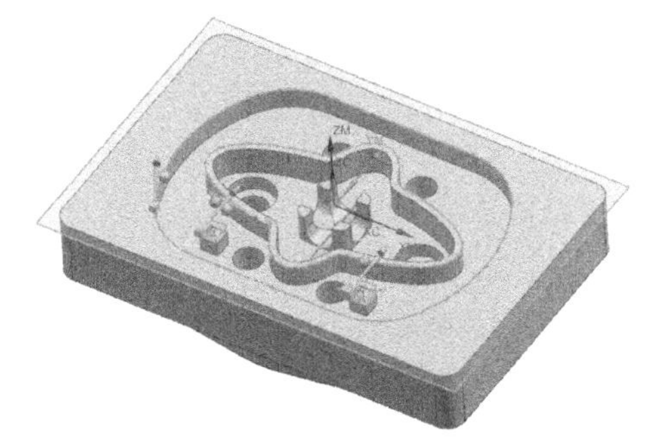

图 5-39 生成边界

单击“确定”返回“平面铣”对话框。

STEP 04 **指定底面**。在“平面铣”对话框中单击“指定底面”图标，系统弹出“平面”对话框，在图形上选择底平面，如图 5-40 所示操作。单击“确定”或单击中键返回“平面铣”对话框。

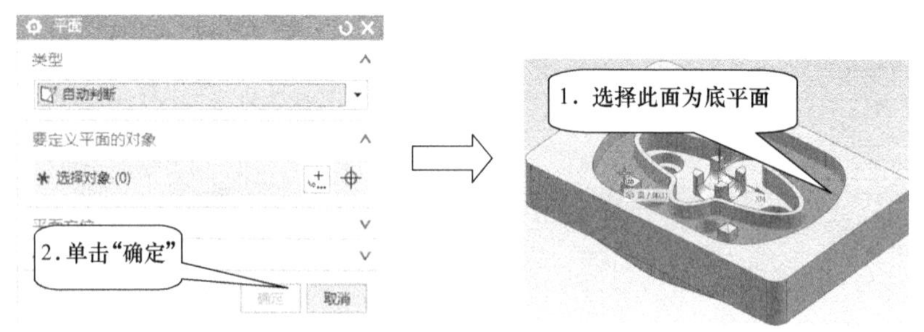

图 5-40 指定底面

STEP 05 **刀轨设置**。选择“切削模式”为“跟随部件”，如图 5-41 所示。

STEP 06 **切削层**。单击切削层按钮，进入切削层参数设置对话框，设置每刀切削深度为 0.25mm，单击“确定”返回“平面铣”对话框。

STEP 07 **切削参数**。单击切削参数按钮，进入“切削参数”对话框，在“余量”选项卡设置参数，如图 5-42 所示。

STEP 08 **非切削移动**。加工部位是内凹槽，使用螺旋式进刀。单击非切削移动按钮，进入“非切削移动”对话框，如图 5-43 所示。“退刀”选项卡设置“退刀类型”为“抬刀”，“高度”为 3.0000，如图 5-44 所示。“转移/快速”选项卡设置如图 5-45 所示。

STEP 09 **进给率和速度**。单击进给率和速度按钮，进入“进给率和速度”对话框，进给率和进刀速度默认了加工方法设置的参数，在这只需要在“主轴速度”输入 10000。

参数设置完成后，单击生成按钮生成刀轨，如图 5-46 所示。

图 5-41　刀轨设置

图 5-42 “切削参数”的“余量”对话框

图 5-43 “非切削移动”的“进刀”对话框

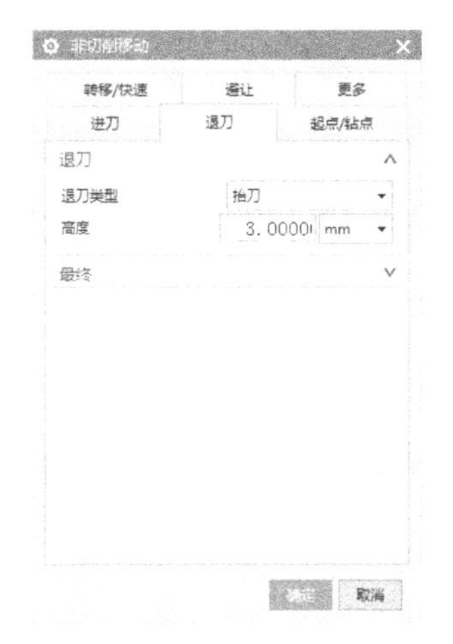

图 5-44 “非切削移动”的“退刀”对话框

图 5-45 “非切削移动”的“转移/快速”对话框

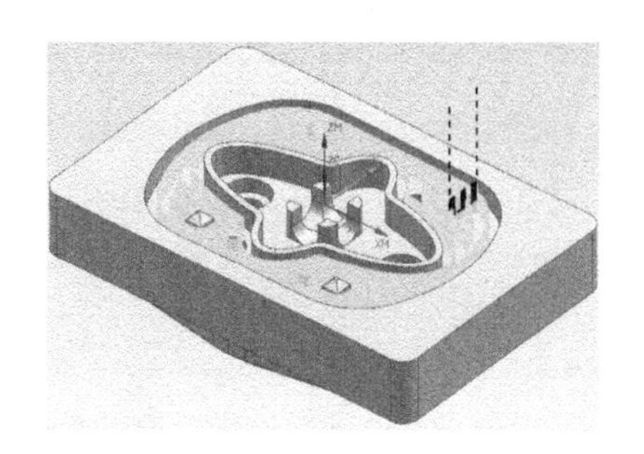

图 5-46　生成刀轨

5.1.5 第二个内凹形状粗加工

用相同加工方法复制上一步操作，这样很多参数可以默认不需更改。

STEP 01 **复制、粘贴程序**。在程序顺序视图中右击上一步程序，在弹出的快捷菜单中选择“复制”，如图 5-47 所示。再右击上一步程序，在弹出的快捷菜单中选择“粘贴”，如图 5-48 所示。双击复制后的程序，进入“平面铣”对话框并更改参数。

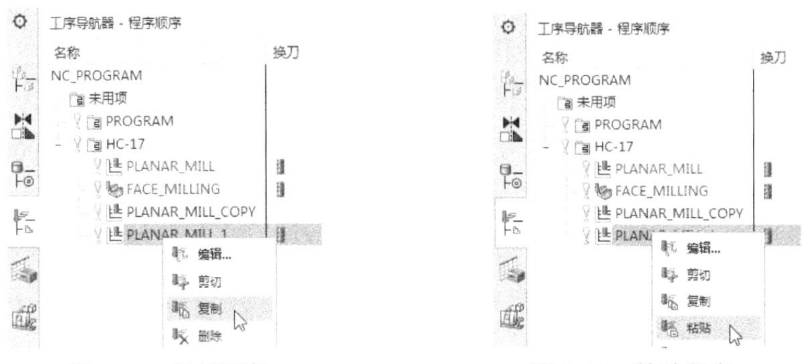

图 5-47 复制程序　　图 5-48 粘贴程序

STEP 02 **更改部件边界**。在“平面铣”对话框中单击“指定部件边界”图标，系统打开“部件边界”对话框，在列表中把上一程序的曲线边界移除，如图 5-49 所示；设置“边界”的“选择方法”为“曲线”、“边界类型”为“封闭”、“刀具侧”为“内侧”，如图 5-50 所示。

在选择条中设置相切曲线，在图形中选择图 5-51 所示边界。

在“部件边界”对话框中单击添加新集按钮，并把“刀具侧”设为“外侧”，如图 5-52 所示。在选择条中设置单条曲线，在图形中依次选择要加工的第二个边界，先选择顶部圆弧，再依次选择直线、圆弧、直线、圆弧、直线、圆弧、直线，如图 5-53 所示，生成边界如图 5-54 所示。

单击“确定”返回“平面铣”对话框。

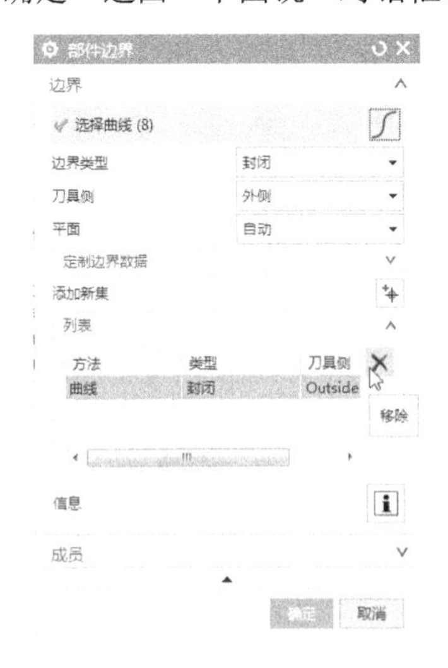

图 5-49 移除部件边界

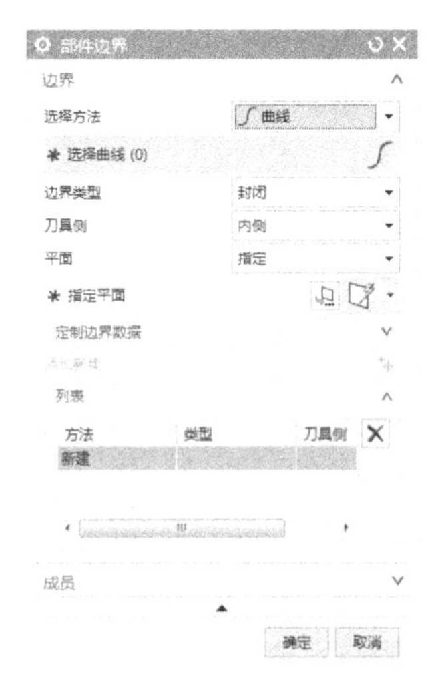

图 5-50 “部件边界”对话框 1

图 5-51　选择部件边界

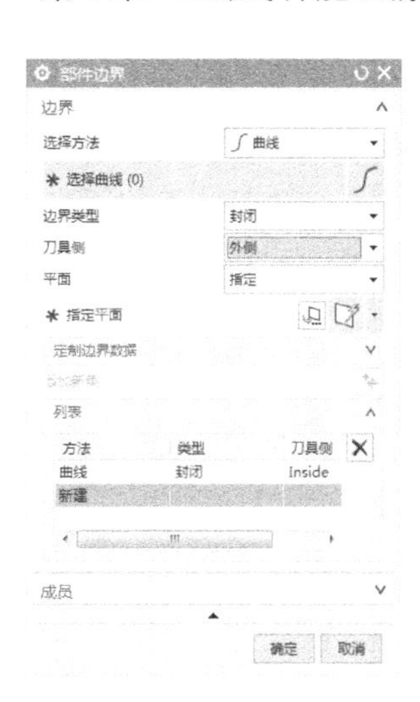

图 5-52　“部件边界”对话框 2

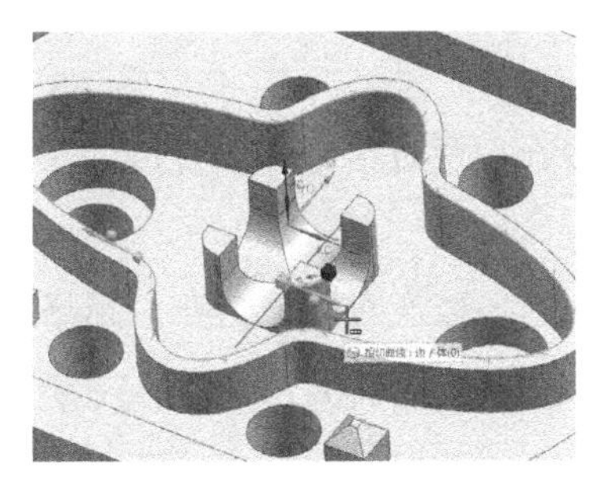

图 5-53　依次选择边界线

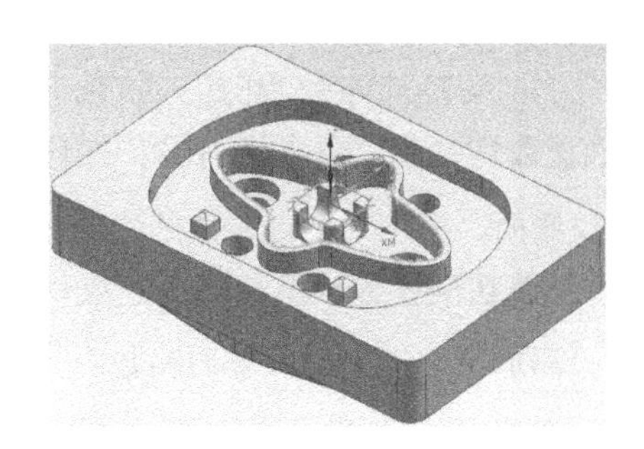

图 5-54　生成边界

STEP 03 更改指定底面。在“平面铣”对话框中单击“指定底面”图标，系统弹出“平面”对话框，在图形上选择底平面，如图 5-55 所示操作。单击“确定”或单击中键返回“平面铣”对话框。

其余参数相同，不需要更改，单击生成按钮生成刀轨，如图 5-56 所示。

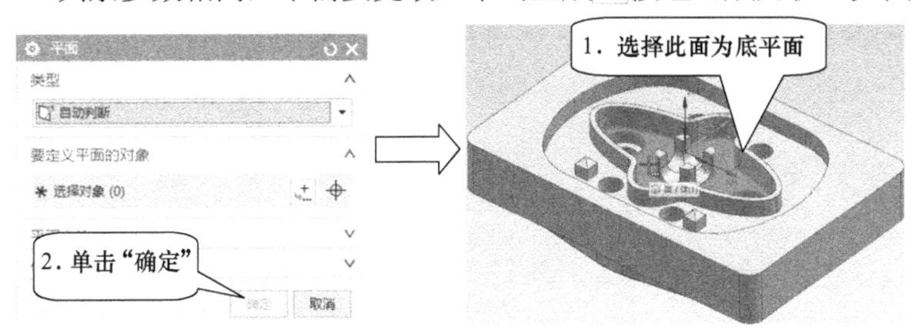

图 5-55　指定底面

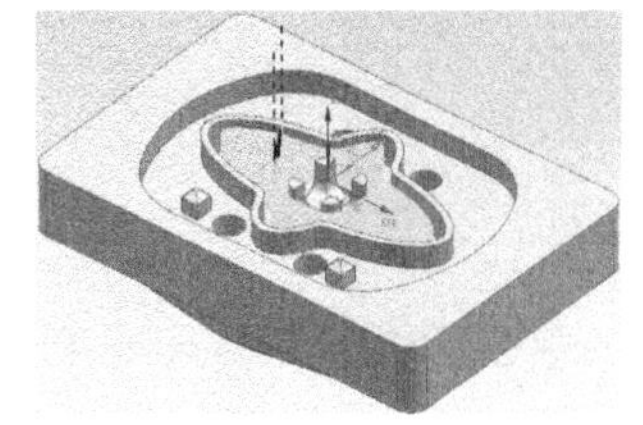

图 5-56　生成刀轨

5.1.6　第一个内凹形状精加工

用相同加工方法复制上一步操作，这样很多参数可以默认不需更改。

STEP 01 创建刀具。在功能区单击“主页”→创建刀具“ ”按钮，创建一把 D6 平底刀，名称为 T4-D6，在刀具参数页面编号中三项都输入 4，创建方法参考 5.1.1 平面铣中的操作。

STEP 02 **复制、粘贴程序**。在程序顺序视图中右击加工第一个凹槽程序，在弹出的快捷菜单中选择“复制”，如图 5-57 所示。再右击上一步程序，在弹出的快捷菜单中选择“粘贴”，如图 5-58 所示。双击复制后的程序，进入“平面铣”对话框并更改参数。

图 5-57　复制程序

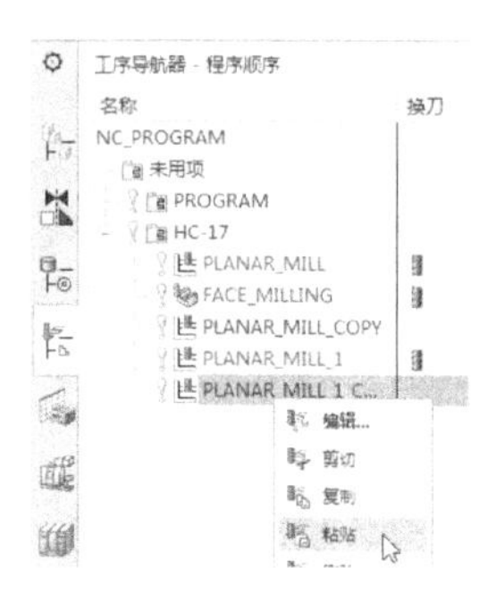

图 5-58　粘贴程序

STEP 03 **更改刀轨设置**。“刀具”选择“T4-D6”，“方法”选择“MILL_FINISH”，选择“切削模式”为“跟随部件”，如图 5-59 所示。

STEP 04 **更改切削层**。单击切削层按钮，进入切削层参数设置对话框，设置每刀切削深度为 0 或仅底面，单击“确定”返回“平面铣”对话框。

STEP 05 **更改切削参数**。单击切削参数按钮，进入“切削参数”对话框，在“策略”选项卡勾选“添加清加工刀路”，“刀路数”为 2，“精加工步距”为 0.1000，如图 5-60 所示。在“余量”选项卡，“部件余量”和“底面余量”都清 0。

STEP 06 **更改非切削移动**。加工部位是内凹槽，使用螺旋式进刀。单击非切削移动按钮，进入“非切削移动”对话框，把“高度起点”更改为“当前层”，如图 5-61 所示。

STEP 07 **更改进给率和速度**。单击进给率和速度按钮，进入“进给率和速度”对话框，“主轴速度”输入 12000，“进给率”设置 800。

其余参数相同，不需要更改，单击生成按钮生成刀轨，如图 5-62 所示。

图 5-59　刀轨设置

图 5-60　“切削参数”的“策略”对话框

图 5-61 “非切削移动”的“进刀”对话框

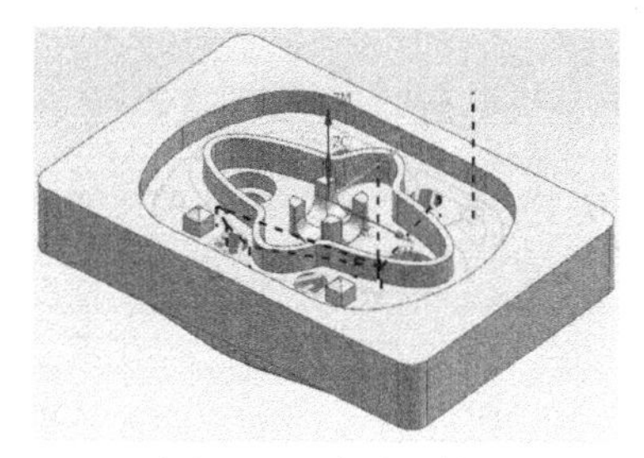

图 5-62　生成刀轨

5.1.7　第二个内凹形状精加工

用相同加工方法复制上一步操作，这样很多参数可以默认不需更改！

STEP 01 **复制、粘贴程序**。在程序顺序视图中右击加工第二个凹槽程序，在弹出的快捷菜单中选择“复制”，如图 5-63 所示。再右击上一步程序，在弹出的快捷菜单中选择“粘贴”，如图 5-64 所示。双击复制后的程序，进入“平面铣”对话框并更改参数。

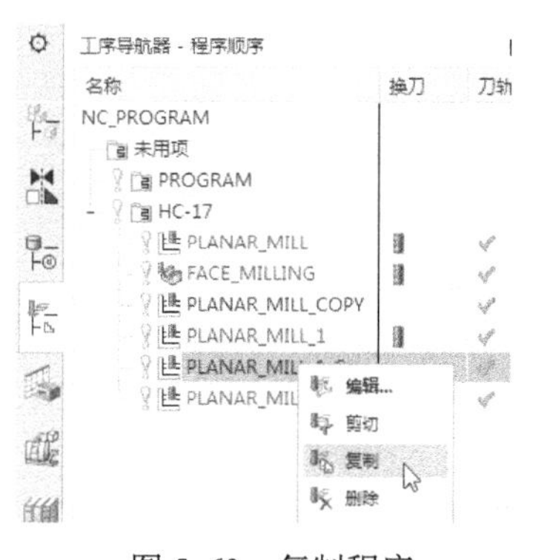

图 5-63　复制程序

图 5-64　粘贴程序

STEP 02 **更改刀轨设置**。“刀具”选择“T4-D6”，“方法”选择“MILL_FINISH”，选择“切削模式”为“跟随部件”，如图 5-65 所示。

STEP 03 **更改切削层**。单击切削层按钮，进入切削层参数设置对话框，设置每刀切削深度为 0 或仅底面，单击“确定”返回“平面铣”对话框。

STEP 04 **更改切削参数**。单击切削参数按钮，进入“切削参数”对话框，在“策略”选项卡勾选“添加清加工刀路”，“刀路数”为 2，“精加工步距”为 0.1000，如图 5-66 所示，在“余量”选项卡，“部件余量”和“底面余量”都清 0。

图 5-65　刀轨设置

图 5-66　“切削参数”的“策略”对话框

STEP 05 **更改非切削移动**。加工部位是内凹槽，使用螺旋式进刀。单击非切削移动按钮，进入“非切削移动”对话框，把“高度起点”更改为“当前层”，如图 5-67 所示。

STEP 06 **更改进给率和速度**。单击进给率和速度按钮，进入“进给率和速度”对话框，“主轴速度”输入 12000，“进给率”设置 800。

其余参数相同，不需要更改，单击生成按钮生成刀轨，如图 5-68 所示。

图 5-67　“非切削移动”的“进刀”对话框

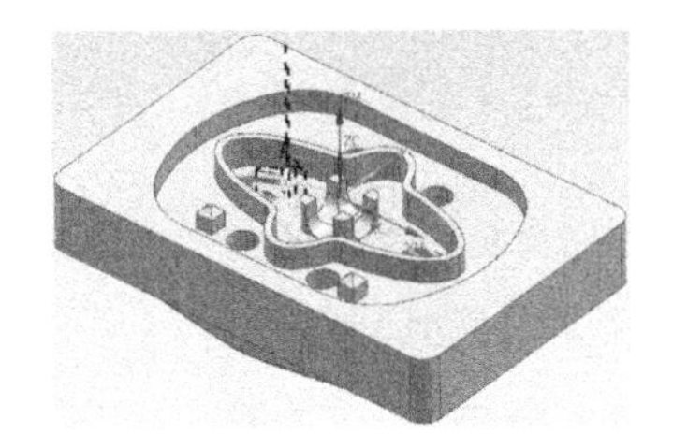

图 5-68　生成刀轨

5.1.8　两个 *R*4mm 圆弧内凹位精加工

两个 *R*4mm 圆弧内凹位可以使用平面轮廓铣方法直接精加工。

STEP 01 **创建刀具**。在功能区单击“主页”→创建刀具“ ”按钮，创建一把 D8R4 球刀，名称为 T5-D8R4，在“刀具参数”对话框编号中三项都输入 5，创建方法参考 5.1.1 平面铣中的操作。

STEP 02 **创建边界线**。在功能区单击“曲线”→曲线长度“ ”按钮，弹出“曲线长度”对话框，如图 5-69 所示。在图形中选择 *R*4mm 圆弧底部线拉长，两头各超出边缘 4mm，如图 5-70 所示。在“曲线长度”对话框中单击“确定”，图形中生成一条曲线。

图 5-69　“曲线长度”对话框

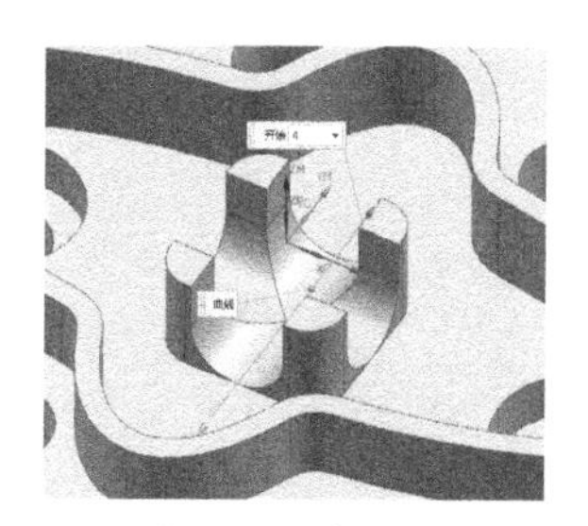

图 5-70　生成刀轨

STEP 03 创建工序。在功能区单击“主页”→创建工序“ ”按钮，进入“创建工序”对话框，选择“工序子类型”中的平面轮廓铣 ，“位置”项下面选择前面创建的各项，如图 5-71 所示。单击“确定”，进入“平面铣”对话框并设置各参数，如图 5-72 所示。

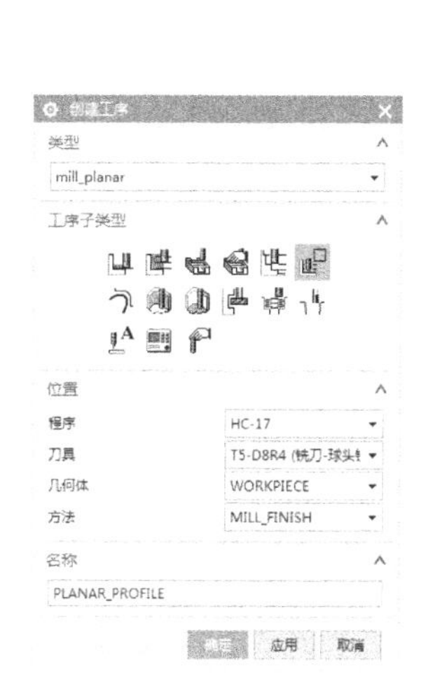

图 5-71　“创建工序”对话框

图 5-72　“平面铣”对话框

STEP 04 指定部件边界。在“平面铣”对话框中单击“指定部件边界”图标 ，系统打开“边界几何体”对话框，“模式”选择 “曲线/边”，如图 5-73 所示，切换到“创建边界”对话框，“平面”选择“用户定义”，弹出“平面”对话框，点选顶面，单击“确定”返回“创建边界”对话框，“类型”下拉选择“开放”，如图 5-74 所，在工作区选择图形中的线条，如图 5-75 所示。单击“确定”回到“平面铣”对话框。

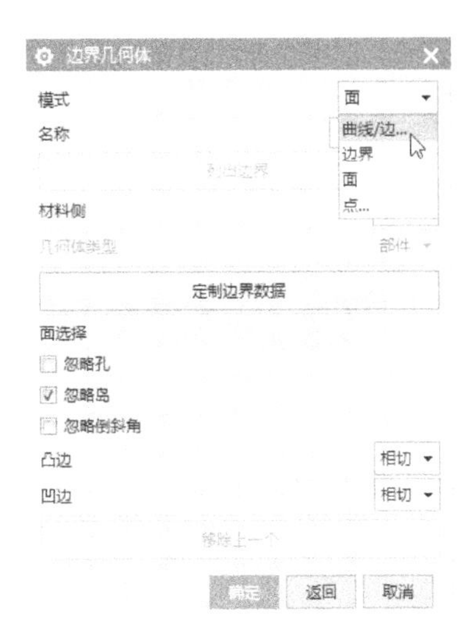

图 5-73 “边界几何体”对话框

图 5-74 “创建边界”对话框

再次单击“指定部件边界”图标，进入“编辑边界”对话框，单击“编辑”，弹出“编辑成员”对话框，设置“刀具位置”为“对中”，如图 5-76 所示。

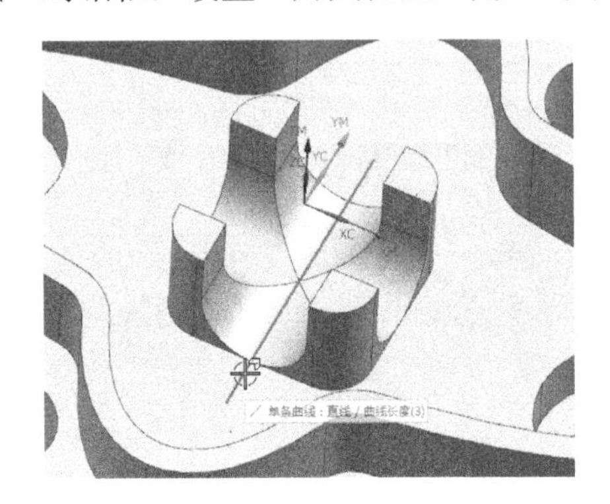

图 5-75 选择线条作为部件边界

图 5-76 “编辑成员”对话框

STEP 05 **指定底面**。在“平面铣”对话框中单击“指定底面”图标，系统弹出“平面”对话框，在图形上选择底平面，如图 5-77 所示。单击“确定”或单击中键返回操作对话框。

STEP 06 **刀轨设置**。设置“切削进给”为 2000.000，“切削深度”设置为“恒定”，“公共”下刀量为 0.1000，如图 5-78 所示。

STEP 07 **切削参数**。单击切削参数按钮，进入“切削参数”对话框，在“策略”选项卡设置参数，如图 5-79 所示。

STEP 08 **非切削移动**。非切削移动就是控制进刀、退刀、移刀等参数设置。单击非切削移动按钮，进入“非切削移动”对话框。

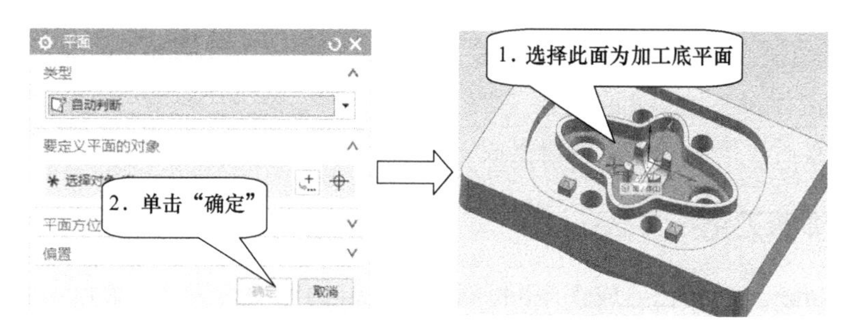

图 5-77　指定底面

图 5-78　刀轨设置

图 5-79　“切削参数”的“策略”对话框

边界线已经延长 4mm，所以“进刀类型”设置为“插削”，“高度”为 0.0000，如图 5-80 所示。

退刀：设置与进刀相同。

转移/快速：设置“区域内”的“转移类型”为“直接/上一个备用平面”，如图 5-81 所示。

图 5-80　“非切削移动”的“进刀”对话框

图 5-81　“非切削移动”的“转移/快速”对话框

STEP 09 **进给率和速度**。单击进给率和速度按钮，进入“进给率和速度”对话框，“主轴速度”输入 12000，“进给率”2000。

设置完参数后，单击生成按钮生成刀轨，如图 5-82 所示。

5.1.9 变换旋转刀路

第一个 *R*4mm 内凹槽已生成程序，每两个 *R*4mm 内凹槽跟第一个 *R*4mm 内凹槽成 90°，所以只需对程序变换旋转 90° 生成。

在程序顺序视图右击第一个 *R*4mm 内凹槽程序，选择“对象”－“变换”，如图 5-83 所示。弹出“变换”对话框，设置如图 5-84 所示。单击“确定”产生旋转 90° 复制后的程序，如图 5-85 所示。

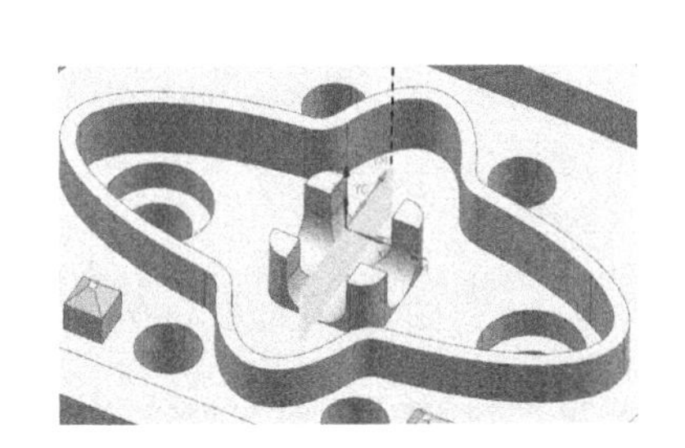

图 5-82 生成刀轨

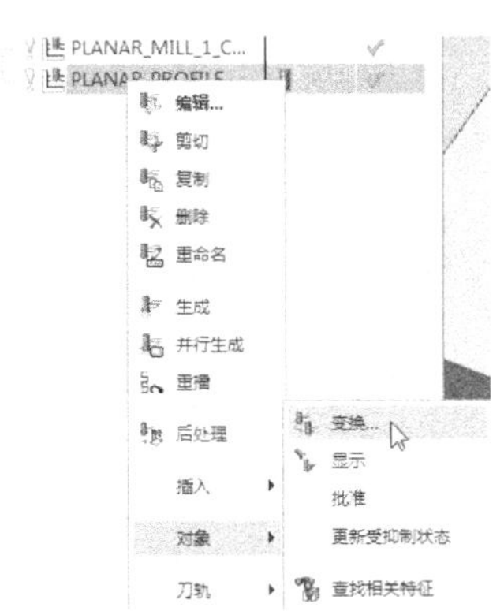

图 5-83 右击“程序”，选择“对象”－“变换”

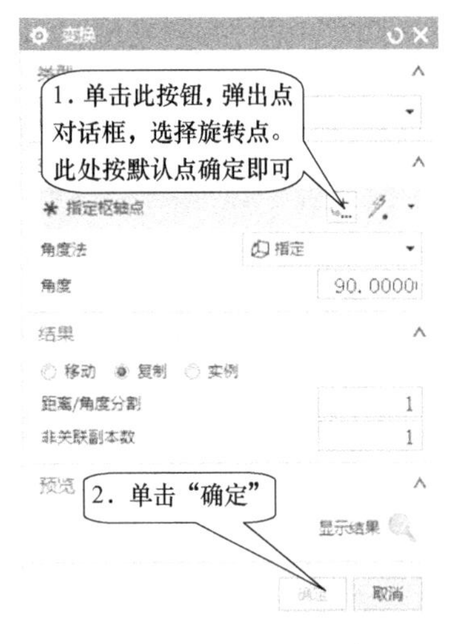

图 5-84 “变换”对话框

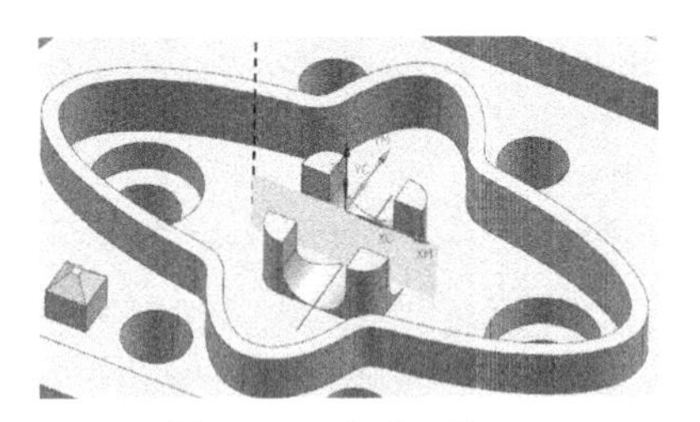

图 5-85 生成刀轨

5.1.10 倒角加工

通过分析，两个小凸台倒角是 2mm，所以创建一把 D10 倒角刀进行倒角加工。

STEP 01 **创建刀具**。在功能区单击“主页”→创建刀具“”按钮，创建一把 D10 倒角刀，名称为T6-D10D，在刀具参数页面编号中两项都输入6，如图5-86所示。

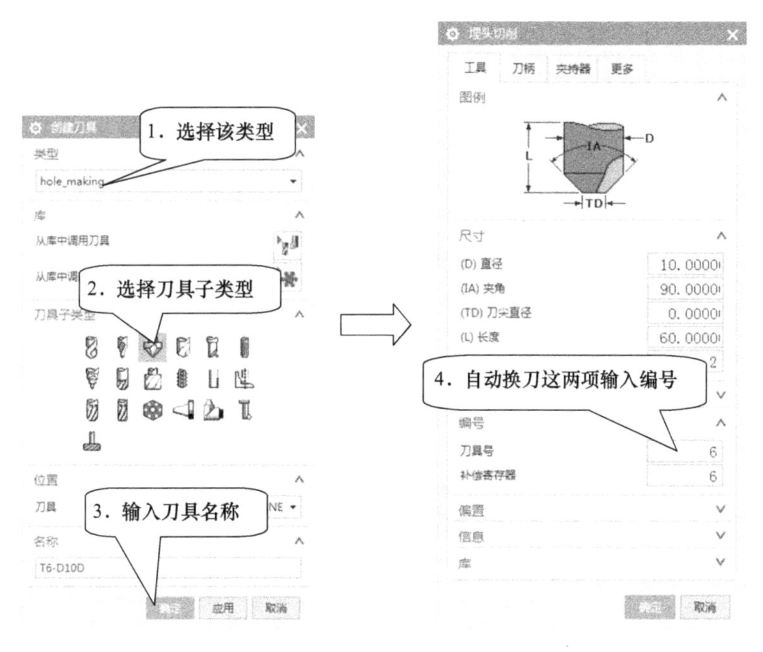

图5-86　创建刀具

STEP 02 复制平面铣更改参数。倒角精加工使用平面铣方法，利用刀侧刃铣分次加工。跟第三步精加工外形类似，所以复制第三步平面铣程序进行更改参数。

在程序顺序视图中右击平面铣程序，在弹出的快捷菜单中选择“复制”，如图5-87所示。再右击最后一步程序，在弹出的快捷菜单中选择“粘贴”，如图5-88所示。双击复制后的程序，进入“平面铣”对话框并更改参数。

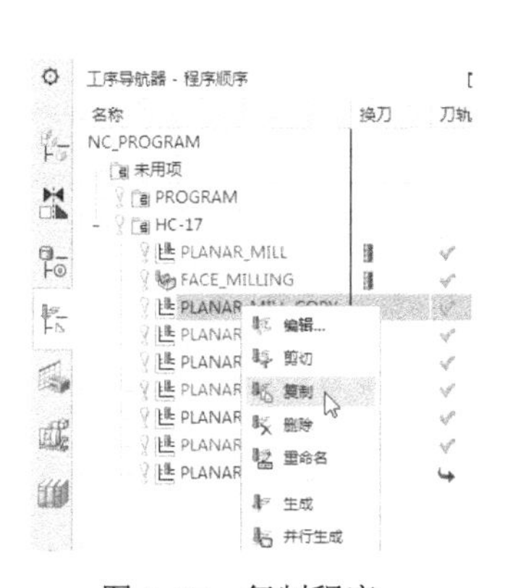

图5-87　复制程序

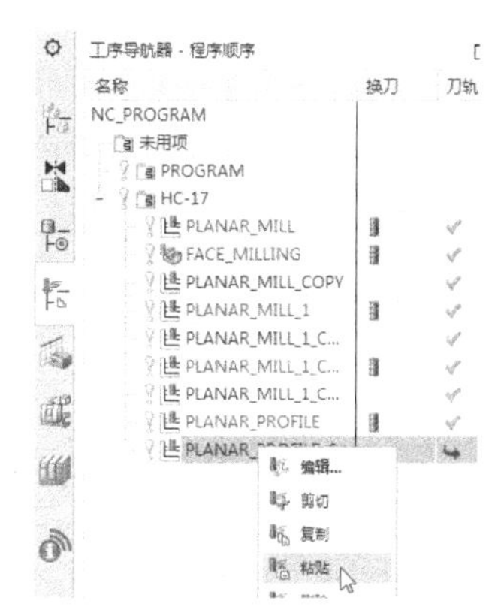

图5-88　粘贴程序

STEP 03 更改部件边界。在“平面铣”对话框中单击“指定部件边界”图标，系统打开“编辑边界”对话框，如图5-89所示，选择“全部重选”，弹出“全部重选”对话框，单击“确定”，返回“边界几何体”对话框，如图5-90所示。选择2个倒角顶面，产生2个外形边界，如图 5-91 所示。单击“确定”返回“平面铣”对话框。

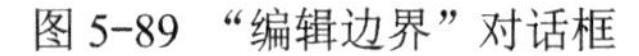

图 5-89 “编辑边界”对话框　　　　图 5-90 “边界几何体”对话框

STEP 04 更改指定底面。在“平面铣”对话框中单击“指定底面”图标，系统弹出“平面”对话框，如图 5-92 所示。将“类型”更改为“自动判断”，在图形上选择倒角顶面，如图 5-93 所示操作。单击“确定”或单击中键返回“平面铣”对话框。

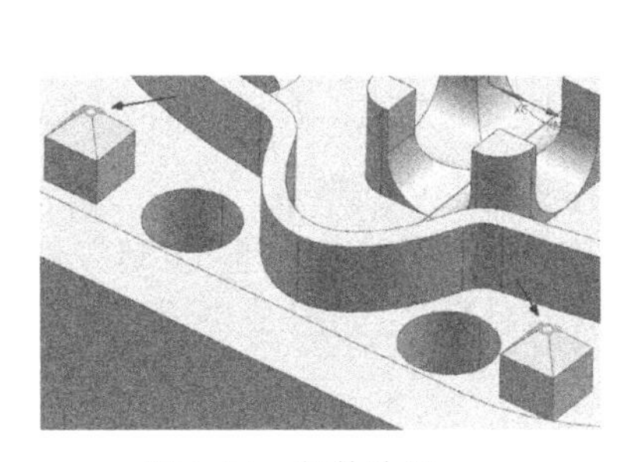

图 5-91 部件边界

图 5-92 “平面”对话框

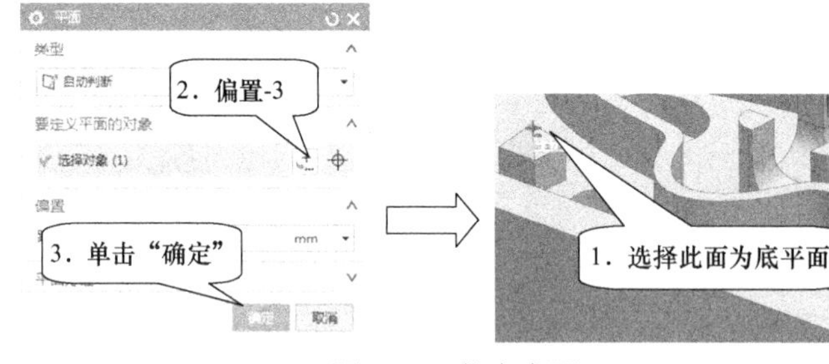

图 5-93 指定底面

STEP 05 更改刀具。在“平面铣”对话框的“刀具”下拉菜单中选择 T6-D10D 倒角刀，如图 5-94 所示。

STEP 06 更改刀轨设置。选择“切削模式”为“轮廓”，“步距”更改为“恒定”，“最大距离”设 0.4000mm，“附加刀路”设为 3，如图 5-94 所示。

STEP 07 更改切削参数。单击切削参数按钮，进入“切削参数”对话框，在“拐角”页面设置参数，如图 5-95 所示。

图 5-94　刀轨设置

图 5-95　“切削参数”的“拐角”对话框

STEP 08 更改非切削移动。单击非切削移动按钮，进入“非切削移动”对话框，设置成 90° 圆弧进退刀，如图 5-96 所示。退刀设置与进刀相同。“转移/快速”设置如图 5-97 所示。

图 5-96　“非切削移动”的“进刀”对话框

图 5-97　“非切削移动”的“转移/快速”对话框

设置完参数后，单击生成按钮生成刀轨，如图 5-98 所示。

STEP 09 刀具路径仿真。选中需要仿真的刀具路径，在功能区单击“主页”→确认刀轨“ ”按钮，进入“刀轨可视化”对话框，选择 3D 动态仿真，仿真效果如图 5-99 所示。

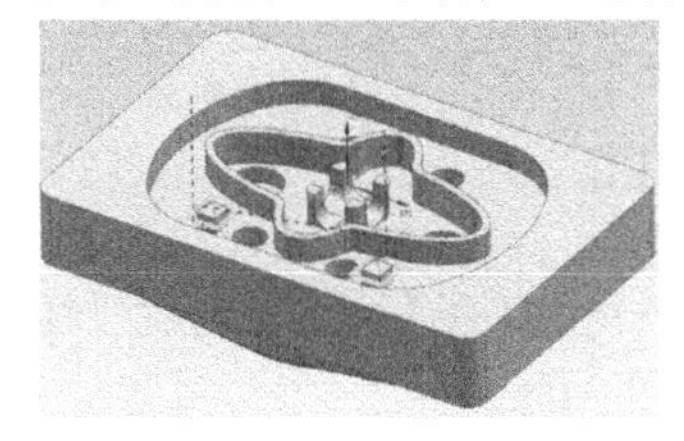

图 5-98　生成刀轨

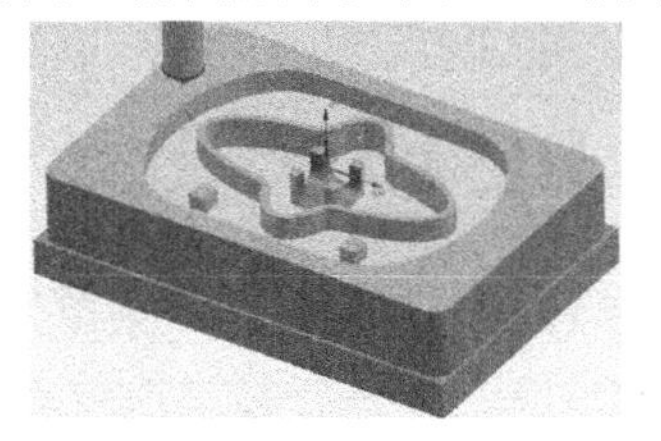

图 5-99　刀具路径仿真

5.1.11 NC 后处理

在工序导航器中右击程序组（图 5-100），或在功能区单击“主页”→后处理“ ”按钮执行后处理，弹出“后处理”对话框，如图 5-101 所示。选择跟机床相匹配的自动换刀后处理器，文件名为 HC-17。

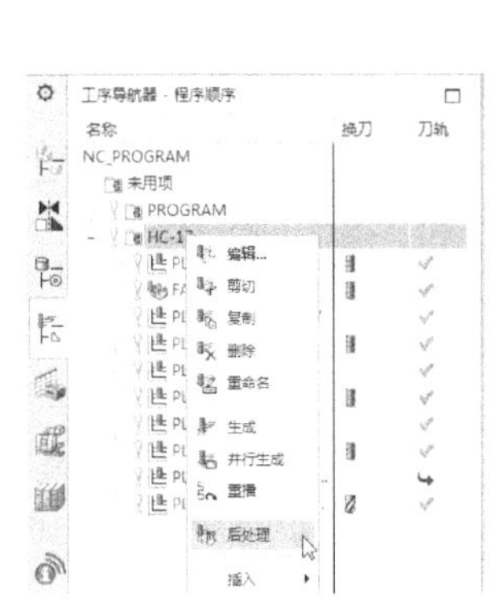

图 5-100 右击执行后处理

图 5-101 “后处理”对话框

完成各项设定后，单击“确定”按钮，系统进行后处理运算，生成程序指定路径的文件名的程序文件。图 5-102 所示为后处理后的 HC-17 程序。

单击“文件”→“保存”→“另存为”，保存图档为 HC-17A。

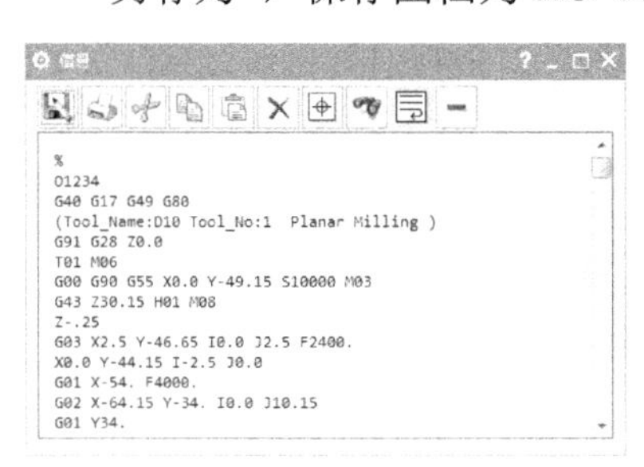

```
%
O1234
G40 G17 G49 G80
(Tool_Name:D10 Tool_No:1  Planar Milling )
G91 G28 Z0.0
T01 M06
G00 G90 G55 X0.0 Y-49.15 S10000 M03
G43 Z30.15 H01 M08
Z-.25
G03 X2.5 Y-46.65 I0.0 J2.5 F2400.
X0.0 Y-44.15 I-2.5 J0.0
G01 X-54. F4000.
G02 X-64.15 Y-34. I0.0 J10.15
G01 Y34.
```

图 5-102 后处理后的程序文件

5.1.12 工程师经验点评

本例题通过一个综合练习来复习前面讲解的平面铣操作的典型应用知识。重点是平面铣方法，设置不同的参数得到不同的加工效果，内凹槽整体粗加工，外形轮廓粗加工，利用刀侧刃铣多刀路切削加快效率，底面跟侧面一起精加工，单线加工方法，倒角加工等。

5.2 零件 HC-17 第二次装夹加工正面

在 UG NX 12.0 主界面单击“菜单”→“文件”→“打开”，打开光盘“HC-Examples”文件夹中的 HC-17 文件进行第二次装夹加工，如图 5-103 所示。

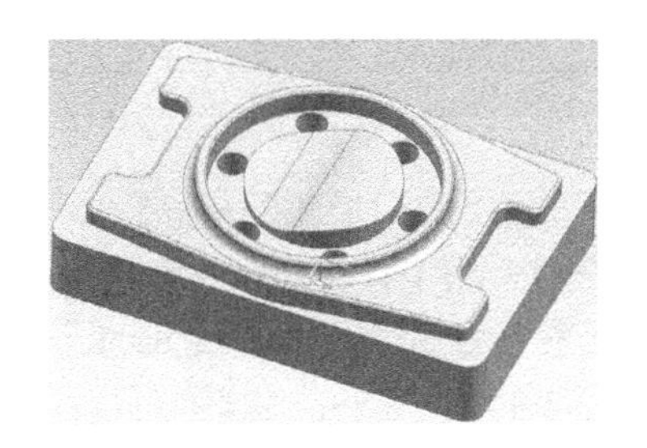

图 5-103　零件图 HC-17 正面

1. 加工任务概述

零件加工，毛坯为立方块，材料为铝，机床选择带刀库的精雕机进行整体外形加工，全部尺寸的公差为±0.05mm。分两次装夹加工，上一节已加工好零件底面，这一节讲解第二次装夹加工。

2. 工艺方案

加工零件正面，使用虎钳装夹，利用第一次加工好的外形进行装夹，装夹位置高度 18mm 以内。

材料为铝，刀具选择白钢刀或铝专用刀。

1）型腔铣整体粗加工，使用 D10 平底刀，余量为 0.15mm，下刀量为 0. 25mm。

2）拐角粗加工进行清除残料，使用 D6 平底刀，余量为 0.15mm，下刀量为 0. 2mm。

3）使用边界面铣削精加工平面和侧面，使用 D6 平底刀，部件余量为 0. 0，底平面余量为 0。

4）区域轮廓铣精加工中间圆弧面，使用 D4R2 球刀，部件余量为 0。

5）区域轮廓铣精加工外形圆弧面，使用 D4R2 球刀，部件余量为 0。

6）区域轮廓铣精加工环形圆弧面，使用 D4R2 球刀，部件余量为 0。

3. 旋转图形

选择“菜单”→“编辑”→“移动对象”命令，如图 5-104 所示。或按快捷键 CTRL+T 弹出“移动对象”对话框，如图 5-105 所示操作。图形已旋转，四边分中底对刀碰数为 0。

图 5-104　移动对象命令

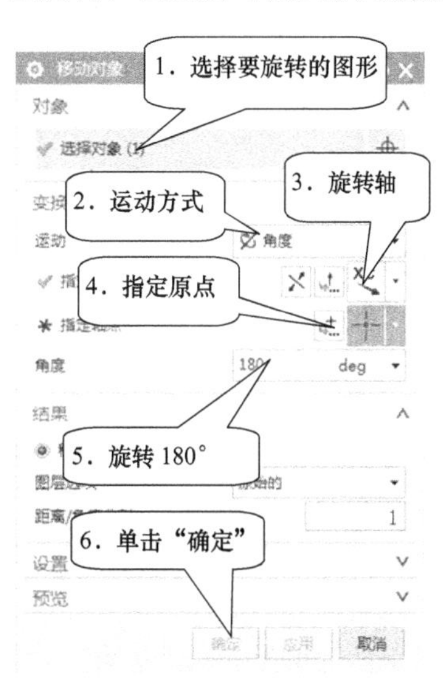

图 5-105　“移动对象”对话框

5.2.1 型腔铣整体粗加工

STEP 01 **进入加工模块**。在功能区单击“应用模块”→加工“ ”按钮或按快捷键 CTRL+ALT+M，进入加工模块。系统弹出“加工环境”对话框，“CAM 会话配置”设置为“cam_general”，“要创建的 CAM 组装”设置为“mill_contour”（轮廓铣）。

STEP 02 **创建程序组**。在功能区单击“主页”→创建程序“ ”按钮，创建出 1 个程序组，如图 5-106 所示。

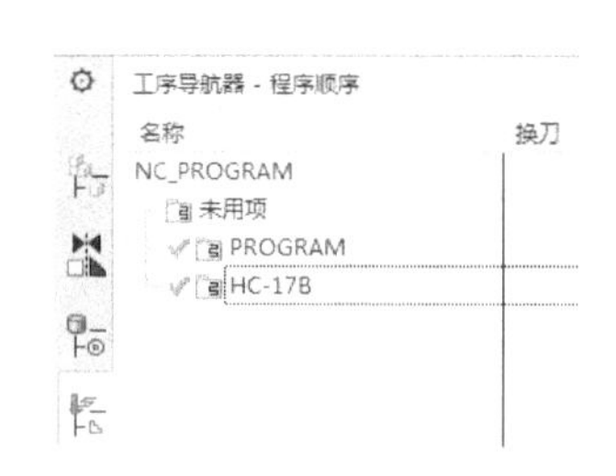

图 5-106　创建程序组

STEP 03 **创建刀具**。在功能区单击“主页”→创建刀具“ ”按钮，创建一把 D10 平底刀，如图 5-107 所示操作，可以继续创建剩下的刀具。

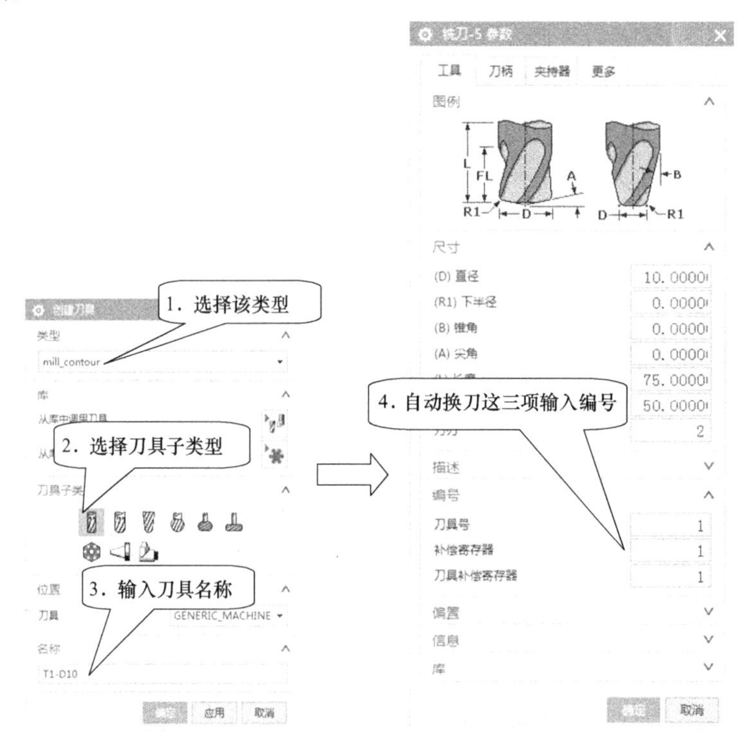

图 5-107　创建刀具

STEP 04 **设置加工坐标系和几何体**。进入加工模块后，在几何视图中有一个默认的坐标系和几何体，双击“MCS_MILL”进入“Mill Orient”对话框，“安全距离”设置为 30。单击“确定”完成设置。

双击“WORKPIECE”，进入“工件”对话框，如图 5-108 所示设置部件几何体和毛坯几何体。

STEP 05 **加工方法参数设置**。双击“MILL ROUGH”，进入“铣削粗加工”对话框，设置“部件余量”为 0.1200，如图 5-109 所示。单击进给 按钮，设置“进给率”的“切削”为 4000.0000，“进刀”为 60.0000%切削，如图 5-110 所示。单击“确定”完成设置。

双击“MILL FINISH”，进入精加工参数设置对话框，设置“部件余量”为 0，“公差”调整为 0.01。单击进给按钮，设置“进给率”的“切削”为 2000.000，“进刀”为 60.000%切削，单击“确定”完成设置。

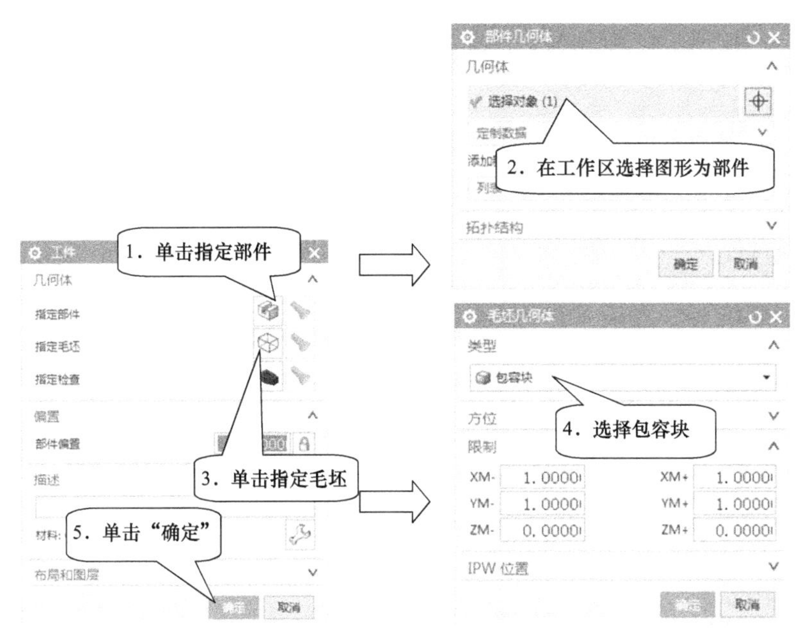

图 5-108　设置部件和毛坯

图 5-109　“铣削粗加工”对话框

图 5-110　“进给”对话框

STEP 06 创建工序——型腔铣。在功能区单击“主页”→创建工序“ ”按钮，进入“创建工序”对话框，选择“工序子类型”中的型腔铣，“位置”项下面选择已创建的各项，如图 5-111 所示。单击“确定”，进入“型腔铣”对话框并设置各参数。

STEP 07 刀轨设置。选择“切削模式”为跟随周边，“平面直径百分比”为 65.0000%，公共每刀切削深度为 0.2500mm，如图 5-112 所示。

STEP 08 指定切削层。单击切削层按钮，进入“切削层”对话框，将列表项拉到最后，选中最后一个深度，在图形中选择 A 平面作为最低深度，如图 5-113 所示操作。

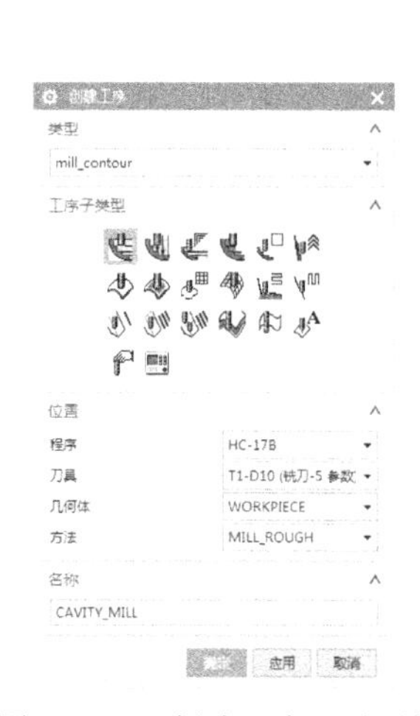

图 5-111 “创建工序”对话框

图 5-112 刀轨设置

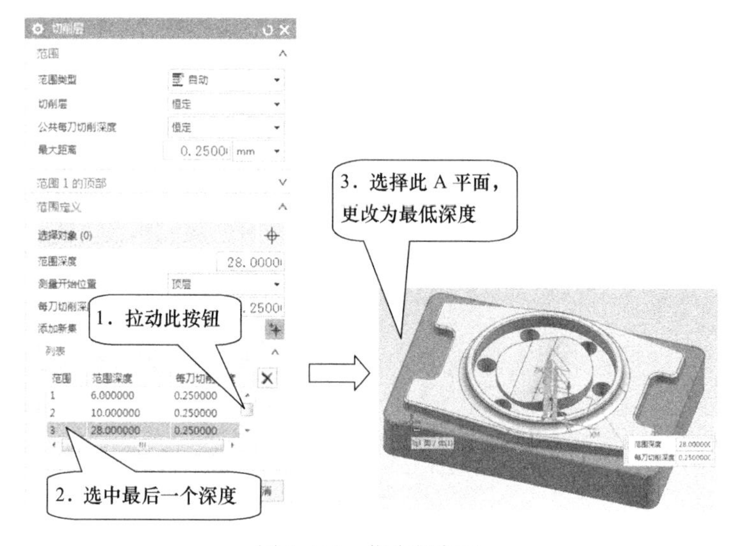

图 5-113 指定切削层

STEP 09 **切削参数**。单击切削参数按钮，进入“切削参数”对话框，在“策略”选项卡设置参数，如图 5-114 所示。深度优先能减少区域间的提刀、移刀，优化切削的顺序。在“余量”选项卡设置参数，如图 5-115 所示。

STEP 10 **非切削移动**。单击非切削移动按钮，进入“非切削移动”对话框，如图 5-116 所示。“退刀选项卡”设置“抬刀高度”为 3。“转移/快速”选项卡设置“区域内”的“转移类型”为“前一平面”，如图 5-117 所示。

STEP 11 **进给率和速度**。单击进给率和速度按钮，进入“进给率和速度”对话框，进给率和进刀速度默认了加工方法设置的参数，在这只需要在“主轴速度”输入 10000。

参数设置完成后，单击生成按钮生成刀轨，如图 5-118 所示。

图 5-114　“切削参数”的“策略”对话框

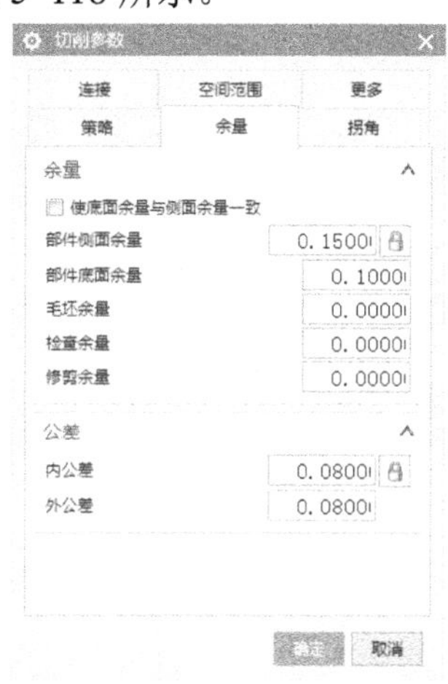

图 5-115　“切削参数”的“余量”对话框

图 5-116　“非切削移动”的“进刀”对话框

图 5-117　“非切削移动”的“转移/快速”对话框

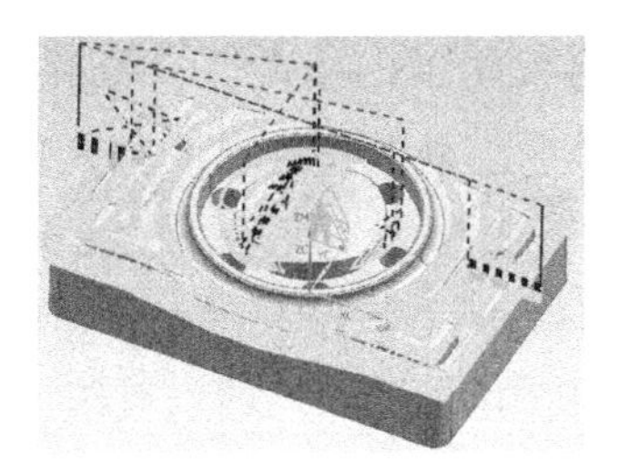

图 5-118　生成刀轨

5.2.2　拐角粗加工清除残料

利用一把 D6 平底刀进行清除剩下的残料。

STEP 01 **创建刀具**。在功能区单击“主页”→创建刀具“”按钮，创建一把 D6 平底刀，名称为 T2-D6，在刀具参数页面编号中三项都输入 2，创建方法参考第一步型腔铣中的操作。

STEP 02 **创建工序——拐角粗加工**。在功能区单击“主页”→创建工序“ ”按钮，进入“创建工序”对话框，“工序子类型”选择拐角粗加工 ，“位置”项下面选择已创建的各项，如图 5-119 所示。单击“确定”，进入“拐角粗加工”对话框并设置各参数。

STEP 03 **指定修剪边界**。参考第一步型腔铣中的指定修剪边界方法。

STEP 04 **设置参考刀具**。新建一把 D12 刀具作为参考刀具。

STEP 05 **刀轨设置**。选择“切削模式”为“跟随周边”，“平面直径百分比”为 60%，公共每刀切削深度为 0.2000mm，如图 5-120 所示。

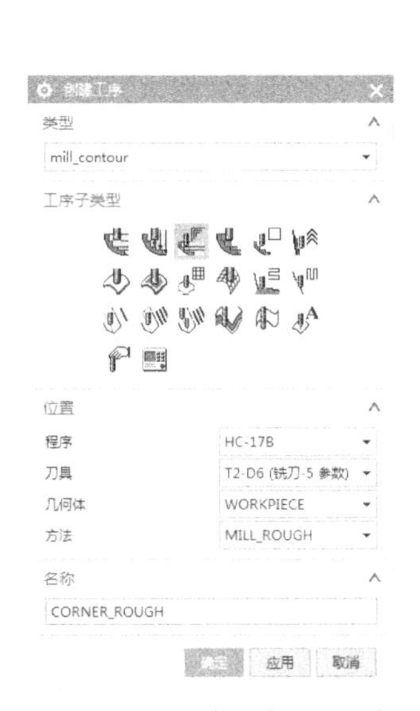

图 5-119 “创建工序”对话框

图 5-120 刀轨设置

STEP 06 **切削参数**。单击切削参数 按钮，进入“切削参数”对话框，在“策略”选项卡设置“刀路方向”为“向内”，并且设置“壁清理”为“自动”，深度优先能减少区域间的提刀和移刀。在“余量”选项卡设置参数，如图 5-121 所示。

STEP 07 **非切削移动**。单击非切削移动 按钮，进入“非切削移动”对话框。

进刀：所剩大部分残料属于开放区域残料，所以系统自动使用开放区域的进刀参数，有些内凹位属封闭区域，所以封闭区域参数也要设置，如图 5-122 所示。

退刀：设置与进刀相同。

转移/快速：设置“区域内”的“转移类型”为“直接/上一个备用平面”，“区域之间”的则设置“前一平面”，如图 5-123 所示。

STEP 08 **进给率和速度**。单击进给率和速度 按钮，进入“进给率和速度”对话框，进给率和进刀速度默认了加工方法设置的参数，在这只需要在“主轴速度”输入 10000。

参数设置完成后，单击生成按钮生成刀轨，如图 5-124 所示。

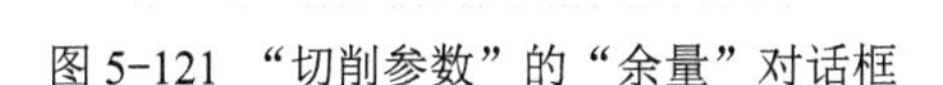

图 5-121 “切削参数”的“余量”对话框

图 5-122 “非切削移动”的“进刀”对话框

图 5-123 “非切削移动”的“转移/快速”对话框

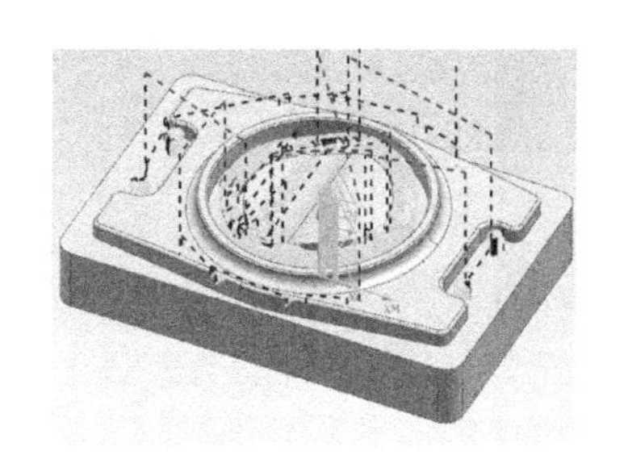

图 5-124 生成刀轨

5.2.3 精加工平面和垂直侧面

STEP 01 **创建刀具**。在功能区单击“主页”→创建刀具“ ”按钮，创建一把 D6 平底刀，名称为 T3-D6，在刀具参数页面编号中三项都输入 3，创建方法参考 5.2.1 型腔铣中的操作。

STEP 02 **创建工序——使用边界面铣削**。在功能区单击“主页”→创建工序“ ”按钮，进入“创建工序”对话框，“工序子类型”选择使用边界面铣削，“位置”项下面选择已创建的各项，如图 5-125 所示。单击“确定”，进入使用边界面铣削对话框并设置各参数，如图 5-126 所示。

图 5-125 “创建工序”对话框

图 5-126 “面铣-[FACE_MILLING]”对话框

STEP 03 **指定面边界**。单击指定边界按钮，弹出“毛坯边界”对话框，如图 5-127 所示，在工作区中选择要加工的平面，如图 5-128 所示。

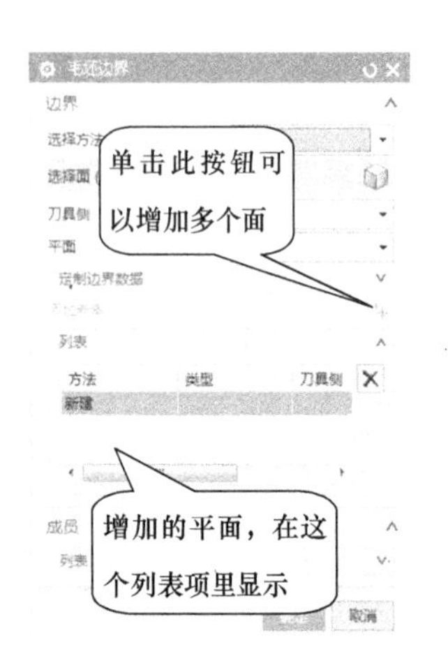

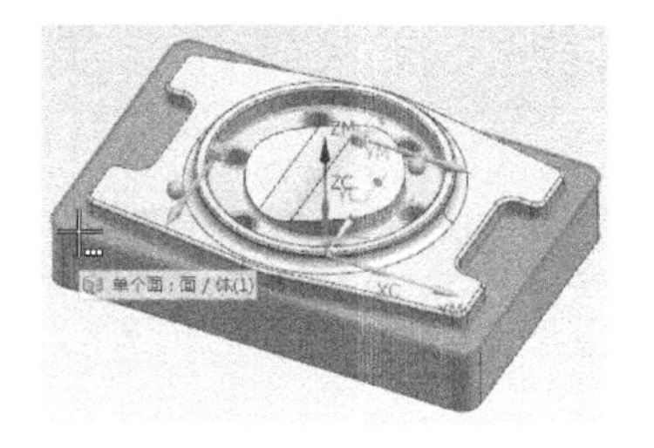

图 5-127 “毛坯边界”对话框

图 5-128 选择内外二个平面

STEP 04 **刀轨设置**。使用边界面铣削的刀轨设置，如图 5-129 所示。

STEP 05 **切削参数**。单击切削参数按钮，进入“切削参数”对话框，在“策略”选项卡设置参数，如图 5-130 所示。

在“拐角”页面设置凸角参数为延伸并修剪，避免在边角处拐弯，影响加工效果，如图 5-131 所示。

STEP 06 **非切削移动**。单击非切削移动按钮，进入“非切削移动”对话框，在“进刀”选项卡设置参数，如图 5-132 所示。其余参数默认。

STEP 07 **进给率和速度**。单击进给率和速度按钮，进入“进给率和速度”对话框，“主轴速度”输入 12000，“进给率”设置为 800。

参数设置完成后，单击生成按钮生成刀轨，如图 5-133 所示。

图 5-129　刀轨设置

图 5-130　“切削参数”的“策略”对话框

图 5-131　“切削参数”的“拐角”对话框

图 5-132　“非切削移动”的“进刀”对话框

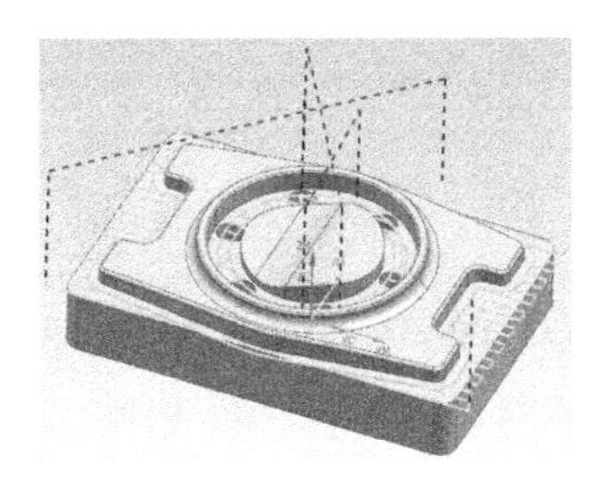

图 5-133　生成刀轨

5.2.4　精加工中间圆形弧面

STEP 01 **创建刀具。**在功能区单击“主页”→创建刀具“ ”按钮，创建一把 D4R2 球刀，名称为 T4-D4R2，在刀具参数页面编号中三项都输入 4，创建方法参考第一步型腔铣中的操作。

STEP 02 **创建工序——区域轮廓铣。**在功能区单击“主页”→创建工序“ ”按钮，进入“创建工序”对话框，选择“工序子类型”中的区域轮廓铣，“位置”项下面选择已创建的各项，如图 5-134 所示。单击“确定”，进入区域轮廓铣对话框并设置各参数，如图 5-135 所示。

图 5-134 “创建工序”对话框

图 5-135 “区域轮廓铣”对话框

STEP 03 指定切削区域。在“区域轮廓铣”对话框中单击指定切削区域按钮，弹出“切削区域”对话框，如图 5-136 所示。在工作区图形中选择要加工的面或调整视角窗选要加工的面，如图 5-137 所示。单击“确定”返回“区域轮廓铣”对话框。

图 5-136 “切削区域”对话框

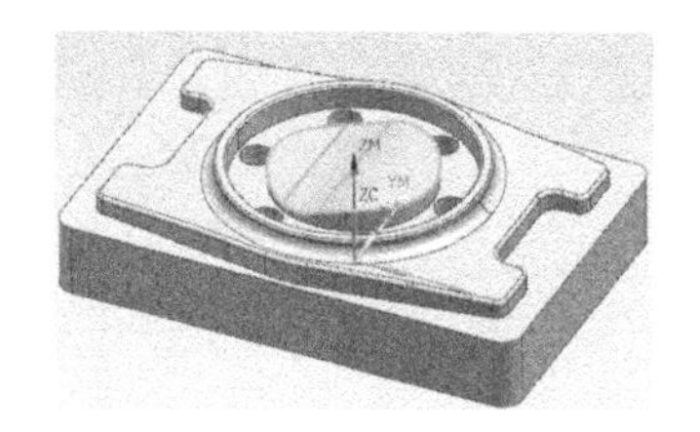

图 5-137 指定切削区域

提示

在选择切削区域时，如果多选了加工面，按住“Shift”再单击多选的加工面，可以取消选择。

STEP 04 设置驱动方法参数。驱动方法默认为区域铣削，单击编辑按钮，弹出“区域铣削驱动方法”对话框，设置参数如图 5-138 所示。

STEP 05 切削参数。单击切削参数按钮，进入“切削参数”对话框，为了边缘加工效果好不起毛刺，所以设置刀轨在边上延伸 0.5mm，如图 5-139 所示。

STEP 06 非切削移动。单击非切削移动按钮，进入“非切削移动”对话框，如图 5-140 所示。

STEP 07 进给率和速度。单击进给率和速度按钮，进入“进给率和速度”对话框，“主轴速度”输入 15000，“进给率”设置为 2000。

设置完成参数后，单击生成按钮生成刀轨，如图 5-141 所示。

图 5-138 “区域铣削驱动方法”对话框

图 5-139 “切削参数”的“策略”对话框

图 5-140 “非切削移动”的“进刀”对话框

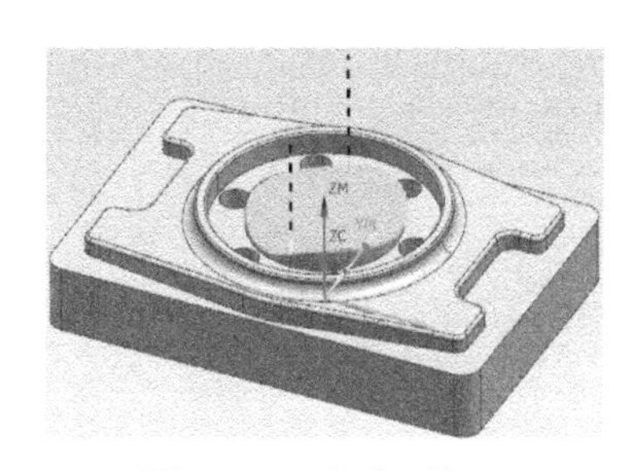

图 5-141　生成刀轨

5.2.5　精加工顶部外形弧面

顶部外形弧面根据形状分两步加工，第一步精加工外形弧面，第二步精加工环形圆弧面。用相同加工方法复制上一步操作，这样很多参数可以默认，不需更改。

STEP 01 **复制、粘贴程序**。在程序顺序视图中右击上一步程序，在弹出的快捷菜单中选择“复制”，如图 5-142 所示。再右击上一步程序，在弹出的快捷菜单中选择“粘贴”，如图 5-143 所示。双击复制后的程序，进入“平面铣“对话框并更改参数。

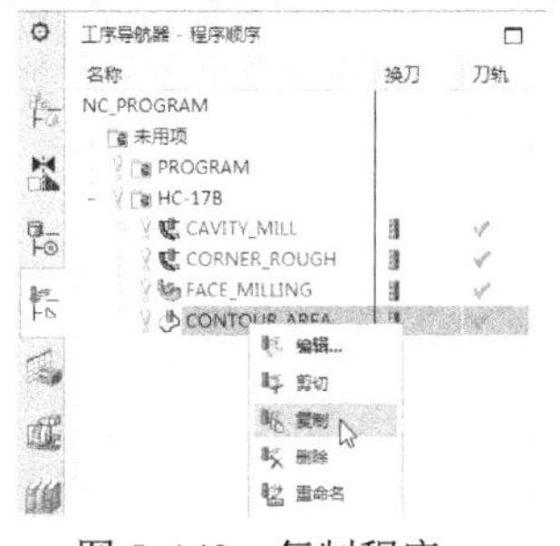

图 5-142　复制程序

图 5-143　粘贴程序

STEP 02 **更改切削区域**。在“区域轮廓铣”对话框中单击指定切削区域按钮，如图 5-144 所示，弹出“切削区域”对话框，如图 5-145 所示。在列表项单击删除按钮，删除上一程序使用的切削区域，在工作区图形中选择要加工的面或调整视角窗选要加工的面，如图 5-146

所示。在“切削区域”对话框显示已选中的加工对象，如图 5-147 所示。单击“确定”返回区域轮廓铣对话框。

图 5-144 “区域轮廓铣”对话框

图 5-145 “切削区域”对话框

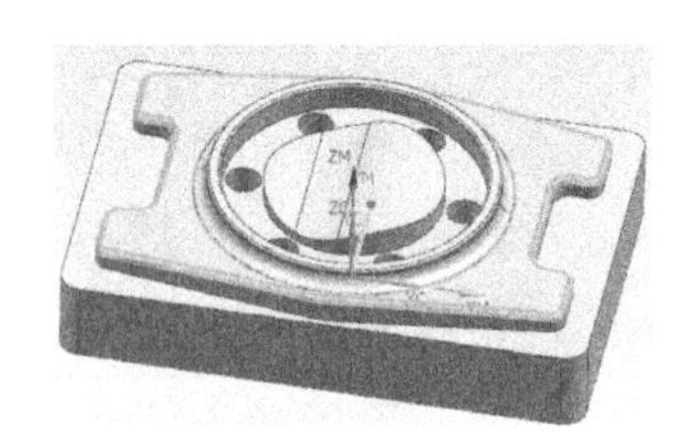

图 5-146 指定切削区域

图 5-147 “切削区域”对话框

提示

在选择切削区域时，如果多选了加工面，按住“Shift”再单击多选的加工面，可以取消选择。

STEP 03 **更改驱动方法参数**。驱动方法默认为区域铣削，单击编辑按钮，弹出“区域铣削驱动方法”对话框，更改加工角度为 45.0000，设置参数如图 5-148 所示。

其余参数跟上一程序相同。参数设置完成后，单击生成按钮生成刀轨，如图 5-149 所示。

图 5-148 区域铣削驱动方法

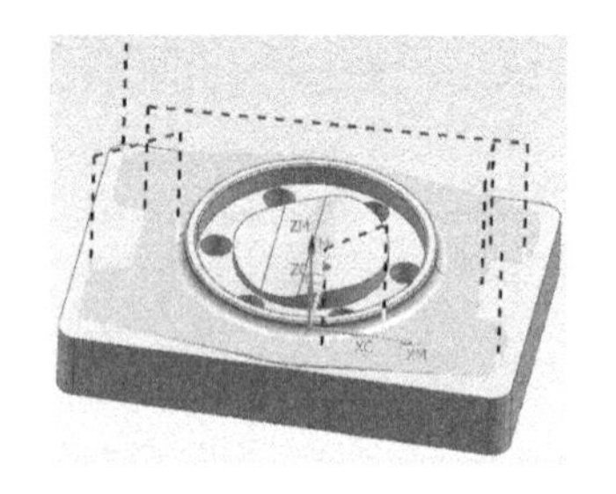

图 5-149 生成刀轨

5.2.6　精加工环形圆弧面

顶部外形弧面根据形状分两步加工，第一步精加工外形弧面，第二步精加工环形圆弧面。用相同加工方法复制上一步操作，这样很多参数可以默认不需更改！

STEP 01 **复制、粘贴程序**。在程序顺序视图中右击上一步程序，在弹出的快捷菜单中选择“复制”，如图 5-150 所示。再右击上一步程序，在弹出的快捷菜单中选择“粘贴”，如图 5-151 所示。双击复制后的程序，进入“平面铣”对话框并更改参数。

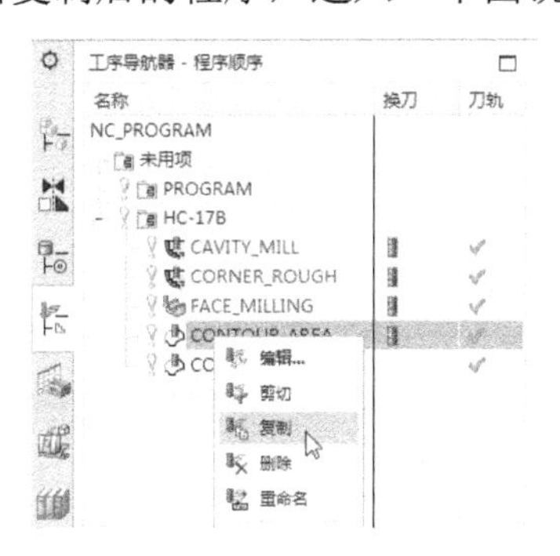

图 5-150　复制程序

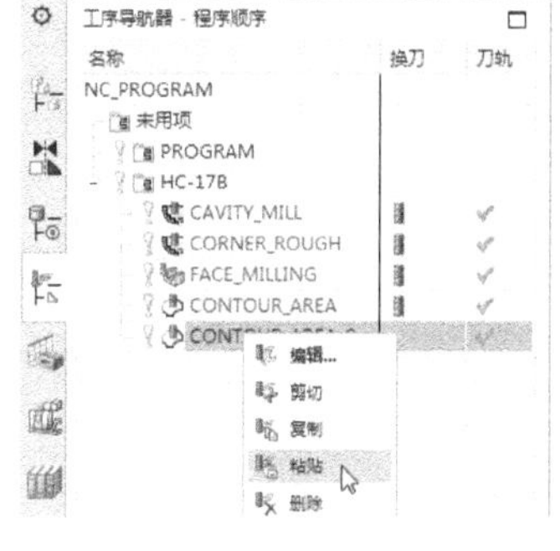

图 5-151　粘贴程序

STEP 02 **更改切削区域**。在“区域轮廓铣”对话框中单击指定切削区域按钮，如图 5-152 所示，弹出“切削区域”对话框，如图 5-153 所示。在列表项单击删除按钮，删除上一程序使用的切削区域，在工作区图形中选择要加工的面或调整视角窗选要加工的面，如图 5-154 所示。在“切削区域”对话框显示已选中的加工对象，如图 5-155 所示。单击“确定”，返回“区域轮廓铣”对话框。

STEP 03 **更改驱动方法参数**。驱动方法默认为区域铣削，单击编辑按钮，弹出“区域铣削驱动方法”对话框，在“驱动设置”项更改“非陡峭切削模式”为“径向往复”，如图 5-156 所示。“刀路中心”更改为“指定”，单击指定点按钮，弹出“点”对话框，如图 5-157 所示，选择原点或选取环形圆弧线中心。单击“确定”返回。

其余参数跟上一程序相同。参数设置完成后，单击生成按钮生成刀轨，如图 5-158 所示。

图 5-152　“区域轮廓铣”对话框

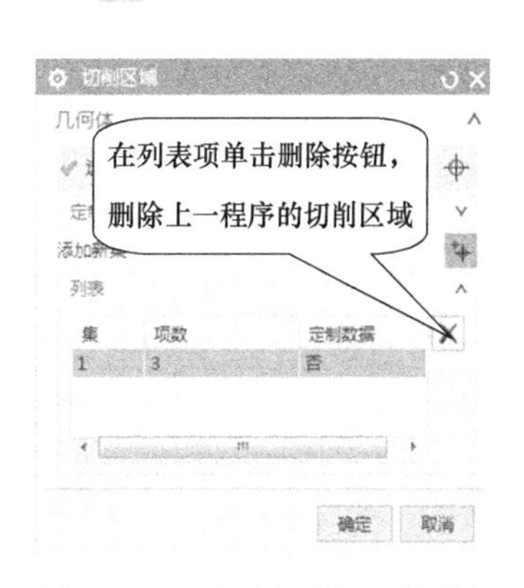

图 5-153　“切削区域”对话框

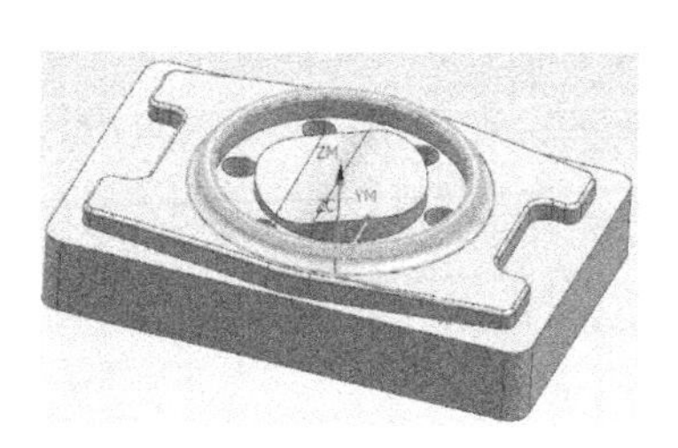

图 5-154　指定切削区域

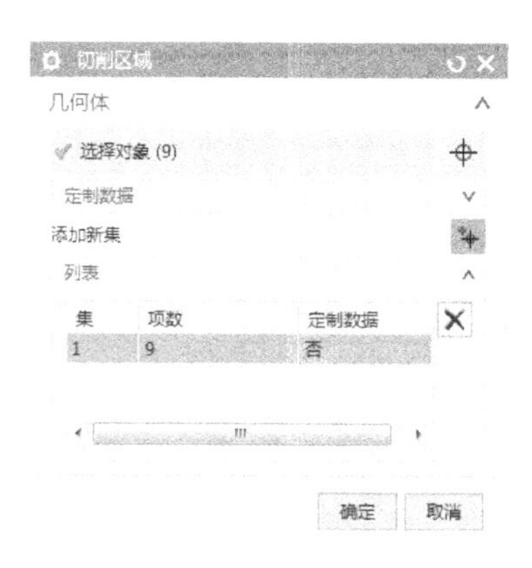

图 5-155　“切削区域”对话框

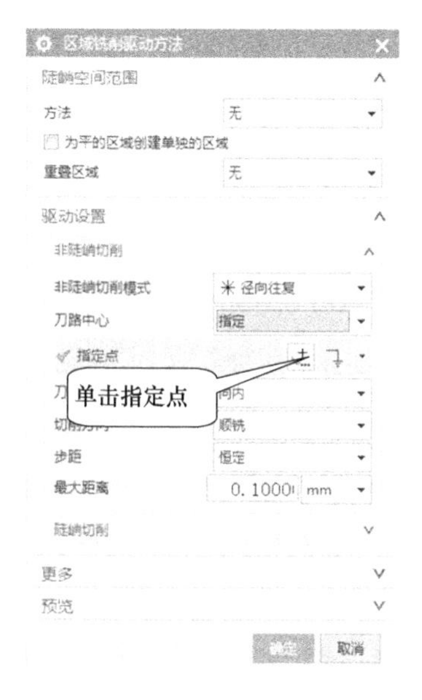

图 5-156　“区域铣削驱动方法”对话框

图 5-157　“点”对话框

STEP 04 **刀具路径仿真**。选中程序组 HC-17B 进行刀具路径仿真，在功能区单击“主页”→确认刀轨“ ”按钮，进入“刀轨可视化”对话框，选择 3D 动态仿真，仿真效果如图 5-159 所示。

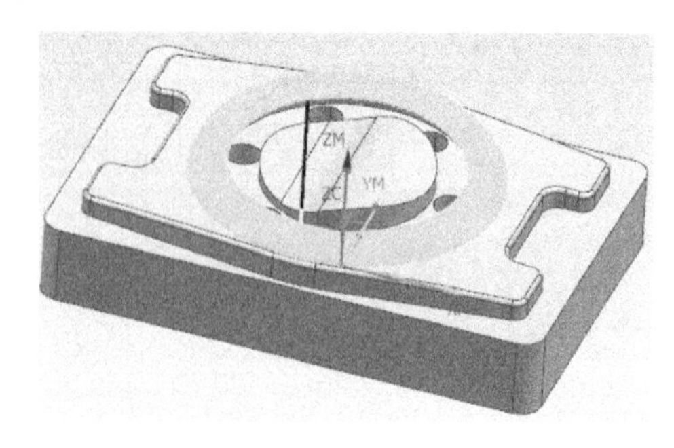

图 5-158　生成刀轨

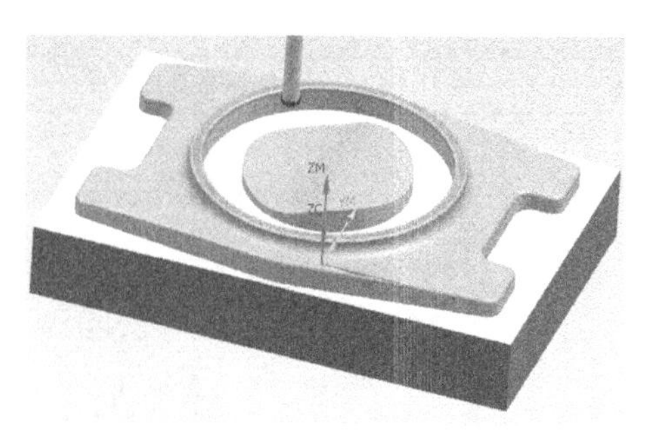

图 5-159　刀具路径仿真

5.2.7　NC 后处理

在工序导航器右击程序组（图 5-160）或在功能区单击“主页”→后处理“”按钮执行后处理，弹出“后处理”对话框，如图 5-161 所示。选择跟机床相匹配的自动换刀后处理器，文件名为 HC-17B。

完成各项设定后，单击“确定”按钮，系统进行后处理运算，生成程序指定路径的文件名的程序文件。图 5-162 所示为后处理出来的 HC-17B 程序。

单击“文件”→“保存”→“另存为”，保存图档为 HC-17B。

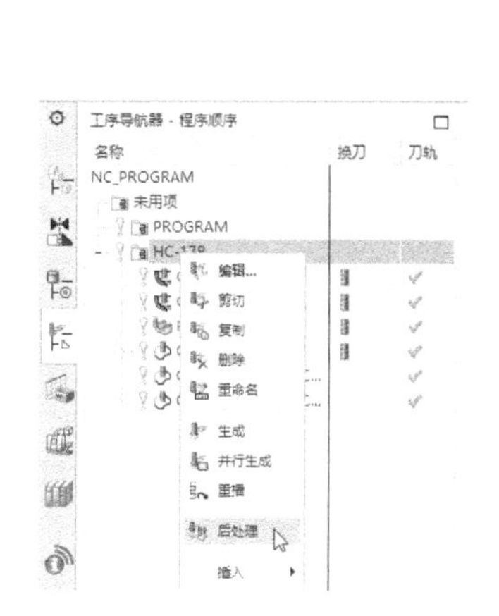

图 5-160　右击执行后处理

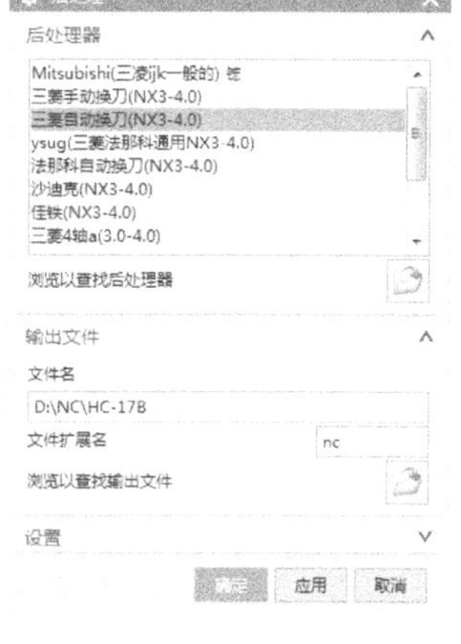

图 5-161　“后处理”对话框

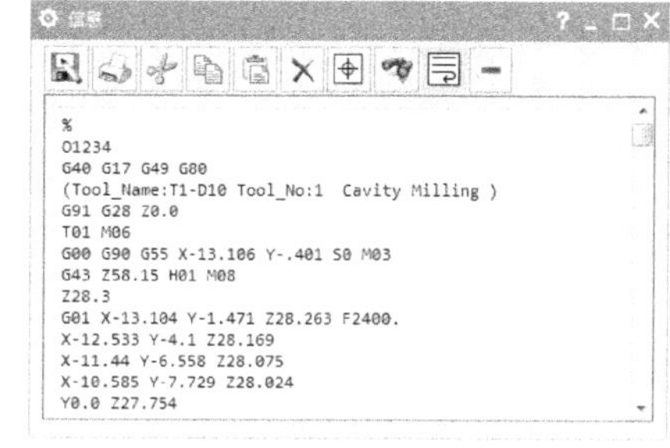

图 5-162　程序文件

5.2.8　工程师经验点评

本例题通过一个综合练习来复习前面讲解的型腔铣、拐角粗加工、区域轮廓铣，平面铣操作的典型应用知识。重点是平面铣方法对多个平面精加工和侧面精加工的参数设置，区域轮廓铣利用控制角度达到更好的切削效果，不同形状用不同的切削模式，环形适合用径向往复，比较平坦规律的适合用往复，边缘规则陡峭角度大适合跟随周边等。

5.3　复习与练习

完成图 5-163 所示零件（LX-3.prt）的粗加工和精加工、钻孔加工、孔加工、倒角加工等操作的创建。

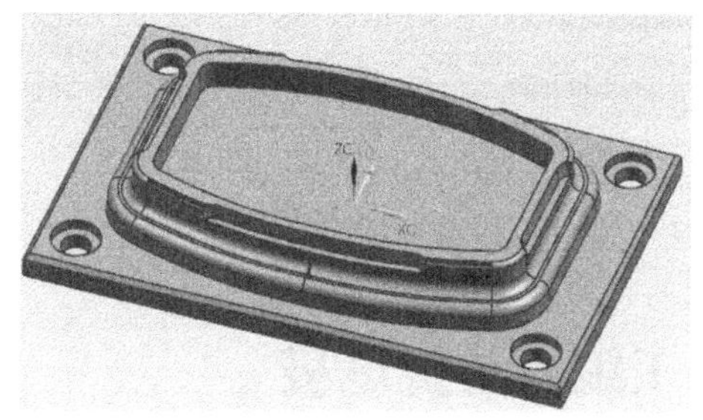

图 5-163　零件 LX-3

第6章 模具加工工艺与编程

6.1 塑胶模具成型系统分析

成型系统是产生制品外形和尺寸的系统，也是 CNC 的主要加工部位。成型系统包含分型面、枕位面、胶位面、碰穿面、插穿面、侧抽芯（行位）、镶件和斜顶等结构。

1）分型面：分型面又称为 PL 面，是将模具分割为前模和后模的面。

2）枕位面：是分型面的一部分，枕位是凸起孤立的分型面部分。

3）胶位面：又称产品面，即注塑成型产生产品的面。

4）碰穿面：合模后在产品内部前模面和后模面碰到而使熔融塑料绕过此位置，使产品注塑后形成需要的孔位。

5）插穿面：合模后在产品内部前模面和后模面平行对插使熔融塑料绕过此位置，使产品注塑后形成需要的孔位。

模具结构图如图 6-1 所示。

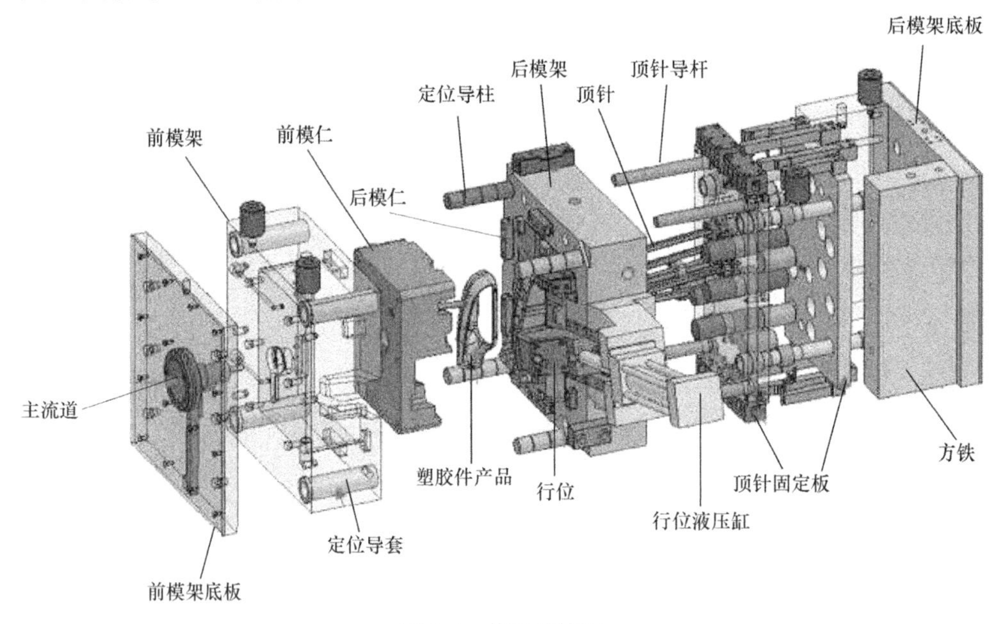

图 6-1 模具结构图

6.2 手机壳模具加工编程与拆电极

在 UG NX 12.0 主界面单击“菜单”→“文件”→“打开”，打开光盘“HC-Mould”文件夹中的 HC-M1 文件，如图 6-2 所示模具，包括前模模仁、后模模仁和镶件。

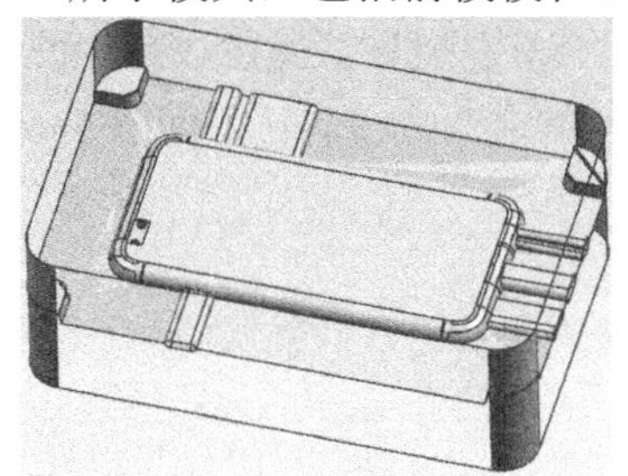

图 6-2　文件 HC-M1

加工任务概述：

前模模仁加工，毛坯为立方块，材料为 718，精料六面磨准数，模仁胶位位置拆整电极加工，机床选择 850 数控铣床，全部尺寸的公差为±0.03mm。

后模模仁加工，毛坯为立方块，材料为 718，精料六面磨准数，模仁胶位位置拆整电极加工，机床选择 850 数控铣床，全部尺寸的公差为±0.03mm。

镶件加工，毛坯为立方块，材料为 718，材料厚度备料比实际料高 8mm，用于装夹，碰穿位留 0.05mm，机床选择 850 数控铣床，全部尺寸的公差为±0.03mm。

6.2.1　前模加工刀路详解

打开 HC-M1 文件，单击“菜单”→“文件”→“另存为”，保存为 HC-M1CA。删除或隐藏后模和镶件。

1．进入加工模块

在功能区单击“应用模块”→加工“ ”按钮或按快捷键 CTRL+ALT+M，进入加工模块，系统弹出“加工环境”对话框，选择“CAM 会话配置”设置为“cam_general”，“要创建的 CAM 组装”设置为“mill_contour”（轮廓铣）。

2．旋转图形

按 CTRL+T（移动对象）快捷键，在工作区选择图形，“变换”运动方式选择“角度”，“指定矢量”为 X 轴或 Y 轴，“指定轴点”为原点，输入旋转角度为 180°，如图 6-3 所示。单击“确定”按钮旋转，如图 6-4 所示。

图 6-3 “移动对象”对话框

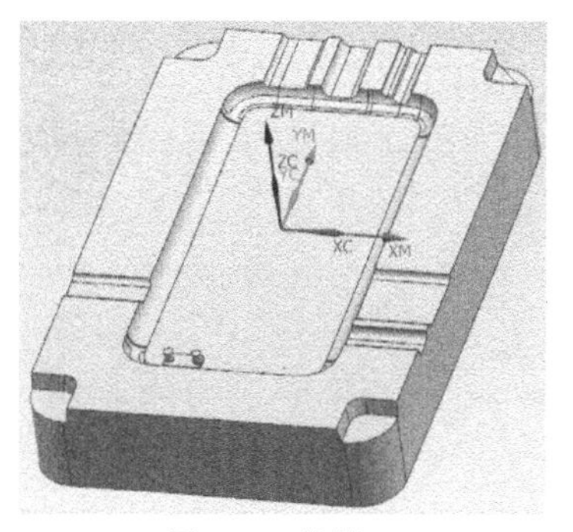

图 6-4　旋转 180°

再根据 Z 轴旋转 90°，摆正图形。按 CTRL+T（移动对象）快捷键，在工作区选择图形，“变换”运动方式选择“角度”，“指定矢量”为 Z 轴，“指定轴点”为原点，输入旋转角度为-90°，如图 6-5 所示。单击“确定”按钮旋转，如图 6-6 所示。

图 6-5 “移动对象”对话框

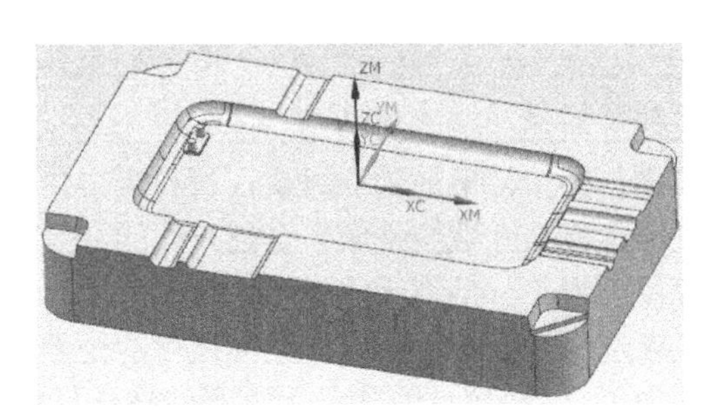

图 6-6 旋转 90°

3. 创建程序组

在功能区单击“主页”→创建程序“ ”按钮，创建多个程序组，如图 6-7 所示。或使用外挂批量创建程序组。

4. 创建刀具

通过分析，粗加工使用 D17R0.8 刀具加工。在功能区单击“主页”→创建刀具“ ”按钮，如图 6-8 所示操作。

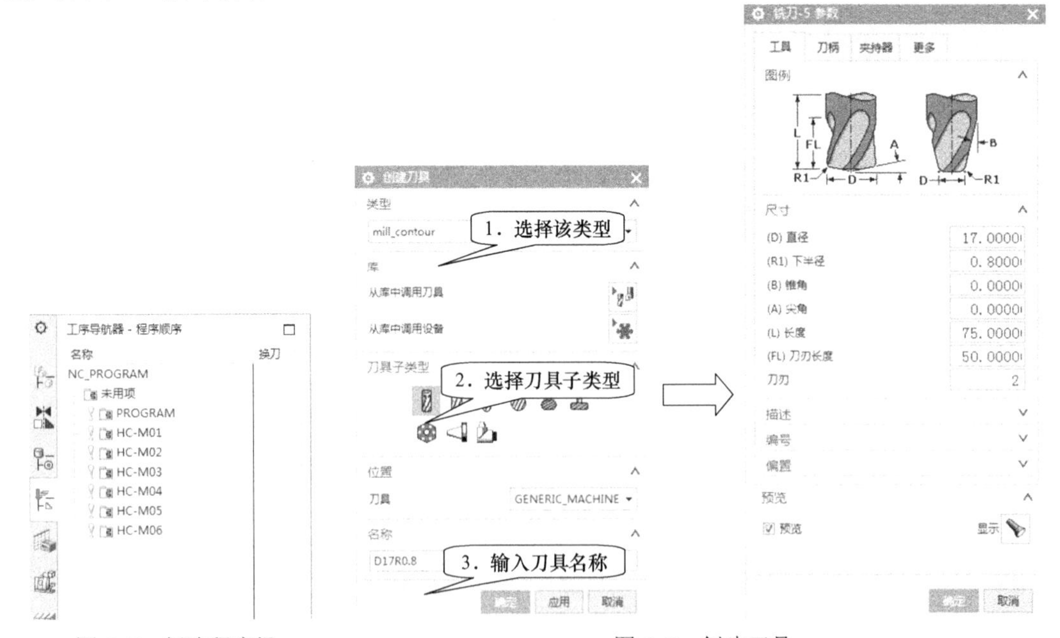

图 6-7 创建程序组

图 6-8 创建刀具

5. 设置加工坐标系和几何体

软件进入加工模块后，在几何视图中有一个默认的坐标系和几何体，双击“MCS_MILL”，进入“Mill Orient”对话框，“安全距离”设置为 30，单击“确定”，完成设置。

双击“WORKPIECE”，进入“铣削几何体”对话框，如图 6-9 所示设置部件和毛坯。

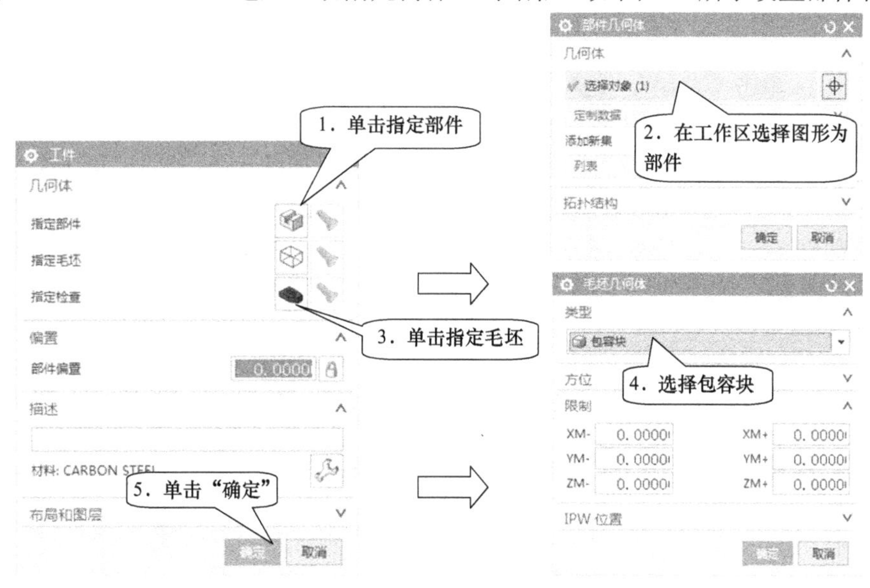

图 6-9 指定部件和毛坯

6. 加工方法参数设置

双击“MILL ROUGH”，进入“铣削粗加工”对话框，设置“部件余量”为 0.2500，如图 6-10 所示。单击进给按钮，设置“进给率”的“切削”为 2000.000，“进刀”为 60.0000% 切削，如图 6-11 所示。单击“确定”完成设置。

图 6-10 “铣削粗加工”对话框

图 6-11 “进给”对话框

双击“MILL_SEMI_FINISH”，进入半精加工参数设置对话框，“部件余量”为 0.15mm，“公差”调整为 0.05。单击进给按钮，设置“进给率”的“切削”为 2000.000，“进刀”为 60.0000%切削，单击“确定”完成设置。

双击“MILL_FINISH”，进入精加工参数设置对话框，“部件余量”为 0，“公差”调整为 0.01。单击进给按钮，设置“进给率”的“切削”为 1200.000，“进刀”为 60.000%切削，单击“确定”完成设置。

STEP 01 **平面轮廓铣精加工 4 个圆角**。在功能区单击“主页”→创建工序“ ”按钮，进入“创建工序”对话框，选择“工序子类型”中的平面轮廓铣，“位置”项下面选择已创建的各项，如图 6-12 所示。单击“确定”，进入“平面轮廓铣”对话框并设置各参数，如图 6-13 所示。

1）指定部件边界：在“平面轮廓铣”对话框中单击“指定部件边界”图标，系统打开“部件边界”对话框，将“平面”选项切换为“指定”，如图 6-14 所示，单击“指定平面”，单击图形顶面，如图 6-15 所示。设置“边界”的“选择方法”为“曲线”、“边界类型”为“开放”、“刀具侧”为“右”，如图 6-16 所示。在图形中选择第一个圆角边界（“刀具侧”选为“右”，选择边界时逆时针方向选取），如图 6-17 所示。

图 6-12 “创建工序”对话框

图 6-13 “平面轮廓铣”对话框

图 6-14 “部件边界”对话框 1

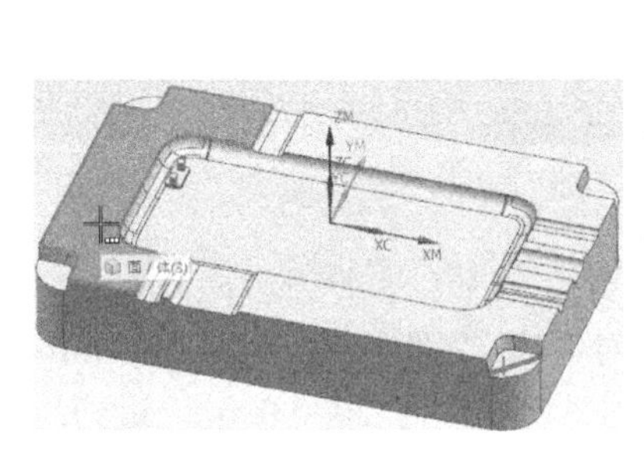

图 6-15 选择顶平面

图 6-16 “部件边界”对话框 2

图 6-17 逆时针方向选择边界线

在“部件边界”对话框中单击添加新集按钮，如图 6-18 所示，然后在图形中选择第二个圆角边界；在“部件边界”对话框中单击添加新集按钮，然后在图形中选择第三个圆角边界；在“部件边界”对话框中单击添加新集按钮，然后在图形中选择第四个圆角边界，选择边界后如图 6-19 所示。

单击“确定”返回“平面铣”对话框。

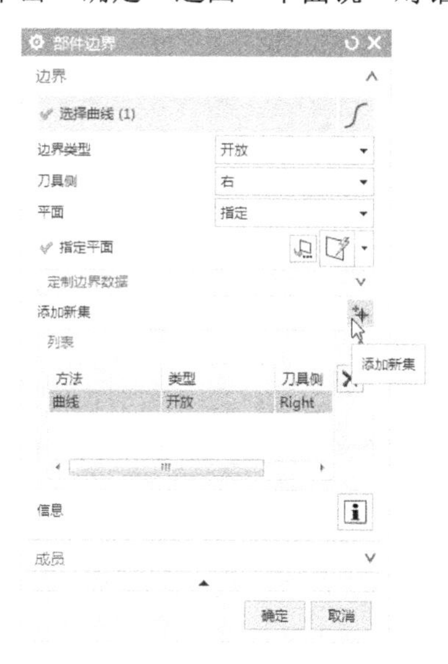

图 6-18　添加新集

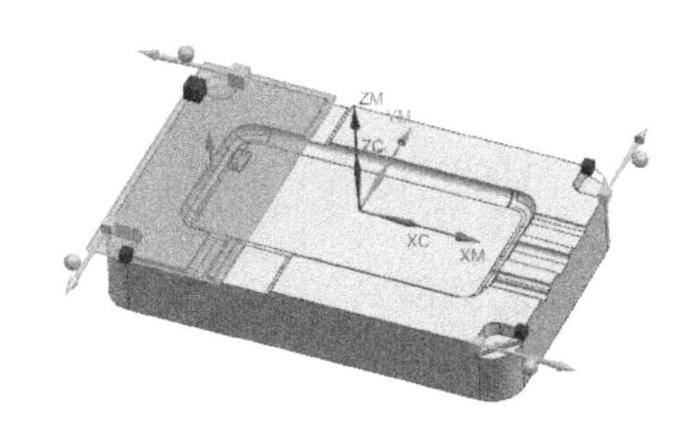

图 6-19　生成边界

2）指定底面：在“平面轮廓铣”对话框中单击“指定底面”图标，系统弹出平面构造器对话框，在图形上选择底平面，如图 6-20 所示。单击“确定”或单击中键返回“平面铣”对话框。

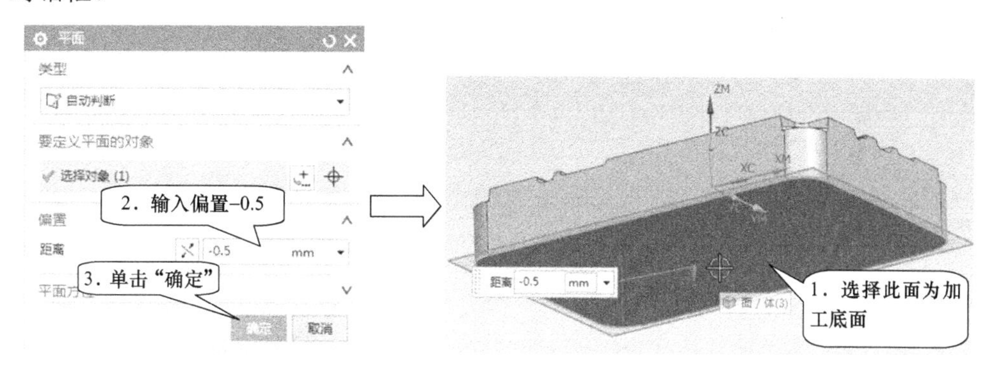

图 6-20　指定底面

3）刀轨设置：设置“切削进给”为 1200.000，“切削深度”设置为“恒定”，“公共”下刀量为 0.2000，如图 6-21 所示。

4）切削参数：单击切削参数按钮，进入“切削参数”对话框，在“策略”选项卡设置参数，如图 6-22 所示。

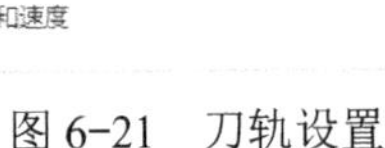

图 6-21　刀轨设置

图 6-22 “切削参数”的“策略”对话框

5）非切削移动：非切削移动就是控制进刀、退刀、移刀等参数设置。单击非切削移动按钮，进入“非切削移动”对话框。

进刀：单线加工进刀属于开放区域，所以在“开放区域”设置“进刀类型”为“圆弧”，“半径”为 20.0000%刀具，“高度”为 0.0000，“最小安全距离”为 20.0000%刀具，如图 6-23 所示。

退刀：以进刀相同。

转移/快速：设置“区域内”的“转移类型”为“直接/上一个备用平面”，如图 6-24 所示。

6）进给率和速度：单击进给率和速度按钮，进入“进给率和速度”对话框，进给率和进刀速度默认了加工方法设置的参数，在这只需要在“主轴速度”输入 1800。

设置完成参数后，单击生成按钮生成刀轨，如图 6-25 所示。

图 6-23 “非切削移动”的“进刀”对话框

图 6-24 “非切削移动”的“转移/快速”对话框

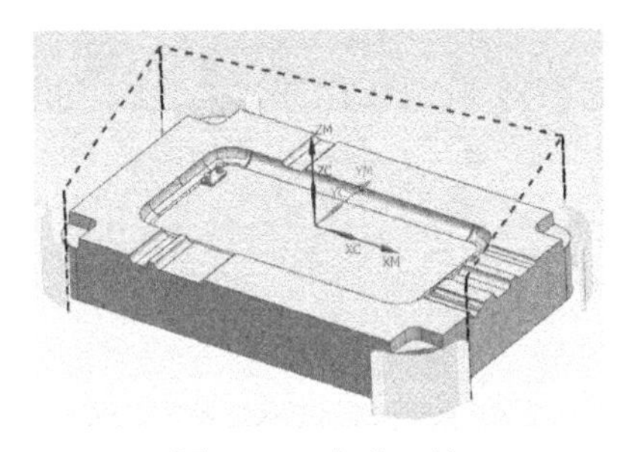

图 6-25　生成刀轨

STEP 02 **型腔铣整体粗加工**。在功能区单击“主页”→创建工序“ ”按钮，进入“创建工序”对话框，选择“工序子类型”中的型腔铣，“位置”项下面选择已创建的各项，如图

6-26所示。单击“确定”，进入“型腔铣”对话框并设置各参数。

1）刀轨设置：选择“切削模式”为“跟随周边”，“平面直径百分比”为70%，“公共每刀切削深度”的“最大距离”为0.2000mm，如图6-27所示。

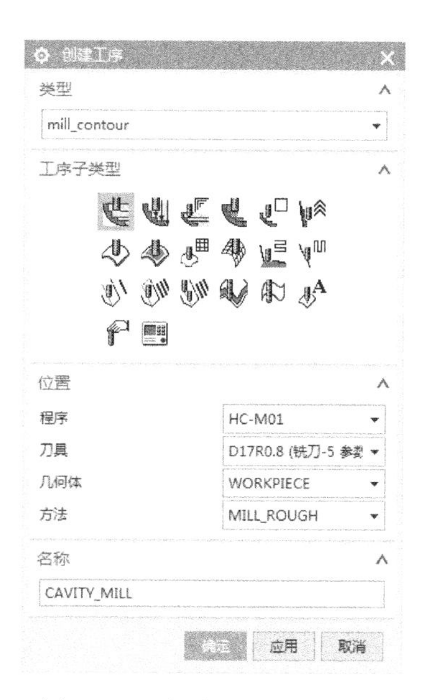

图6-26　“创建工序”对话框

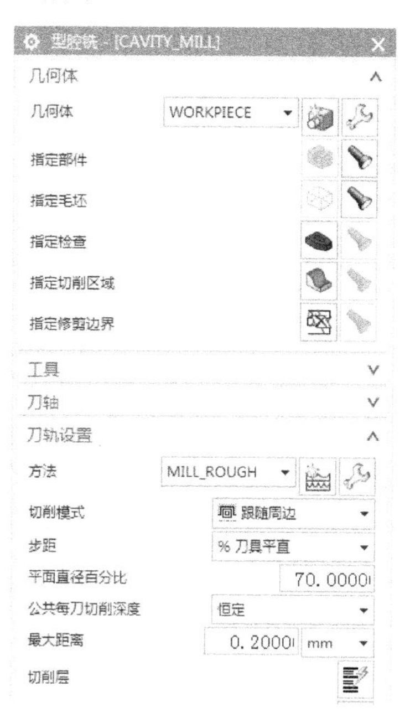

图6-27　刀轨设置

2）指定修剪边界：单击指定修剪边界按钮，进入“修剪边界”对话框，“修剪侧”选择为“外侧”，依次选择图形外形4个边界曲线，如图6-28所示操作。

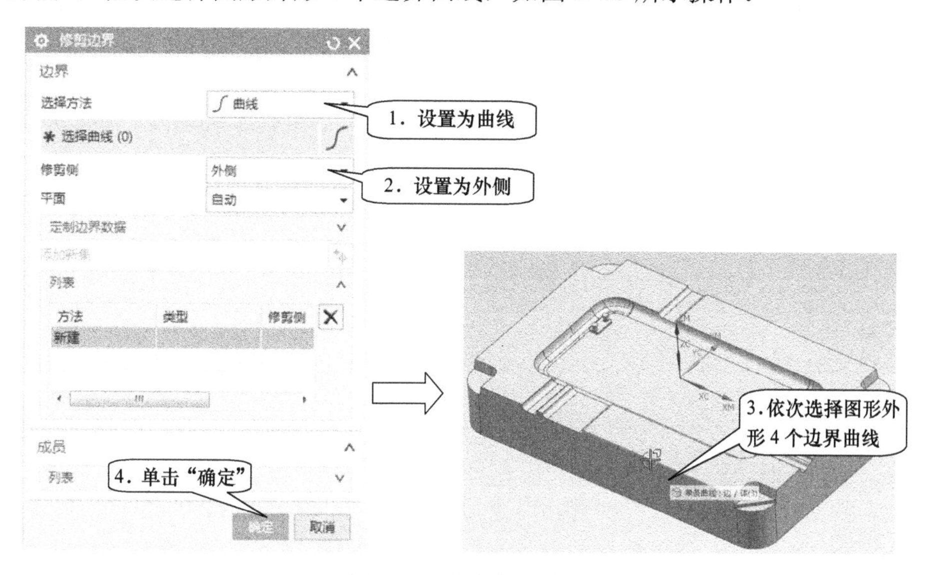

图6-28　指定修剪边界

3）切削参数：单击切削参数按钮，进入“切削参数”对话框，在“策略”选项卡设置参数，如图6-29所示。深度优先能减少区域间的提刀和移刀，优化切削的顺序。在“余量”

选项卡设置参数，如图 6-30 所示。

4）非切削移动：单击非切削移动按钮，进入“非切削移动”对话框，如图 6-31 所示。“退刀”设置“抬刀高度”为 3mm。“转移/快速”选项卡设置区域内的“转移类型”为“前一平面”，如图 6-32 所示。

图 6-29 “切削参数”的“策略”对话框

图 6-30 “切削参数”的“余量”对话框

图 6-31 “非切削移动”的“进刀”对话框

5）进给率和速度：单击进给率和速度按钮，进入“进给率和速度”对话框，进给率和进刀速度默认了加工方法设置的参数，在这只需要在“主轴速度”输入 1500。

参数设置完成后，单击生成按钮生成刀轨，如图 6-33 所示。

图 6-32 非切削参数－转移/快速

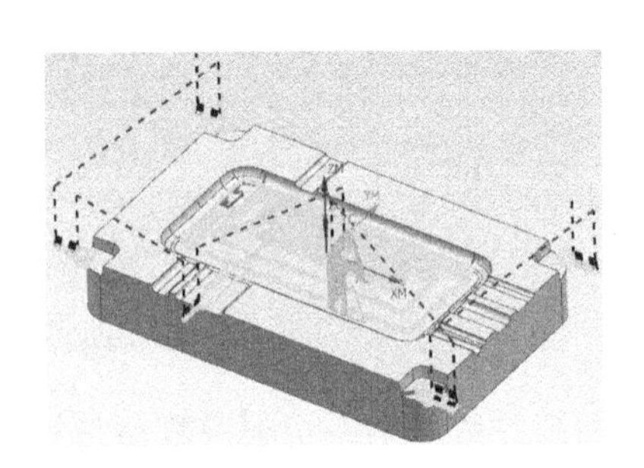

图 6-33 生成刀轨

STEP 03 **拐角粗加工清残料**。通过分析，二次粗加工适合选用 D6 平底刀，在功能区单击“主页”→创建刀具“ ”按钮，创建一把 D6 平底刀。

在功能区单击“主页”→创建工序“ ”按钮，进入“创建工序”对话框，“工序子类型”选择拐角粗加工 ，“位置”项下面选择已创建的各项，如图 6-34 所示。单击“确定”，进入“拐角粗加工”对话框并设置各参数。

1）设置参考刀具：新建一把 D18 刀具作为参考刀具。

2）刀轨设置：选择“切削模式”为“跟随周边”，“平面直径百分比”为 70.0000%，“公共每刀切削深度”的“最大距离”为 0.2500，如图 6-35 所示。

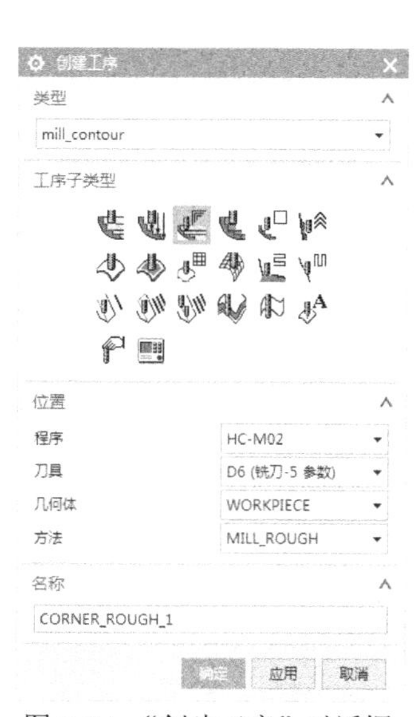

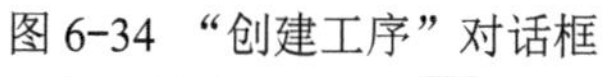
图 6-34 “创建工序”对话框

图 6-35　刀轨设置

3）单击“指定修剪边界” 按钮，按住鼠标中键旋转图形，选择图形底面产生修剪边界，如图 6-36 所示操作。

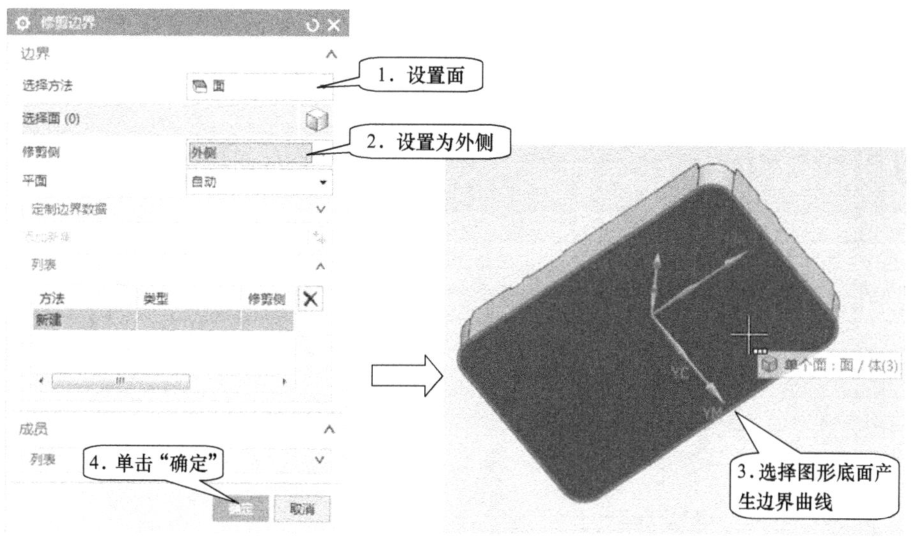

图 6-36　指定底面

4）切削参数：单击切削参数按钮，进入“切削参数”对话框，在“策略”选项卡设置“刀路方向”为“向内”，并且设置“壁清理”为“自动”，深度优先能减少区域间的提刀和移刀。在“余量”选项卡设置参数，如图 6-37 所示。

5）非切削移动：单击非切削移动按钮，进入“非切削移动”对话框。

进刀：所剩大部分残料属于开放区域残料，所以系统自动使用开放区域的进刀参数，有些内凹位属封闭区域，所以封闭区域参数也要设置，如图 6-38 所示。

图 6-37 “切削参数”的“余量”对话框

图 6-38 “非切削移动”的“进刀”对话框

退刀：设置与进刀相同。

转移/快速：设置“区域内”的“转移类型”为“直接/上一个备用平面”，“区域之间”则设置“前一平面”，如图 6-39 所示。

6）进给率和速度：单击进给率和速度按钮，进入“进给率和速度”对话框，进给率和进刀速度默认了加工方法设置的参数，在这只需要在“主轴速度”输入 3000。

参数设置完成后，单击生成按钮生成刀轨，如图 6-40 所示。

图 6-39 “非切削移动”的“转移/快速”对话框

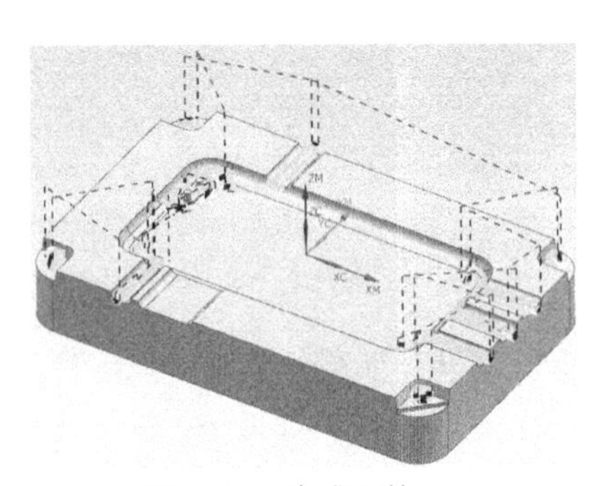

图 6-40 生成刀轨

STEP 04 **精加工平面**。在功能区单击“主页”→创建刀具“ ”按钮，创建一把 D10 平底刀。

在功能区单击“主页”→创建工序“ ”按钮，进入“创建工序”对话框，“工序子类型”选择使用边界面铣削 ，“位置”项下面选择已创建的各项，如图 6-41 所示。单击“确定”，进入使用边界面铣削对话框并设置各参数。

1）刀轨设置。使用边界面铣削的刀轨设置，如图 6-42 所示。

图 6-41 “创建工序”对话框

图 6-42 “面铣”对话框

2）指定面边界。单击指定边界 按钮，弹出“毛坯边界”对话框，如图 6-43 所示，在工作区中选择要加工的平面，如图 6-44 所示。

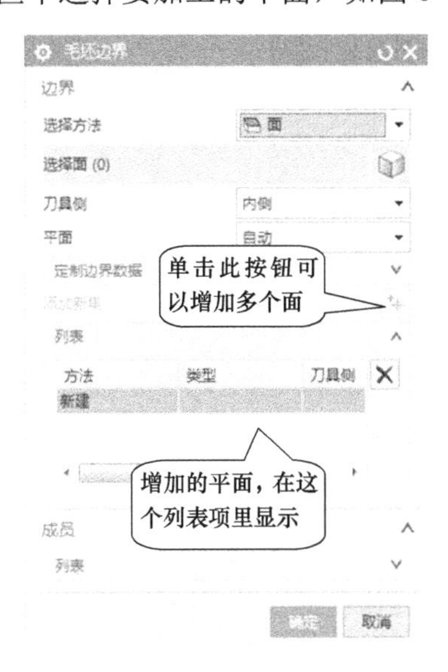

图 6-43 “毛坯边界”对话框

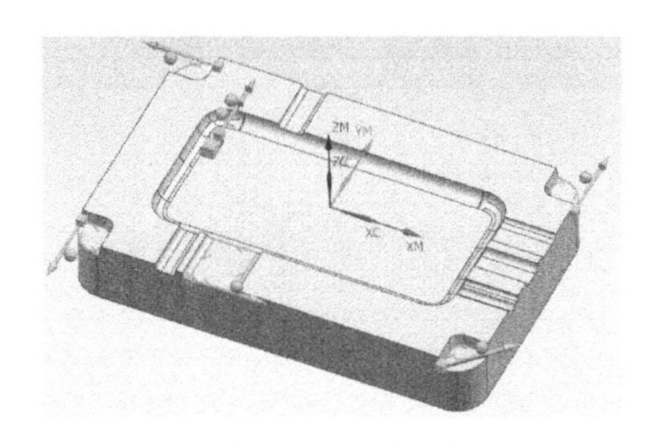

图 6-44 选择平面

3）单击切削参数 按钮，进入“切削参数”对话框，在“策略”选项卡设置参数，如图 6-45 所示。在“余量”选项卡设置部件余量为 0.2500，如图 6-46 所示。

图 6-45 “切削参数”的“策略”对话框

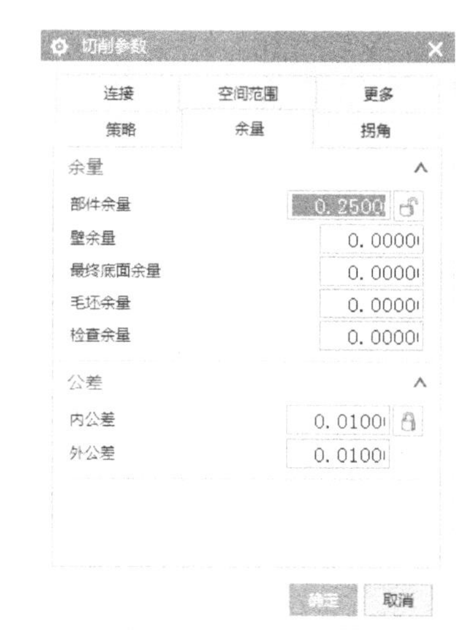

图 6-46 “切削参数”的“余量”对话框

4）在“拐角”选项卡设置凸角参数为延伸并修剪，避免在边角处拐弯，影响加工效果，如图 6-47 所示。

5）单击非切削移动按钮，进入“非切削移动”对话框，在“进刀”选项卡设置参数，如图 6-48 所示。其余参数默认。

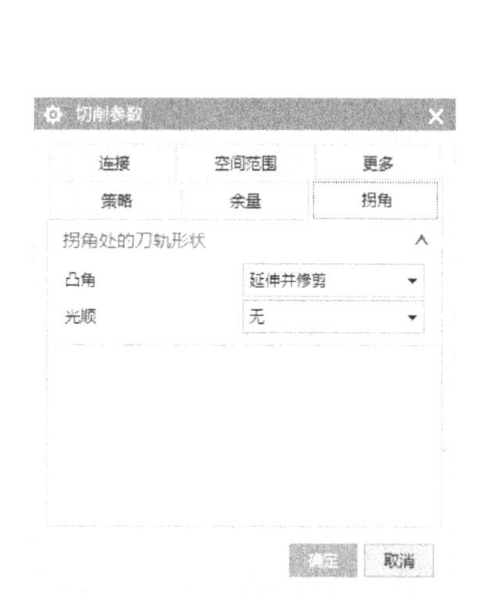

图 6-47 “切削参数”的“拐角”对话框

图 6-48 “非切削移动”的“进刀”选项卡

6）单击进给率和速度按钮，进入“进给率和速度”对话框，“主轴速度”输入 2500，“进给率”设置为 600。

参数设置完成后，单击生成按钮生成刀轨，如图 6-49 所示。

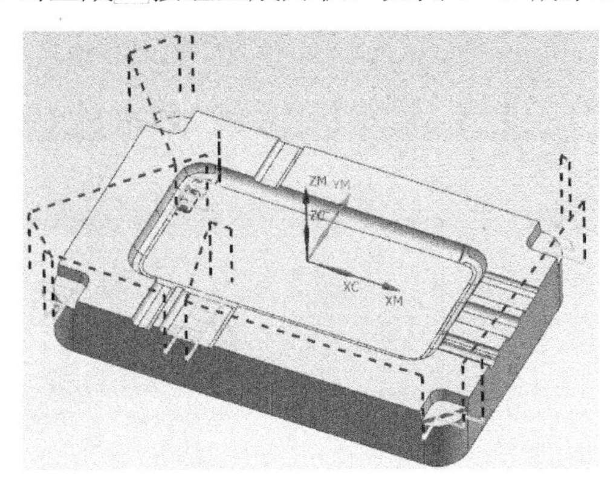

图 6-49　生成刀轨

STEP 05 半精加工平面。胶位大平面有整体铜公加工，需要留 0.05mm 火花位余量，所以使用边界面铣削进行半精加工平面。

1）复制上一步边界面铣削程序并更改参数。在程序顺序视图中右击边界面铣削程序，选择“复制”，如图 6-50 所示。再右击选择“粘贴”，如图 6-51 所示。双击复制后的程序，进入“面铣”对话框并更改参数，如图 6-52 所示。

图 6-50　复制程序

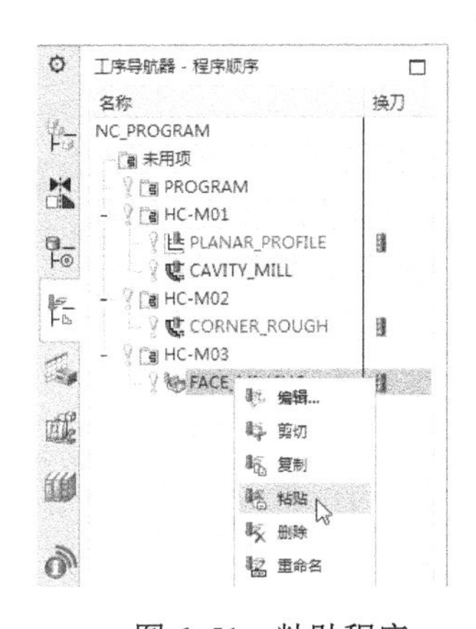

图 6-51　粘贴程序

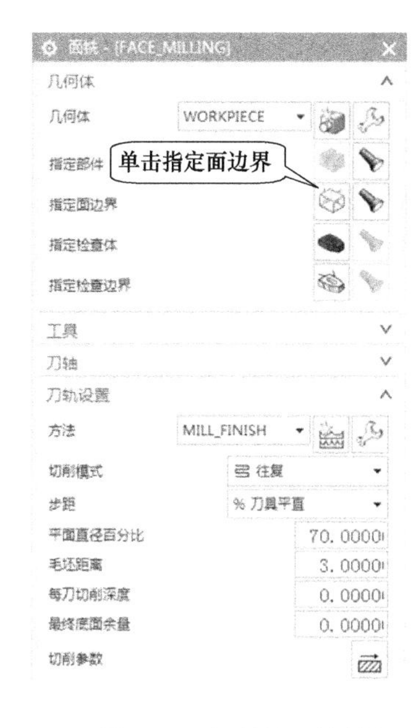

图 6-52　“面铣”对话框

2）更改指定面边界。单击指定边界按钮，弹出“毛坯边界”对话框，如图 6-53 所示，单击移除按钮，清除上一步程序选中的平面，清除后在工作区中选择要加工的胶位底平面，如图 6-54 所示。单击“确定”按钮，回到“面铣”对话框。

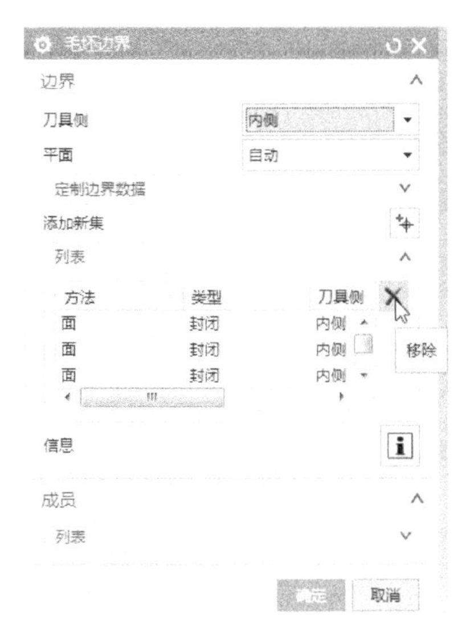

图 6-53　移除选中的面

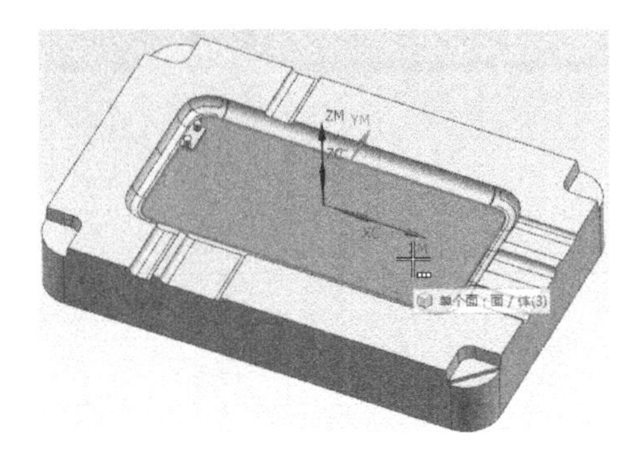

图 6-54　选择平面

3）更改切削参数。单击切削参数按钮，进入“切削参数”对话框，在“余量”选项卡设置“部件余量”为 0.2500，“壁余量”为 0.0000，如图 6-55 所示。

参数更改完成后，单击生成按钮生成刀轨，如图 6-56 所示。

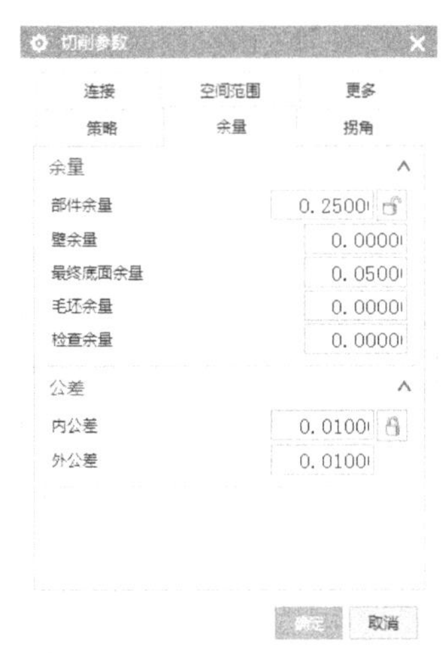

图 6-55 “切削参数”的“余量”对话框

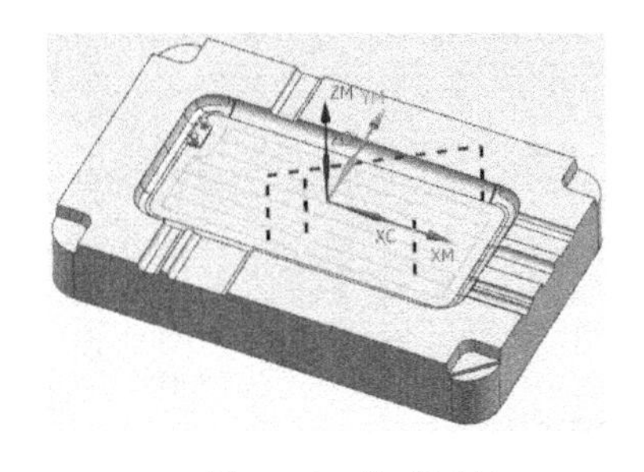

图 6-56　生成刀轨

STEP 06 **精加工虎口侧面**。在功能区单击“主页”→创建工序“ ”按钮，进入“创建工序”对话框，“工序子类型”选择深度轮廓加工，“位置”项下面选择已创建的各项，如图 6-57 所示。单击“确定”，进入“深度轮廓加工”对话框并设置各参数。

1）刀轨设置：设置“公共每刀切削深度”为“恒定”，“最大距离”为 0.1500，如图 6-58 所示。

2）指定切削区域，单击指定区削区域按钮，弹出“指定切削区域”对话框，如图 6-59 所示。然后在工作区调整图形视角，手动选取加工面或窗选加工面，如图 6-60 所示。单击“确定”，完成切削区域的选择。

3）切削参数：单击切削参数按钮，进入“切削参数”对话框，在“策略”选项卡设置“切削方向”为“混合”，如图 6-61 所示。

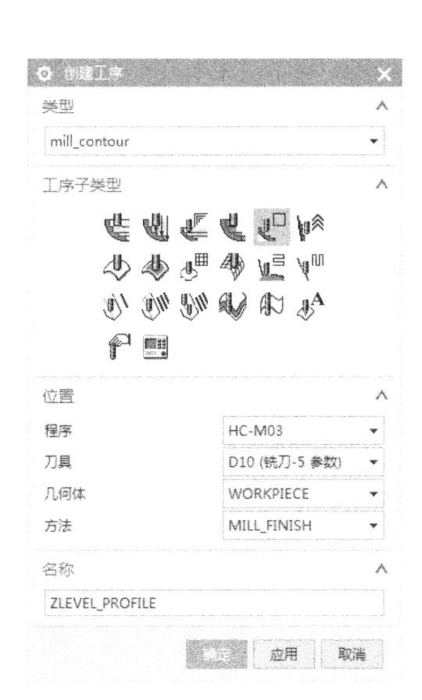

图 6-57 “创建工序”对话框

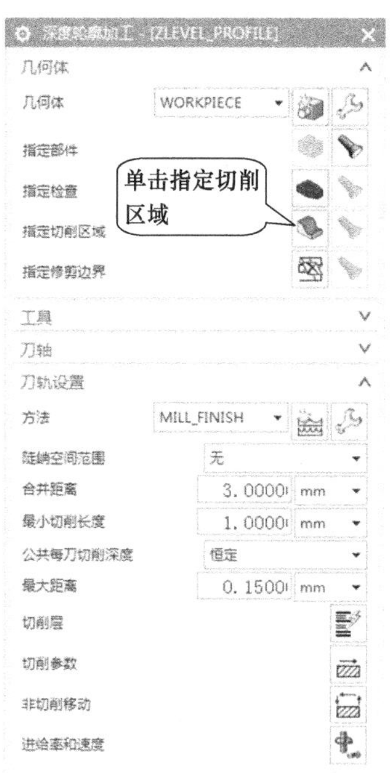

图 6-58 “深度轮廓加工”对话框

图 6-59 “切削区域”对话框

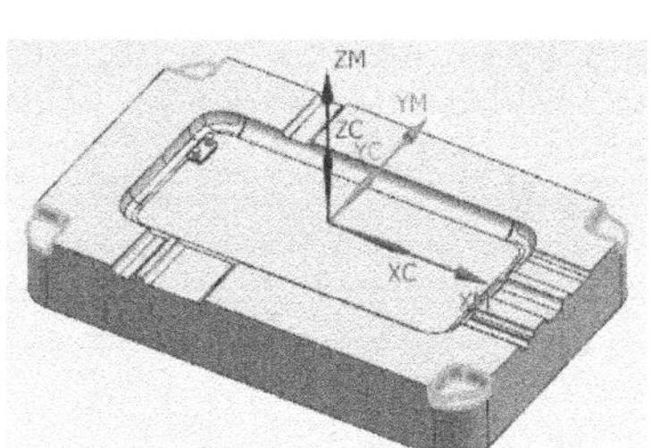

图 6-60 选择切削区域

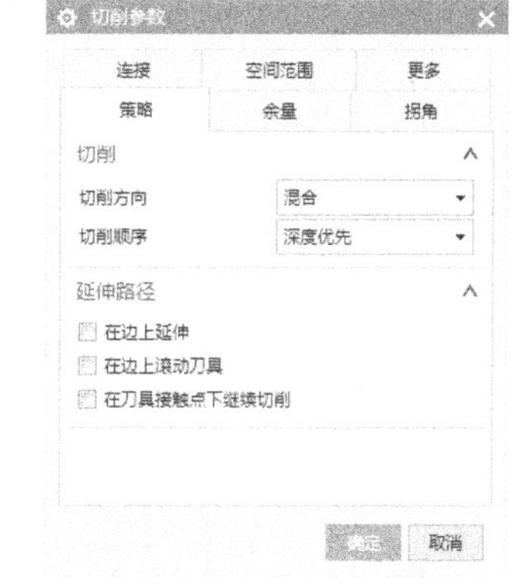

图 6-61 “切削参数”的“策略”对话框

4）非切削移动：单击非切削移动按钮，设置进刀参数，如图 6-62 所示，在“转移/快速”选项卡，“区域内”的“转移类型”设置为“直接”，如图 6-63 所示，其他默认。

5）进给率和速度：单击进给率和速度按钮，进入“进给率和速度”对话框，进给率和进刀速度默认了加工方法设置的参数，在这只需要在“主轴速度”输入 2500。

参数设置完成后，单击生成按钮生成刀轨，如图 6-64 所示。

STEP 07 **拐角粗加工清残料**。通过分析，一些内凹圆弧部位有一些残料，所以选择使用 D5R2.5 球刀进行清除，在功能区单击“主页”→创建刀具“”按钮，创建一把 D5R2. 5 球刀。

在功能区单击“主页”→创建工序“ ”按钮，进入“创建工序”对话框，“工序子类型”选择拐角粗加工，“位置”项下面选择已创建的各项，如图 6-65 所示。单击“确定”，进入“拐角粗加工”对话框并设置各参数。

1）设置参考刀具：新建一把 D7 刀具作为参考刀具。

2）刀轨设置：选择“切削模式”为“跟随周边”，“平面直径百分比”为 15.0000，“公共每刀切削深度”的“最大距离”为 0.2000，如图 6-66 所示。

图 6-62 “非切削移动”的“进刀”对话框

图 6-63 “非切削移动”的“转移/快速”对话框

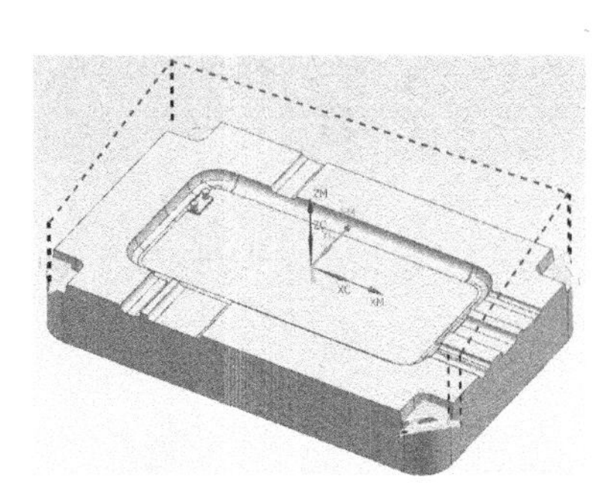

图 6-64 生成刀轨

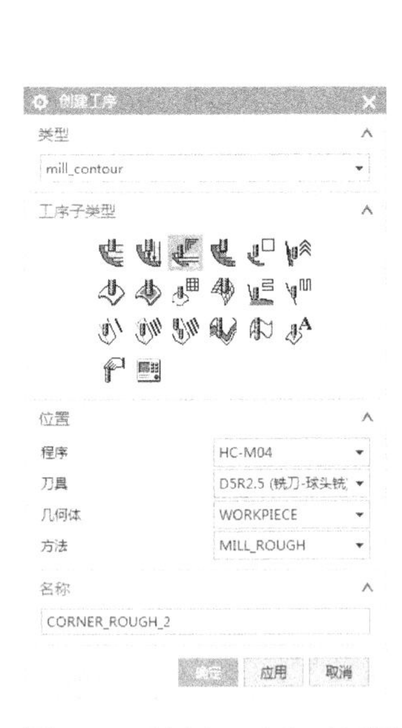

图 6-65 “创建工序”对话框

图 6-66 刀轨设置

3）指定修剪边界：单击指定修剪边界按钮，弹出“修剪边界”对话框，如图 6-67 所示，调整图形视角为俯视图，在需要清除残料的部位单击 4 个点生成一个边界，再单击添加新集按钮，继续添加其他部位边界，如图 6-68 所示。单击“确定”返回“拐角粗加工”对话框。

图 6-67 “修剪边界”对话框

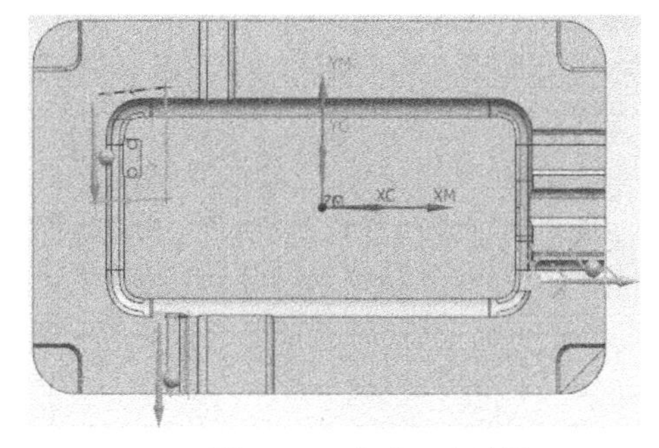

图 6-68　生成 3 个边界

4）切削参数：单击切削参数按钮，进入“切削参数”对话框，在“策略”选项卡设置“刀路方向”为“向内”，并且设置“壁清理”为“自动”，深度优先能减少区域间的提刀和移刀。在“余量”选项卡设置参数如图 6-69 所示。

5）非切削移动：单击非切削移动按钮，进入“非切削移动”对话框。

进刀：所剩大部分残料属于开放区域残料，所以系统自动使用开放区域的进刀参数，有些内凹位属封闭区域，所以封闭区域参数也要设置，如图 6-70 所示。

图 6-69 “切削参数”的“余量”对话框

图 6-70 “非切削移动”的“进刀”对话框

退刀：设置与进刀相同。

转移/快速：设置“区域内”的“转移类型”为“直接/上一个备用平面”，“区域之间”则设置“前一平面”，如图 6-71 所示。

6）进给率和速度：单击进给率和速度按钮，进入“进给率和速度”对话框，进给率和进刀速度默认了加工方法设置的参数，在这只需要在“主轴速度”输入 3500。

参数设置完成后，单击生成按钮生成刀轨，如图 6-72 所示。

图 6-71 “非切削移动”的“转移/快速”对话框

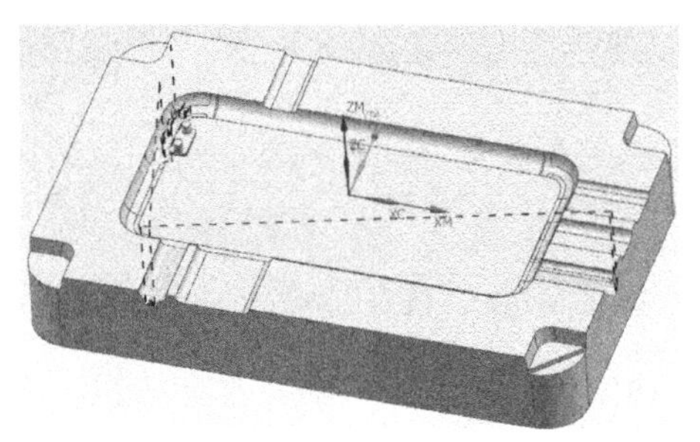

图 6-72 生成刀轨

STEP 08 半精加工圆弧面。胶位圆弧面有整体公放电加工，所以加工时需要留 0.1～0.2mm 的余量。枕位面圆弧 R 角比较小，所以一起进行半精加工。

在功能区单击“主页”—创建工序“ ”按钮，进入“创建工序”对话框，选择“工序子类型”中的区域轮廓铣，“位置”项下面选择已创建的各项，如图 6-73 所示。单击“确定”，进入“区域轮廓铣”对话框并设置各参数，如图 6-74 所示。

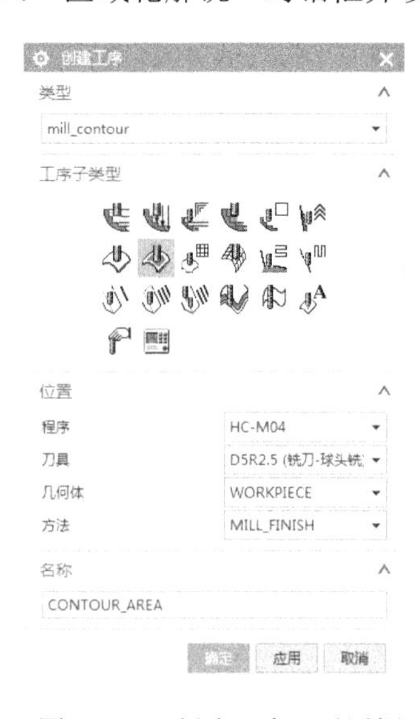

图 6-73 “创建工序”对话框

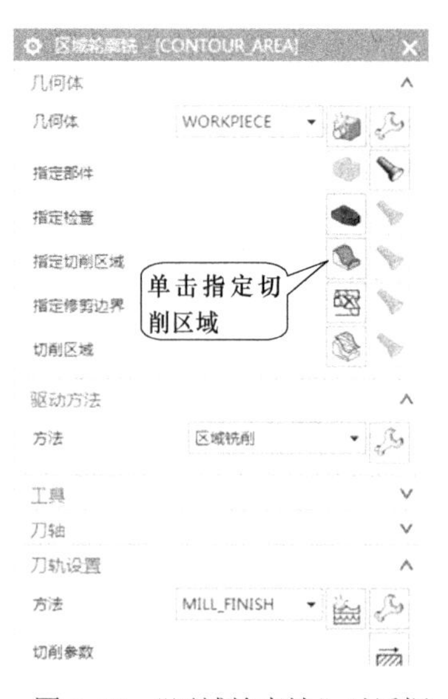

图 6-74 “区域轮廓铣”对话框

1）在“区域轮廓铣”对话框中单击指定切削区域按钮，弹出“切削区域”对话框，如图6-75所示。在工作区图形中选择要加工的面或调整视角窗选要加工的面，如图6-76所示。单击“确定”返回“区域轮廓铣”对话框。

图6-75　“切削区域”对话框

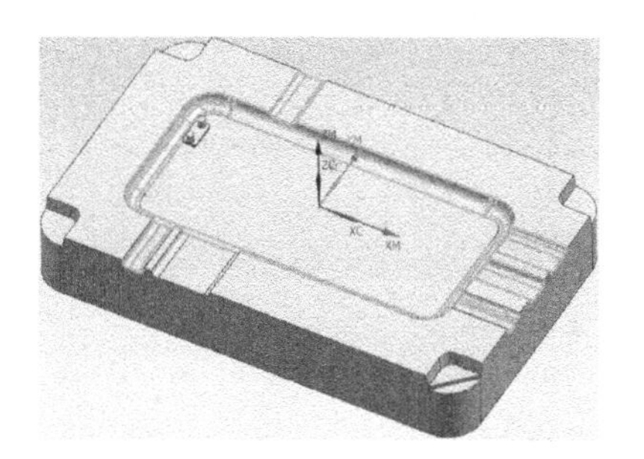

图6-76　指定切削区域

提示

在选择切削区域时，如果多选了加工面，按住“Shift”再单击多选的加工面，可以取消选择。

2）驱动方法默认为区域铣削，单击编辑按钮，弹出“区域铣削驱动方法”对话框，设置参数如图6-77所示。

3）单击切削参数按钮，进入“切削参数”对话框，在“余量”选项卡设置“部件余量”为0.1000，如图6-78所示。

图6-77　“区域铣削驱动方法”对话框

图6-78　“切削参数”的“余量”对话框

4）单击非切削移动按钮，进入“非切削移动”对话框，如图6-79所示。

5）单击进给率和速度按钮，进入“进给率和速度”对话框，“主轴速度”输入3500，“进给率”设置为2000。

参数设置完成后，单击生成 按钮生成刀轨，如图 6-80 所示。

图 6-79 “非切削移动”的“进刀”对话框

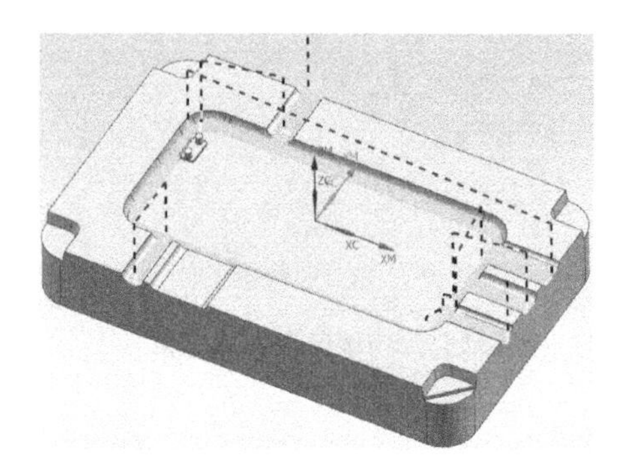

图 6-80 生成刀轨

STEP 09 **精加工枕位圆弧面**。上一步已经将胶位圆弧面和枕位圆弧面进行了半精加工，通过分析枕位圆弧面适合选择 D3R1.5 的球刀进行精加工。

单击“主页”→创建刀具“ ”按钮，创建一把 D3R1. 5 球刀。

在功能区单击“主页”→创建工序“ ”按钮，进入“创建工序”对话框，选择“工序子类型”中的区域轮廓铣，“位置”项下面选择已创建的各项，如图 6-81 所示。单击“确定”，进入“区域轮廓铣”对话框并设置各参数，如图 6-82 所示。

图 6-81 “创建工序”对话框

图 6-82 “区域轮廓铣”对话框

1）在“区域轮廓铣”对话框中单击指定切削区域按钮，弹出“切削区域”对话框，如图 6-83 所示。在工作区图形中选择要加工的面或调整视角窗选要加工的面，如图 6-84 所示。单击“确定”返回“区域轮廓铣”对话框。

图 6-83 “切削区域”对话框

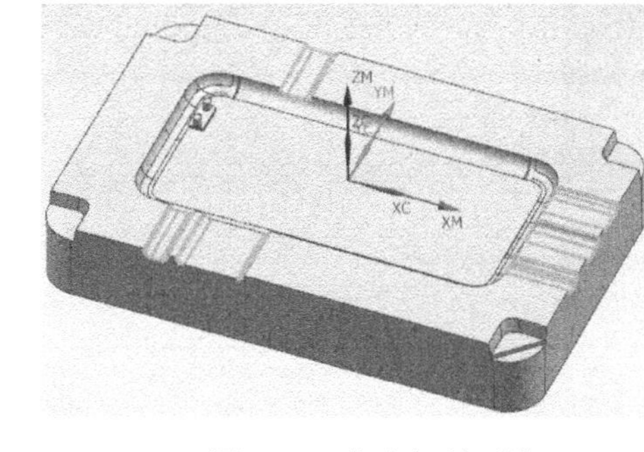

图 6-84 指定切削区域

2）驱动方法默认为区域铣削，单击编辑按钮，弹出“区域铣削驱动方法”对话框，设置参数如图 6-85 所示。

3）单击切削参数按钮，进入“切削参数”对话框，在“策略”选项卡设置延伸刀轨，勾选“在边上延伸”，并设置“距离”为 0.5000，如图 6-86 所示。

图 6-85 “区域铣削驱动方法”对话框

图 6-86 “切削参数”的“策略”对话框

4）单击非切削移动按钮，进入“非切削移动”对话框，如图 6-87 所示。

5）单击进给率和速度按钮，进入“进给率和速度”对话框，“主轴速度”输入 4000，“进给率”设置为 1000。

参数设置完成后，单击生成按钮生成刀轨，如图 6-88 所示。

STEP 10 **等高轮廓精加工两个小圆柱外形。**单击“主页”→创建刀具“”按钮，创建一把 D4 平刀。因两根圆柱距离比较近，会产生提刀和拉刀，所以可以选择分开加工或控制提刀高度。

图 6-87 “非切削移动”的“进刀”对话框

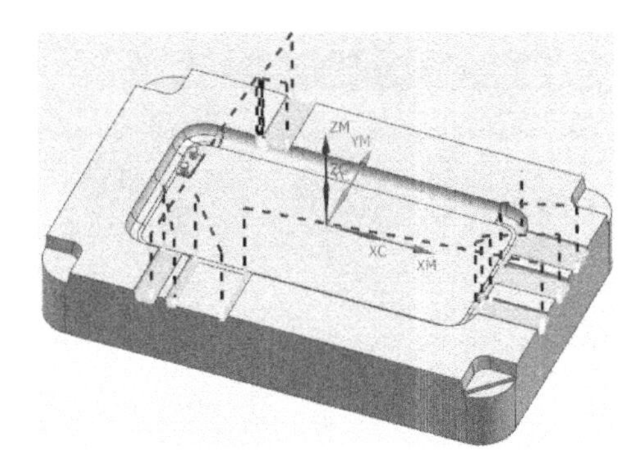

图 6-88 生成刀轨

在功能区单击“主页”→创建工序“ ”按钮，进入“创建工序”对话框，“工序子类型”选择深度轮廓加工，“位置”项下面选择已创建的各项，如图 6-89 所示。单击“确定”，进入“深度轮廓加工”对话框并设置各参数。

1）刀轨设置：设置“公共每刀切削深度”为“恒定”，“最大距离”为 0.0800，如图 6-90 所示。

图 6-89 “创建工序”对话框

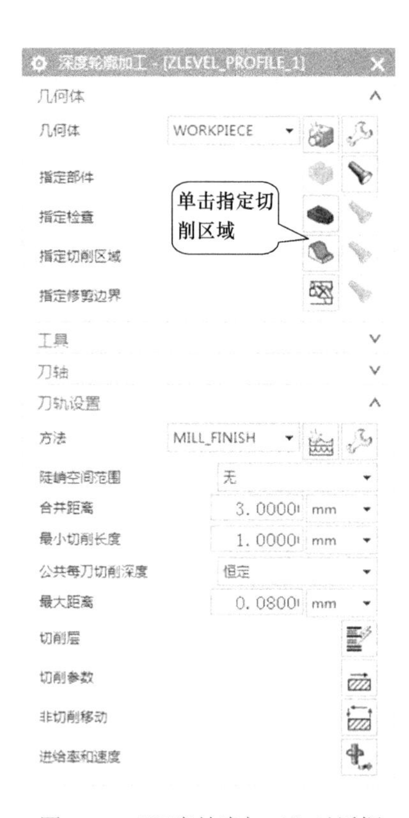

图 6-90 “深度轮廓加工”对话框

2）指定切削区域，单击指定切削区域按钮，弹出“切削区域”对话框，如图 6-91 所示。然后在工作区调整图形视角，手动选取加工面或窗选加工面，如图 6-92 所示。单击“确定”完成切削区域的选择。

图 6-91 “切削区域”对话框

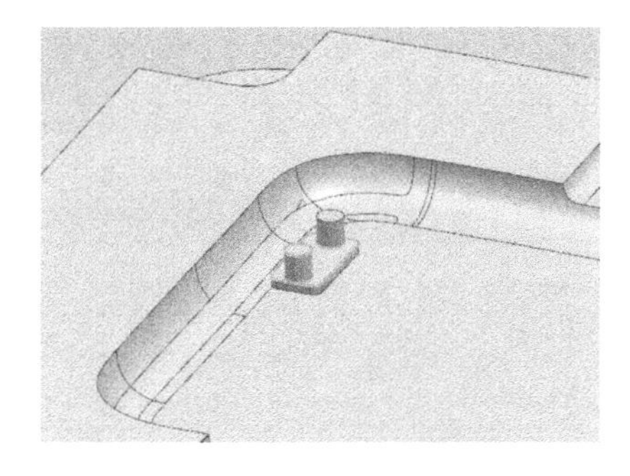

图 6-92　选择切削区域

3）切削参数：单击切削参数按钮，进入“切削参数”对话框，在“余量”选项卡设置“部件底面余量”为 0.0500，如图 6-93 所示。

4）非切削移动：单击非切削移动按钮，设置进刀参数，如图 6-94 所示，在“转移/快速”选项卡，“区域内”的“转移类型”设置为“直接”，如图 6-95 所示。进刀点有必要设置，单击“起点/钻点”选项卡，旋转图形按 F8 调整视角，在圆柱一边单击产生一个进刀点，如图 6-96 所示。

图 6-93 “切削参数”的“余量”对话框

图 6-94 “非切削移动”的“进刀”对话框

5）进给率和速度：单击进给率和速度按钮，进入“进给率和速度”对话框，进给率和进刀速度默认了加工方法设置的参数，在这只需要在“主轴速度”输入 4000，如图 6-97 所示。

参数设置完成后，单击生成按钮生成刀轨，如图 6-98 所示。

第二根圆柱加工用相同方法进行编程即可。

图 6-95 “非切削移动”的“转移/快速”对话框

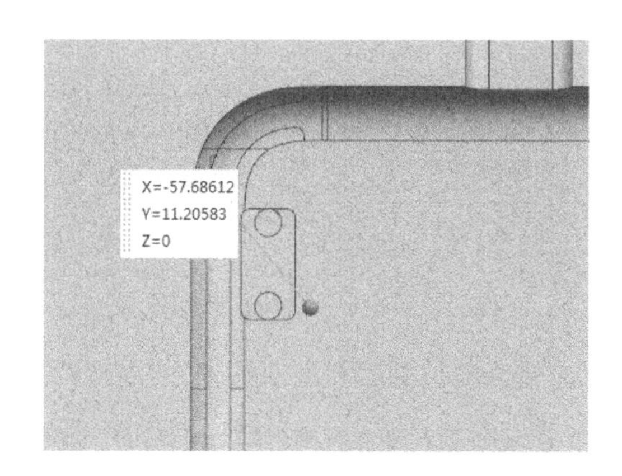

图 6-96 指定进刀点

图 6-97 进给率和转速

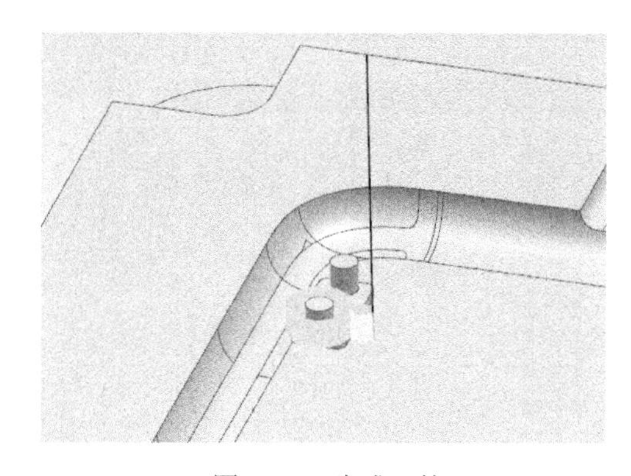

图 6-98 生成刀轨

STEP 11 **精加工圆柱底平面**。在功能区单击“主页”→创建工序“ ”按钮，进入“创建工序”对话框，“工序子类型”选择使用边界面铣削，“位置”项下面选择已创建的各项，如图 6-99 所示。单击“确定”，进入“面铣”对话框并设置各参数。

1）刀轨设置：使用边界面铣削的刀轨设置，如图 6-100 所示。

2）指定面边界：单击指定边界按钮，弹出“毛坯边界”对话框，如图 6-101 所示，在工作区中选择要加工的平面，如图 6-102 所示。

3）单击切削参数按钮，进入“切削参数”对话框，在“策略”选项卡设置参数，如

图 6-103 所示。

4）在“拐角”选项卡设置凸角参数为延伸并修剪，避免在边角处拐弯，影响加工效果，如图 6-104 所示。

图 6-99 “创建工序”对话框

图 6-100 “面铣”对话框

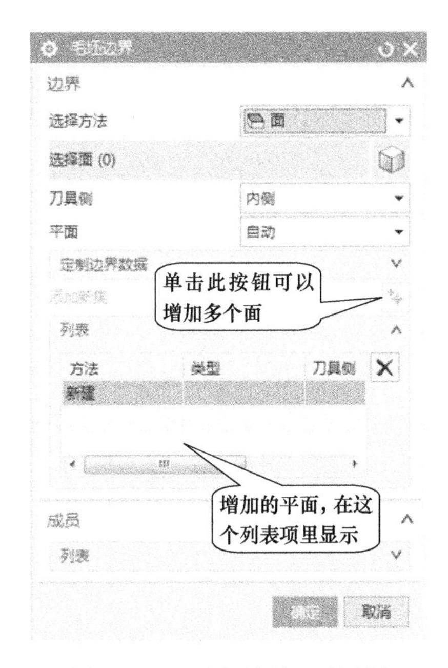

图 6-101 “毛坯边界”对话框

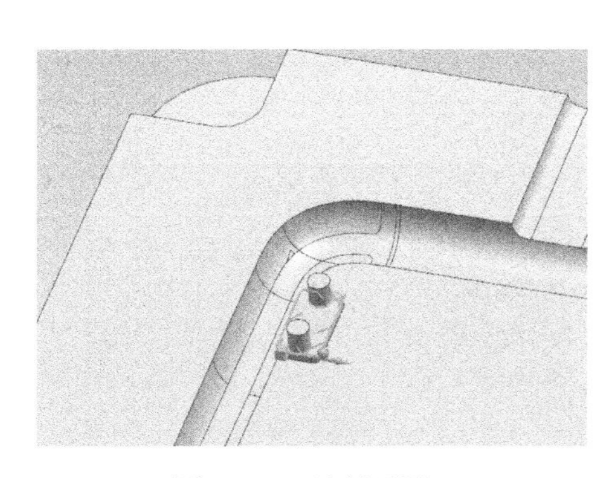

图 6-102 选择平面

图 6-103 “切削参数”的“策略”对话框

图 6-104 “切削参数”的“拐角”对话框

5）单击非切削移动按钮，进入“非切削移动”对话框，在“进刀”选项卡设置参数，如图 6-105 所示。其余参数默认。

6）单击进给率和速度按钮，进入“进给率和速度”对话框，“主轴速度”输入 4000，“进给率”设置为 600。

参数设置完成后，单击生成按钮生成刀轨，如图 6-106 所示。

图 6-105 “非切削移动”的“进刀”对话框

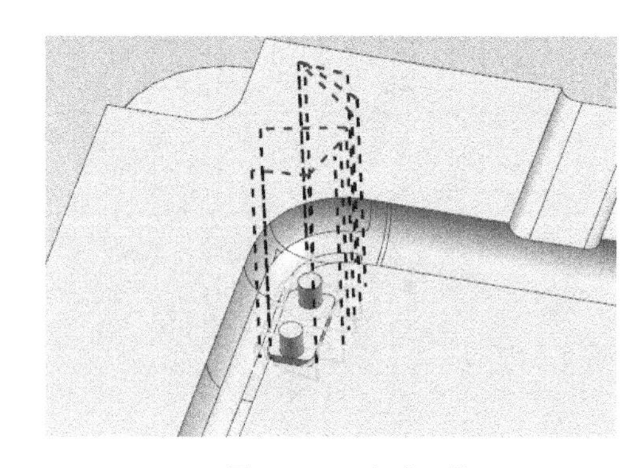

图 6-106 生成刀轨

6.2.2 前模拆电极

1. 为什么采用电极加工模具

1）电火花加工精度高。

2）可加工数控铣加工不到的部位。

3）模具的特殊要求（火花纹面、镜面）。

4）电极材料更易于加工出复杂的形状。

5）电极和工件之间不接触，宏观作用力小，不会引起变形。

2. 拆电极需注意和考虑的问题

1）考虑电极的布局安排，尽量组合拆，考虑平移、旋转、镜像的关系，要结合用料与编程。

2）考虑 CNC 加工、打火花所需时间的关系，合理利用材料。

3）考虑用刀，即用什么方法，用什么类型和多大直径的刀具进行加工。

4）考虑避空。

5）考虑实际加工出现的问题（要方便加工，防止变形等）。

6）碰穿面、擦穿面、枕位面和胶位面铜公要各自分开拆。

7）曲面整齐清晰，避免很多碎面，曲面需修剪整齐。

8）打斜顶位需要与线割位置接顺。

9）当出现两个以上的外形比较接近的电极时，基准角要采用不同的做法，以便于区分。

10）比较薄的筋位电极需要做加工，以宽度不少于 3mm 为标准。

3. 电极基本结构参数

1）电极放电面自然延长 0.5～1mm 后拉伸成直身，方便检测和加工时接刀。

2）电极设计要为放电加工时易开冲油排渣考虑，基准台应高于最高面 2～5mm。

3）电极基准台厚度一般取 5～6mm，加大加长的电极基准台要根据比例加厚，预防变形。

4）电极基准一般大于电极外形 3～5mm 即可。

5）电极与模具基准对应的角倒 C 角，其他三个边倒圆角，优点是在加工时可以避免出现毛刺，方便抛光。

STEP 01 在 UG NX 12.0 主界面单击“菜单”→“文件”→“打开”，打开光盘“HC-Mould”文件夹中的 CUHC-M1CA 文件，如图 6-107 所示模具，胶位面整体拆电极。

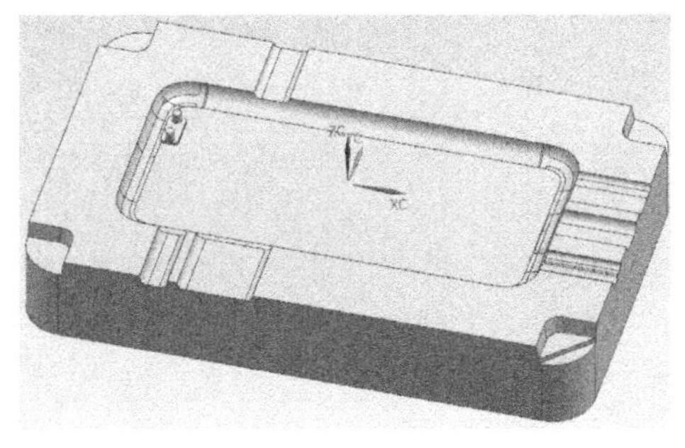

图 6-107　CUHC-M1CA 文件

STEP 02 设置图层，在 UG NX 12.0 主界面单击“视图”→图层设置“ ”命令或按快捷键 CTRL+L，打开“图层设置”对话框，如图 6-108 所示。在“工作图层”中输入 11 按回车键，把 11 层设置为工作图层来进行拆电极，如图 6-109 所示。

图 6-108 “图层设置”对话框

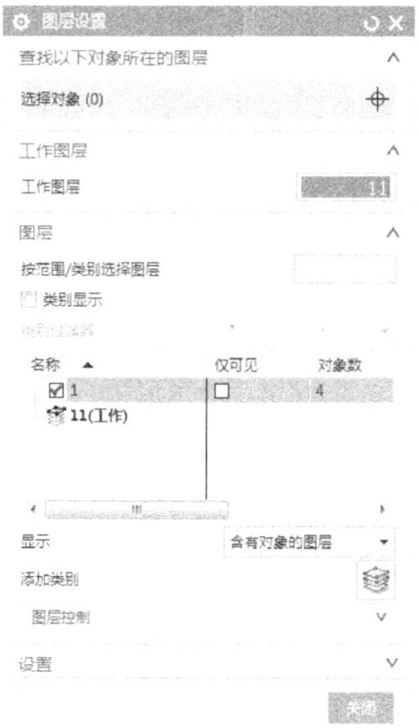

图 6-109 切换工作图层

STEP 03 在 UG NX 12.0 主界面单击“电极设计”→包容体“ ”命令，打开“包容体”对话框，如图 6-110 所示。按住鼠标中键调整图形视角，再按 F8 键，把图形设为俯视图方向，对角窗选要拆电极部位创建一个体，如图 6-111 所示。

图 6-110 “包容体”对话框

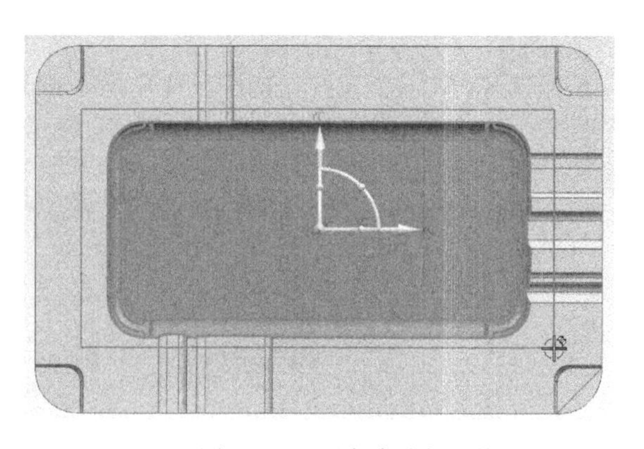

图 6-111 对角窗选创建体

STEP 04 在 UG NX 12.0 主界面单击“主页”→求差“”命令，先选择目标体，再选择工具体，如图 6-112 所示。在“求差”对话框中，勾选“保存工具”，如图 6-113 所示。单击“确定”进行求差，关闭图层 1 或按快捷键 CTRL+B 隐藏工具体，可以看到求差后的目标体形状，如图 6-114 所示。

STEP 05 在 UG NX 12.0 主界面单击“主页”→删除面“”命令，窗选图 6-114 箭头所指的多余的部位，单击“确定”，删除后的图形如图 6-115 所示。

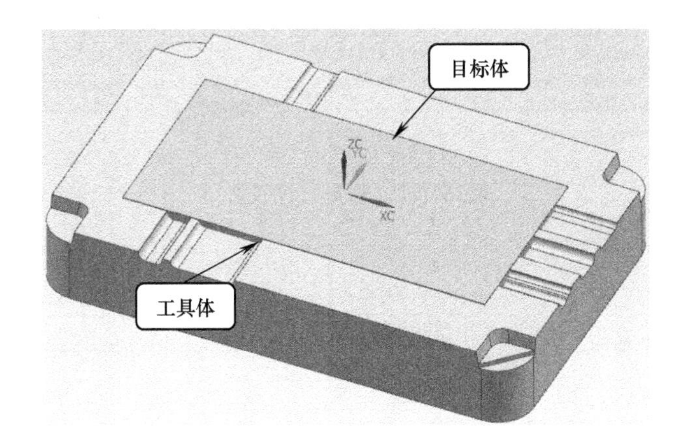

图 6-112　选择体

图 6-113　“求差”对话框

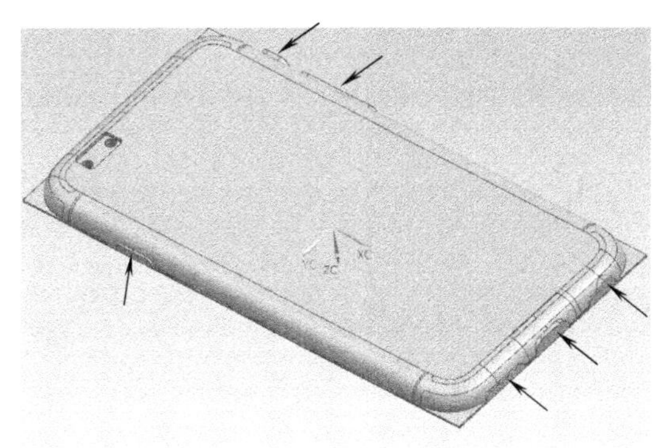

图 6-114　求差后的目标体

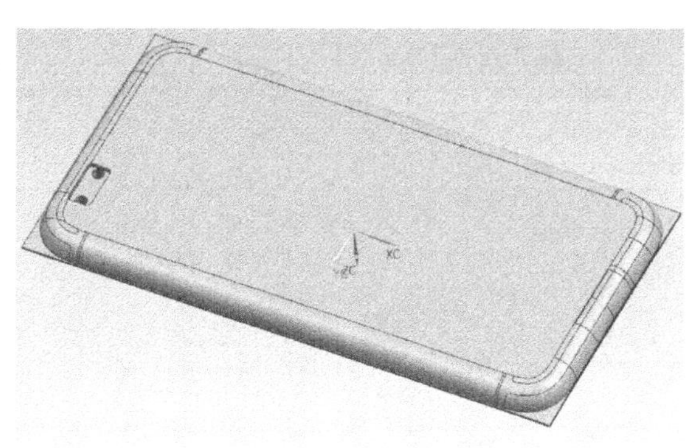

图 6-115　删除面后的体

STEP 06 在 UG NX 12.0 主界面单击“主页”→修剪体“”命令，将多余的外形平面用修剪体剪掉，选择目标体，在“工具选项”设置为“新建”平面，如图 6-116 所示。在图形中选择修剪平面，如图 6-117 所示，注意修剪的方向，如方向不对，单击反向进行切换。单击“确定”，修剪后的图形如图 6-118 所示。

STEP 07 在 UG NX 12.0 主界面单击“主页”→拉伸“”命令，选择电极底面拉伸一个基准台避空高度。在过滤器中设置选择方式为“面的边”，如图 6-119 所示。再旋转图形，选择电极底部面，在“拉伸”对话框中设置“距离”为 3mm，注意拉伸的方向，如方向不对，单击反向进行切换，如图 6-120 所示。单击“确定”，拉伸后的图形如图 6-121 所示。

图 6-116 “修剪体”对话框

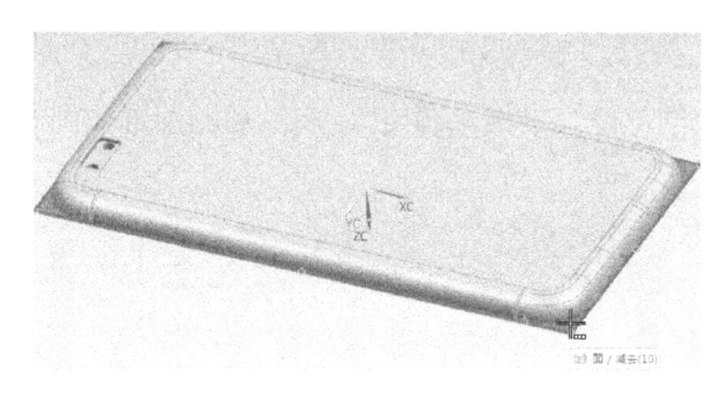

图 6-117 选择修剪平面

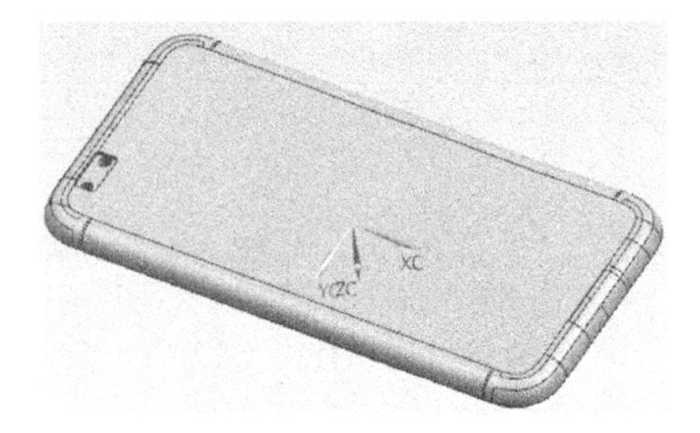

图 6-118 修剪后的图形

图 6-119 选择方式设置为面的边

图 6-120 “拉伸”对话框

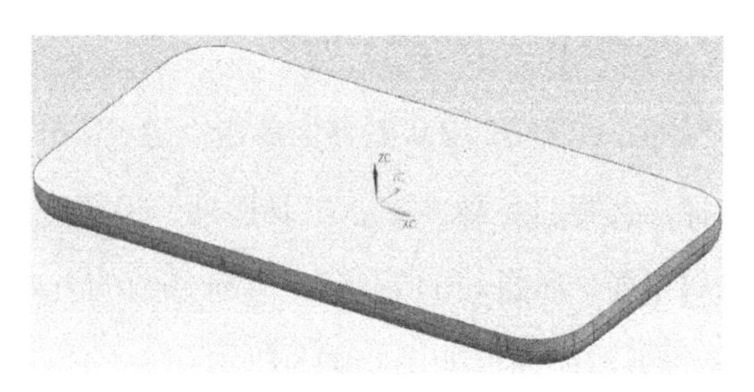

图 6-121 拉伸一个高 3mm 的体

STEP 08 在 UG NX 12.0 主界面单击“主页”→合并“ ”命令，选择电极体和拉伸的体合并。

STEP 09 摄像头位置替换掉模具中已加工好的部位，在 UG NX 12.0 主界面单击“主页”→替换面“ ”命令，打开“替换面”命令，如图 6-122 所示。按图 6-123 所示来选择原始面和替换面，单击“确定”完成替换面的操作。

图 6-122 “替换面”对话框

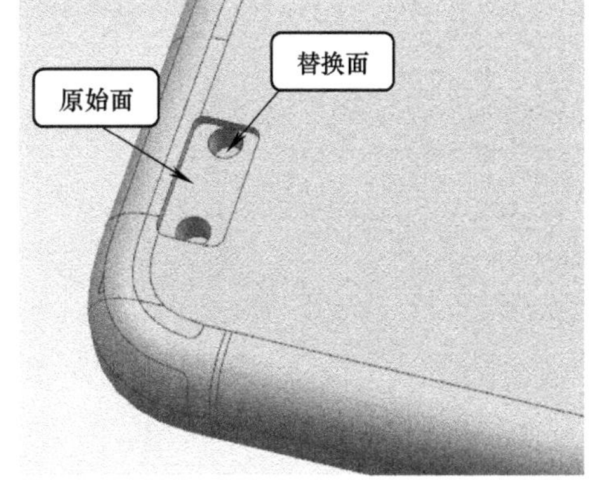

图 6-123　选择原始面和替换面

STEP 10 摄像头位置进行做避空，在 UG NX 12.0 主界面单击“主页”→偏置区域“ ”命令，选择图 6-124 中方槽位底面。在“偏置区域”对话框中输入偏置“距离”为–1mm，如图 6-125 所示。单击“确定”生成偏置。

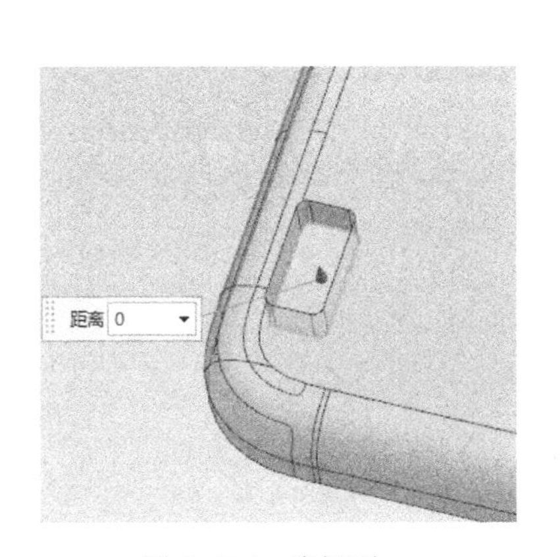

图 6-124　选择面

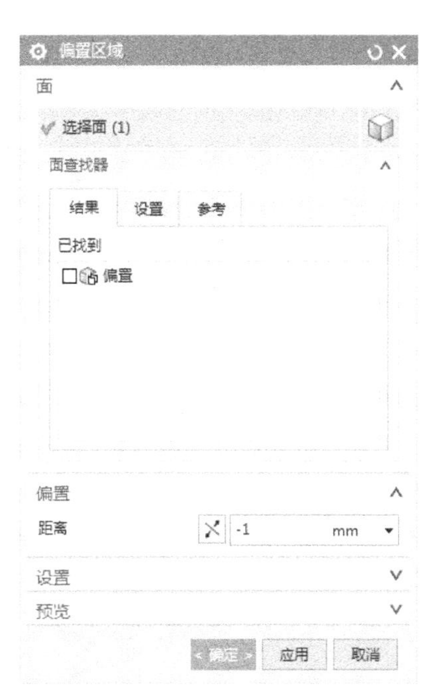

图 6-125 “偏置区域”对话框

STEP 11 包容体产生基准台，在 UG NX 12.0 主界面单击“电极设计”→包容体“ ”命令，打开“包容体”对话框，勾选“单个偏置”，在“偏置”值中输入 4mm，如图 6-126 所示。选择电极底面，把“单个偏置”钩去掉，在图形中 Z-输入 0、Z+输入 6，如图 6-127 所示。单击“确定”生成基准台。

图 6-126 “包容体”对话框

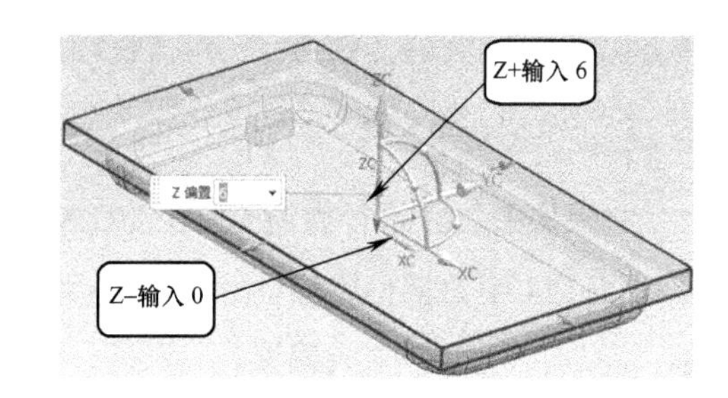

图 6-127 单个偏置

STEP 12 在 UG NX 12.0 主界面单击“主页”→合并“ ”命令，选择电极主体和基准台合并。

STEP 13 在 UG NX 12.0 主界面单击“曲线”→直线“ ”命令，选择基准面对角拉一直线，如图 6-128 所示。对角线主要是在出火花图样时标注中心距离值。

STEP 14 为了区分电极方向，在基准台的其中一个角做倒角，在 UG NX 12.0 主界面单击“主页”→倒斜角“ ”命令，选择基准台其中一个边倒斜角，大小为 4mm，如图 6-129 所示。

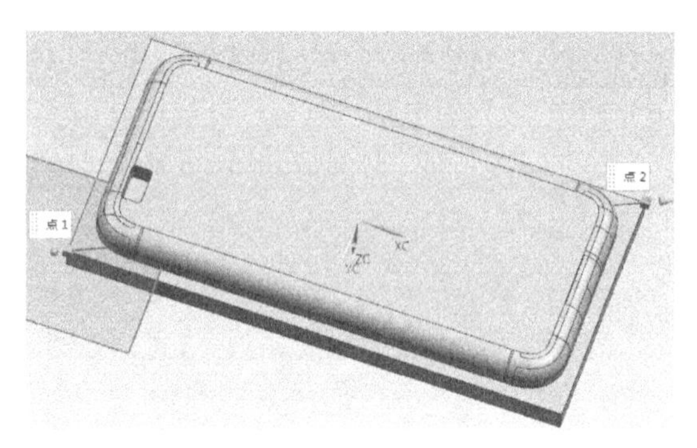

图 6-128 对角线

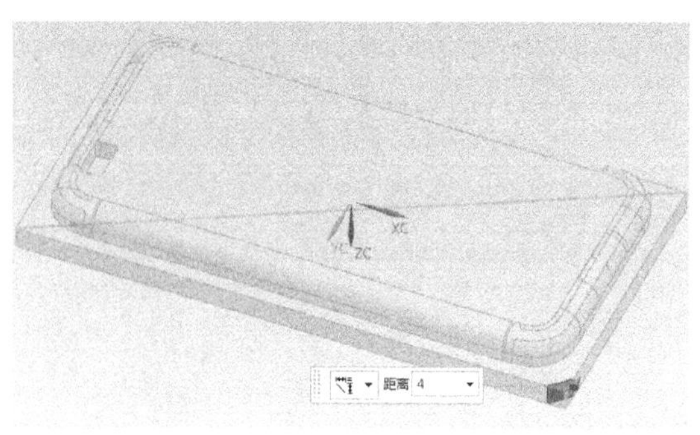

图 6-129 倒斜角

STEP 15 基准台其余三个角进行倒圆角，圆滑过渡，不起毛刺。在 UG NX 12.0 主界面单击“主页”→边倒圆“ ”命令，打开“边倒圆”对话框，如图 6-130 所示。选择基准台另三个角的边倒圆角，大小为 1mm，如图 6-131 所示。单击“确定”生成圆角，电极如图 6-132 所示。

图 6-130　“边倒圆”对话框

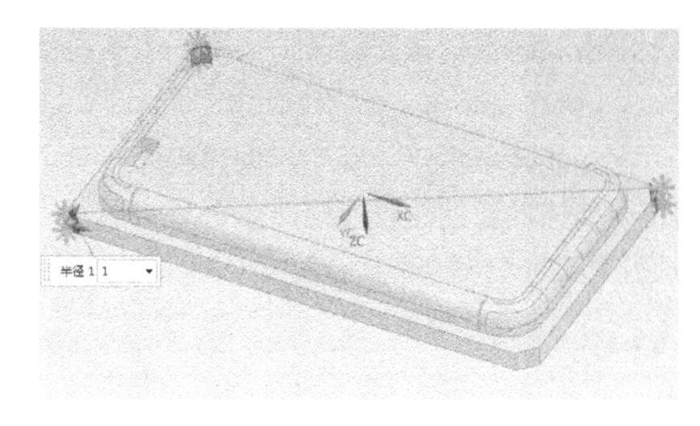

图 6-131　倒斜角

电极完成后，可以在底面设置面的透明度进行观察合不合理，是否有过切，也可以利用分析里的简单干涉功能进行检查。

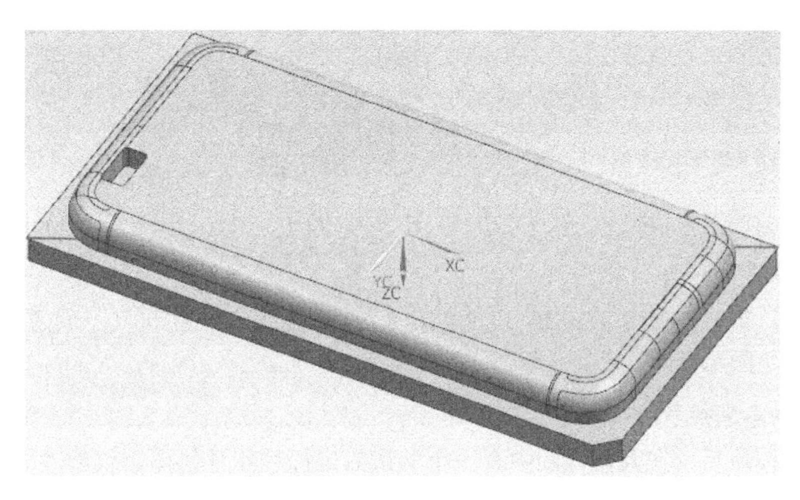

图 6-132　电极

6.2.3 后模加工刀路详解

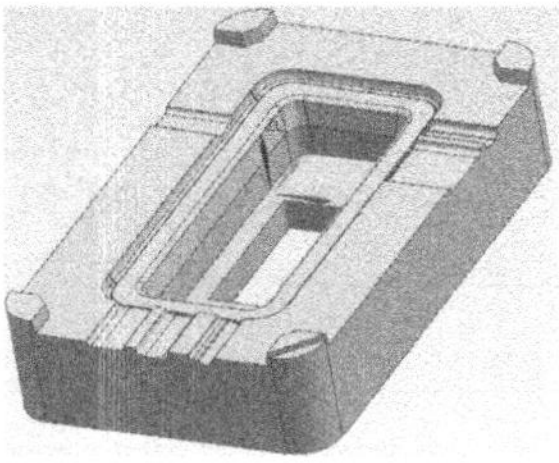

在 UG NX 12.0 主界面单击“菜单”→“文件”→“打开”，打开光盘“HC-Mould”文件夹中的 HC-M1 文件，单击“菜单”→“文件”→“另存为”保存为 HC-M1CO。删除或隐藏前模和镶件，如图 6-133 所示。

图 6-133 后模图

1. 进入加工模块

在功能区单击“应用模块”→加工“ ”按钮或按快捷键 CTRL+ALT+M，进入加工模块。进入加工模块时，系统弹出“加工环境”对话框，“CAM 会话配置”设置为“cam_general”，“要创建的 CAM 组装”设置为“mill_contour”（轮廓铣）。

2. 旋转图形

按 CTRL+T（移动对象）快捷键，在工作区选择图形，“变换运动”方式选择“角度”，设置“指定矢量”为 Z 轴、“指定轴点”为原点，输入旋转“角度”为-90°，如图 6-134 所示。单击“确定”按钮旋转，如图 6-135 所示。

3. 创建程序组

在功能区单击“主页”→创建程序“ ”按钮，创建出多个程序组，如图 6-136 所示。或使用外挂批量创建程序组。

图 6-134 “移动对象”对话框

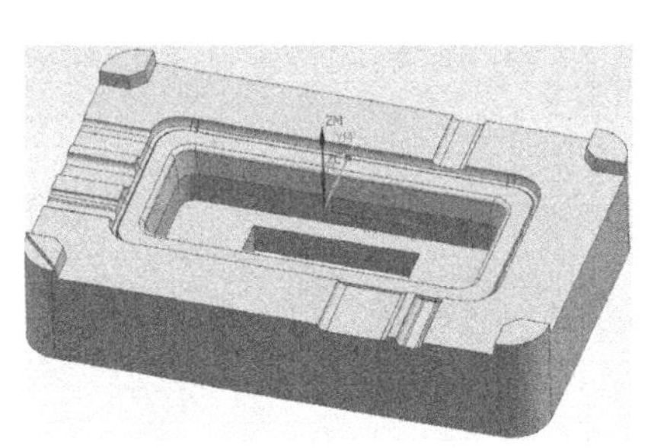

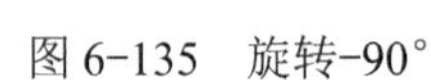

图 6-135 旋转-90°

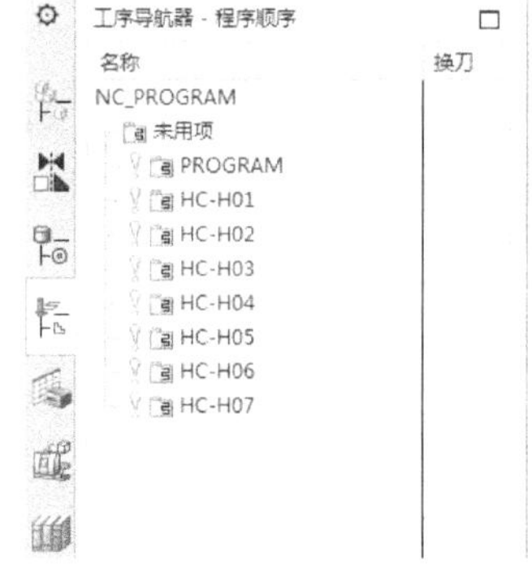

图 6-136 创建程序组

4. 创建刀具

通过分析，粗加工使用 D30R5 刀具加工。在功能区单击“主页”→创建刀具“ ”按钮，如图 6-137 所示操作。

5. 设置加工坐标系和几何体

进入加工模块后，在几何视图中有一个默认的坐标系和几何体，双击“MCS_MILL”，进入“Mill Orient”对话框，“安全距离”设置为 30。单击“确定”完成设置。

双击“WORKPIECE”，进入“工件”对话框，如图 6-138 所示设置部件几何体和毛坯几何体。

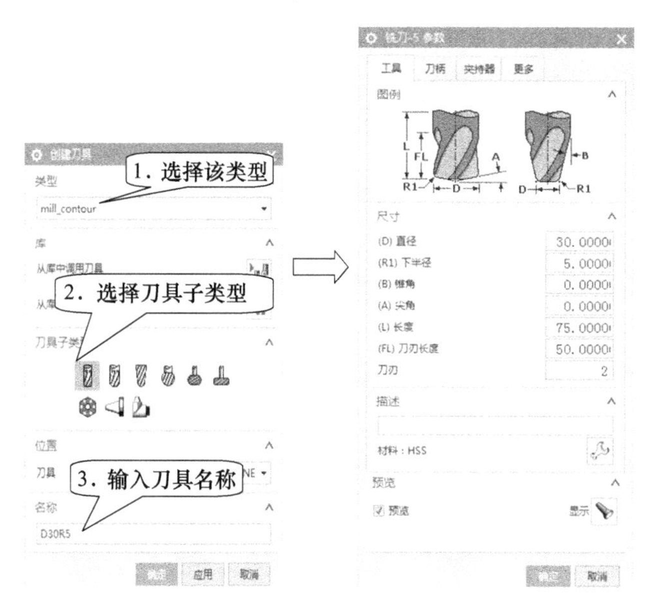

图 6-137　创建刀具

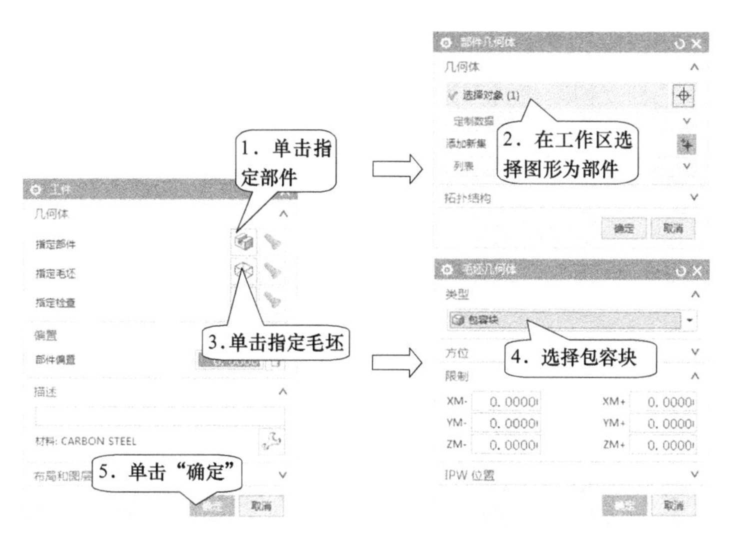

图 6-138　指定部件和毛坯

6. *加工方法参数设置*

双击“MILL ROUGH”，进入粗加工参数设置对话框，设置“部件余量”为 0.4000，如图 6-139 所示。单击进给按钮，设置“进给率”的“切削”为 2000.000，“进刀”为 60.0000%切削，如图 6-140 所示。单击“确定”完成设置。

双击“MILL_SEMI_FINISH”，进入半精加工参数设置对话框，设置“部件余量”为 0.1500，“公差”调整为 0.05。单击进给按钮，设置“进给率”的“切削”为 2000.000，“进刀”为 60.0000%切削，单击“确定”完成设置。

双击“MILL_FINISH”，进入精加工参数设置对话框，设置“部件余量”为 0，“公差”调整为 0.01。单击进给按钮，设置“进给率”的“切削”为 1200.000，“进刀”为 60.0000%切削，单击“确定”完成设置。

图 6-139 “铣削粗加工”对话框

图 6-140 “进给”对话框

STEP 01 型腔铣整体粗加工。在功能区单击“主页”→创建工序“ ”按钮，进入创建工序对话框，选择工序子类型中的型腔铣，位置项下面选择已创建的各项，如图 6-141 所示。单击“确定”，进入型腔铣对话框并设置各参数。

1）刀轨设置：选择“切削模式”为“跟随周边”，设置“平面直径百分比”为 80.0000、“公共每刀切削深度”为“恒定”，“最大距离”为 0.4000，如图 6-142 所示。

图 6-141 “创建工序”对话框

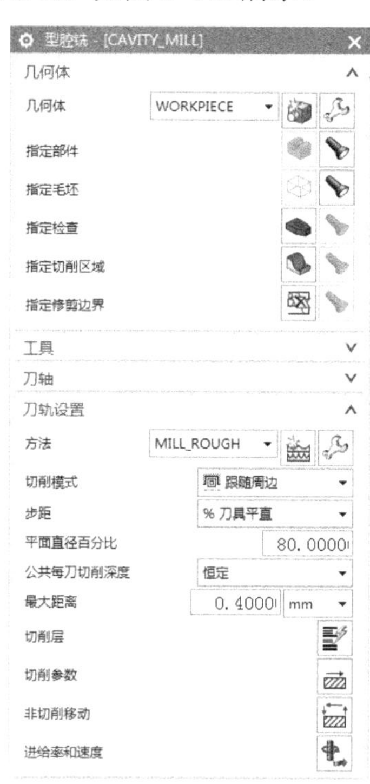

图 6-142 刀轨设置

2）指定修剪边界：单击指定修剪边界按钮，进入“修剪边界”对话框，“修剪侧”选择为“外侧”，按住鼠标中键旋转图形，选择底面，产生修剪边界，如图6-143所示操作。

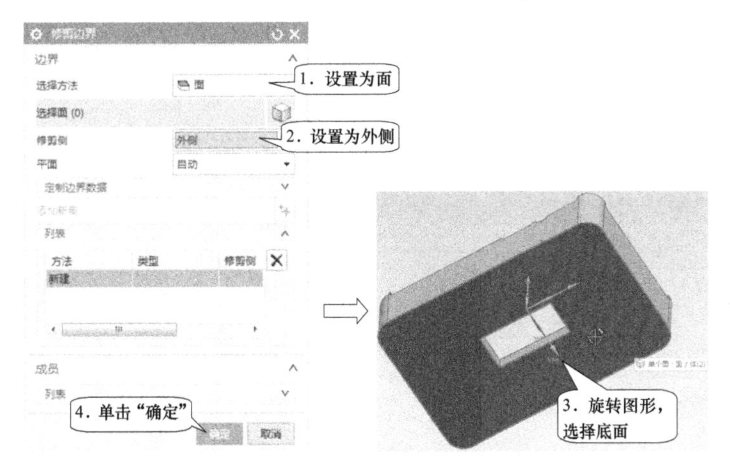

图6-143 指定修剪边界

3）指定切削层：单击切削层按钮，进入“切削层”对话框，按图6-144更改加工的最低深度。

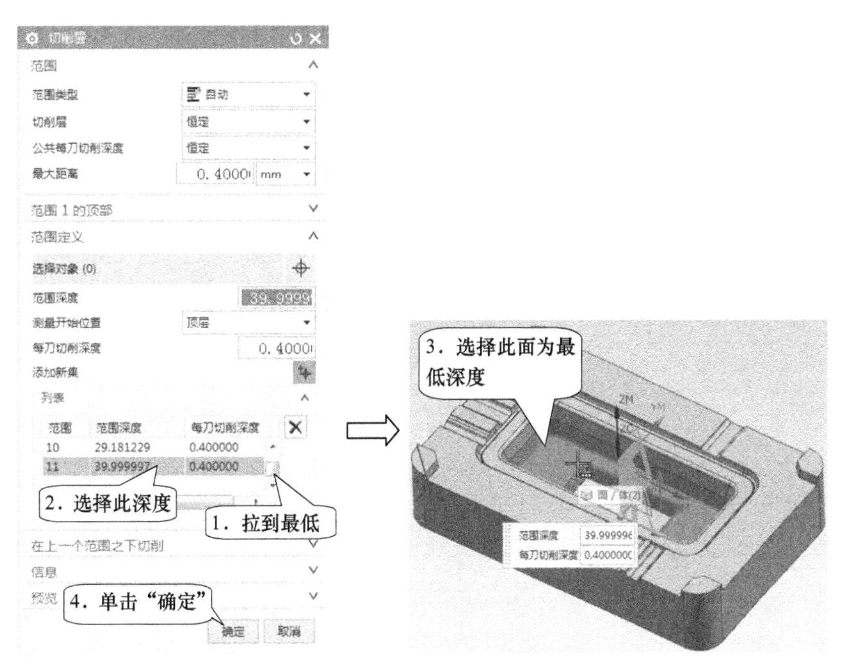

图6-144 更改切削层

4）切削参数：单击切削参数按钮，进入“切削参数”对话框，在“策略”选项卡设置参数，如图6-145所示。深度优先能减少区域间的提刀和移刀，优化切削的顺序。在“余量”选项卡设置参数，如图6-146所示。

5）非切削移动：单击非切削移动按钮，进入“非切削移动”对话框，如图6-147所示。“退刀”设置“抬刀高度”为3mm。“转移/快速”选项卡设置“区域内”的“转移类型”为“前一平面”，如图6-148所示。

6）进给率和速度：单击进给率和速度 按钮，进入“进给率和速度”对话框，进给率和进刀速度默认了加工方法设置的参数，在这只需要在“主轴速度”输入 1500。

参数设置完成后，单击生成 按钮生成刀轨，如图 6-149 所示。

图 6-145 “切削参数”的“策略”对话框

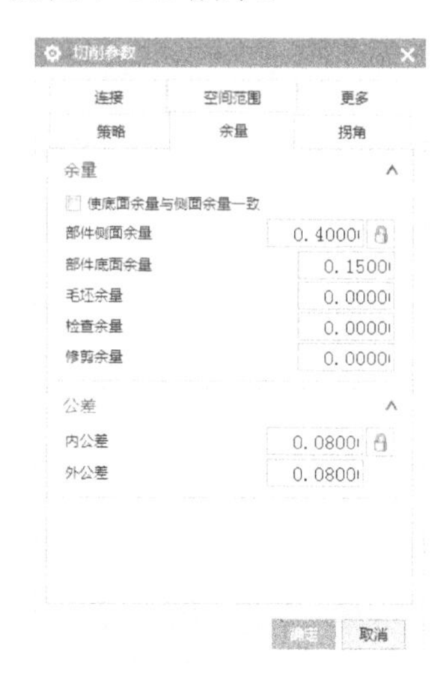

图 6-146 “切削参数”的“余量”对话框

图 6-147 “非切削移动”的“进刀”对话框

图 6-148 “非切削移动”的“转移/快速”对话框

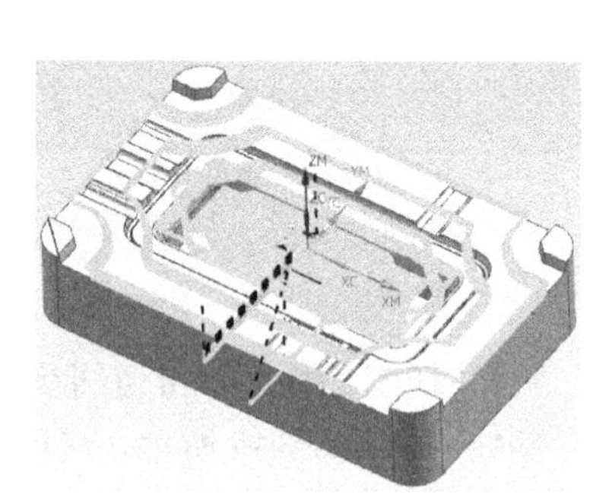

图 6-149 生成刀轨

STEP 02 **平面轮廓铣精加工 4 个圆角**。在功能区单击“主页”→创建刀具“ ”按钮，创建一把 D17R0.8 的刀具。

在功能区单击“主页”→创建工序“ ”按钮，进入“创建工序”对话框，选择“工序子类型”中的平面轮廓铣，“位置”项下面选择已创建的各项，如图 6-150 所示。单击“确定”，进入“平面轮廓铣”对话框并设置各参数，如图 6-151 所示。

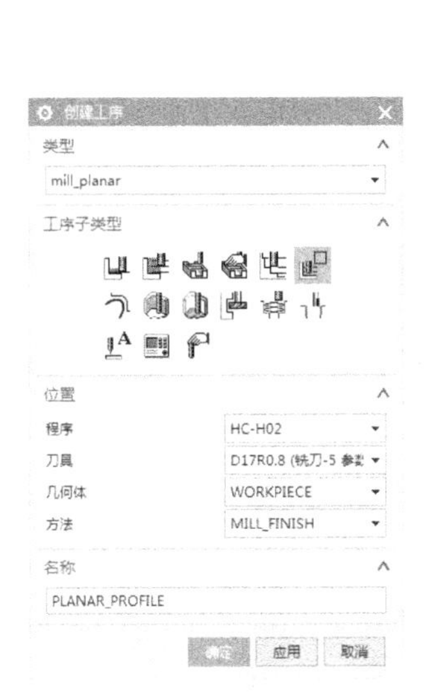

图 6-150　“创建工序”对话框

图 6-151　“平面轮廓铣”对话框

1）指定部件边界：在“平面轮廓铣”对话框中单击“指定部件边界”图标，系统打开“部件边界”对话框，将“平面”选项切换为“指定”，如图 6-152 所示，单击“指定平面”，单击图形顶面，如图 6-153 所示。设置“边界”的“选择方法”为“曲线”、“边界类型”为“开放”、“刀具侧”为“右”，如图 6-154 所示。在图形中选择第一个圆角边界（“刀具侧”选为“右”，选择边界时逆时针方向选取），如图 6-155 所示。

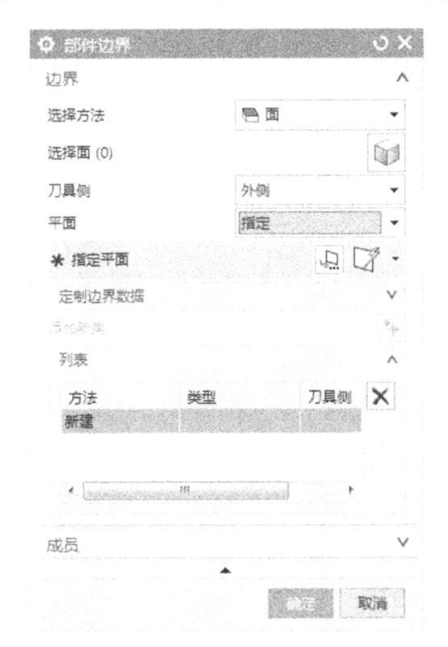

图 6-152　“部件边界”对话框 1

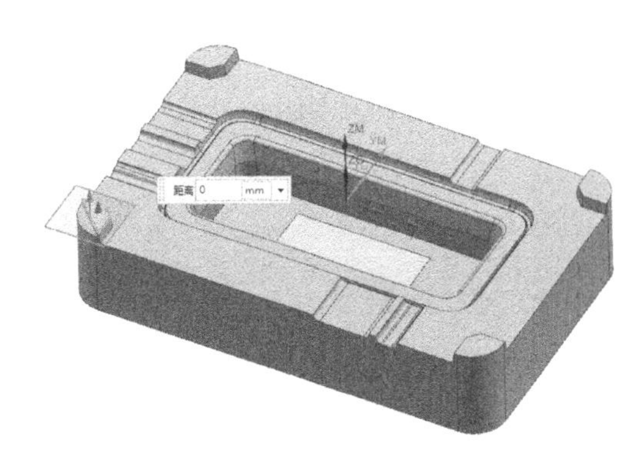

图 6-153　选择顶平面

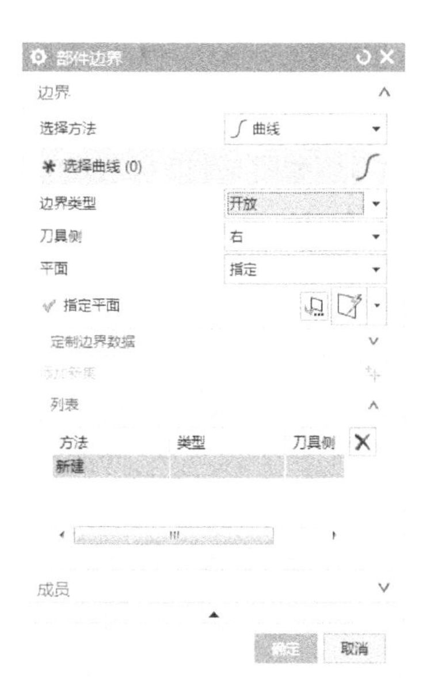

图 6-154 “部件边界”对话框 2

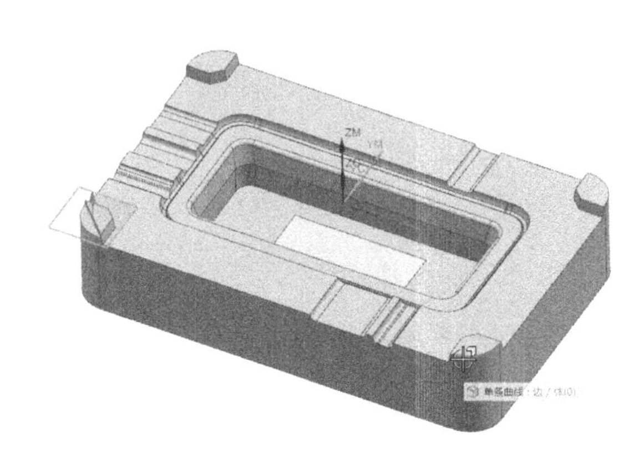

图 6-155 逆时针方向选择边界线

在“部件边界”对话框中单击添加新集按钮，如图 6-156 所示，然后在图形中选择第二个圆角边界；在“部件边界”对话框中单击添加新集按钮，然后在图形中选择第三个圆角边界；在“部件边界”对话框中单击添加新集按钮，然后在图形中选择第四个圆角边界，选择边界后如图 6-157 所示。

单击“确定”返回“平面铣”对话框。

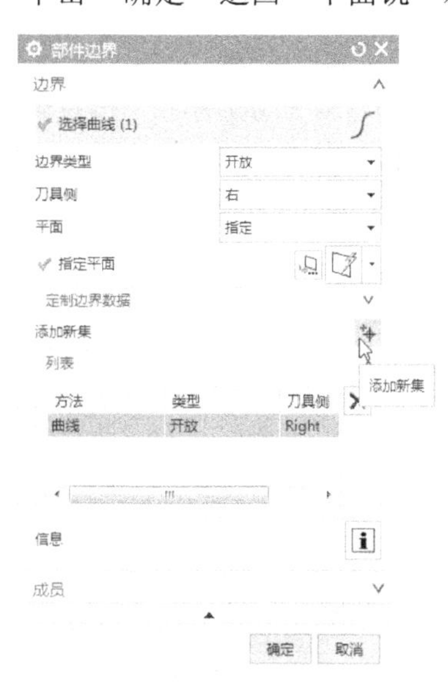

图 6-156 添加新集

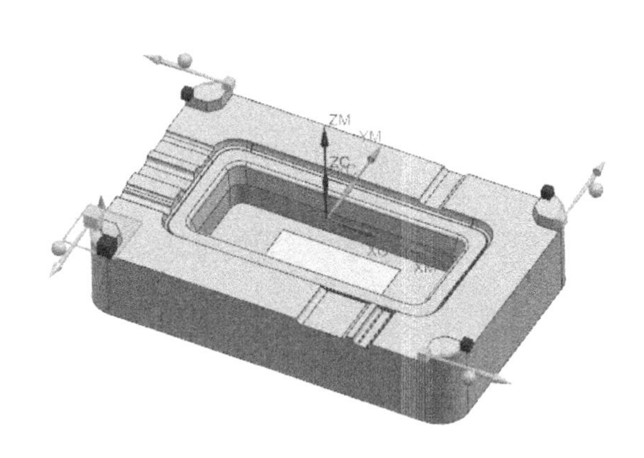

图 6-157 生成边界

2）指定底面：在“平面轮廓铣”对话框中单击“指定底面”图标，系统弹出“平面构造器”对话框，在图形上选择底平面，如图 6-158 所示。单击“确定”或单击中键返回操作对话框。

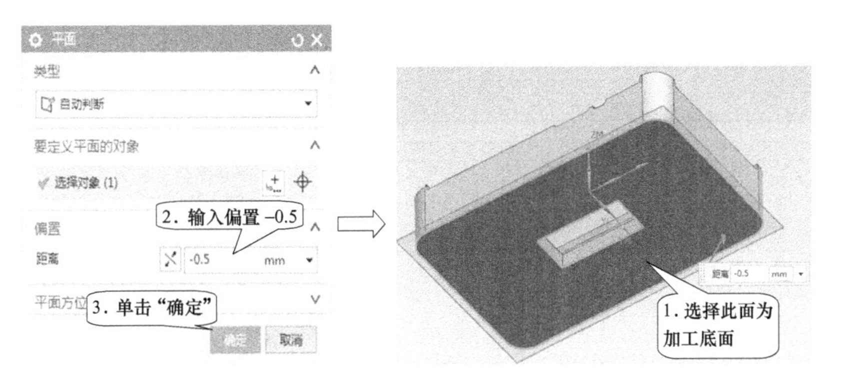

图 6-158　指定底面

3）刀轨设置：设置“切削进给”为 1200.000，“切削深度”设置为“恒定”，“公共”下刀量为 0.2000，如图 6-159 所示。

4）切削参数：单击切削参数按钮，进入“切削参数”对话框，在“策略”选项卡设置参数，如图 6-160 所示。

5）非切削移动：单击非切削移动按钮，进入“非切削移动”对话框。

进刀：单线加工进刀属于开放区域，所以在开放区域设置“进刀类型”为“圆弧”，“半径”为 20.0000%刀具，“高度”为 0.0000，“最小安全距离”为 20.0000%刀具，如图 6-161 所示。

图 6-159　刀轨设置

图 6-160　“切削参数”的“策略”对话框

图 6-161　“非切削移动”的“进刀”对话框

退刀：与进刀相同。

转移/快速：设置“区域内”的“转移类型”为“直接/上一个备用平面”，如图 6-162 所示。

6）进给率和速度：单击进给率和速度按钮，进入“进给率和速度”对话框，进给率和进刀速度默认了加工方法设置的参数，在这只需要在“主轴速度”输入 2000。

参数设置完成后，单击生成按钮生成刀轨，如图 6-163 所示。

图 6-162 “非切削移动”的“转移/快速”对话框

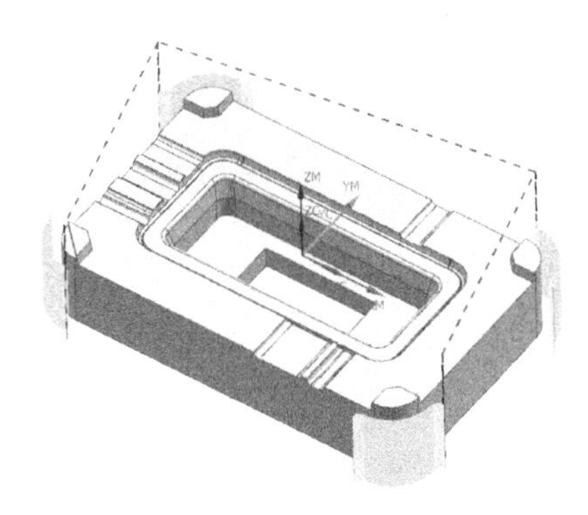

图 6-163 生成刀轨

STEP 03 **型腔铣局部粗加工**。在功能区单击“主页”→创建工序“ ”按钮，进入“创建工序”对话框，选择“工序子类型”中的型腔铣 ，“位置”项下面选择已创建的各项，如图 6-164 所示。单击“确定”，进入“型腔铣”对话框并设置各参数。

1）刀轨设置：选择“切削模式”为“跟随周边”，“平面直径百分比”为 70.0000%，“公共每刀切削深度”为“恒定”，“最大距离”为 0.2000mm，如图 6-165 所示。

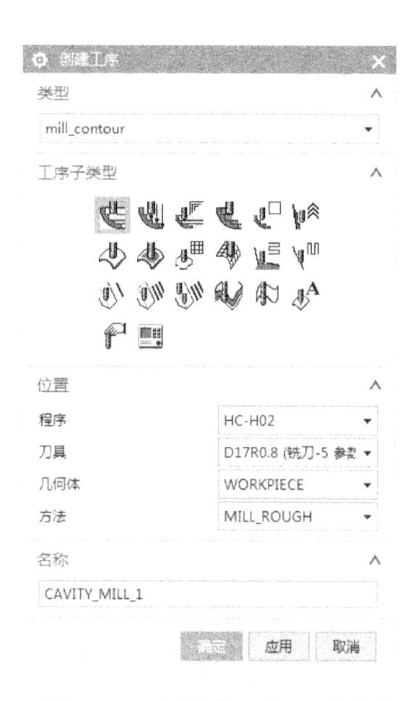

图 6-164 “创建工序”对话框

图 6-165 刀轨设置

2）指定修剪边界：单击指定修剪边界 按钮，进入“修剪边界”对话框，选择“修剪侧”为“外侧”，依次选择图形局部外形 4 个边界曲线，如图 6-166 所示操作。

3）指定切削层：单击切削层 按钮，进入“切削层”对话框，按图 6-167 所示更改加工的最高和最低深度。

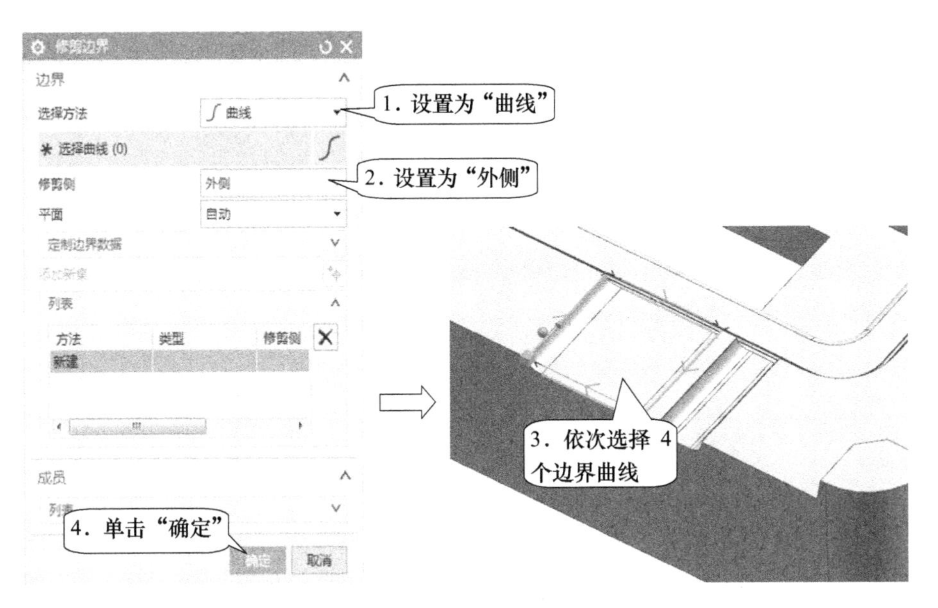

图 6-166　指定修剪边界

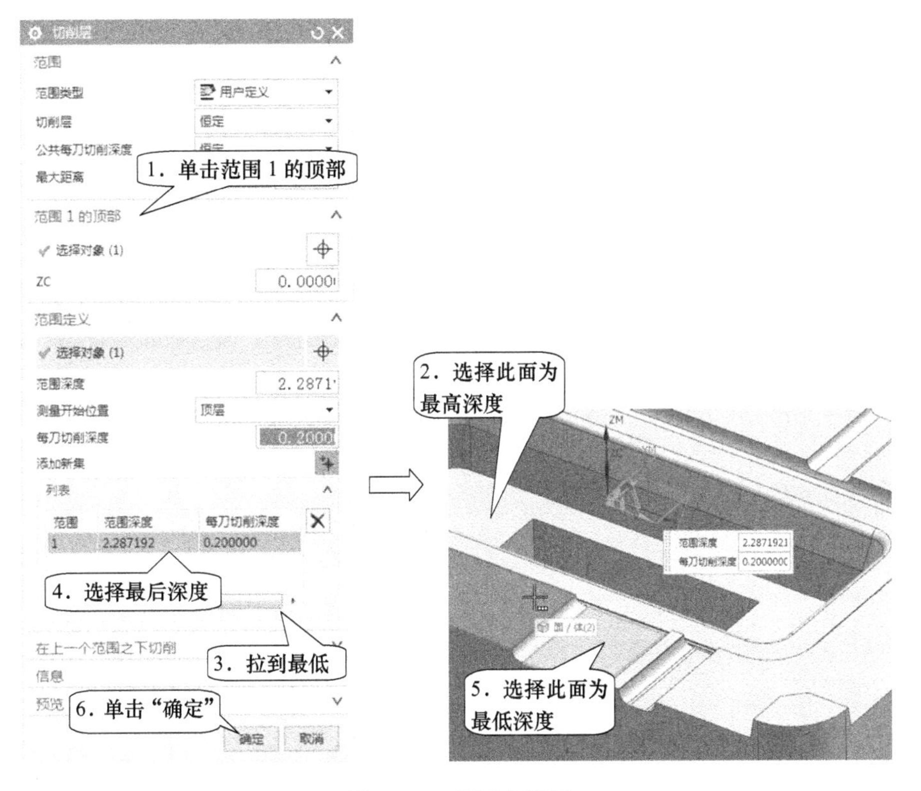

图 6-167　更改切削层

4）切削参数：单击切削参数按钮，进入“切削参数”对话框，在“策略”选项卡设置参数，如图 6-168 所示。深度优先能减少区域间的提刀和移刀，优化切削的顺序。在“余量”选项卡设置参数，如图 6-169 所示。

图 6-168 “切削参数”的“策略”对话框

图 6-169 “切削参数”的“余量”对话框

5）非切削移动：单击非切削移动按钮，进入“非切削移动”对话框，如图 6-170 所示。“退刀”设置为抬刀，“高度”为 3.0000mm。“转移/快速”设置“区域内”的“转移类型”为“前一平面”，如图 6-171 所示。

图 6-170 “非切削移动”的“进刀”对话框

图 6-171 “非切削移动”的“转移/快速”对话框

6）进给率和速度：单击进给率和速度按钮，进入“进给率和速度”对话框，进给率和进刀速度默认了加工方法设置的参数，在这只需要在“主轴速度”输入 1500。

参数设置完成后，单击生成按钮生成刀轨，如图 6-172 所示。

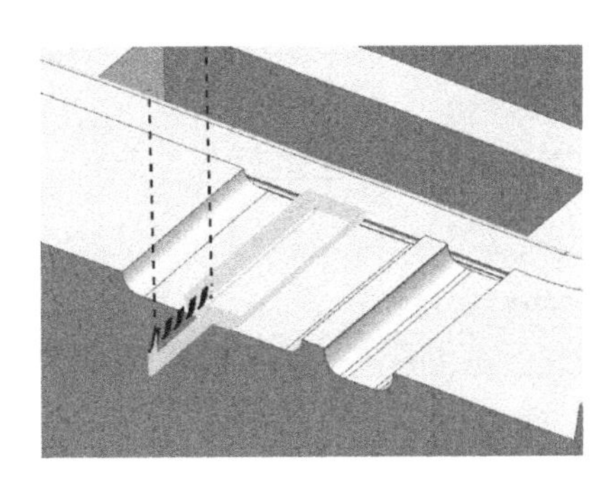

图 6-172　生成刀轨

STEP 04 **D17R0.8 整体半精加工**。在功能区单击“主页”→创建工序“ ”按钮，进入“创建工序”对话框，“工序子类型”选择深度轮廓加工，“位置”项下面选择已创建的各项，如图 6-173 所示。单击“确定”，进入“深度轮廓加工”对话框并设置各参数。

1）刀轨设置：设置“公共每刀切削深度”为“恒定”，“最大距离”为 0.30000mm，如图 6-174 所示。

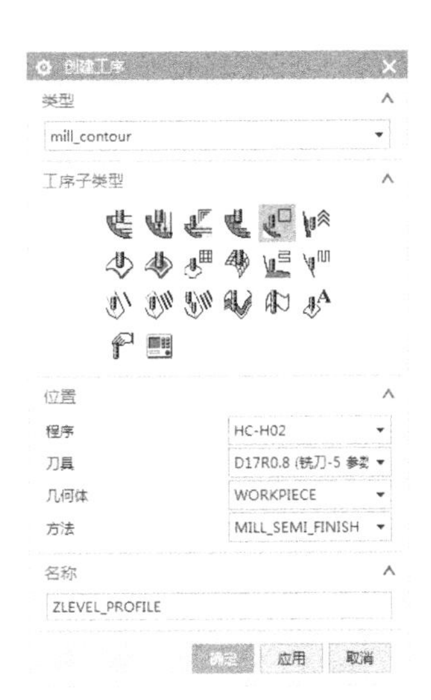

图 6-173　“创建工序”对话框

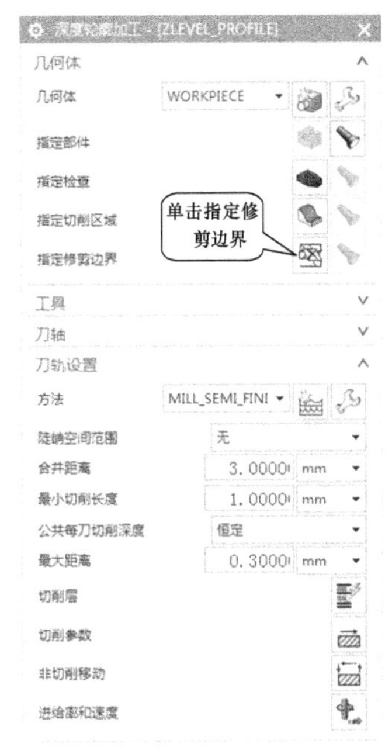

图 6-174　“深度轮廓加工”对话框

2）指定修剪边界：单击指定修剪边界按钮，进入“修剪边界”对话框，“修剪侧”选择为“外侧”，按住鼠标中键旋转图形，选择底面，产生修剪边界，如图 6-175 所示操作。

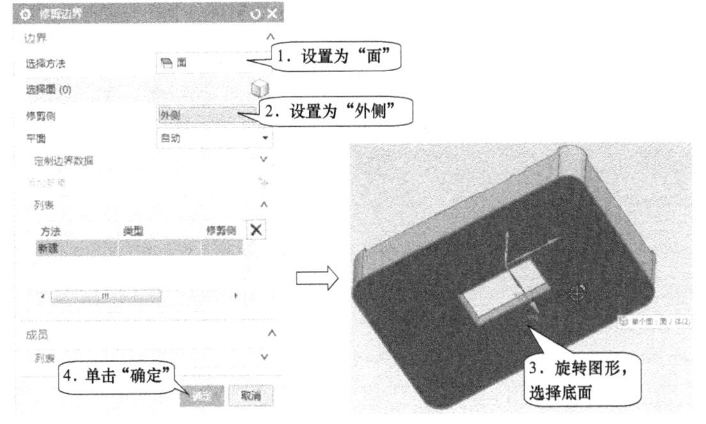

图 6-175　指定修剪边界

3）指定切削层：单击切削层按钮，进入“切削层”对话框，按图 6-176 更改加工的最低深度。

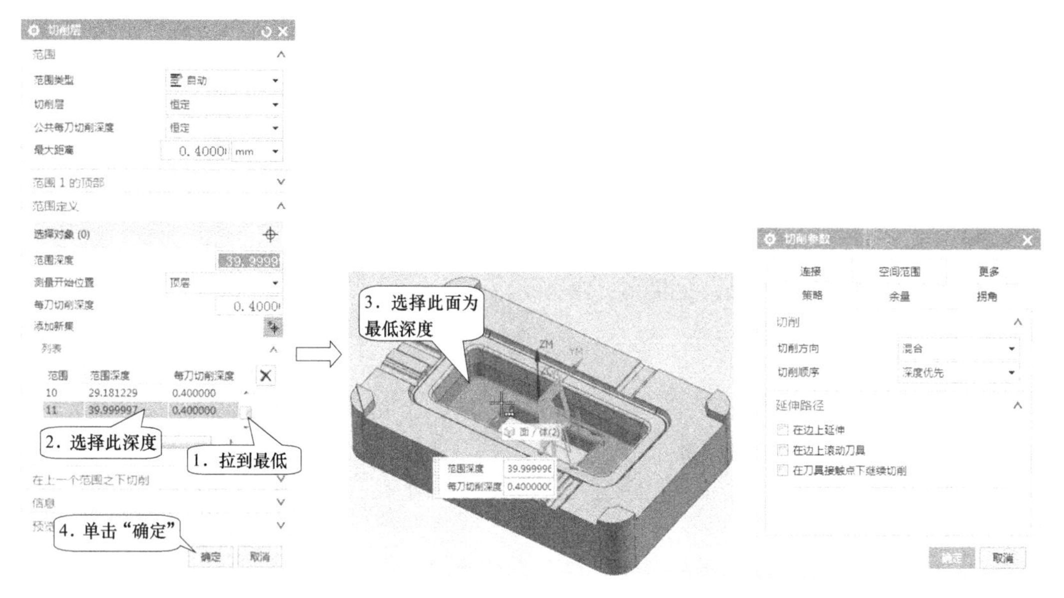

图 6-176　更改切削层　　　　图 6-177 “切削参数”的“策略”对话框

4）切削参数：单击切削参数按钮，进入“切削参数”对话框，在“策略”选项卡设置“切削方向”为“混合”，如图 6-177 所示。

5）非切削移动：单击非切削移动按钮，设置进刀参数，如图 6-178 所示，在“转移/快速”选项卡设置“区域内”的“转移类型”设置为“直接”，如图 6-179 所示，其他默认。

图 6-178 “非切削移动”的“进刀”对话框

图 6-179 “非切削移动”的“转移/快速”对话框

6）进给率和速度：单击进给率和速度按钮，进入“进给率和速度”对话框，进给率和进刀速度默认了加工方法设置的参数，在这只需要在“主轴速度”输入 2500。

参数设置完成后，单击生成按钮生成刀轨，如图 6-180 所示。

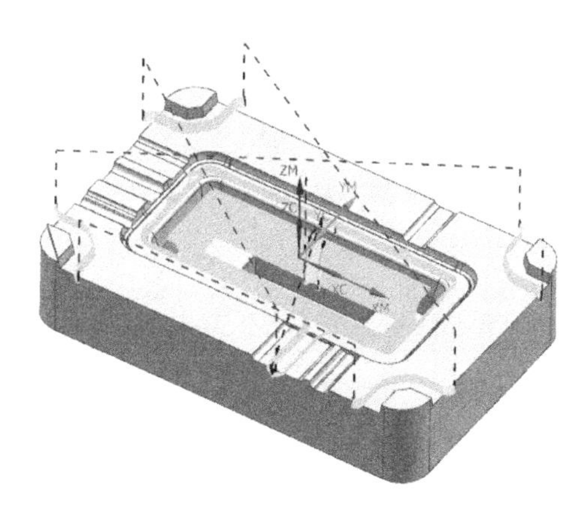

图 6-180　生成刀轨

STEP 05 D6 平刀型腔铣局部粗加工。在功能区单击“主页”→创建刀具“ ”按钮，创建一把 D6 平刀。

在功能区单击“主页”→创建工序“ ”按钮，进入“创建工序”对话框，选择“工序子类型”中的型腔铣，“位置”项下面选择已创建的各项，如图 6-181 所示。单击“确定”，进入“型腔铣”对话框并设置各参数。

1）刀轨设置：选择“切削模式”为“跟随周边”，“平面直径百分比”为 70%，“公共每刀切削深度”为“恒定”，“最大距离”为 0.2000，如图 6-182 所示。

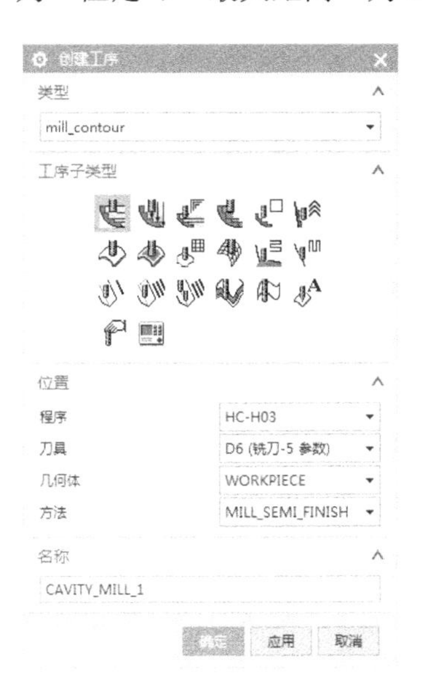

图 6-181　“创建工序”对话框

图 6-182　刀轨设置

2）指定修剪边界：单击指定修剪边界按钮，进入“修剪边界”对话框，“修剪侧”选择“外侧”，依次选择图形局部外形 4 个边界曲线，如图 6-183 所示操作。继续相同方法选择另两个边界。

3）指定切削层：单击切削层按钮，进入“切削层”对话框，按图 6-184 更改加工的最高和最低深度。

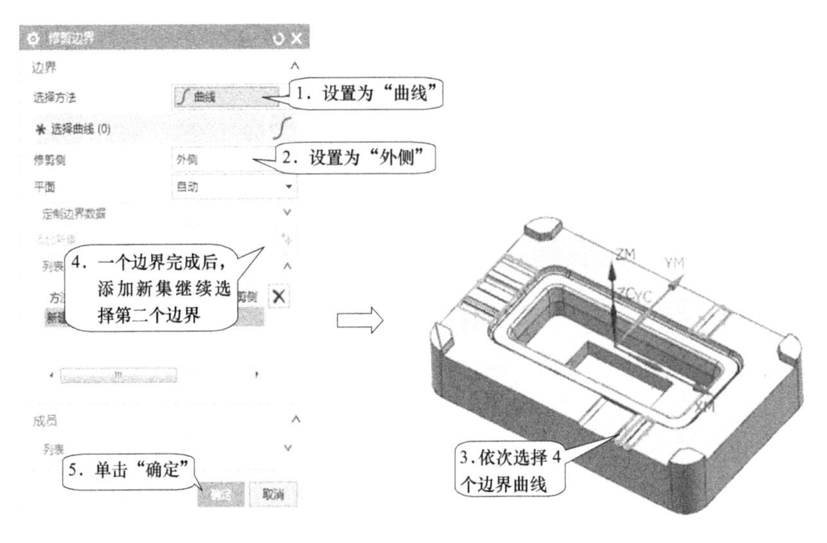

图 6-183　指定修剪边界

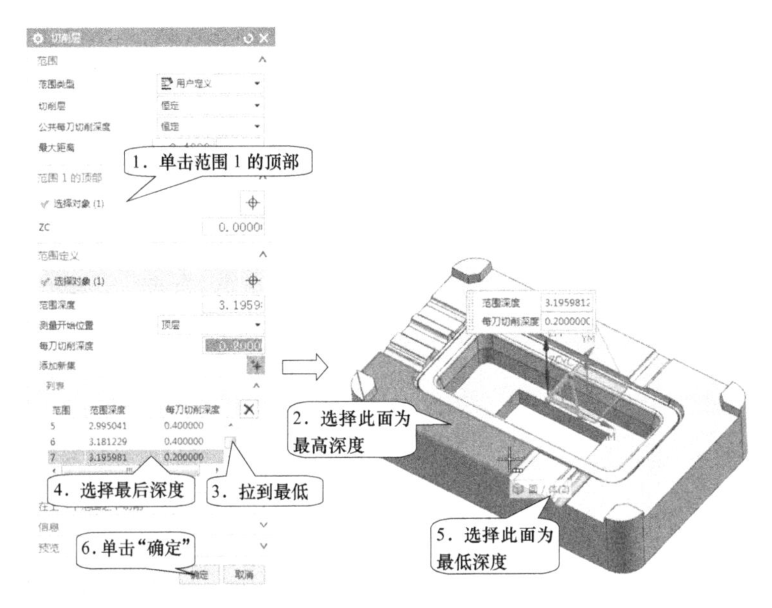

图 6-184　更改切削层

4）切削参数：单击切削参数按钮，进入“切削参数”对话框，在“策略”选项卡设置参数，如图 6-185 所示。深度优先能减少区域间的提刀和移刀，优化切削的顺序。在“余量”选项卡设置参数，如图 6-186 所示。

5）非切削移动：单击非切削移动按钮，进入“非切削移动”对话框，如图 6-187 所示。“退刀”设置为抬刀，“高度”为 3.0000mm。在“转移/快速”选项卡设置“区域内”的“转移类型”为“前一平面”，如图 6-188 所示。

6）进给率和速度：单击进给率和速度按钮，进入“进给率和速度”对话框，进给率和进刀速度默认了加工方法设置的参数，在这只需要在“主轴速度”输入 3000。

参数设置完成后，单击生成按钮生成刀轨，如图 6-189 所示。

图 6-185　“切削参数”的“策略”对话框

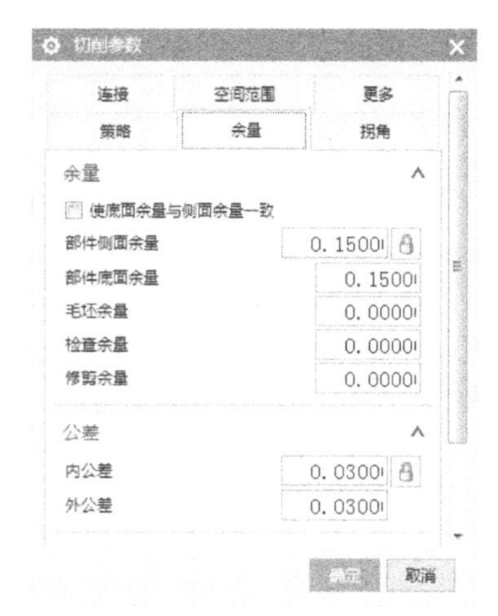

图 6-186　“切削参数”的“余量”对话框

图 6-187　“非切削移动”的“进刀”对话框

图 6-188　“非切削移动”的“转移/快速”对话框

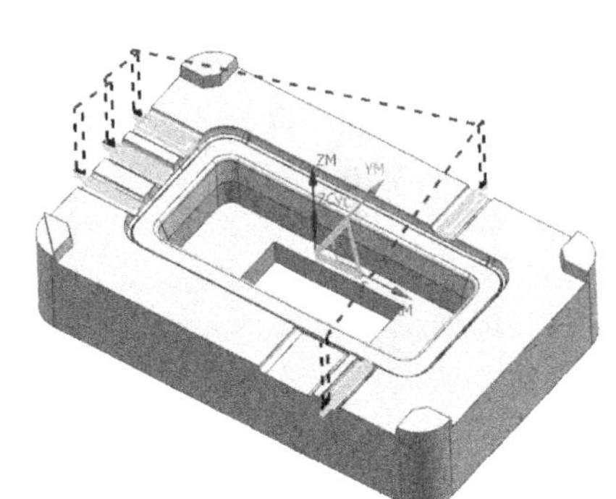

图 6-189　生成刀轨

STEP 06 **D6 平刀半精清角**。在功能区单击“主页”→创建工序“ ”按钮，进入“创建工序”对话框，“工序子类型”选择深度加工拐角 ，“位置”项下面选择已创建的各项，如图 6-190 所示。单击“确定”，进入“深度加工拐角”对话框并设置各参数。

1）刀轨设置：设置“公共每刀切削深度”为“恒定”，“最大距离”为 0.2500mm，如图 6-191 所示。

图 6-190 “创建工序”对话框

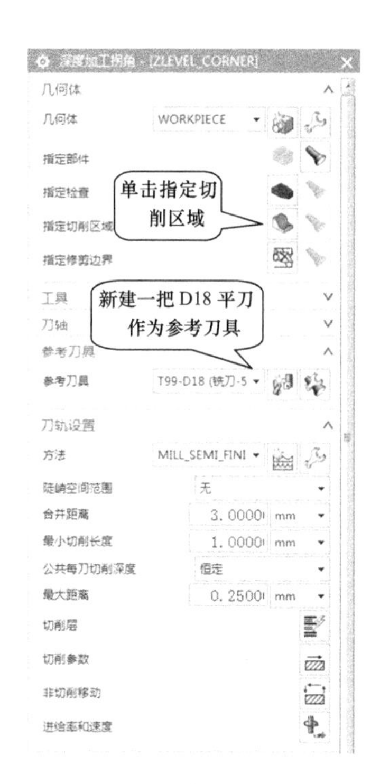

图 6-191 “深度加工拐角”对话框

2）指定切削区域：单击指定切削区域按钮，弹出“指定切削区域”对话框，如图 6-192 所示。然后在工作区调整图形视角，手动选取加工面或窗选加工面，如图 6-193 所示。单击“确定”完成切削区域的选择。

图 6-192 “切削区域”对话框

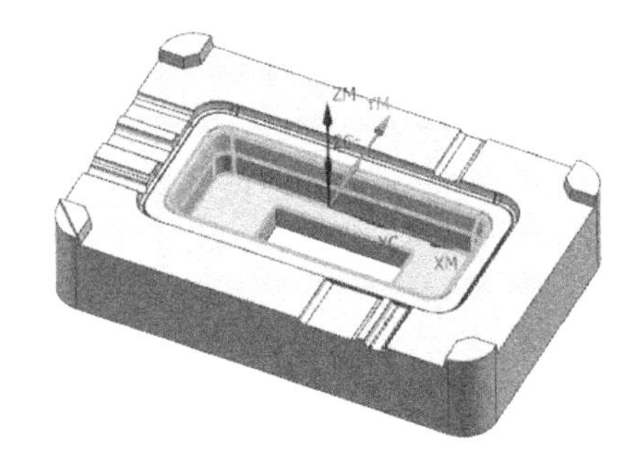

图 6-193 选择切削区域

3）切削参数：单击切削参数按钮，进入“切削参数”对话框，在“策略”选项卡设置“切削方向”为“混合”，如图 6-194 所示。在“连接”选项卡设置“层到层”的方式为“直接对部件进刀”，如图 6-195 所示。

4）非切削移动：单击非切削移动按钮，设置进刀参数如图 6-196 所示，在“转移/快速”选项卡，“区域内”的“转移类型”设置为“直接”，如图 6-197 所示，其他默认。

5）进给率和速度：单击进给率和速度按钮，进入“进给率和速度”对话框，进给率和进刀速度默认了加工方法设置的参数，在这只需要在“主轴速度”输入 3000。

参数设置完成后，单击生成按钮生成刀轨，如图 6-198 所示。

图 6-194 “切削参数”的“策略”对话框

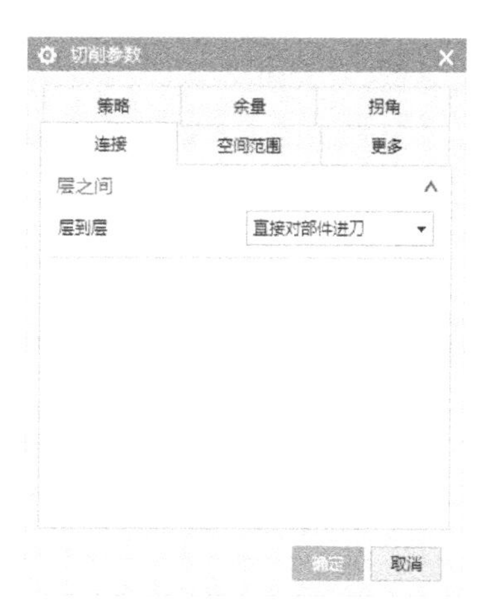

图 6-195 “切削参数”的“连接”对话框

图 6-196 “非切削移动”的“进刀”对话框

图 6-197 “非切削移动”的“转移/快速”对话框

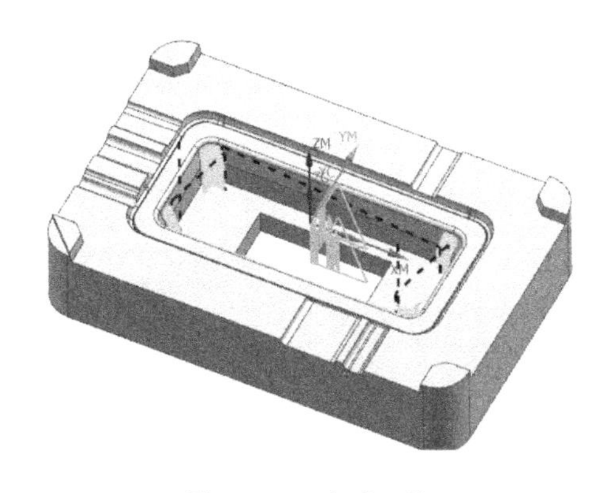

图 6-198 生成刀轨

STEP 07 **D17R0.8 精加工平面**。在功能区单击“主页”→创建工序“ ”按钮，进入“创建工序”对话框，“工序子类型”选择使用边界面铣削，“位置”项下面选择已创建的各项，如图 6-199 所示。单击“确定”，进入“面铣”对话框并设置各参数。

1）刀轨设置。如图 6-200 所示。

图 6-199 “创建工序”对话框

图 6-200 “面铣”对话框

2）指定面边界。单击指定边界按钮，弹出“毛坯边界”对话框，如图 6-201 所示，在工作区中选择要加工的平面，如图 6-202 所示。

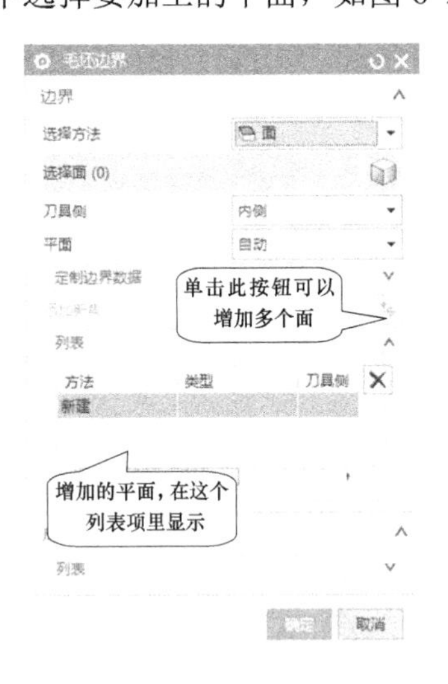

图 6-201 “毛坯边界”对话框

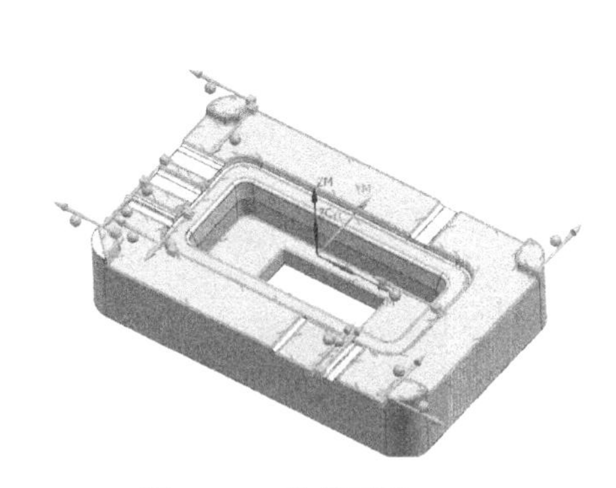

图 6-202 选择平面

3）单击切削参数按钮，进入“切削参数”对话框，在“策略”选项卡设置参数，如图 6-203 所示。在“余量”选项卡设置“部件余量”为 0.2000mm，如图 6-204 所示。

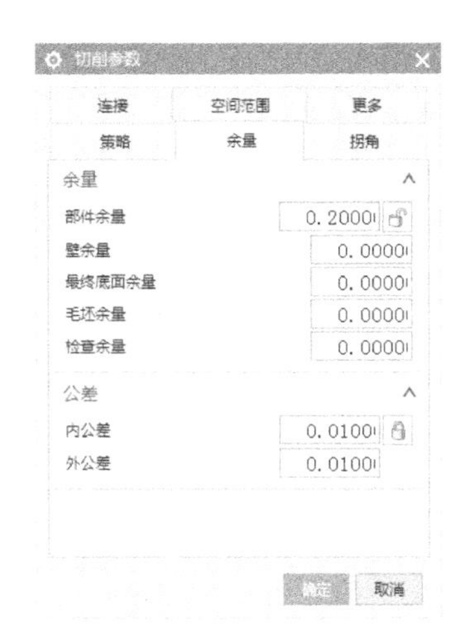

图 6-203　“切削参数”的“策略”对话框　　　图 6-204　“切削参数”的“余量”对话框

4）在“拐角”选项卡设置凸角参数为延伸并修剪，避免在边角处拐弯，影响加工效果，如图 6-205 所示。

5）单击非切削移动按钮，进入“非切削移动”对话框，在“进刀”选项卡设置参数，如图 6-206 所示。其余参数默认。

6）单击进给率和速度按钮，进入“进给率和速度”对话框，“主轴速度”输入 2500，“进给率”设置为 600。

参数设置完成后，单击生成按钮生成刀轨，如图 6-207 所示。

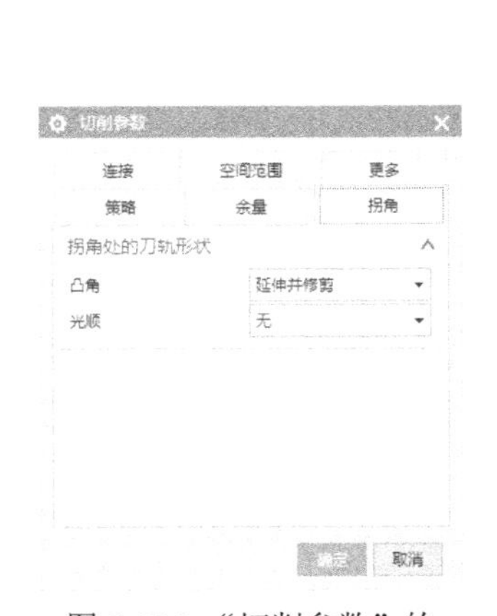

图 6-205　“切削参数”的“拐角”对话框

图 6-206　“非切削移动”的“进刀”对话框

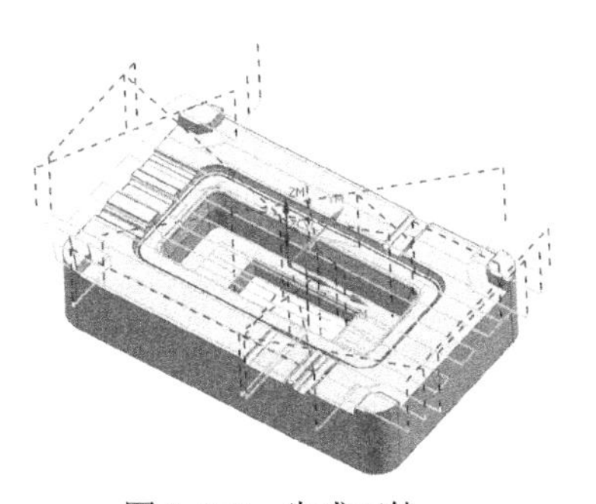

图 6-207　生成刀轨

STEP 08 **精加工内凹槽垂直侧壁**。通过分析，圆形中内 R 角选择使用 D8 平刀精加工，能够把侧臂精加工到位。在功能区单击“主页”→创建刀具“ ”按钮，创建一把 D8 平刀。

在功能区单击“主页”→创建工序“ ”按钮，进入“创建工序”对话框，“工序子类型”选择深度轮廓加工 ，“位置”项下面选择已创建的各项，如图 6-208 所示。单击“确定”，进入“深度轮廓加工”对话框并设置各参数。

1）刀轨设置：设置“公共每刀切削深度”为“恒定”，“最大距离”为 0.1500mm，如图 6-209 所示。

图 6-208 “创建工序”对话框

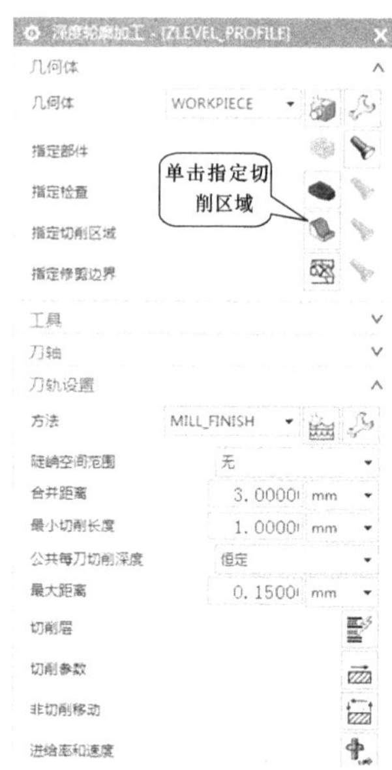

图 6-209 “深度轮廓加工”对话框

2）指定切削区域：单击指定切削区域 按钮，弹出“切削区域”对话框，如图 6-210 所示。然后在工作区调整图形视角，手动选取加工面或窗选加工面，如图 6-211 所示。单击“确定”完成切削区域的选择。

图 6-210 “切削区域”对话框

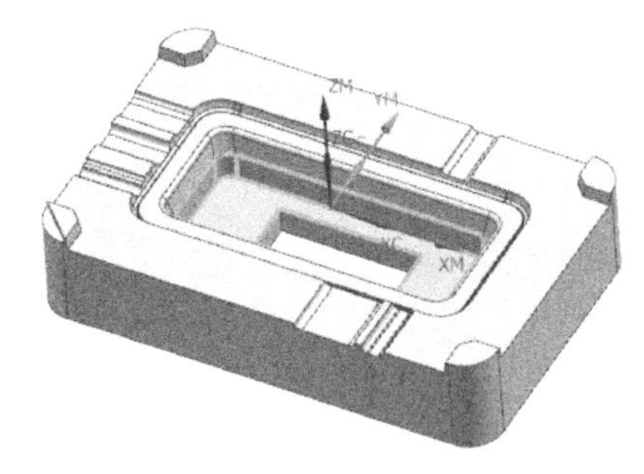

图 6-211 选择切削区域

3）切削参数：单击切削参数 按钮，进入“切削参数”对话框，在“余量”选项卡设置“部件底面余量”为 0.0100mm，如图 6-212 所示。

4）非切削移动：单击非切削移动 按钮，设置“进刀”参数，如图 6-213 所示，在“转移/快速”选项卡，“区域内”的“转移类型”设置为“直接”，如图 6-214 所示。其他默认。

5）进给率和速度：单击进给率和速度 按钮，进入“进给率和速度”对话框，进给率和进刀速度默认了加工方法设置的参数，在这只需要在“主轴速度”输入 3000。

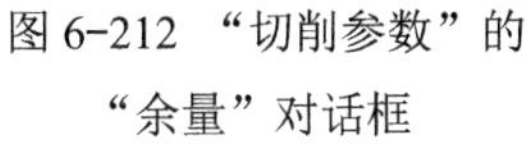

图 6-212 “切削参数”的“余量”对话框

图 6-213 “非切削移动”的“进刀”对话框

图 6-214 “非切削移动”的“转移/快速”对话框

参数设置完成后，单击生成按钮生成刀轨，如图 6-215 所示。

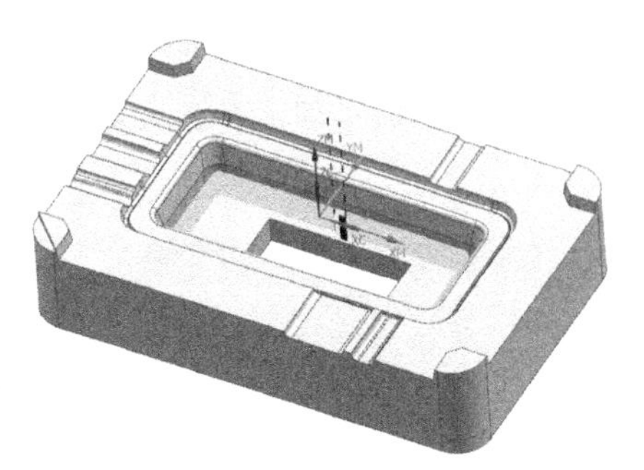

图 6-215　生成刀轨

STEP 09 精加工虎口侧面。在功能区单击“主页”→创建工序“ ”按钮，进入“创建工序”对话框，“工序子类型”选择深度轮廓加工，“位置”项下面选择已创建的各项，如图 6-216 所示。单击“确定”，进入“深度轮廓加工”对话框并设置各参数。

1）刀轨设置：设置“公共每刀切削深度”为“恒定”，“最大距离”为 0.1500mm，如图 6-217 所示。

图 6-216　“创建工序”对话框

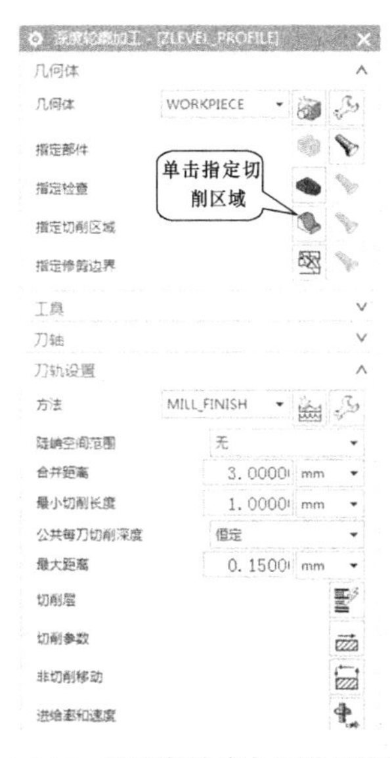

图 6-217　“深度轮廓加工”对话框

2）指定切削区域：单击指定切削区域按钮，弹出指定“切削区域”对话框，如图 6-218 所示。然后在工作区调整图形视角，手动选取加工面或窗选加工面，如图 6-219 所示。单击“确定”完成切削区域的选择。

图 6-218 “切削区域”对话框

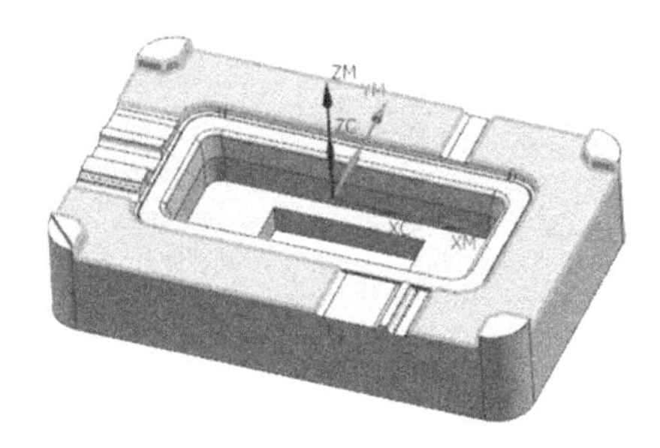

图 6-219 选择切削区域

3）切削参数：单击切削参数按钮，进入“切削参数”对话框，在“策略”选项卡设置切削方向为混合，如图 6-220 所示。

4）非切削移动：单击非切削移动按钮，设置进刀参数，如图 6-221 所示，在“转移/快速”选项卡，“区域内”的“转移类型”设置为“直接”，如图 6-222 所示，其他默认。

5）进给率和速度：单击进给率和速度按钮，进入“进给率和速度”对话框，进给率和进刀速度默认了加工方法设置的参数，在这只需要在“主轴速度”输入 3000。

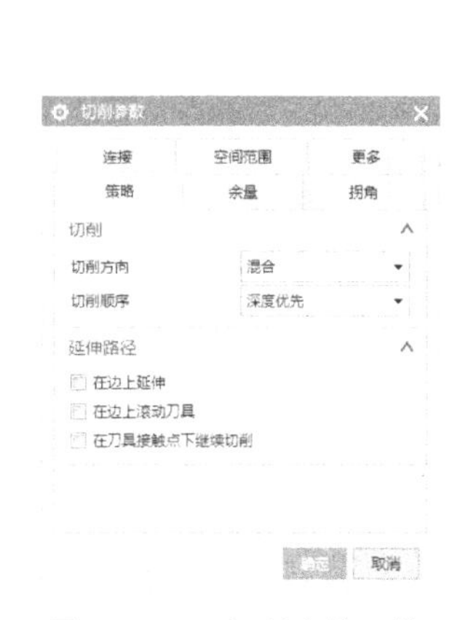

图 6-220 “切削参数”的“策略”对话框

图 6-221 “非切削移动”的“进刀”对话框

图 6-222 “非切削移动”的“转移/快速”对话框

参数设置完成后，单击生成按钮生成刀轨，如图 6-223 所示。

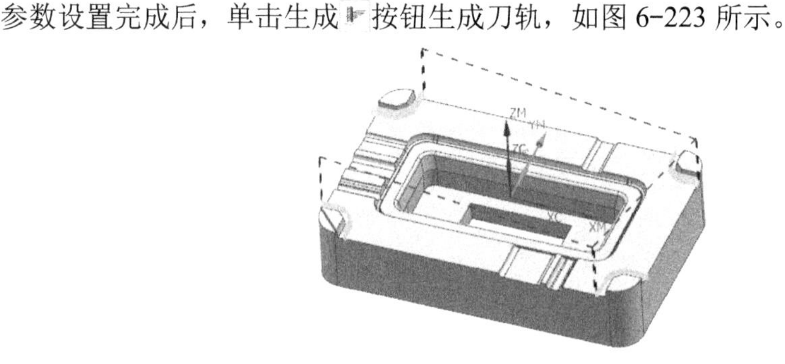

图 6-223 生成刀轨

STEP 10 **精加工内凹槽圆弧面和侧壁**。选择使用 D6R3 球刀精加工，在功能区单击“主页”→创建刀具“ ”按钮，创建一把 D6R3 球刀。

在功能区单击“主页”→创建工序“ ”按钮，进入“创建工序”对话框，“工序子类型”选择深度轮廓加工，“位置”项下面选择已创建的各项，如图 6-224 所示。单击“确定”，进入“深度轮廓加工”对话框并设置各参数。

图 6-224　“创建工序”对话框

1）刀轨设置：设置“公共每刀切削深度”为“恒定”，“最大距离”为 0.1500mm，如图 6-225 所示。

2）指定切削区域：单击指定切削区域按钮，弹出“切削区域”对话框，如图 6-226 所示。然后在工作区调整图形视角，手动选取加工面或窗选加工面，如图 6-227 所示。单击“确定”完成切削区域的选择。

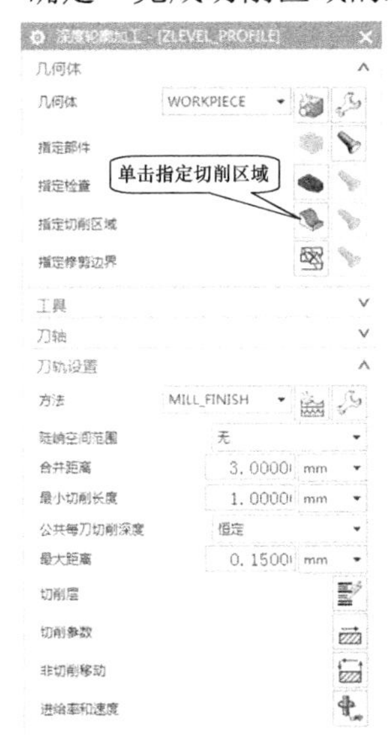

图 6-225　“深度轮廓加工”对话框

图 6-226　“切削区域”对话框

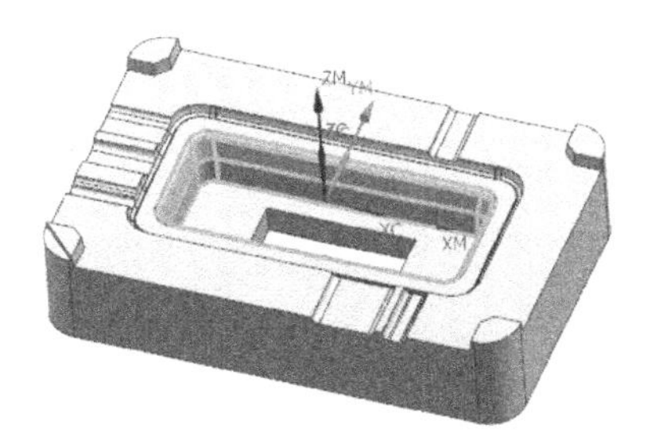

图 6-227　选择切削区域

3）指定切削层：单击切削层按钮，进入“切削层”对话框，放大图形捕捉斜侧面的最低点，因为刀具选择 D6R3，所以还需要下降 3mm，保证球刀的端点切削过斜面最低点。按图 6-228 更改加工的最低深度。

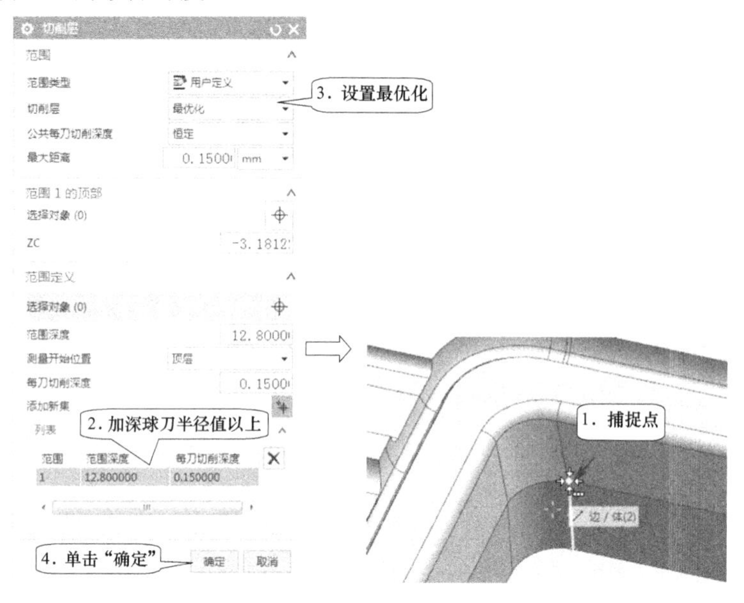

图 6-228　更改切削层

4）切削参数：单击切削参数按钮，进入“切削参数”对话框，在“连接”选项卡设置“层到层”为沿“部件斜进刀”，“斜坡角”为 1.0000，在“层间切削前”打钩，“步距”选择“使用切削深度”，如图 6-229 所示。

5）非切削移动：单击非切削移动按钮，设置进刀参数，如图 6-230 所示，在“转移/快速”选项卡，“区域内”的“转移类型”设置为“直接”，如图 6-231 所示，其他默认。

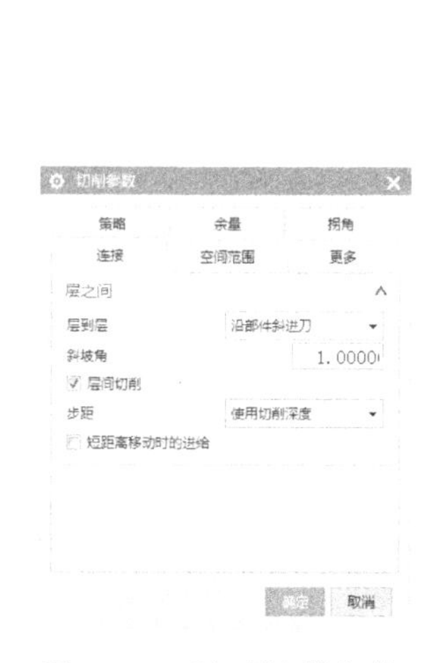

图 6-229 “切削参数”的“连接”对话框

图 6-230 “非切削移动”的“进刀”对话框

图 6-231 “非切削移动”的“转移/快速”对话框

6）进给率和速度：单击进给率和速度按钮，进入“进给率和速度”对话框，进给率

和进刀速度默认了加工方法设置的参数，在这只需要在“主轴速度”输入 3500。

参数设置完成后，单击生成按钮生成刀轨，如图 6-232 所示。

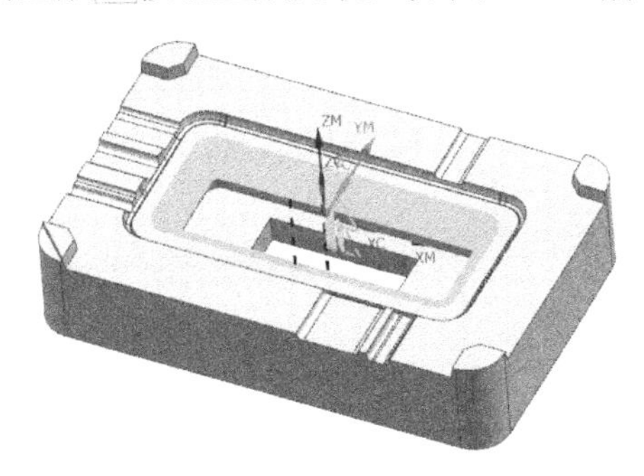

图 6-232　生成刀轨

STEP 11 拐角粗加工清残料。通过分析，一些内凹圆弧部位有一些残料，所以选择使用 D6R3 球刀进行清除。

在功能区单击“主页”→创建工序“ ”按钮，进入“创建工序”对话框，“工序子类型”选择拐角粗加工，“位置”项下面选择已创建的各项，如图 6-233 所示。单击“确定”，进入“拐角粗加工”对话框并设置各参数。

1）设置参考刀具：新建一把 D7 刀具作为参考刀具。

2）刀轨设置：选择“切削模式”为“跟随周边”，“平面直径百分比”为 15%，“最大距离”为 0.2000mm，如图 6-234 所示。

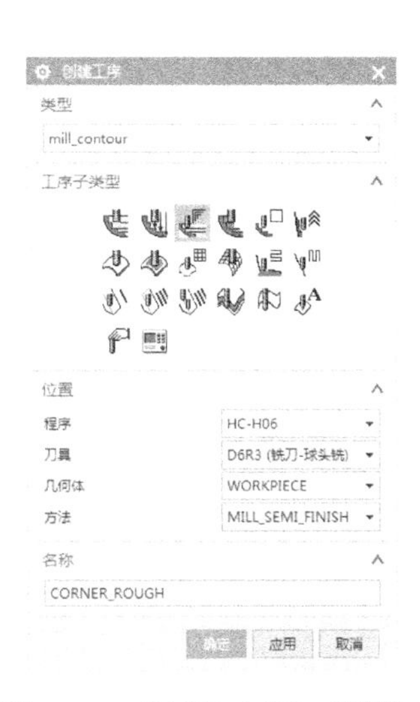

图 6-233　“创建工序”对话框

图 6-234　刀轨设置

3）指定修剪边界：单击指定修剪边界按钮，弹出“修剪边界”对话框，如图 6-235 所示，调整图形视角为俯视图，在需要清除残料的部位点 4 个点生成一个边界，再单击添加新集按钮，继续添加其他部位边界，如图 6-236 所示。单击“确定”，返回“拐角粗加工”对话框。

图 6-235 “修剪边界”对话框

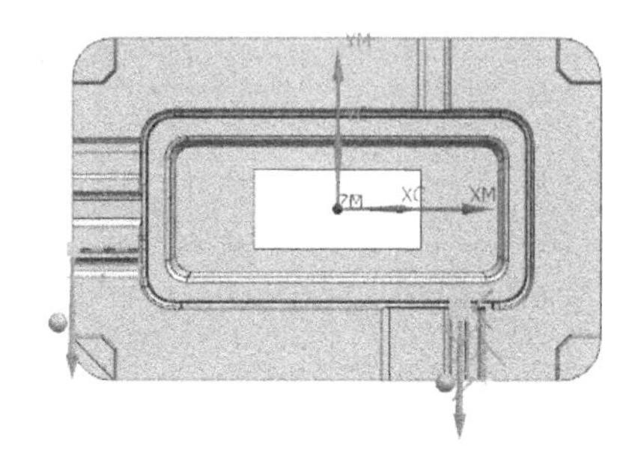

图 6-236 生成 2 个边界

4）切削参数：单击切削参数按钮，进入“切削参数”对话框，在“策略”选项卡设置“刀路方向”为“向内”，并且设置“壁清理”为“自动”，深度优先能减少区域间的提刀和移刀。在“余量”选项卡设置参数，如图 6-237 所示。

5）非切削移动：单击非切削移动按钮，进入“非切削移动”对话框。

进刀：所剩大部分残料属于开放区域残料，所以系统自动使用开放区域的进刀参数，如图 6-238 所示。

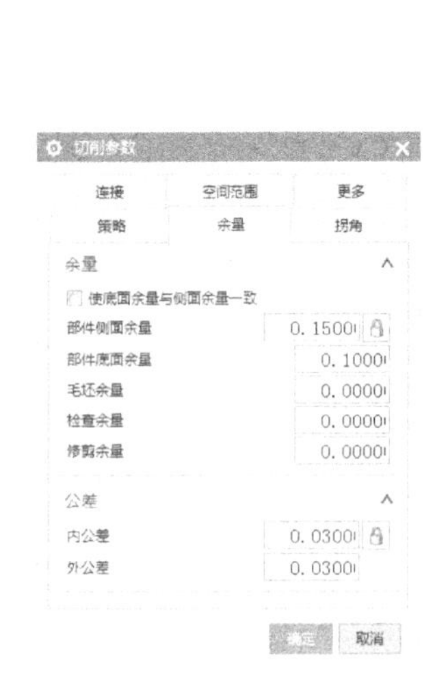

图 6-237 “切削参数”的“余量”对话框

图 6-238 “非切削移动”的“进刀”对话框

退刀：设置与进刀相同。

转移/快速：设置“区域”内的“转移类型”为“直接/上一个备用平面”，“区域之间”则设置“前一平面”，如图 6-239 所示。

6）进给率和速度：单击进给率和速度按钮，进入“进给率和速度”对话框，进给率和进刀速度默认了加工方法设置的参数，在这只需要在“主轴速度”输入 3500。

参数设置完成后，单击生成“ ”按钮生成刀轨，如图 6-240 所示。

图 6-239 “非切削移动”的“转移/快速”对话框

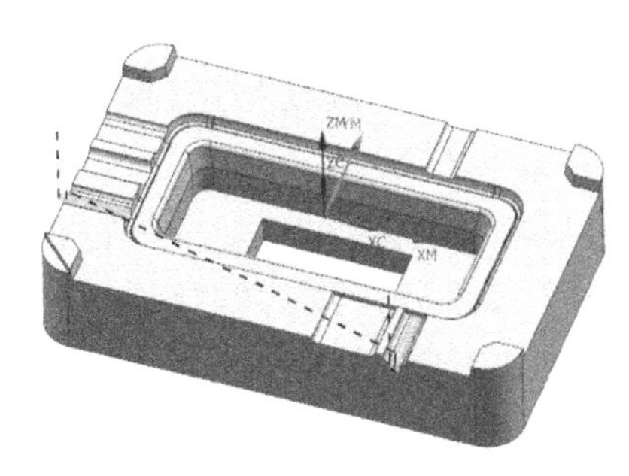

图 6-240　生成刀轨

STEP 12 精加工枕位圆弧面。通过分析，枕位圆弧面适合选择 D3R1.5 的球刀进行精加工。

单击“主页”→创建刀具“ ”按钮，创建一把 D3R1.5 球刀。

在功能区单击“主页”→创建工序“ ”按钮，进入“创建工序”对话框，选择“工序子类型”中的区域轮廓铣，“位置”项下面选择已创建的各项，如图 6-241 所示。单击“确定”，进入“区域轮廓铣”对话框并设置各参数，如图 6-242 所示。

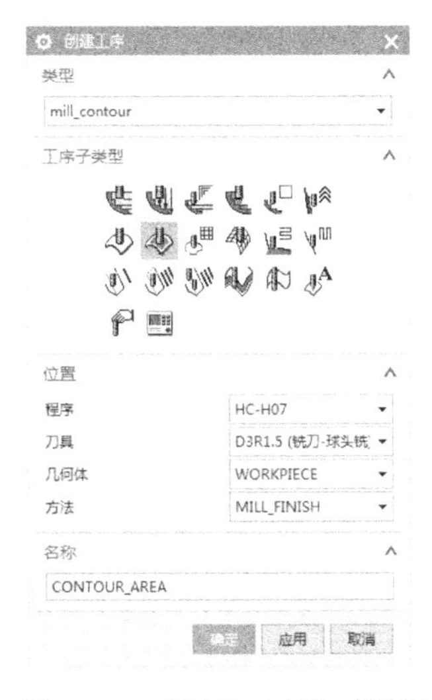

图 6-241 “创建工序”对话框

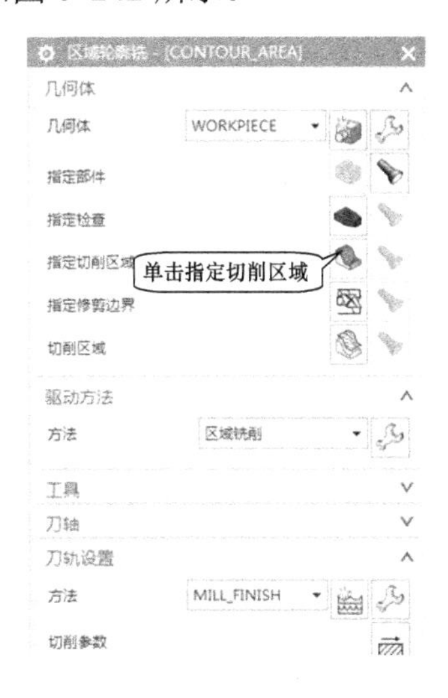

图 6-242 “区域轮廓铣”对话框

1）在“区域轮廓铣”对话框中单击指定切削区域按钮，弹出“切削区域”对话框，如图 6-243 所示。在工作区图形中选择要加工的面或调整视角窗选要加工的面，如图 6-244 所示。单击“确定”，返回“区域轮廓铣”对话框。

图 6-243 “切削区域”对话框

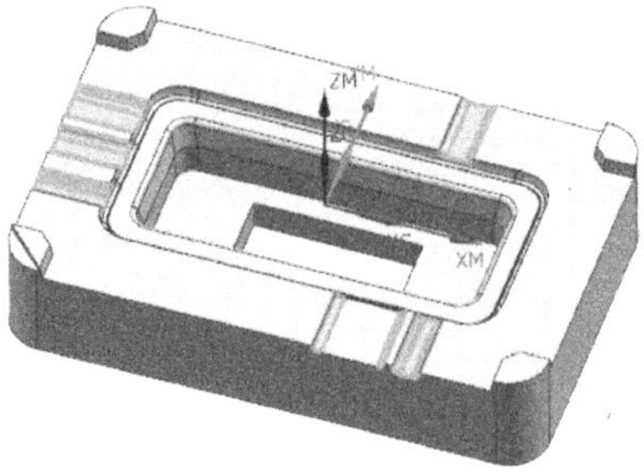

图 6-244 指定切削区域

2）驱动方法默认为区域铣削，单击编辑按钮，弹出“区域铣削驱动方法”对话框，设置参数如图 6-245 所示。

3）单击切削参数按钮，进入“切削参数”对话框，在“策略”选项卡设置延伸刀轨，在“边上延伸”前打钩，并设置“距离”为 0.5000mm，如图 6-246 所示。

4）单击非切削移动按钮，进入“非切削移动”对话框，如图 6-247 所示。

5）单击进给率和速度按钮，进入“进给率和速度”对话框，“主轴速度”输入 4000，“进给率”设置为 1000。

图 6-245 “区域铣削驱动方法”对话框

图 6-246 “切削参数”的“策略”对话框

图 6-247 “非切削移动”的“进刀”对话框

参数设置完成后，单击“生成”按钮生成刀轨，如图 6-248 所示。

选中“NC_PROGRAM”，对所有程序进行仿真，在功能区单击“主页”→确认刀轨“”按钮，进入“刀轨可视化”对话框，选择 3D 动态仿真，仿真效果如图 6-249 所示。

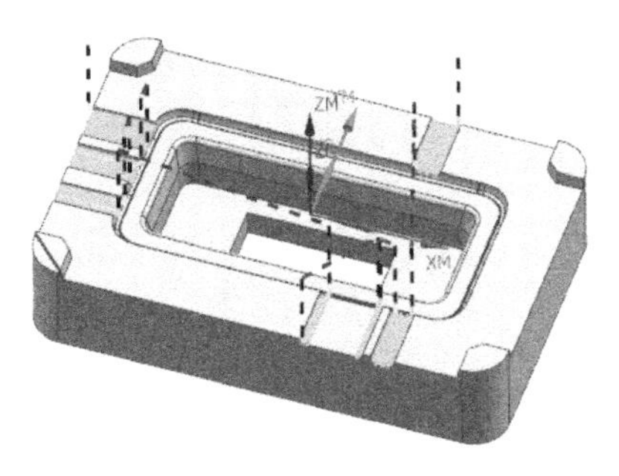

图 6-248　生成刀轨

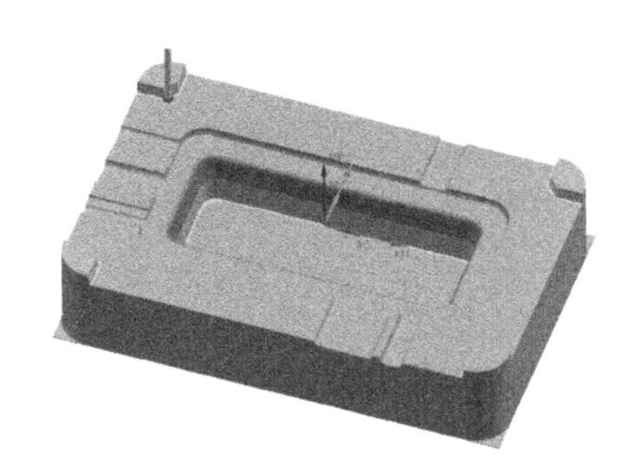

图 6-249　3D 动态仿真

6.2.4　后模拆电极

STEP 01 在 UG NX 12.0 主界面单击“菜单”→“文件”→“打开”，打开光盘“HC-Mould”文件夹中的 CUHC-M1CO 文件，如图 6-250 所示模具，胶位面整体拆电极。

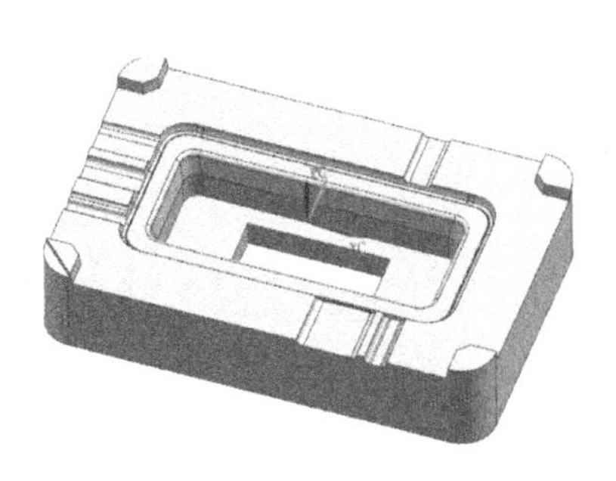

图 6-250　CUHC-M1CO 文件

STEP 02 设置图层，在 UG NX 12.0 主界面单击“视图”→图层设置“　”命令或按快捷键 CTRL+L，打开“图层设置”对话框，如图 6-251 所示。在工作图层中输入 11 按回车，把 11 层设置为工作图层来进行拆电极，如图 6-252 所示。

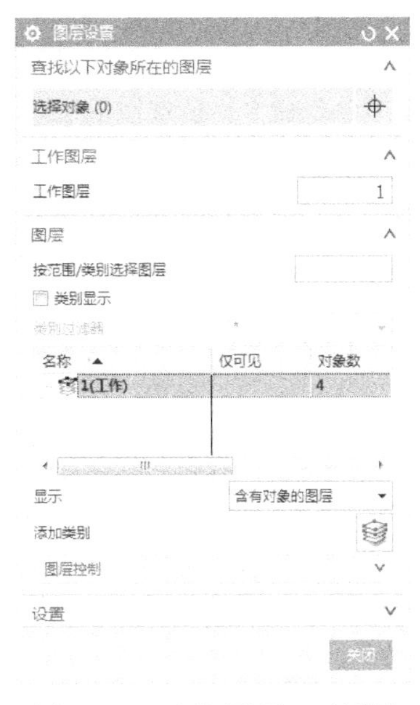

图 6-251　“图层设置”对话框

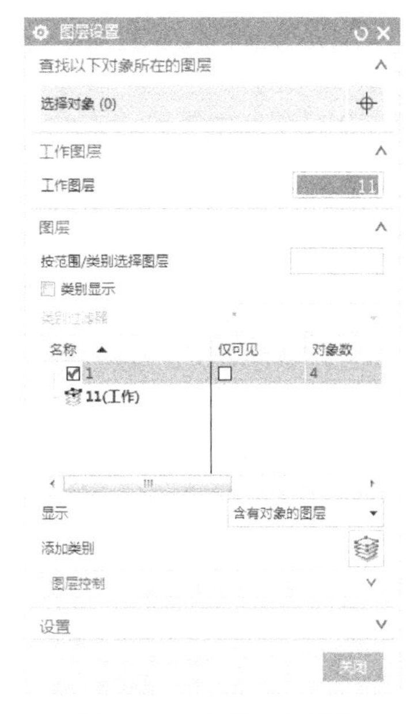

图 6-252　切换工作图层

STEP 03 在 UG NX 12.0 主界面单击“电极设计”→包容体“　”命令，打开“包容体”对话框，如图 6-253 所示。按住鼠标中键调整图形视角，再按 F8，把图形设为俯视图方向，对角窗选要拆电极部位创建一个体，或手动选择需要拆电极部位的面来创建包容体，如图 6-254 所示。单击“确定”生成体。

图 6-253 “包容体”对话框

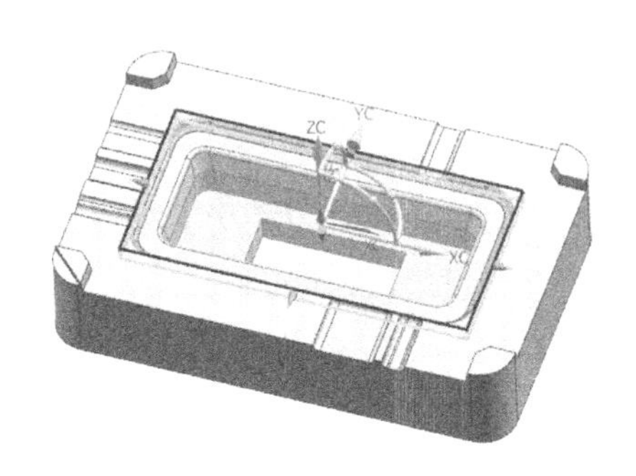

图 6-254 手动选择创建体

STEP 04 在 UG NX 12.0 主界面单击“主页”→求差“ ”命令，先选择目标体，再选择工具体，如图 6-255 所示。在“求差”对话框中勾选“保存工具”，如图 6-256 所示。单击“确定”进行求差，关闭图层 1 或按快捷键 CTRL+B 隐藏工具体，可以看到求差后的目标体形状，如图 6-257 所示。

STEP 05 在 UG NX 12.0 主界面单击“主页”→删除面“ ”命令，窗选图 6-257 箭头所指的多余的部位，单击“确定”删除后的图形如图 6-258 所示。

STEP 06 在 UG NX 12.0 主界面单击“主页”→修剪体“ ”命令，将多余的外形平面用修剪体剪掉，选择目标体，在“工具选项”设置为“新平面”，如图 6-259 所示。在图形中选择修剪平面，如图 6-260 所示，注意修剪的方向，如方向不对，单击反向进行切换。单击“确定”，修剪后的图形如图 6-261 所示。

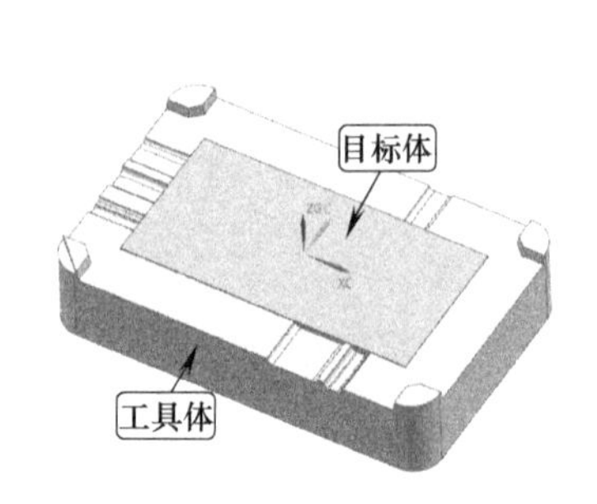

图 6-255 选择体

图 6-256 “求差”对话框

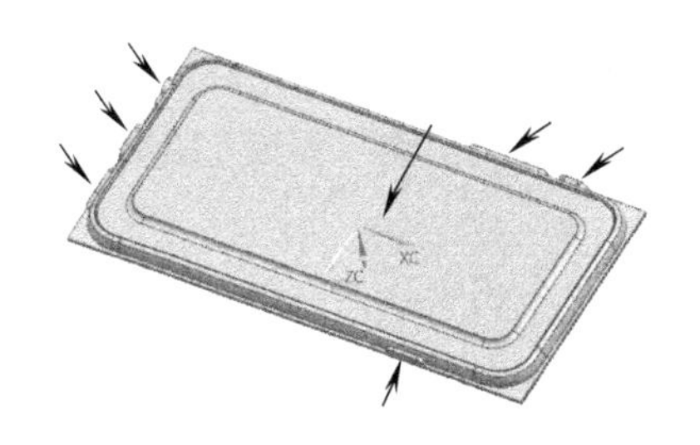

图 6-257　求差后的目标体

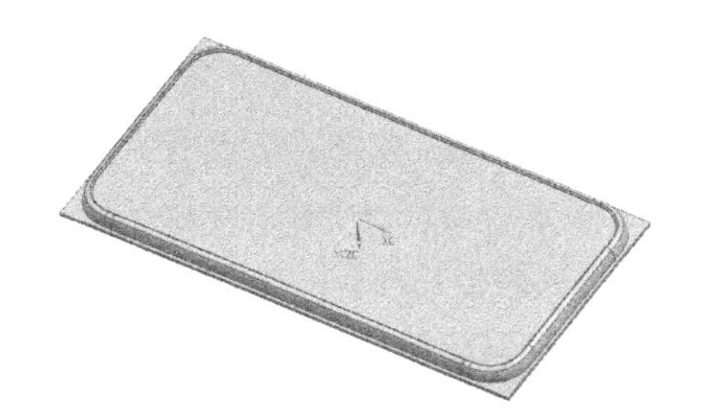

图 6-258　删除面后的体

图 6-259 “修剪体”对话框

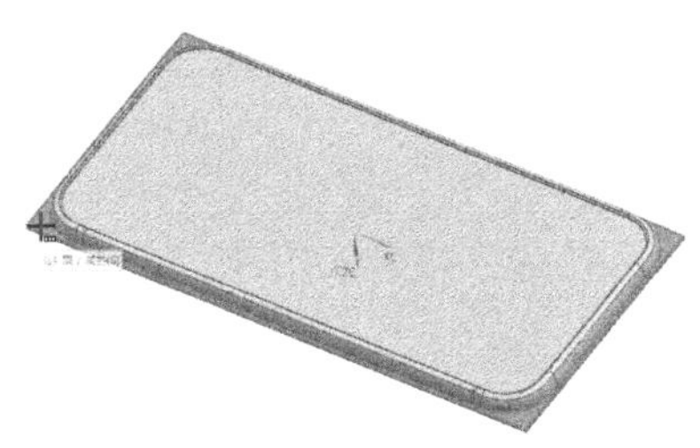

图 6-260　选择修剪平面

图 6-261　修剪后

STEP 07 在 UG NX 12.0 主界面单击“主页”→拉伸“”命令，选择电极底面拉伸一个基准台避空高度。在过滤器中设置选择方式为“面的边”，如图 6-262 所示。再旋转图形，选择电极底部面，在“拉伸”对话框中设置“距离”为 3mm，注意拉伸的方向，如方向不对，单击反向进行切换，如图 6-263 所示。单击“确定”，拉伸后的图形如图 6-264 所示。

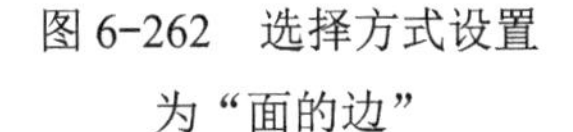

图 6-262　选择方式设置为“面的边”

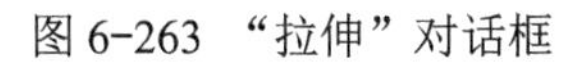

图 6-263 “拉伸”对话框

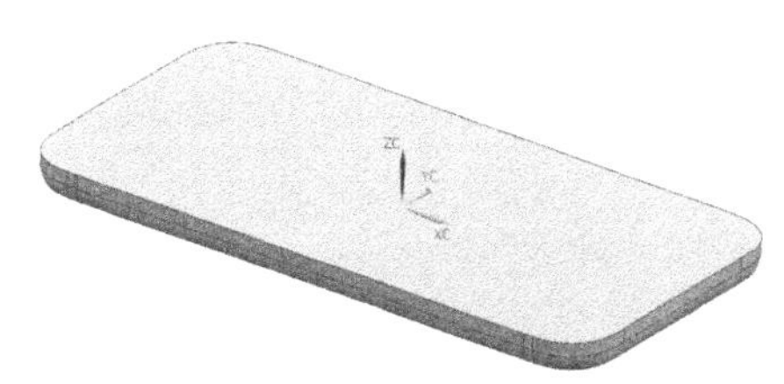

图 6-264　拉伸一个高 3mm 的体

STEP 08 在 UG NX 12.0 主界面单击“主页”→合并“”命令，选择电极体和拉伸的体合并。

STEP 09 电极中间平面进行避空，在 UG NX 12.0 主界面单击“主页”→偏置区域“ ”命令，选择图中方槽位底面，如图 6-265 所示。在“偏置区域”对话框中输入偏置“距离”为-2mm，如图 6-266 所示。单击“确定”生成偏置。

STEP 10 包容体产生基准台，在 UG NX 12.0 主界面单击“电极设计”→包容体“ ”命令，打开“包容体”对话框，勾选“单个偏置”，在“偏置”值中输入 4mm，如图 6-267 所示，选择电极底面，再把“单个偏置”钩去掉后，在图形中 Z-输入 0，Z+输入 6，如图 6-268 所示。单击“确定”生成基准台。

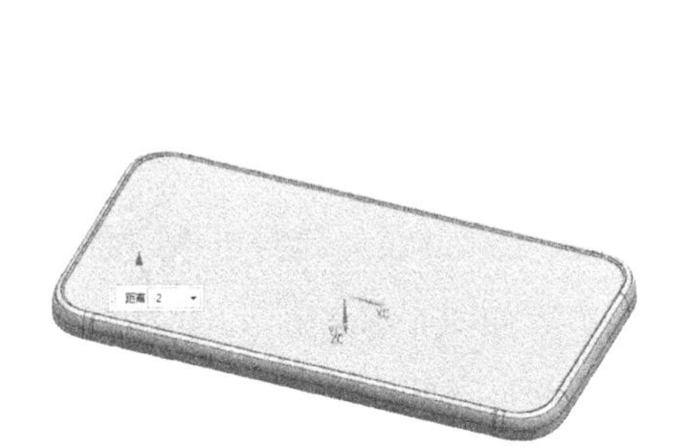

图 6-265　选择面

图 6-266　偏置区域

图 6-267　“包容体”对话框

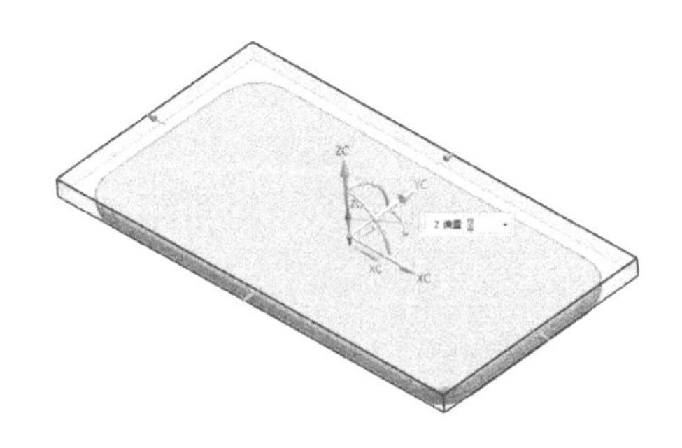

图 6-268　单个偏置

STEP 11 在 UG NX 12.0 主界面单击“主页”→合并“ ”命令，选择电极主体和基准台合并。

STEP 12 在 UG NX 12.0 主界面单击“曲线”→直线“ ”命令，选择基准面对角拉一直线，如图 6-269 所示。对角线主要用于出火花图样的时候标注中心距离值。

STEP 13 为了区分电极方向，在基准台的其中一个角做倒角。在 UG NX 12.0 主界面单击“主页”→倒斜角“ ”命令，选择基准台其中一个边倒斜角，大小为 4mm，如图 6-270 所示。

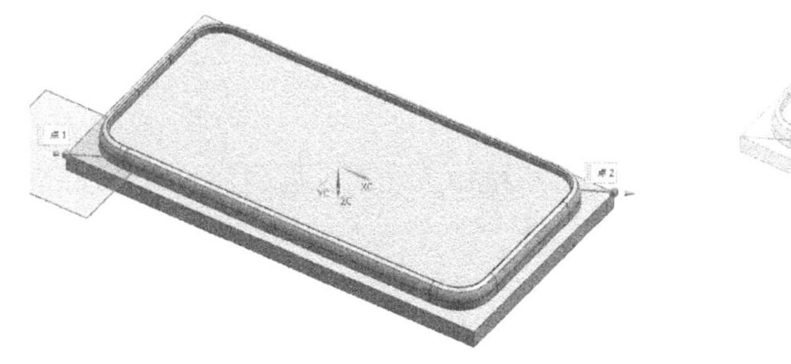

图 6-269　对角线

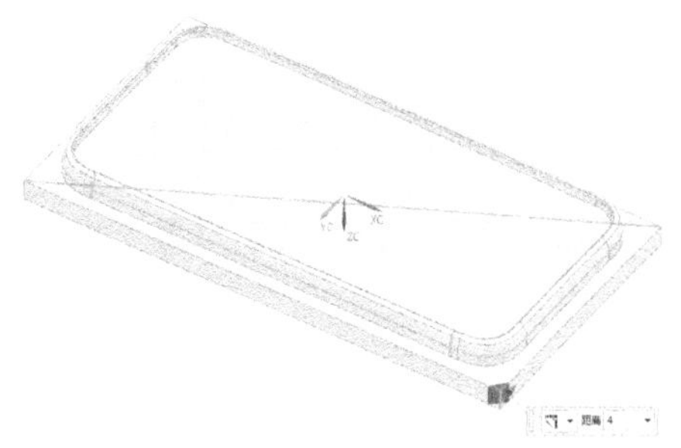

图 6-270　倒斜角

STEP 14 基准台其余三个角进行倒圆角，圆滑过渡，不起毛刺。在 UG NX 12.0 主界面单击“主页”→边倒圆“ ”命令，打开“边倒圆”对话框，如图 6-271 所示，选择基准台另三个角的边倒圆角，大小为 1mm，如图 6-272 所示。单击“确定”，生成圆角，电极如图 6-273 所示。

电极完成后，可以在底面设置面的透明度来观察合不合理，是否有过切，也可以利用分析里的简单干涉功能进行检查。

图 6-271　“边倒圆”对话框

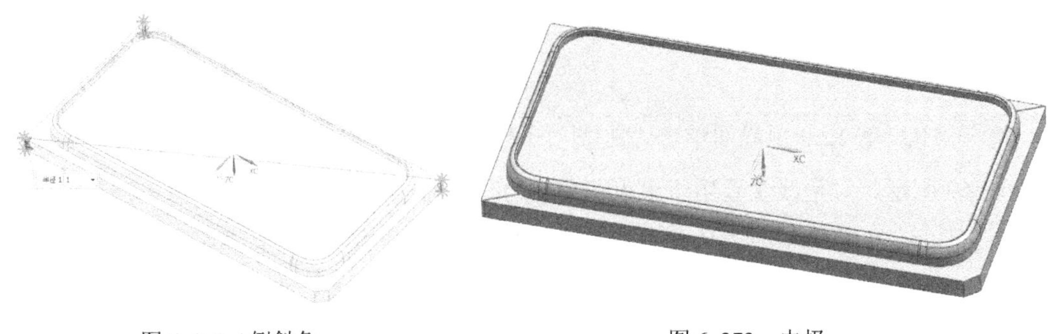

图 6-272　倒斜角　　　　图 6-273　电极

6.3　复习与练习

完成图 6-274 所示模具（LX-M04.prt）的粗加工和精加工加工、拆铜公及后处理等操作的创建。

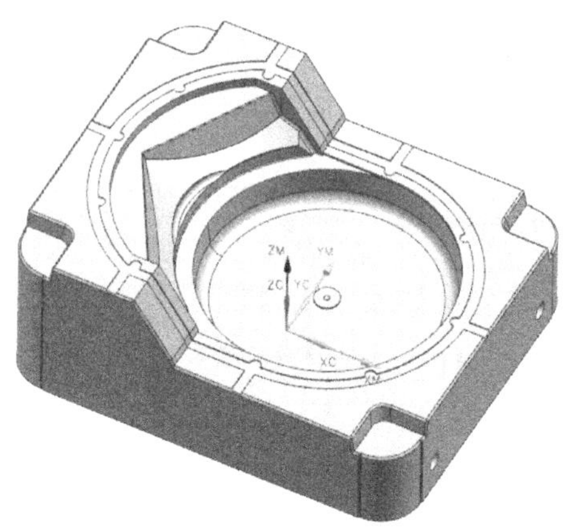

图 6-274　LX-M04 模具

第7章 UG NX 12.0 多轴加工详解

7.1 多轴数控铣工艺概述

7.1.1 多轴铣工艺的基本原则

工序是由工步组成的，数控程序就是加工工步。如果某个零件整体加工工艺已经确定用多轴铣工序，那么就需要从以下几方面考虑如何编排多轴铣工序。

1）多轴加工工艺总体原则：尽可能保护机床、减少机床故障率和停机时间，尽可能减少多轴联动加工的切削工作量，尽可能减少旋转轴担任切削工作、避免和杜绝旋转轴担任重切削工作。

2）尽量用车、铣、刨、磨、钳等传统切削方式来加工初始毛坯。

3）尽可能采用固定轴的定向方式进行粗加工及半精加工。万不得已，尽可能不用联动方式粗加工。如果必须采取联动方式进行粗加工，切削量不能太大。

4）倒扣曲面与周围之间要求过渡自然，如果要求精度高，精铣加工就要考虑使用联动方式。例如，整体涡轮的叶片精加工时，如果不采取五轴联动而采取多次定向加工，叶片的叶盆和叶背曲面就很难保证自然过渡连接。

5）多轴加工时要确保加工安全，特别要预防回刀时刀具撞坏旋转工件及工作台。

6）多轴铣的加工效果一定要满足零件的整体装配需要，不但切削时间要短，而且精度要达到图样公差要求。

7.1.2 UG 多轴铣编程功能

UG NX12.0 在多轴铣方面有很多成熟的编程功能，概括起来有以下几种。

（1）多轴铣定位加工　通过重新定义刀轴方向而进行的固定轴铣削，包括所有全部传统的三轴编程方法，如平面铣、面铣、钻孔、型腔铣、等高轮廓铣及固定轴曲面轮廓铣。与传统三轴加工方式不同的是：要专门定义刀具轴线的方向。

刀具轴线的正方向是指从刀尖出发指向刀具末端的连接线的矢量方向。

传统三轴铣削的默认刀轴方向是+ZM，而采用多轴铣定位加工时，要先分析出不倒扣的方位，根据视角平面创建基准平面，然后依据这个平面的垂直方向（也称法向）来定义刀轴的方向。为了保护机床尽可能采取这种加工方式来加工零件的倒扣位置。

（2）变轴曲面轮廓铣　通过灵活控制刀轴及设置驱动方法而进行的变轴曲面轮廓铣（包括流线铣和侧刃铣）。使用要点是：先确定驱动方法及投影矢量，以便能顺利地将驱动面上的刀位点投影到加工零件上；然后根据不产生倒扣的原则定义刀轴矢量；最后依据这些条件生成多轴铣刀路。这是 UG 的主要多轴铣功能。

（3）变轴等高铣　和普通的三轴等高铣不同之处在于，其可以定义刀轴沿着加工路线进行侧向倾斜，以便防止刀柄对工件产生过刀或者碰撞。它依然是平面的等高铣，只适合用球头刀进行计算。

（4）顺序铣　可以对角落进行手动清角，用户可以分步控制刀路。

（5）涡轮专用编程模块　对于涡轮这样复杂且有着共同相似结构的零件，可以使用涡轮专用模块进行数控编程。编程时要事先绘制叶片的包裹曲面，然后可以先在几何视图里定义叶毂曲面、包裹曲面、其中一个叶片曲面的侧曲面和圆角曲面，如果有分流叶片，再另外定义分流叶片的侧曲面和圆角曲面。

7.2　底座多轴加工编程

在 UG NX 12.0 主界面单击“菜单”→“文件”→“打开”，打开光盘“CH-07”文件夹中的 HC-BOOK01 文件，如图 7-1 底座零件。

根据图 7-1 所示的底座零件 3D 图形进行数控编程，后处理生成数控程序，然后在 VERICUT 软件里采用五轴加工中心机床模型进行加工仿真。

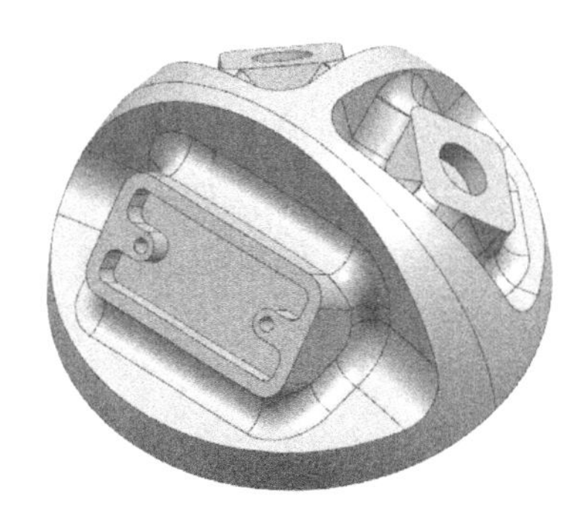

图 7-1　底座零件

7.2.1　工艺分析

该零件材料为铝，尺寸公差为 ±0.02mm。

1. 加工工艺

开料：毛料大小为ϕ55mm×45mm 的圆棒料，其中比图样多留出一些材料。

车削：先车一端面及外圆，然后调头，夹持另外一端，车削外圆及另外端面，尺寸保证为ϕ 50mm×41mm，其中比图样多出的部分，顶部留 1mm 余量，25mm 为需要加工的有效型面，其余 20mm 长度部分为夹持位。

数控铣：加工外形曲面。夹持位为ϕ 50mm×20mm 的圆柱，采取具有自定心功能的自定心卡盘进行装夹。先粗铣，再清角、半精加工，最后精加工。其中各个斜面、斜孔及凹槽采用 5 轴加工来进行加工。

线切割：切除多余的夹持料。

2. 数控铣加工程序

1）粗加工刀路 DZ-A01，使用刀具为 D6 平底刀，余量为 0.2mm，切削深度为 0.3mm。

2）外形曲面精加工刀路 DZ-A02，使用刀具 D6R3 球刀，余量为 0，步距为恒定 0.15mm。

3）斜平面顶部精加工刀路 DZ-A03，使用 D6 平底刀，底部余量为 0，采用面铣加工方式。刀具轴线为“垂直第一个面”方式。

4）创建外形凹槽粗加工刀路和清角刀路 DZ-A04，使用刀具为 D3 平底刀，余量为 0.2mm。

5）创建外形凹槽精加工刀路 DZ-A05，使用刀具为 D3 平底刀，余量为 0。

6）创建外形 A1 凹槽刀路 DZ-A06，使用刀具为 D2 平刀，余量为 0。

7）创建斜面钻孔刀路 DZ-A07，使用钻头 DR1.5。

8）创建斜面凹槽曲面精加工刀路 DZ-A08，使用刀具为 D3R1.5 球刀，余量为 0。

7.2.2　图形处理

本例图形有很多孔位和凹槽，为了使粗加工刀路顺畅，有必要把这些部分进行补面。

在 UG NX 12.0 主界面单击“菜单”→“插入”→“网格曲面”→N 边曲面“ ”命令，打开“N 边曲面”对话框，在过滤器中选择相切曲线，在图形中选择要补面的边，如图 7-2 所示。在“N 边曲面”对话框中勾选“修剪到边界”，如图 7-3 所示，生成图 7-4 所示曲面。

继续相同步骤补完其他面，结果如图 7-5 所示。

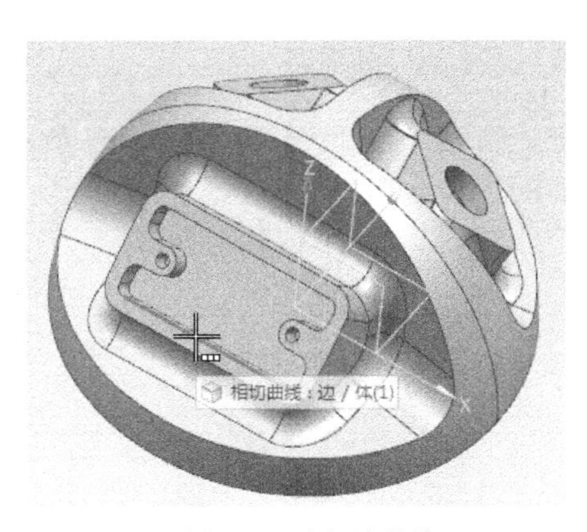

图 7-2　选择边曲线

图 7-3　“N 边曲面”对话框

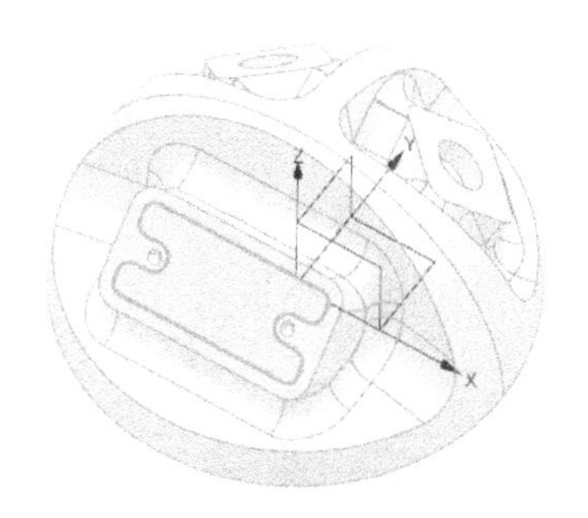

图 7-4　产生 N 边曲面

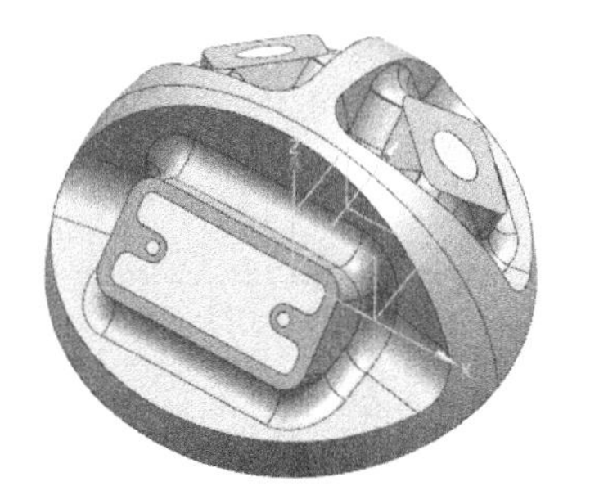

图 7-5　显示补面

7.2.3 编程准备

1. 进入加工模块

在功能区单击“应用模块”→加工“ ”按钮或按快捷键 CTRL+ALT+M，进入加工模块。进入加工模块时，系统弹出“加工环境”对话框，“CAM 会话配置”设置为 cam_general，“要创建的 CAM 组装”设置为 mill_Multi-axis（多轴铣削模板）。

2. 创建程序组

在功能区单击“主页”→创建程序“ ”按钮，创建出多个程序组，如图 7-6 所示；或使用外挂批量创建程序组。

图 7-6　创建程序组

3. 创建刀具

在功能区单击“主页”→创建刀具“ ”按钮，创建一把 D6 平刀，如图 7-7 所示操作。继续相同操作创建出所需刀具 D6R3、D3、D2、DR1.5 和 D3R1.5。

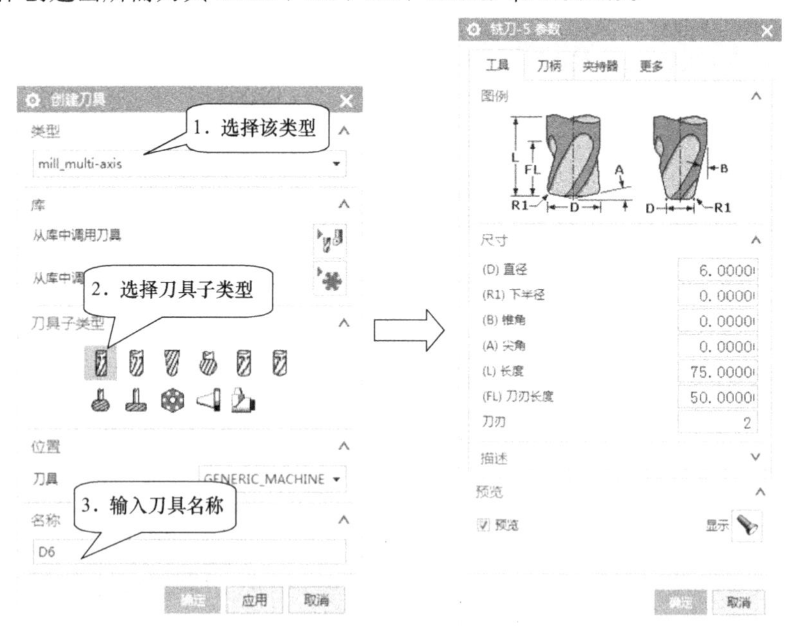

图 7-7　创建刀具

4. 设置加工坐标系和几何体

软件进入了加工模块后，在几何视图中有一个默认的坐标系和几何体，双击“MCS_MILL”，进入“Mill Orient”对话框，“安全距离”设置为 30。单击“确定”完成设置。

单击创建几何体，创建 WORKPIECE_1 和 WORKPIECE_2 两个几何体并进行设置，如图 7-8 所示。

双击“WORKPIECE_1”，进入铣削几何体对话框，指定部件选择图形和补面，指定毛坯采用包容圆柱体，如图 7-9 所示设置部件和毛坯。

双击“WORKPIECE_2”，进入铣削几何体对话框，指定部件仅选择实体图形，指定毛坯采用包容圆柱体，如图 7-10 所示设置部件和毛坯。

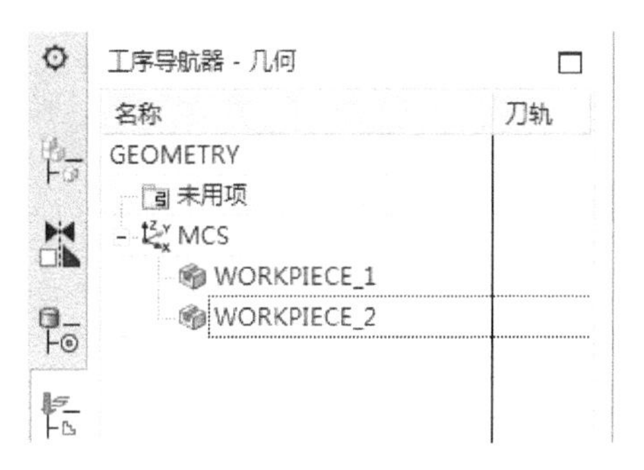

图 7-8　创建几何体

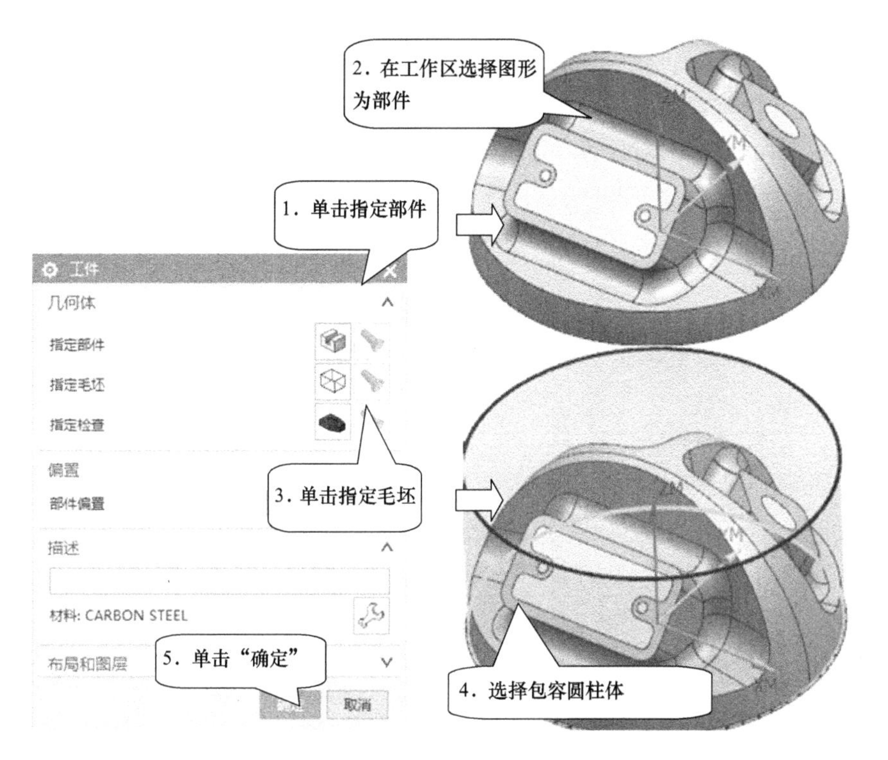

图 7-9　指定部件和毛坯

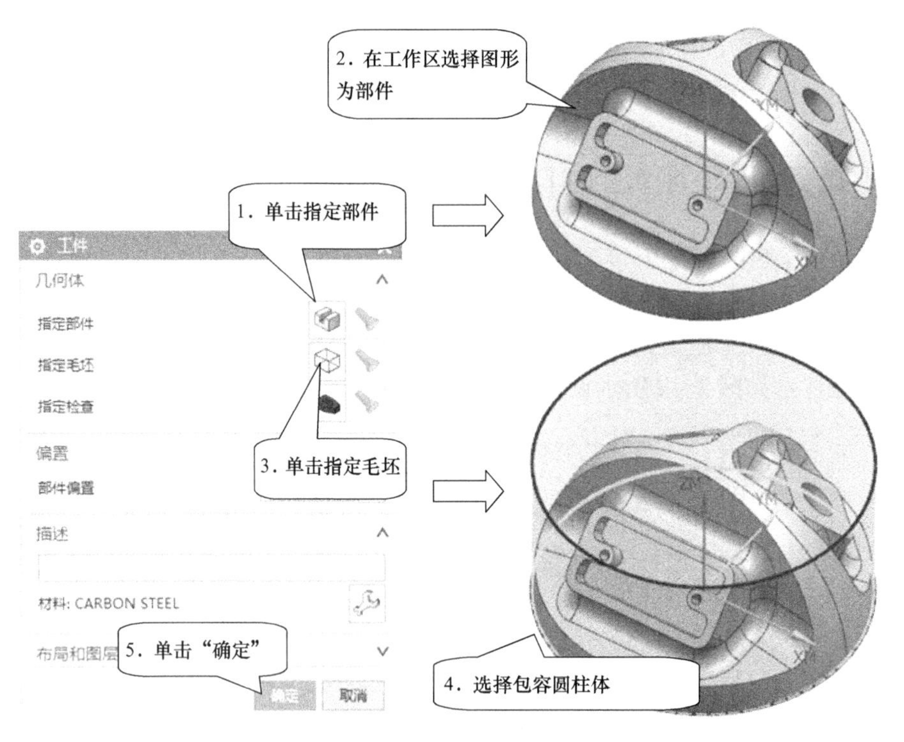

图 7-10　指定部件和毛坯

5. *加工方法参数设置*

双击“MILL ROUGH”，进入“铣削粗加工”对话框，设置“部件余量”为 0.2000，如图 7-11 所示。在“铣削粗加工”对话框中单击进给按钮，设置“进给率”的“切削”为 4000.000，“进刀”为 60.0000%切削，如图 7-12 所示。单击“确定”完成设置。

图 7-11　“铣削粗加工”对话框

图 7-12　“进给”对话框

双击“MILL_FINISH”，进入精加工参数设置对话框，“部件余量”设置为 0.000，“公差”调整为 0.0100。在精加工参数对话框中单击进给按钮，“进给率”设置为 2000.000，“进刀”设置为 60.0000%切削，单击“确定”完成设置。

7.2.4 创建粗加工刀路 DZ-A01

在功能区单击“主页”→创建工序“ ”按钮，进入“创建工序”对话框，选择“工序子类型”中的型腔铣，“位置”项下面选择已创建的各项，如图 7-13 所示。单击“确定”，进入“型腔铣”对话框并设置各参数。

（1）刀轨设置　选择“切削模式”为“跟随周边”，设“平面直径百分比”为 70.0000、“最大距离”为 0.3000，如图 7-14 所示。

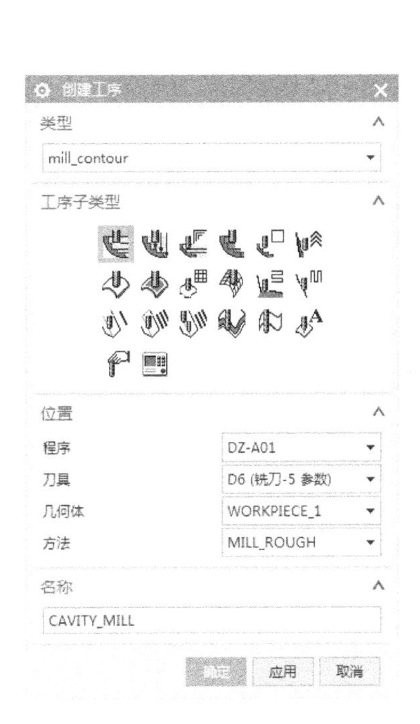

图 7-13 “创建工序”对话框

图 7-14 刀轨设置

（2）切削参数　单击切削参数按钮，进入切削参数对话框，在策略选项卡设置参数，如图 7-15 所示。深度优先能减少区域间的提刀和移刀，优化切削的顺序。在余量选项卡设置参数，如图 7-16 所示。

（3）非切削移动　单击非切削移动按钮，进入“非切削移动”对话框，如图 7-17 所示。“退刀”选项卡的“抬刀高度”设为 3mm。“转移/快速”选项卡设置“区域内”的“转移类型”为“前一平面”，如图 7-18 所示。

图 7-15 “切削参数”的“策略”对话框

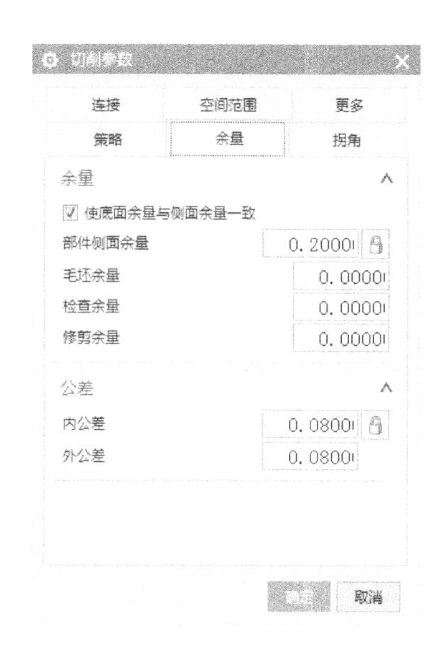

图 7-16 “切削参数”的“余量”对话框

图 7-17 “非切削移动”的“进刀”对话框

图 7-18 “非切削移动”的“转移/快速”对话框

（4）进给率和速度　单击进给率和速度按钮，进入“进给率和速度”对话框，进给率和进刀速度默认了加工方法设置的参数，在这只需要在“主轴速度”输入 10000。

设置完成参数后，单击生成“ ”按钮生成刀轨，如图 7-19 所示。

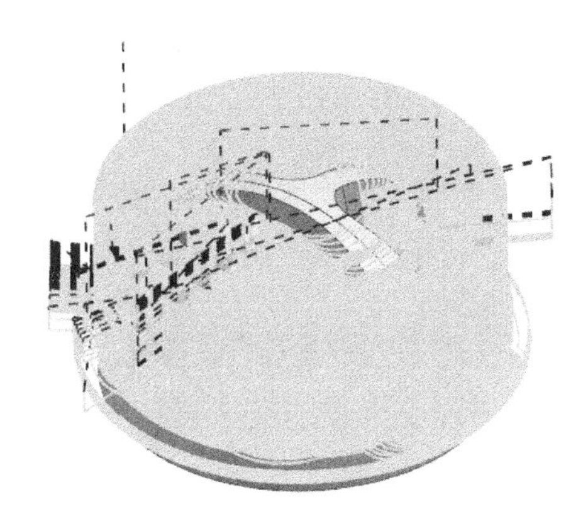

图 7-19　生成刀轨

7.2.5　创建外形曲面精加工刀路 DZ-A02

在功能区单击“主页”→创建工序“ ”按钮，进入“创建工序”对话框，选择“工序子类型”中的区域轮廓铣，“位置”项下面选择已创建的各项，如图 7-20 所示。单击“确定”，进入“区域轮廓铣”对话框并设置各参数，如图 7-21 所示。

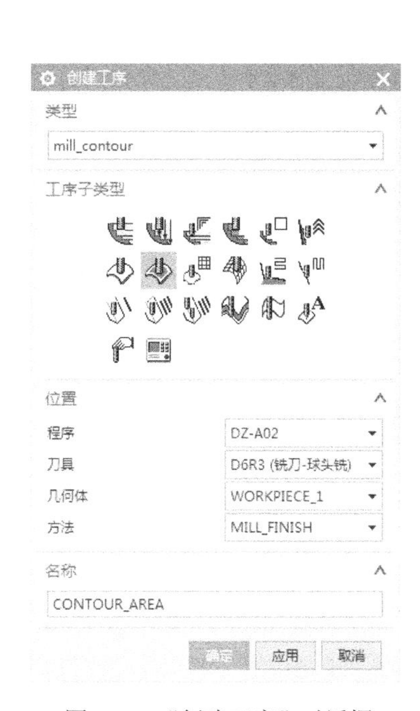

图 7-20　“创建工序”对话框

图 7-21　“区域轮廓铣”对话框

（1）指定切削区域　在“区域轮廓铣”对话框中单击指定切削区域按钮，弹出“切削区域”对话框，如图 7-22 所示。在工作区图形中选择箭头所指的两个圆弧面，如图 7-23 所示。单击“确定”返回“区域轮廓铣”对话框。

图 7-22 “切削区域”对话框

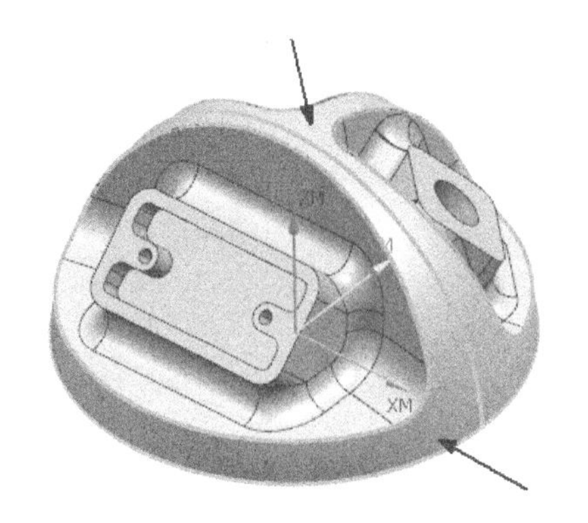

图 7-23 指定切削区域

（2）设置驱动方法 驱动方法默认为“区域铣削”，单击编辑按钮，弹出“区域铣削驱动方法”对话框，参数设置如图 7-24 所示。

（3）切削参数 单击切削参数按钮，进入“切削参数”对话框，在“策略”选项卡设置延伸刀轨，勾选“在边上延伸”，并设置“距离”为 0.5000mm，如图 7-25 所示。

图 7-24 “区域铣削驱动方法”对话框

图 7-25 “切削参数”的“策略”对话框

（4）非切削移动 单击非切削移动按钮，进入“非切削移动”对话框，进刀参数设置如图 7-26 所示。

（5）进给率和速度 单击进给率和速度按钮，进入“进给率和速度”对话框，“主轴速度”输入 12000，“进给率”设置为 2000。

参数设置完成后，单击生成按钮生成刀轨，如图 7-27 所示。

图 7-26 “非切削移动”的“进刀”对话框

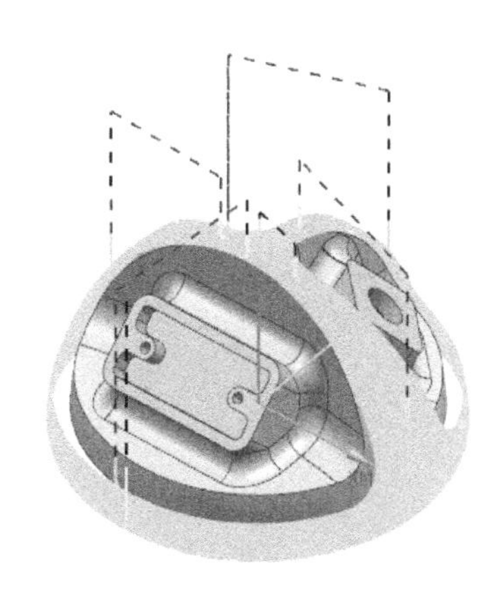

图 7-27　生成刀轨

7.2.6　创建斜平面顶部精加工刀路 DZ-A03

采用多轴加工方式编程，有三个不同斜平面，需创建 3 个操作：①对图 7-28 所示的 *A* 斜面用面铣方法进行精加工；②对图 7-28 所示的 *B* 斜面用面铣方法进行精加工；③对图 7-28 所示的 *C* 斜面用面铣方法进行精加工。

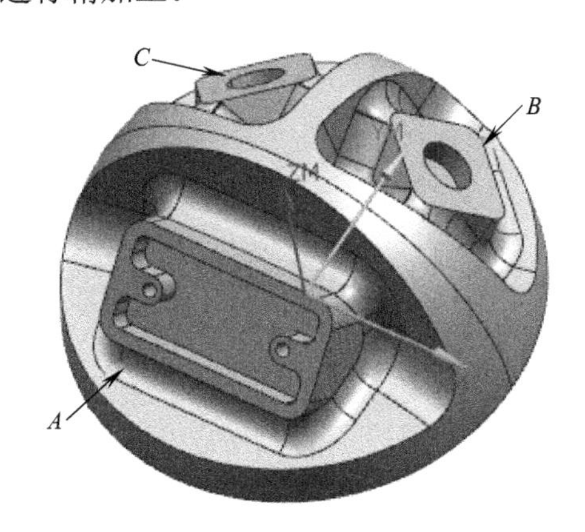

图 7-28　底座零件图

1. 创建 *A* 处斜面铣精加工刀路

选中补面按快捷键 CTRL+B 隐藏，或设定图层关闭。

在功能区单击“主页”→创建工序“ ”按钮，进入“创建工序”对话框，“工序子类型”选择使用边界面铣削，“位置”项下面选择已创建的各项，如图 7-29 所示。单击“确定”，进入“面铣”对话框并设置各参数。

（1）刀轨设置　如图 7-30 所示。

图 7-29 “创建工序”对话框

图 7-30 “面铣”对话框

（2）指定面边界　单击指定面边界按钮，弹出“毛坯边界”对话框，如图 7-31 所示，在工作区中选择要加工的平面，如图 7-32 所示。

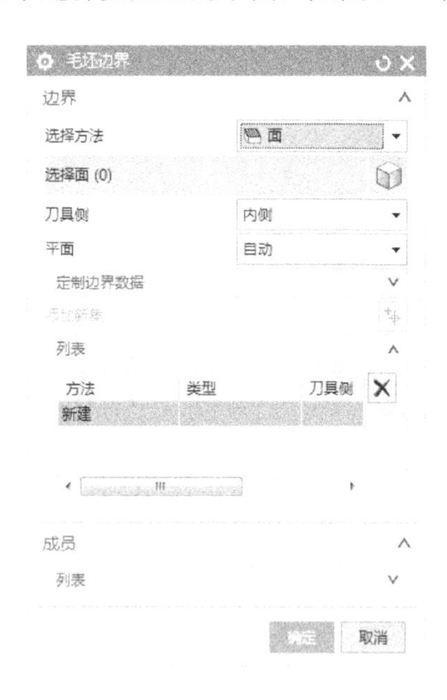

图 7-31 “毛坯边界”对话框

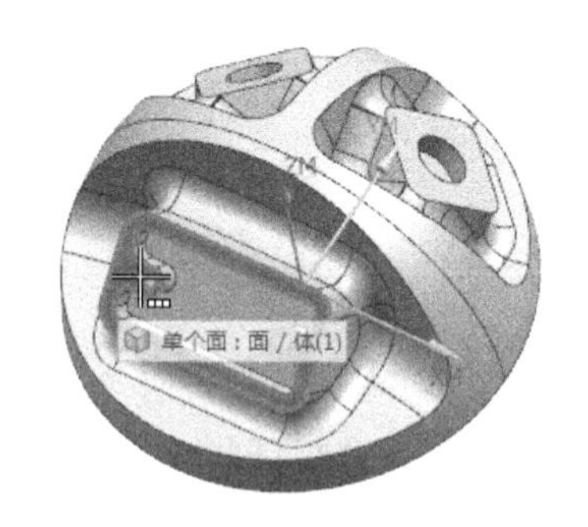

图 7-32 选择平面

（3）切削参数　单击切削参数按钮，进入“切削参数”对话框，在“策略”选项卡设置参数，如图 7-33 所示。在“余量”选项卡设置“部件余量”为 0.2500，如图 7-34 所示。

图 7-33 “切削参数”的“策略”对话框

图 7-34 “切削参数”的“余量”对话框

（4）设置拐角　在“拐角”页面设置“凸角”为“延伸并修剪”，避免在边角处拐弯，影响加工效果，如图 7-35 所示。

图 7-35 “切削参数”的“拐角”对话框

（5）非切削移动　单击非切削移动按钮，进入“非切削移动”对话框，在“进刀”页面设置参数，如图 7-36 所示，其余参数默认。

（6）进给率和速度　单击进给率和速度按钮，进入“进给率和速度”对话框，“主轴速度”输入 12000，“进给率”设置为 800。

参数设置完成后，单击生成按钮生成刀轨，如图 7-37 所示。

图 7-36 “非切削移动”的“进刀”对话框

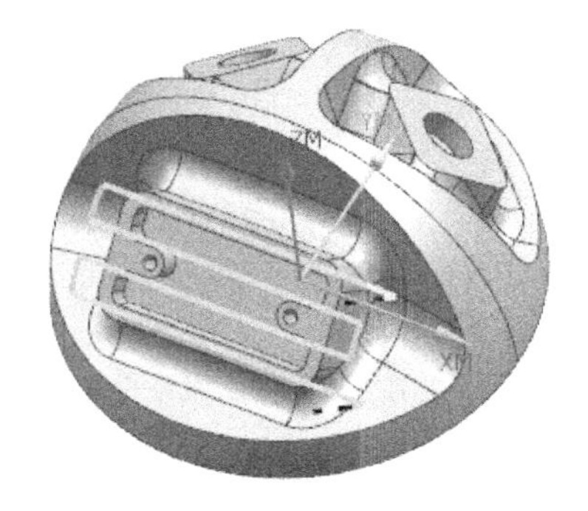

图 7-37 生成刀轨

2. *用面铣创建 B 处斜平面精加工刀路*

复制刀路然后修改参数得到新的刀路。

（1）复制刀路　在导航器里右击上一步生成的刀路，在弹出的快捷菜单里选取“复制”，再次右击，在弹出的快捷菜单里选取“粘贴”，在导航器的“DZ-A03”组生成一步新复制后的刀路，如图 7-38 所示。

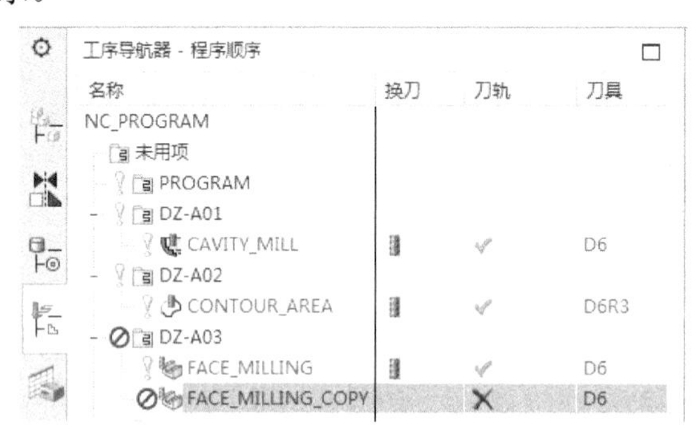

图 7-38 复制和粘贴刀路

（2）修改加工边界　双击复制好的刀路，系统弹出“面铣”对话框，再单击指定面边界“ ”按钮，系统弹出“毛坯边界”对话框，在列表中单击“移除 ”按钮，将之前的边界删除，如图 7-39 所示。然后在图形上选取 B 处斜平面，如图 7-40 所示。单击“确定”返回

“面铣”对话框。

图 7-39 “毛坯边界”对话框

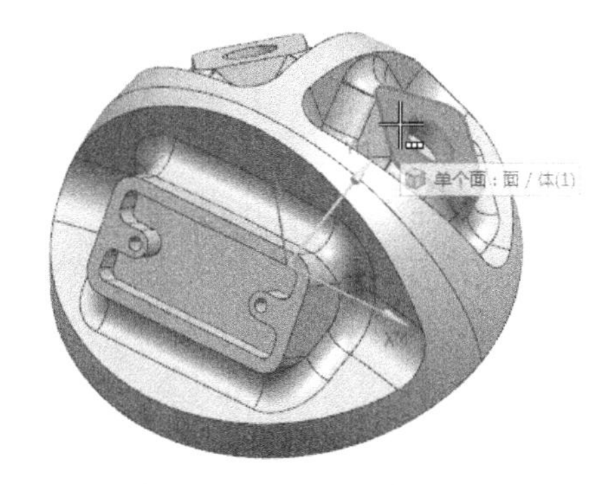

图 7-40　选择 *B* 处斜平面

（3）生成刀路　单击生成按钮，系统计算出刀路，如图 7-41 所示。

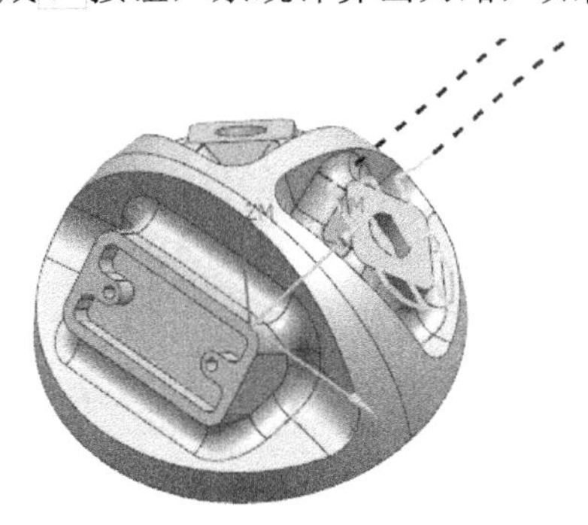

图 7-41　生成 *B* 处刀路

3. 对 *C* 处的斜平面进行精加工

将第 2 步生成的刀路进行复制并修改参数，生成刀路如 7-42 所示。方法与第 2 步相同。

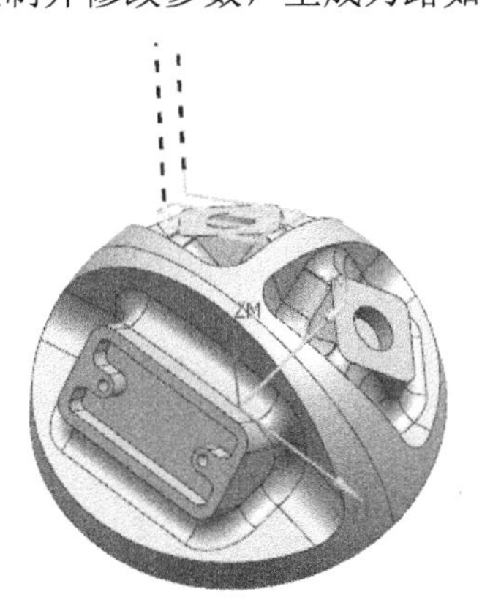

图 7-42　生成 *C* 处刀路

7.2.7 创建外形凹槽粗加工刀路和清角刀路 DZ-A04

采用多轴加式方式编程，创建 6 个操作：①对图 7-43 所示的 *A*1 槽用平面铣的方法进行粗加工；②对 *B*1 圆孔进行粗加工；③对 *C*1 处的圆孔进行粗加工；④对 *A*2 凹槽用型腔铣进行粗加工；⑤对 *B*2 凹槽进行粗加工；⑥对 *C*2 凹槽进行粗加工。

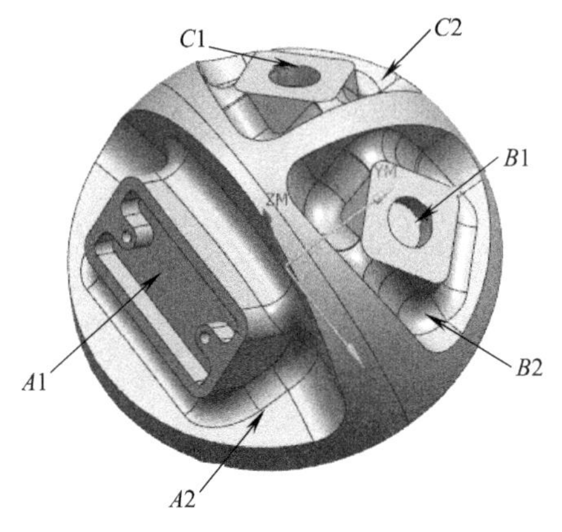

图 7-43 底座零件图

1. 对 *A*1 槽用平面铣进行粗加工

在功能区单击“主页”→创建工序“ ”按钮，进入“创建工序”对话框，选择“工序子类型”中的平面铣 ，“位置”项下面选择已创建的各项，如图 7-44 所示。单击“确定”，进入“平面铣”对话框并设置各参数，如图 7-45 所示。

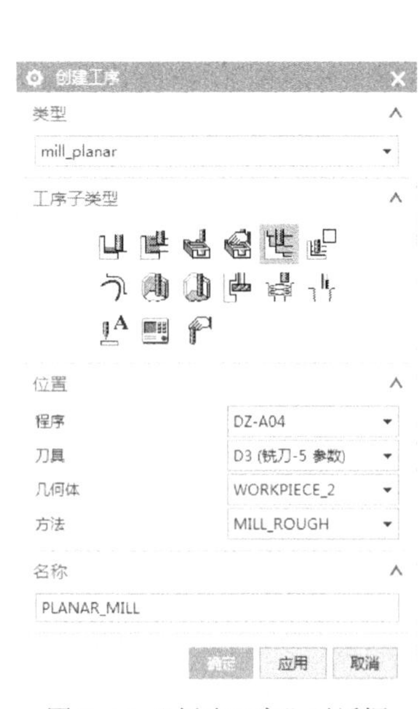

图 7-44 “创建工序”对话框

图 7-45 “平面铣”对话框

（1）指定部件边界 在“平面铣”对话框中单击“指定部件边界”图标，系统打开“部件边界”对话框，如图 7-46 所示，选择“曲线”，设置“刀具侧”为“内侧”，如图 7-47 所示。

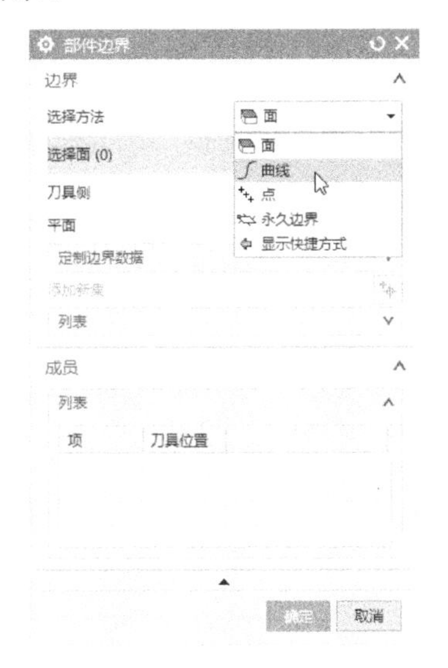

图 7-46 “部件边界”对话框 1

图 7-47 “部件边界”对话框 2

在选择条设置“相切曲线”，如图 7-48 所示。在图形中选择要加工的边界，如图 7-49 所示。单击“确定”，返回“平面铣”对话框。

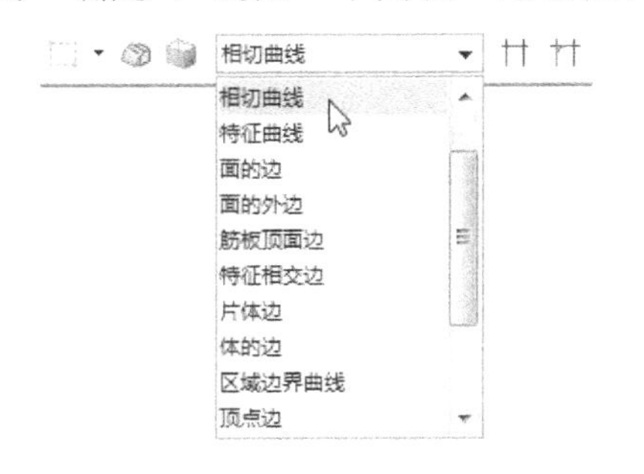

图 7-48 曲线规则

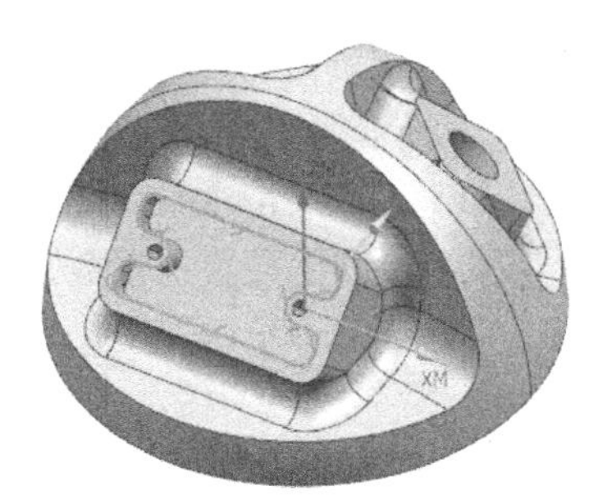

图 7-49 选择边界

（2）指定底面 在“平面铣”对话框中单击“指定底面”图标，系统弹出“平面”对话框，在图形上选择底平面，如图 7-50 所示。单击“确定”或单击中键返回“平面铣”对话框。

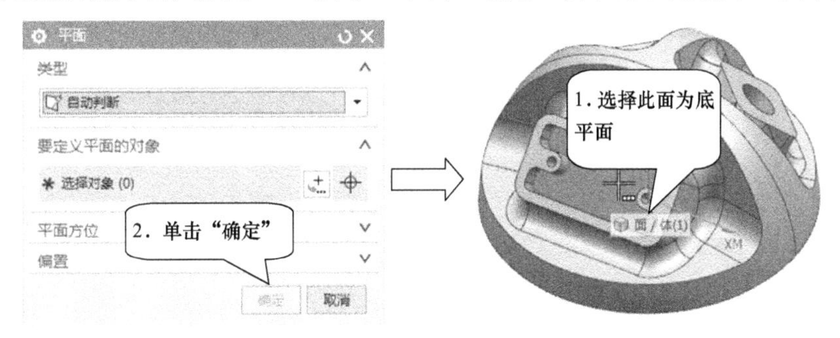

图 7-50 指定底面

在图形上将以虚线三角形显示底平面的位置。

（3）刀轨设置　选择“切削模式”为“跟随部件”，设置“平面直径百分比”为 70.0000，如图 7-51 所示。

（4）切削层　单击切削层按钮，进入“切削层”对话框，设置“每刀切削深度”为 0.1500，单击“确定”，返回“平面铣”对话框。

（5）切削参数　单击切削参数按钮，进入“切削参数”对话框，在“余量”选项卡设置参数，如图 7-52 所示。

图 7-51　刀轨设置

图 7-52　“切削参数”的“余量”对话框

（6）非切削移动　单击非切削移动按钮。进入“非切削移动”对话框，如图 7-53 所示。“退刀”选项卡设置如图 7-54 所示。“转移/快速”选项卡设置如图 7-55 所示。

（7）进给率和速度　单击进给率和速度按钮，进入“进给率和速度”对话框，进给率和进刀速度默认了加工方法设置的参数，在这只需要在“主轴速度”输入 15000。

在“平面铣”对话框中单击“刀轴”，将“刀轴”的“轴”更改为“垂直于底面”，如图 7-51 所示。

参数设置完成后，单击生成按钮生成刀轨，如图 7-56 所示。

图 7-53　“非切削移动”的“进刀”对话框

图 7-54　“非切削移动”的“退刀”对话框

图 7-55 “非切削移动”的“转移/快速”对话框

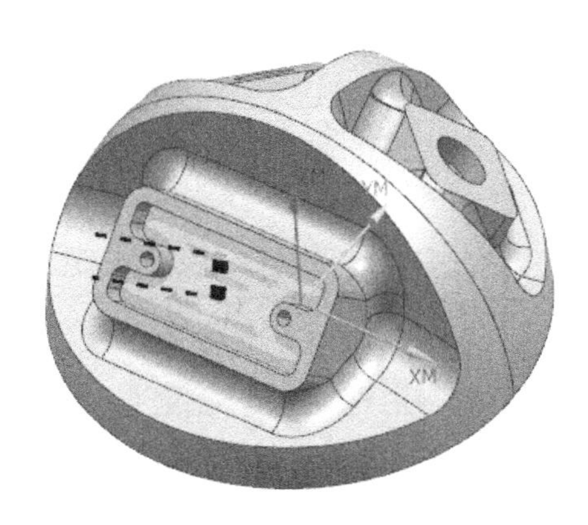

图 7-56 生成刀轨

2. 对 *B*1 孔进行粗加工

复制刀路然后修改参数得到新的刀路。

（1）复制刀路　在导航器里右击上一步平面铣刀路，在弹出的快捷菜单里选取“复制”，再次右击，在弹出的快捷菜单里选取“粘贴”，在“DZ-A04”组中生成了新刀路，如图 7-57 所示。

（2）更改部件边界　在“平面铣”对话框中单击“指定部件边界”按钮，系统打开“部件边界”对话框，在列表中把上一程序的曲线边界移除，移除边界后在“部件边界”对话框（图 7-58）设置“边界”的“选择方法”为“曲线”、“边界类型”为“封闭”、“刀具侧”为“内侧”，如图 7-59 所示。

在选择条中设置相切曲线，在图形中选择图 7-60 所示边界。

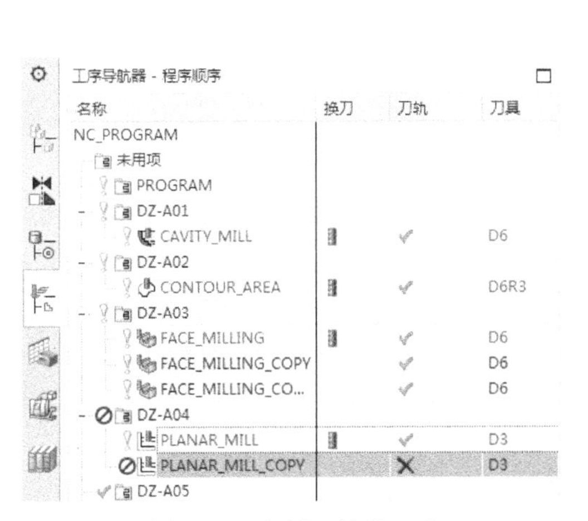

图 7-57 复制、粘贴刀路

图 7-58 “边界几何体”对话框

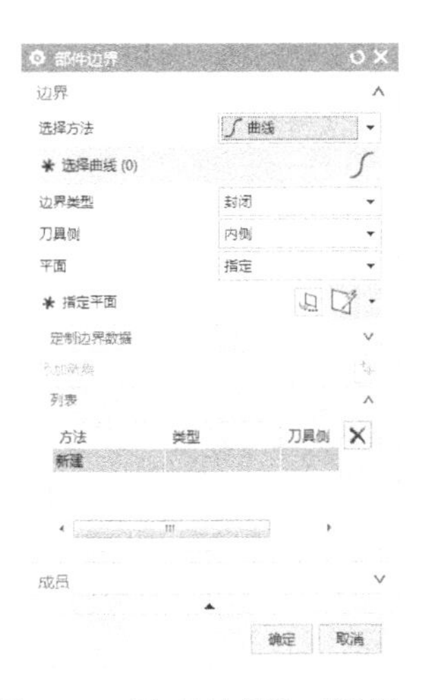

图 7-59 “部件边界”对话框

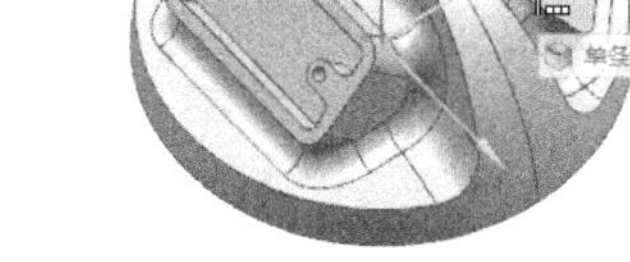

图 7-60 选择部件边界

（3）更改指定底面　在“平面铣”对话框单击“指定底面”按钮，在“平面”对话框中“类型”更改为“自动判断”，在图形上选择 *B*1 孔底部平面为最低平面，单击“确定”完成更改。

设置完成参数后，单击生成按钮生成刀轨，如图 7-61 所示。

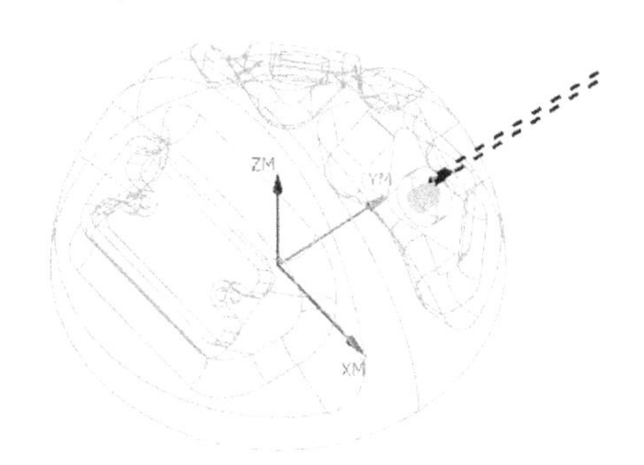

图 7-61 生成 *B*1 孔粗加工刀轨

3. 对 *C*1 孔进行粗加工

复制刀路然后修改参数得到新的刀路，方法与第 2 步相同，刀路如图 7-62 所示。

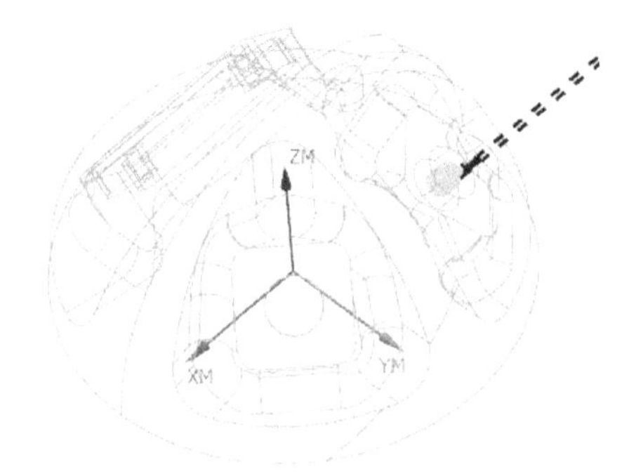

图 7-62 生成 *C*1 孔粗加工刀路

4. 对 *A*2 凹槽用拐角粗加工进行二次粗加工

在功能区单击“主页”→创建工序“ ”按钮，进入“创建工序”对话框，“工序子类型”选择拐角粗加工 ，“位置”项下面选择前面创建的各项，（注意：几何体选择带补面的 WORKPLECE_1 几何体）如图 7-63 所示。单击“确定”，进入拐角粗加工对话框并设置各参数，如图 7-64 所示。

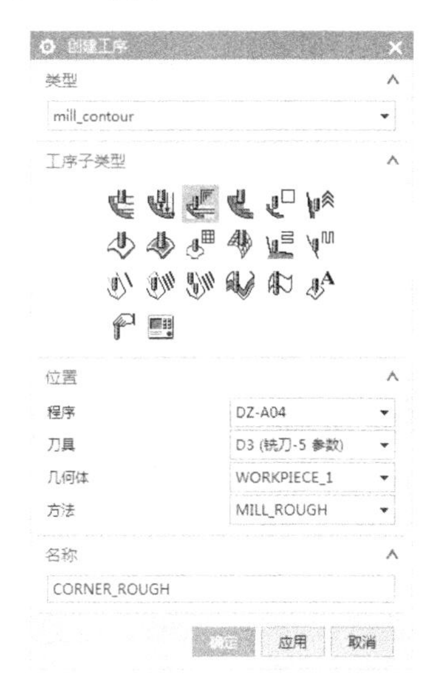

图 7-63　“创建工序”对话框

图 7-64　刀轨设置

（1）指定刀轴方向　在“型腔铣”对话框里，刀轴更改为“指定矢量”，在图形上选择 *A* 处斜面，如图 7-65 所示。

（2）指定修剪边界　在“型腔铣”对话框里单击“修剪边界 ”按钮，弹出“修剪边界”对话框，设置边界选择方法为“曲线”，如图 7-66 所示，选择 *A*2 处的边线，如图 7-67 所示。在“平面”栏选择“指定”，在图形上选择 *A* 处斜平面，如图 7-68 所示。单击“确定”按钮完成指定修剪边界。

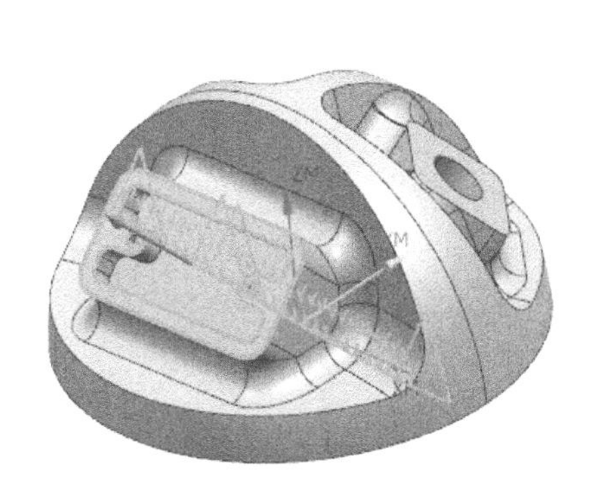

图 7-65　指定刀轴方向

图 7-66　指定修剪边界

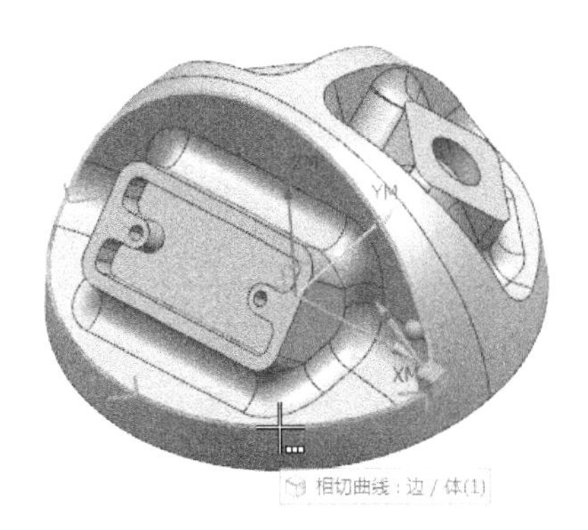

图 7-67　选择边线

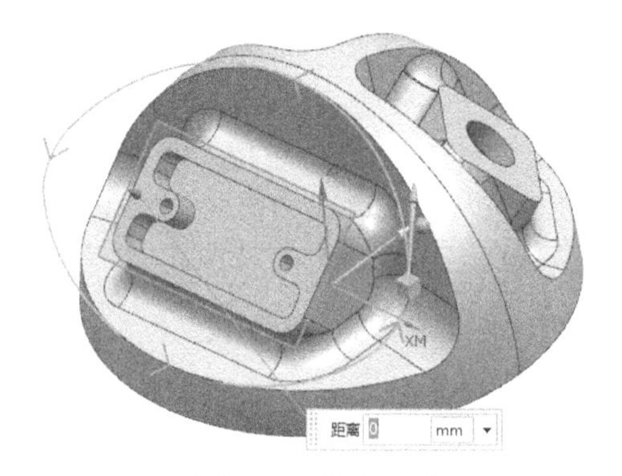

图 7-68　指定平面

（3）设置参考刀具　选择粗加工刀具 D6 作为拐角粗加工的参考刀具。

（4）刀轨设置　选择“切削模式”为“跟随周边”，设“平面直径百分比”为 70%、“每刀切削深度”为 0.1500。

（5）切削参数　单击切削参数按钮，进入“切削参数”对话框，在“策略”选项卡设置“刀路方向”为“向内”，并且设置“壁清理”为“自动”。深度优先能减少区域间的提刀和移刀。在“余量”选项卡设置参数，如图 7-69 所示。拐角粗加工的余量设置要比粗加工大。

（6）非切削移动　单击非切削移动按钮，进入“非切削移动”对话框。

进刀：粗加工后产生的残料属于开放区域残料，所以系统自动使用开放区域的进刀参数，如图 7-70 所示。

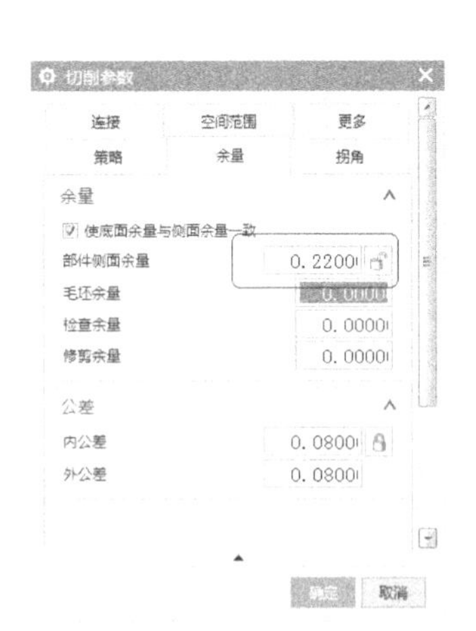

图 7-69　“切削参数”的“余量”对话框

图 7-70　“非切削移动”的“进刀”对话框

退刀：设置与进刀相同。

转移/快速：设置“区域内”的“转移类型”为“直接/上一个备用平面”，这样在区域内退刀就会按照进刀项里的 0.5mm 高度来退刀。“区域之间”则设置“前一平面”，如图 7-71 所示。

（7）进给率和速度　单击进给率和速度按钮，进入“进给率和速度”对话框，进给率和进刀速度默认了加工方法设置的参数，在这只需要在“主轴速度”输入 15000。

参数设置完成后，单击生成“ ”按钮生成刀轨，如图 7-72 所示。

图 7-71　“非切削移动”的“转移/快速”对话框

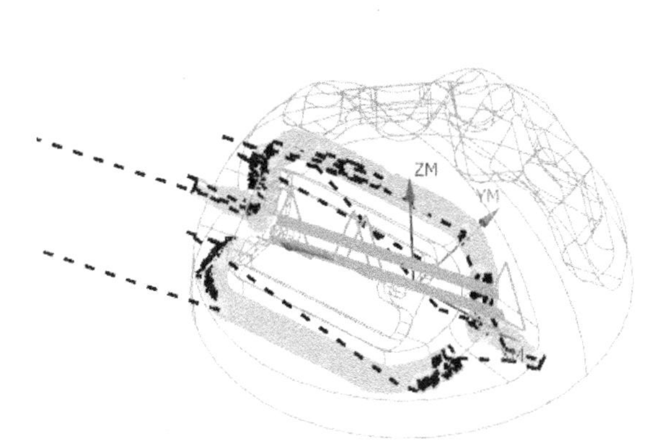

图 7-72　生成 *A*2 处二次粗加工刀轨

5. 对 *B*2 凹槽二次粗加工

复制 *A*2 凹槽二次粗加工刀路，修改参数得到新的刀路。

（1）复制刀路　在导航器里右击 *A*2 凹槽二次粗加工刀路，在弹出的快捷菜单中选择“复制”，如图 7-73 所示，再右击，在弹出的快捷菜单中选择“粘贴”，如图 7-74 所示。

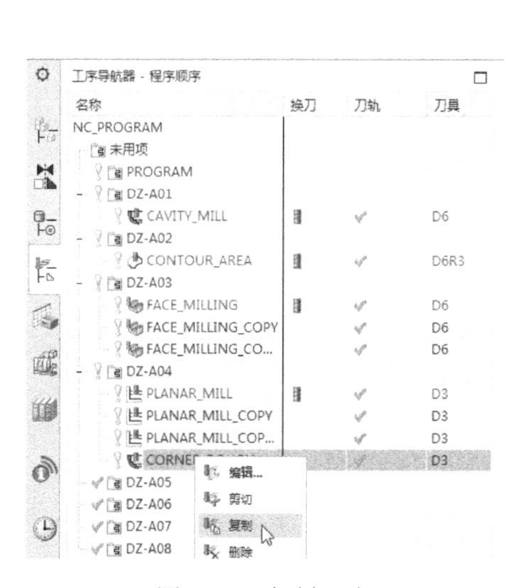

图 7-73　复制刀路

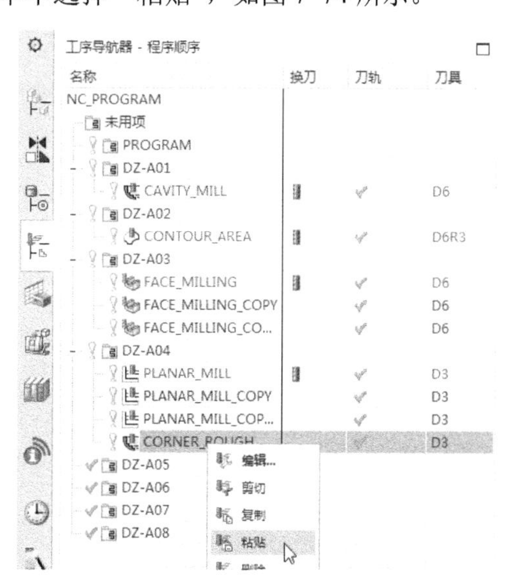

图 7-74　粘贴刀路

（2）更改修剪边界　双击刚复制后的刀路，在弹出的“型腔铣”对话框里单击“指定修剪边界”按钮，系统弹出“修剪边界”对话框，单击“移除”按钮，将之前的加工边界删除，设置边界选择方法为“曲线”，选择 *B*2 处的边线，如图 7-75 所示。在“平面”栏选择“指定”，在图形上选择 *A* 处斜平面，如图 7-76 所示。单击“确定”按钮完成指定修剪边界。

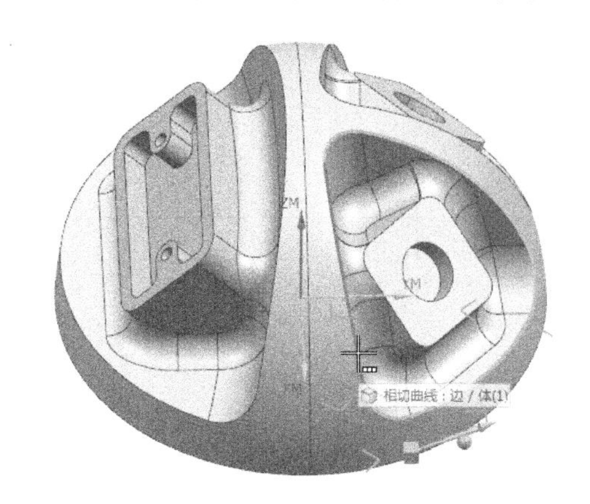

图 7-75　选择边线

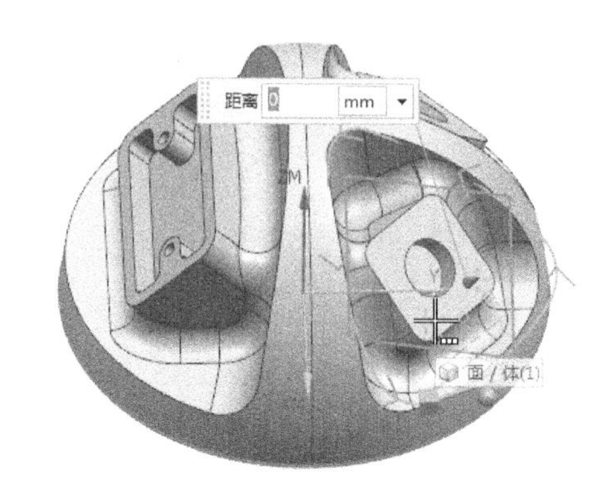

图 7-76　指定平面

（3）修改刀轴方向　在“型腔铣”对话框中，修改刀轴为“指定矢量”，在图形上选取 *B* 处斜面。单击生成“”按钮，系统计算出刀路，忽略警告信息，生成刀路如图 7-77 所示。单击“确定”按钮。

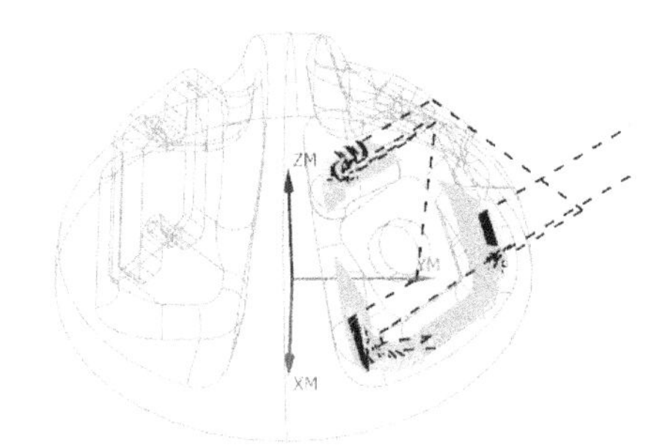

图 7-77　生成 *B*2 处二次粗加工刀路

6. 对 *C*2 处的凹槽进行二次粗加工

将第 5 步生成的刀路进行复制和粘贴并修改参数，生成刀路如 7-78 所示。方法与第 5 步相同。

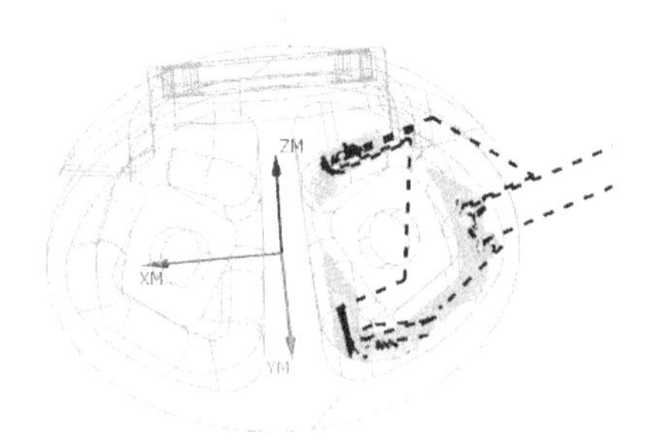

图 7-78　生成 *C*2 处二次粗加工刀路

7.2.8　创建外形凹槽精加工刀路 DZ-A05

采用多轴加工方式编程，创建 3 个操作：①对 *A*1 凹槽底部光刀，②对 *B*1 凹槽光刀，③对 *C*1 凹槽光刀。

1. 对 *A*1 凹槽底部光刀

（1）复制刀路　在导航器里右击 *A*1 凹槽粗加工刀路，在弹出的快捷菜单中选择“复制”，如图 7-79 所示，选中“DZ-A05”组再右击，在弹出的快捷菜单中选择“内部粘贴”，如图 7-80 所示。

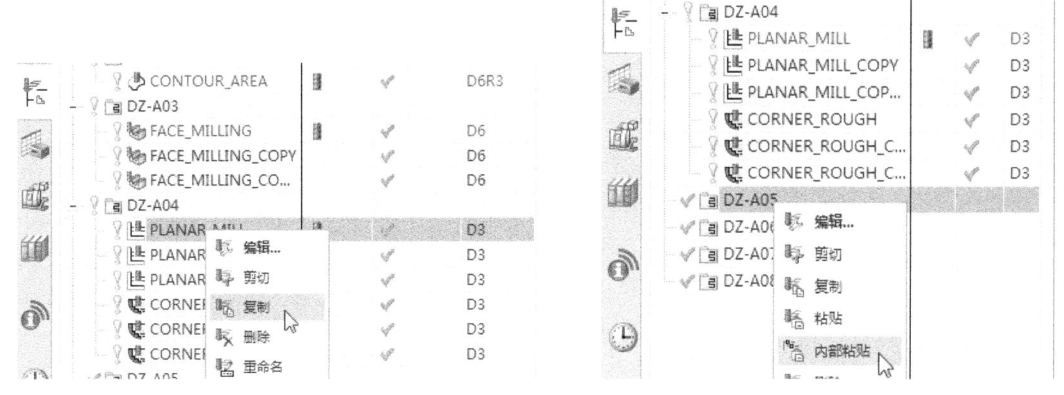

图 7-79　复制刀路　　　　图 7-80　粘贴刀路

（2）设置切削层参数　双击刚复制、粘贴后的刀路，在系统弹出的“平面铣”对话框中单击“切削层”按钮，系统弹出“切削层”对话框，设置“类型”为“仅底面”，如图 7-81 所示。单击“确定”按钮。

（3）设置切削参数　在“平面铣”对话框里单击“切削参数”按钮，系统弹出“切削参数”对话框，在“余量”选项卡设置“部件余量”为 0.2000，“最终底面余量”为 0.0000，如图 7-82 所示，单击“确定”按钮。

图 7-81　“切削层”对话框

图 7-82　“切削参数”的“余量”对话框

（4）设置非切削移动参数　在“平面铣”对话框中单击“非切削移动”按钮，弹出“非切削移动”对话框，“进刀”选项卡“封闭区域”的“进刀类型”默认为“螺旋”，修改“高度起点”为“当前层”，目的是减少空刀，如图 7-83 所示。单击“确定”按钮。

（5）进给率和速度　单击进给率和速度按钮，进入“进给率和速度”对话框，“主轴速度”输入 15000，“进给率”输入 800。单击“确定”按钮。

单击“生成”按钮，系统计算出刀路，生成刀路如图 7-84 所示。单击“确定”按钮。

图 7-83 “非切削移动”的“进刀”对话框

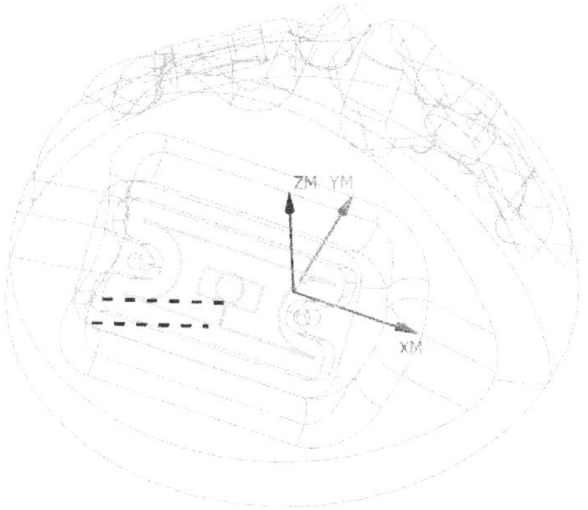

图 8-84　生成刀轨

2. 对 *B*1 槽进行精加工

（1）复制刀路　在导航器里右击 *B*1 凹槽粗加工刀路，在弹出的快捷菜单中选择“复制”，如图 7-85 所示，选中“DZ-A05”组再右击，在弹出的快捷菜单中选择“内部粘贴”，如图 7-86 所示。

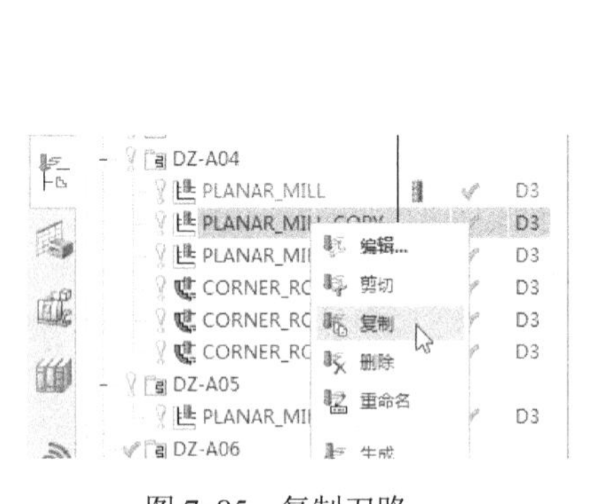

图 7-85　复制刀路

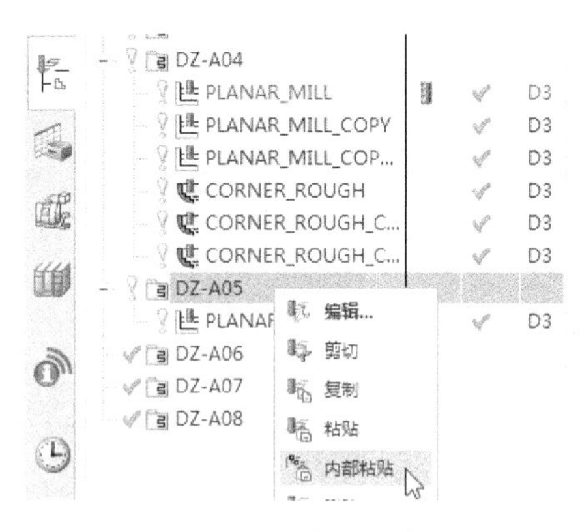

图 7-86　粘贴刀路

（2）设置切削模式　双击刚复制、粘贴后的刀路，在弹出的“平面铣”对话框里，设置“切削模式”为“轮廓”、“步距”为“恒定”、“最大距离”为 0.0600、“附加刀路”为 2，如

图 7-87 所示。

（3）设置切削层参数　在“平面铣”对话框中单击“切削层”按钮，系统弹出“切削层”对话框，设置“类型”为“仅底面”。单击“确定”按钮。

（4）设置切削参数　在“平面铣”对话框里单击“切削参数”按钮，系统弹出“切削参数”对话框，在“余量”选项卡设置“部件余量”为 0.0000、“最终底面余量”为“0.0000”，如图 7-88 所示，单击“确定”按钮。

图 7-87　修改刀轨参数

图 7-88　“切削参数”的“余量”对话框

（5）设置非切削移动参数　在“平面铣”对话框中单击“非切削移动”按钮，系统弹出“非切削移动”对话框，设置“进刀”选项卡“封闭区域”的“进刀类型”为默认“与开放区域相同”、“开放区域”的“进刀类型”为“圆弧”、“半径”为 20.0000、“圆弧角度”为 90.0000，“高度”为 0.5000，如图 7-89 所示，单击“确定”按钮。

图 7-89　“非切削移动”对话框

（6）进给率和速度　单击进给率和速度按钮，进入“进给率和速度”对话框，“主轴速度”输入15000，“进给率”输入800。单击“确定”按钮。

单击生成“ ”按钮，系统计算出刀路，如图7-90所示。单击“确定”按钮。

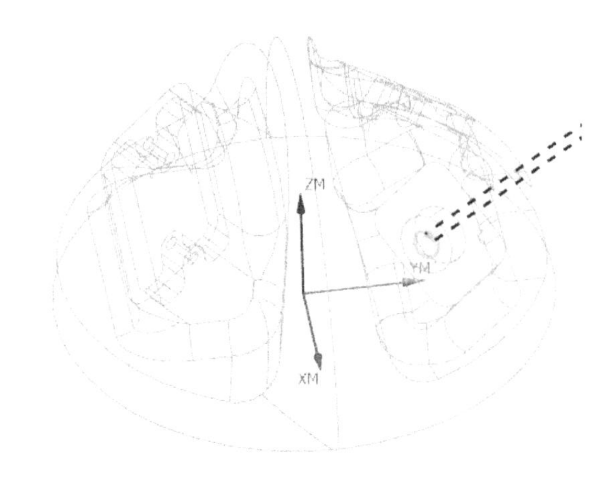

图7-90　生成*B*1槽刀路

3. 对*C*1槽进行精加工

复制“DZ-A04”组中的第3个刀路到DZ-A05中，修改参数方法与第二步相同，生成刀路如图7-91所示。

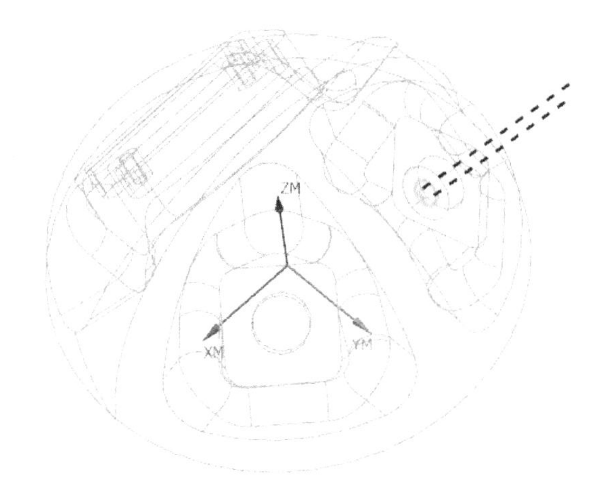

图7-91　生成*C*1槽刀路

7.2.9　创建外形*A*1凹槽刀路DZ-A06

（1）复制刀路　在导航器里右击*A*1凹槽粗加工刀路，在弹出的快捷菜单中选择“复制”，如图7-92所示，选中“DZ-A06”组再右击，在弹出的快捷菜单中选择“内部粘贴”，如图7-93所示。

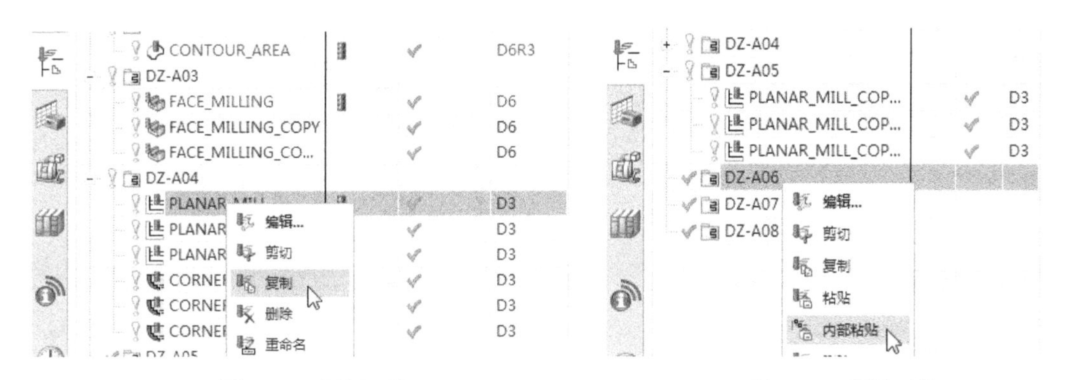

图 7-92 复制刀路　　图 7-93 粘贴刀路

（2）修改刀具　双击刚复制、粘贴后的刀路，在弹出的“平面铣”对话框中展开“刀具”栏，修改刀具为 D2（铣刀–5 参数）平刀，如图 7-94 所示。

（3）设置切削模式　在“平面铣”对话框中设置“切削模式”为“轮廓”。

（4）设置切削层参数　在“平面铣”对话框中单击“切削层”按钮，系统弹出“切削层”对话框，在“每刀切削深度”栏里修改“公共”为 0.1000，如图 7-95 所示。单击“确定”按钮。

图 7-94 修改刀轨参数

图 7-95 “切削层”对话框

（5）设置切削参数　在“平面铣”对话框中单击“切削参数”按钮，系统弹出“切削参数”对话框，在“余量”选项卡设置“部件余量”为 0.0000，“最终底面余量”为 0.0100，单击“确定”按钮。

（6）设置非切削移动参数　在“平面铣”对话框中单击“非切削移动”按钮，系统弹出“非切削移动”对话框，设置“进刀”选项卡“封闭区域”的“进刀类型”为默认“与开放区域相同”、“开放区域”的“进刀类型”为“圆弧”、“半径”为 20.0000、“圆弧角度”为 90.0000、“高度”为 0.5000，如图 7-96 所示。单击“确定”按钮。

图 7-96 “非切削移动”对话框

（7）进给率和速度　单击进给率和速度按钮，进入“进给率和速度”对话框，“主轴速度”输入 15000，“进给率”输入 2000。单击“确定”按钮。

单击生成“”按钮，系统计算出刀路，如图 7-97 所示。单击“确定”按钮。

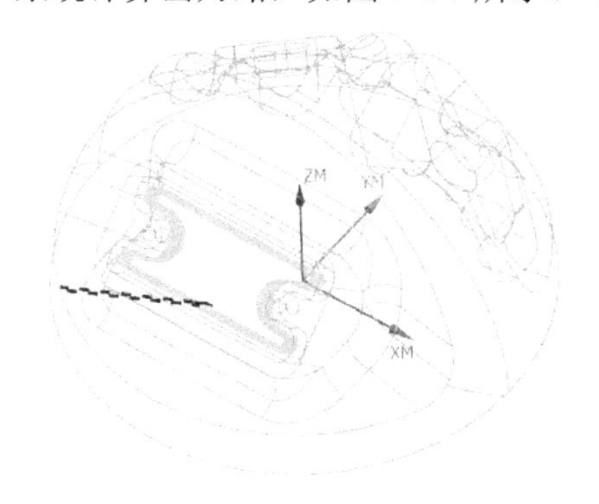

图 7-97　生成 *A*1 槽刀路

7.2.10　创建钻孔刀路 DZ-A07

在功能区单击“主页”→创建工序“”按钮，进入“创建工序”对话框，选择“工序”子类型中的钻深孔，“位置”项下面选择已创建的各项，如图 7-98 所示。单击“确定”，进入“钻深孔”对话框并设置各参数。

1）“运动输出”设置为“机床加工周期”，在“循环”下拉菜单中可以选择“钻”，如图 7-99 所示。

图 7-98 “创建工序”对话框

图 7-99 “钻深孔”对话框

2）指定特征几何体：在“钻深孔”对话框中单击“指定特征几何体”按钮，弹出“特征几何体”对话框，在工作区选择图形中要定位的孔或圆弧，如图 7-100 所示。在“特征几何体”对话框中可以看到孔的各参数都自动显示出来，如图 7-101 所示。单击“确定”，返回“钻深孔”对话框。

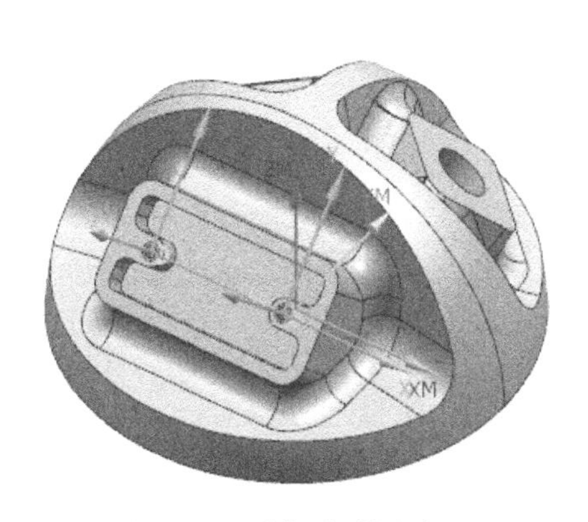

图 7-100 选择孔或圆弧

图 7-101 “特征几何体”对话框

3）切削参数：单击切削参数按钮，进入“切削参数”对话框，在“策略”选项卡设置参数，如图 7-102 所示。

4）进给率和速度：单击进给率和速度按钮，进入“进给率和速度”对话框，“主轴速度”输入 1800，“进给率”输入 50。

参数设置完成后，单击生成“ ”按钮生成刀轨，如图 7-103 所示。

图 7-102 “切削参数”对话框

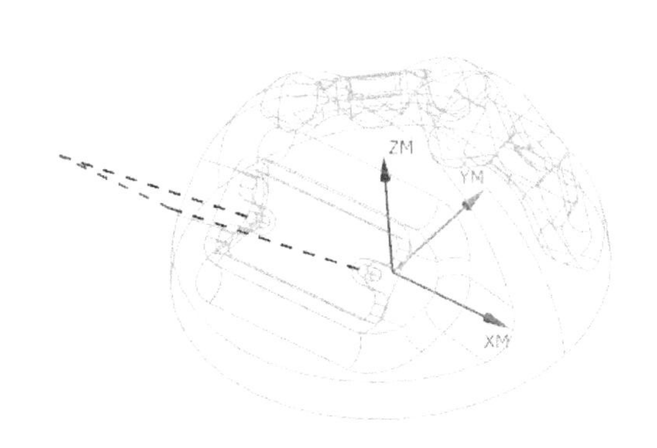

图 7-103 生成刀轨

7.2.11 创建凹槽曲面精加工刀路 DZ-A08

创建 3 个多轴曲面加工刀路：①精加工 *A* 处凹曲面；②精加工 *B* 处凹曲面；③精加工 *C* 处凹曲面，如图 7-104 所示。

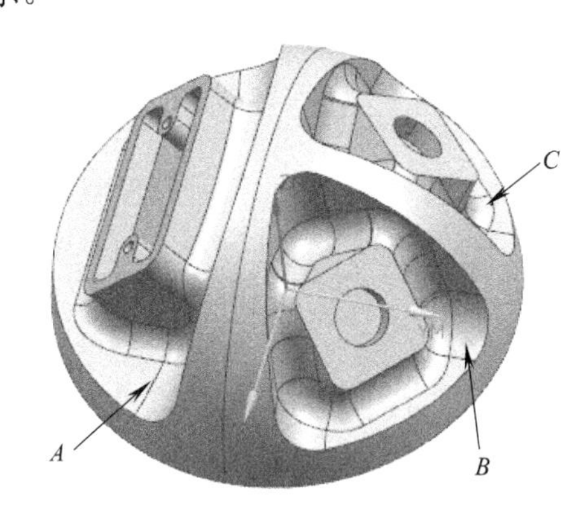

图 7-104 底座零件图

1. 精加工 *A* 处凹曲面

复制 DZ-A02 组中的区域轮廓铣，然后修改刀轴方向为垂直 *A* 处斜面。

（1）复制刀路 在导航器中右击“DZ-A02”组中的区域轮廓铣，在弹出的快捷菜单中选择“复制”，如图 7-105 所示，选中“DZ-A08”组再右击，在弹出的快捷菜单中选择“内部粘贴”，如图 7-106 所示。

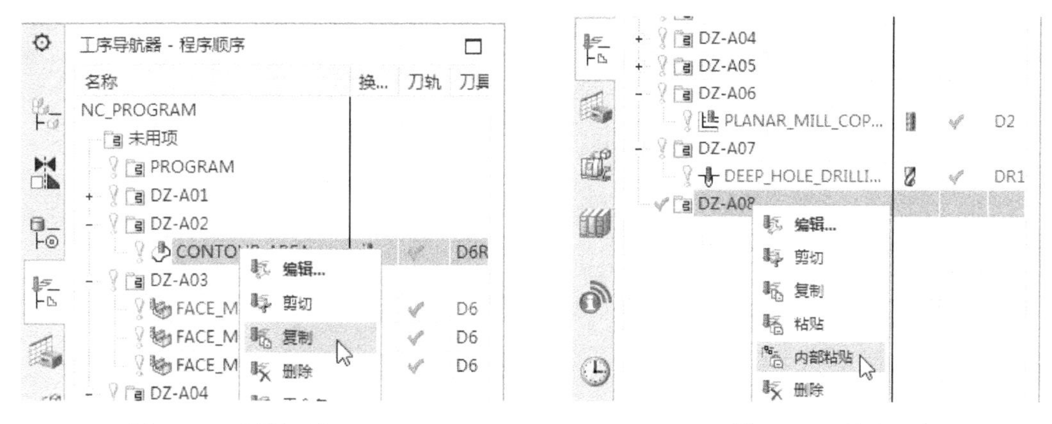

图 7-105　复制刀路　　　　图 7-106　粘贴刀路

（2）修改刀具及刀轴参数　双击刚复制、粘贴后的刀路，在弹出的“区域轮廓铣”对话框中展开“刀具”栏，修改“刀具”为“D3R1.5”，如图 7-107 所示。展开“刀轴”栏，修改“轴”为“指定矢量”，然后选择图形上 *A*1 斜面，如图 7-108 所示。

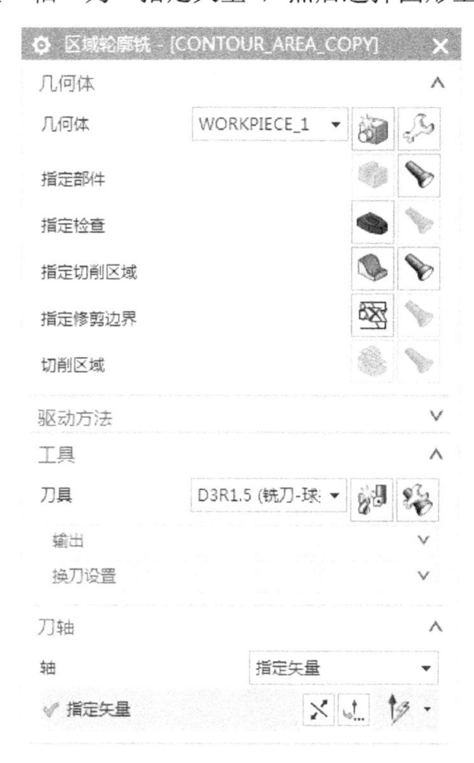

图 7-107　更改刀具和刀轴

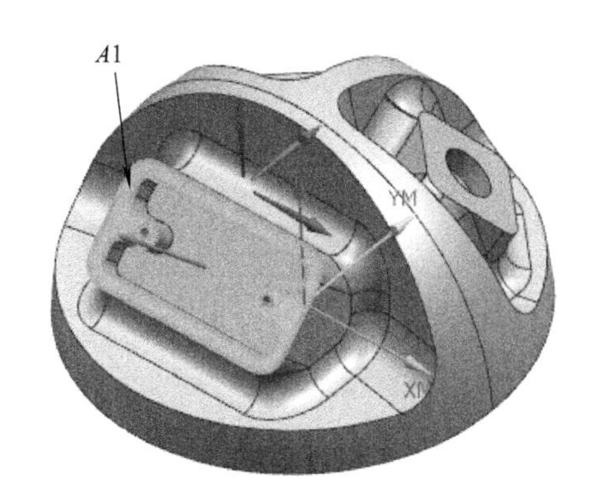

图 7-108　选择刀轴平面 *A*1

（3）选取加工曲面　单击“指定切削区域”按钮，弹出“切削区域”对话框，单击移除按钮将之前的曲面移除，在过滤器选择“相切面”，然后在图形上选取 *A* 处的凹形曲面，如图 7-109 所示。单击“确定”按钮。

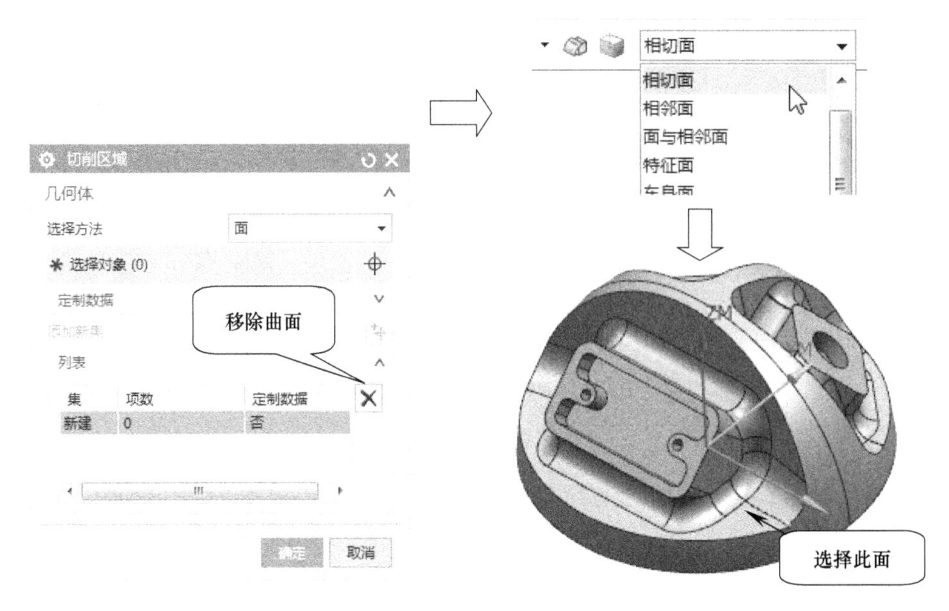

图 7-109　选取加工曲面

（4）设置区动方法参数　在“驱动方法”项单击编辑“”按钮，弹出“区域铣削驱动方法”对话框，设置“步距”为“恒定”，“最大距离”为 0.0600，如图 7-110 所示。

（5）进给率和速度　单击进给率和速度按钮，进入“进给率和速度”对话框，“主轴速度”输入 15000，“进给率”输入 2000。单击“确定”按钮。

单击生成“”按钮，系统计算出刀路，如图 7-111 所示。单击“确定”按钮。

图 7-110　“区域铣削驱动方法”对话框

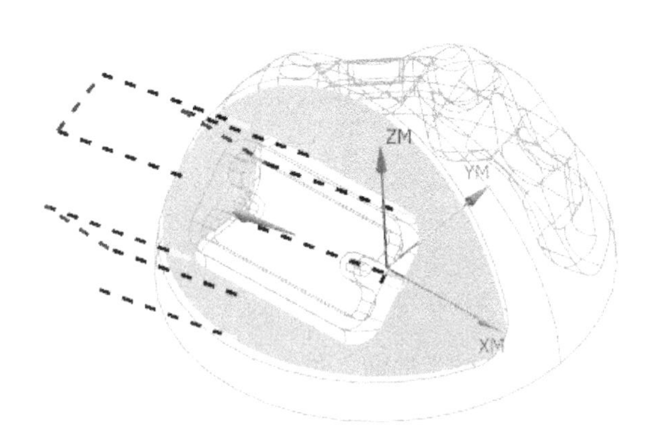

图 7-111　生成刀路

2. 精加工 *B* 处凹曲面

（1）复制刀路　在导航器中右击“DZ-A08”组中的区域轮廓铣，在弹出的快捷菜单中选择“复制”，如图 7-112 所示，选中“DZ-A08”组再右击，在弹出的快捷菜单中选择“内部粘贴”，如图 7-113 所示。

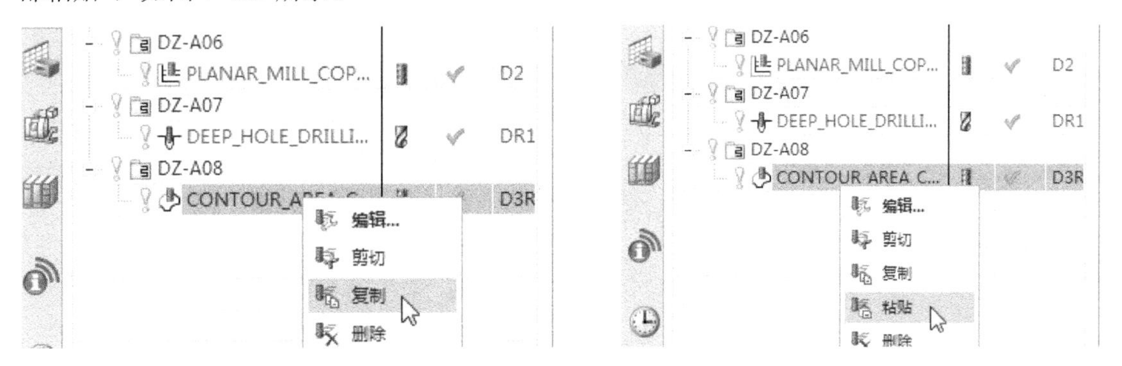

图 7-112　复制刀路　　　　图 7-113　粘贴刀路

（2）修改刀轴参数　双击刚复制、粘贴后的刀路，在弹出的“区域轮廓铣”对话框中展开“刀轴”栏，修改“轴”为“指定矢量”，如图 7-114 所示，然后选择图形上 *B*1 斜面，如图 7-115 所示。

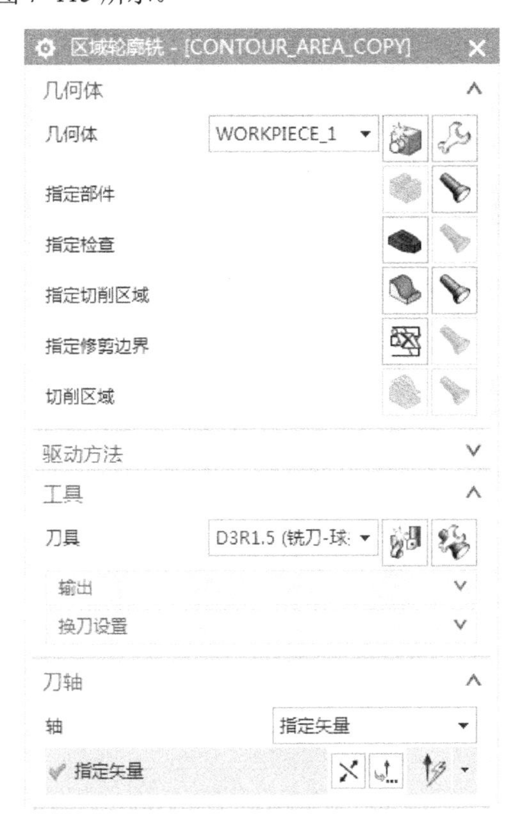

图 7-114　“区域轮廓铣”对话框

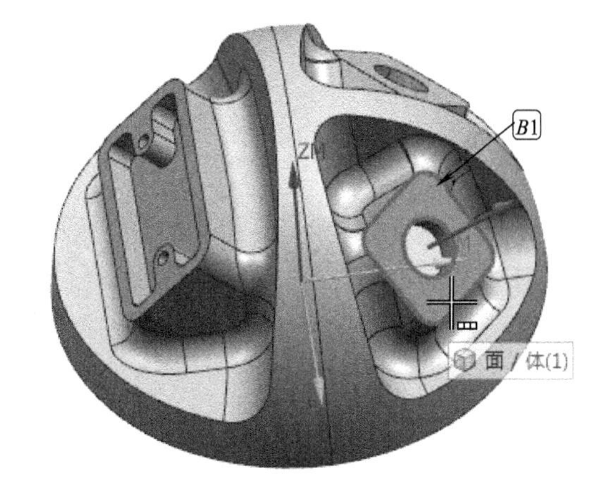

图 7-115　选择刀轴平面 *B*1

（3）选取加工曲面　单击“指定切削区域”按钮，系统弹出“切削区域”对话框，单击移除“✕”按钮将之前的曲面移除，在过滤器选择“相切面”，然后在图形上选取 *B* 处的凹形曲面，如图 7-116 所示。单击“确定”按钮。

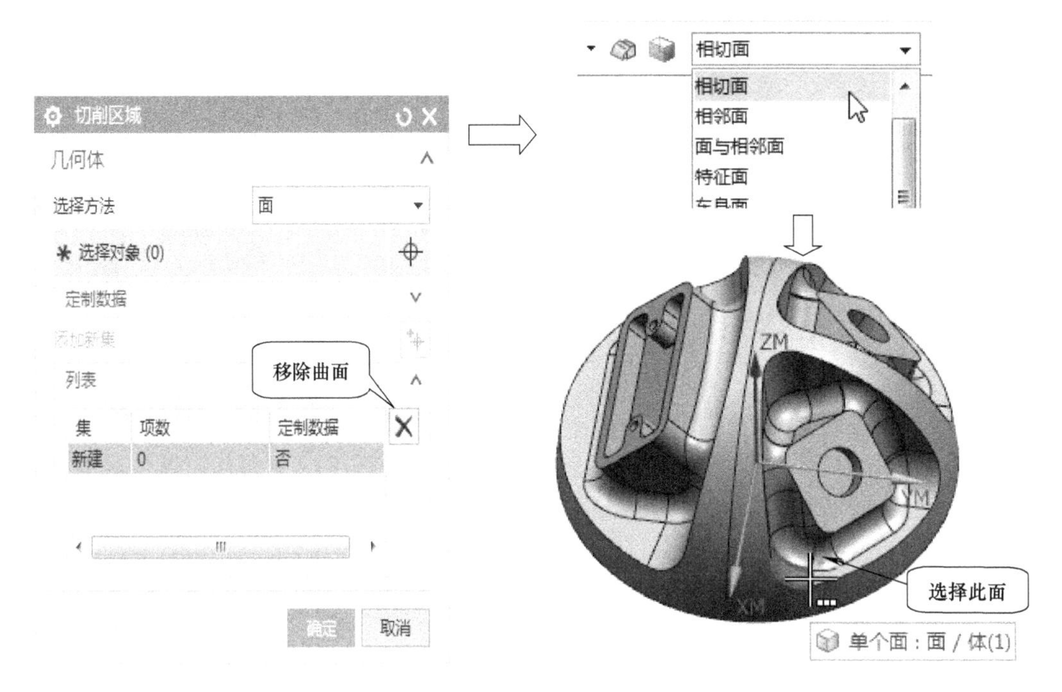

图 7-116　选取加工曲面

单击生成“”按钮，系统计算出刀路，如图 7-117 所示。单击“确定”按钮。

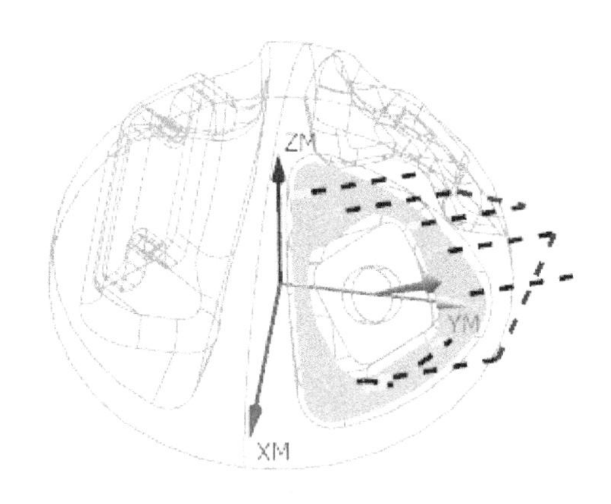

图 7-117　生成 *B* 处凹曲面刀路

3. 精加工 *C* 处凹曲面

复制 DZ-A08 组中的第 2 个刀路到 DZ-A08 中，修改参数方法与第 2 步相同，生成刀路如图 7-118 所示。

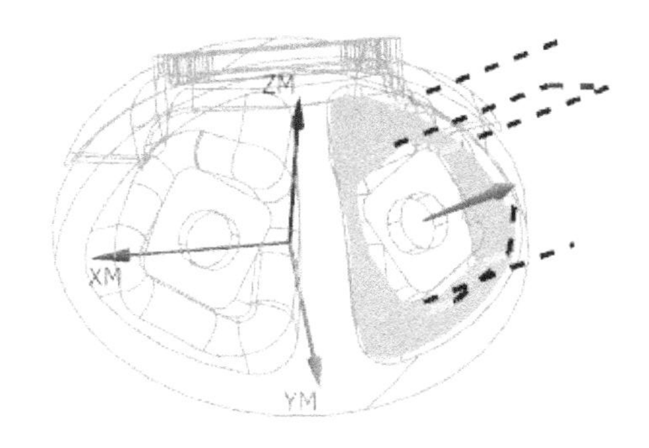

图 7-118　生成 C 处凹曲面刀路

7.2.12　用 UG 软件进行刀路检查和仿真

1. 观察检查刀路

在导航器里展开各个刀路操作，选取需要检查的刀路，右击，在弹出的快捷菜单中选取“重播”命令，这时刀路就会以线条的形式显示出来，然后把图形放大、旋转或在各个标准视图观察刀路有无异常情况发生。

2. 过切检查

在导航器里展开各个刀路操作，选取需要检查的刀路，右击，在弹出的快捷菜单中选取“刀轨”“过切检查”命令，弹出“过切和碰撞检查”对话框，如图 7-119 所示。单击“确定”按钮进行检查，这时弹出一个信息窗口，如果有过切会提示过切位坐标和过切数量。

图 7-119　“过切和碰撞检查”对话框

3. 实体 3D 仿真

在导航器里展开各个刀路操作，选取最顶 NC_PROGRAM 或先选取第一个刀路操作，按住 Shift 键，再选取最后一个刀路操作。在工具栏单击确认刀轨“ ”按钮，系统进入“刀轨可视化”对话框，选取“3D 动态”，单击播放“ ”按钮，如图 7-120 所示。

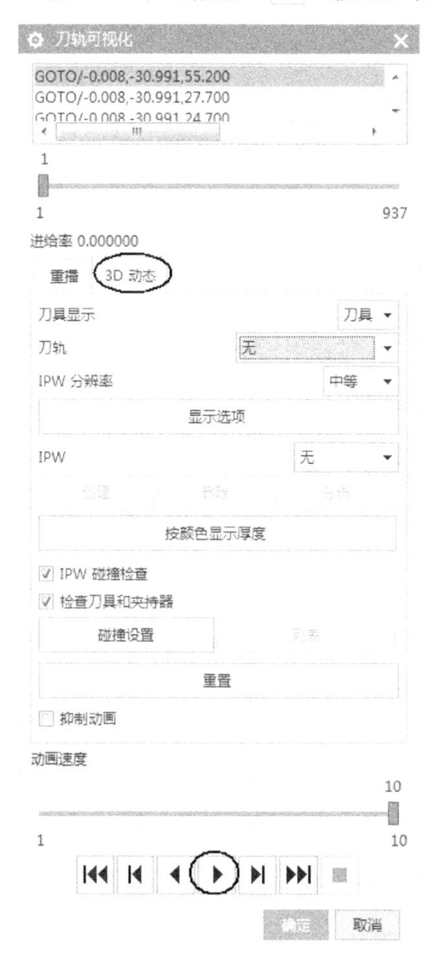

图 7-120 “刀轨可视化”对话框

模拟效果如图 7-121 所示，可以单击“按颜色显示厚度”按钮进行分析。单击“确定”按钮。

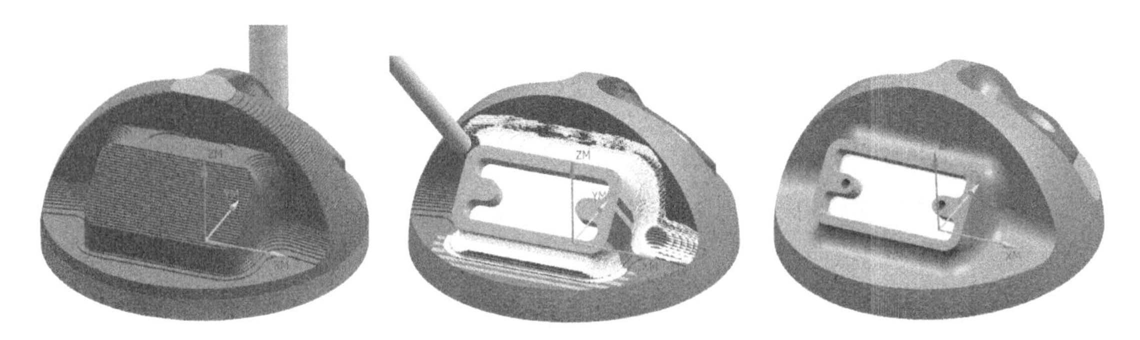

图 7-121 加工仿真

7.2.13 后处理

首先将光盘中 HC-POST 文件夹的 5 轴三个后处理文件 hc5axis.pui、hc5axis.def、hc5axis.tcl 复制到 UG 系统的后处理目录 D:\Program Files\Siemens\NX 12.0\MACH\resource\ postprocessor 里。本例将在 XYZAC 双转台型机床上进行加工。

在导航器里选取第 1 个程序组“DZ-A01”，在工具栏里单击后处理“ ”，系统弹出“后处理”对话框，选择“后处理器”为“hc5axis”，指定文件输出路径，如图 7-122 所示，单击“应用”按钮，生成图 7-123 所示的程序。

图 7-122 后处理

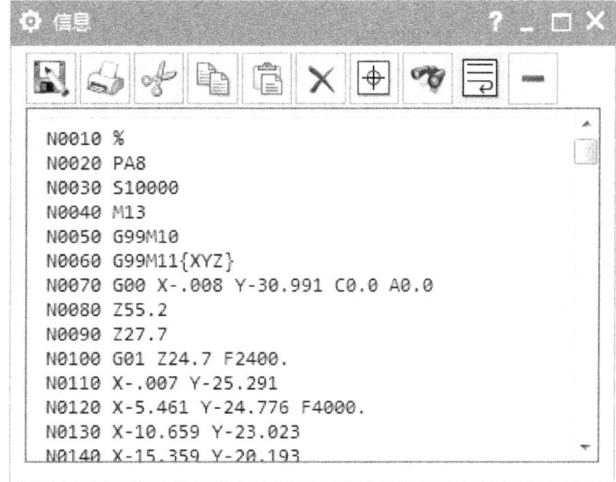

图 7-123 程序 DZ-A01

在导航器里继续选取其他程序组，用相同方法进行后处理。

7.2.14 工程师经验点评

本章主要了解多轴加工的工艺和多轴加工的功能，通过实例着重了解了多轴加工中非常重要的定位加工方式。

多轴加工并不神秘，所有之前学习过的三轴加工方式，如本例涉及的平面铣、面铣、钻孔、型腔铣、区域曲面铣等，均可以成为多轴定位加工。

多轴加工必须灵活设置刀轴方向才可以成为多轴定位加工。